新世纪高等院校精品教材

数值分析引论

易大义　陈道琦　编

浙江大學出版社

内容简介

本书系统地介绍了科学和工程计算中近代常用的计算方法、概念及应用，着重培养学生的科学计算能力。主要内容有：插值法、函数与数据的逼近、数值积分与数值微分、解方程组的直接法、解大型稀疏线性方程组的迭代法、非线性方程(组)数值解法、常微分方程数值解法、矩阵特征值的计算方法等。

书中主要计算方法都写有算法或计算步骤，同时书内还配有较多的数值计算例子。

本书可作为高等理工院校研究生的计算方法教材，也可作为大学生、工程技术人员学习计算方法的参考书。

图书在版编目(CIP)数据

数值分析引论／易大义，陈道琦编．—杭州：浙江大学出版社，1998.(2022.7 重印)

ISBN 978-7-308-02054-1

Ⅰ.数… Ⅱ.①易…②陈… Ⅲ.数值计算 Ⅳ.O241

中国版本图书馆 CIP 数据核字(2007)第 111372 号

数值分析引论

易大义　陈道琦　编

责任编辑　王　波
出版发行　浙江大学出版社
(杭州市天目山路 148 号　邮政编码 310007)
(网址：http://www.zjupress.com)
排　　版　杭州青翊图文设计有限公司
印　　刷　杭州杭新印务有限公司
开　　本　850mm×1168mm　1/32
印　　张　16
字　　数　430 千
版 印 次　1998 年 9 月第 1 版　2022 年 7 月第 17 次印刷
书　　号　ISBN 978-7-308-02054-1
定　　价　32.00 元

前　言

随着计算机技术的发展和科学技术的进步，科学与工程计算（简称科学计算）的应用范围已扩大到许多学科领域，已形成了一些边缘学科，例如，计算物理、计算力学、计算化学等。目前，实验、理论、计算已成为人们进行科学活动的三大方法。对从事工程与科技工作的人员，学习和掌握计算方法（数值分析）是非常必要的。

本书是为理工科院校工学硕士研究生学习计算方法（数值分析）而编写的。内容为数值分析的基本概念及理论，介绍科学计算中近代的、常用的、有效的解各种数学问题的计算方法，通过学习与实习培养学生的科学计算能力。

对于大学（本科）中未学过计算方法的读者，可选学书中未带星号部分内容，学过计算方法（简单的）读者，可选学书中部分内容（包括带星号的内容）。

本书每一章的主要方法都写有算法或计算步骤，可供读者学习、应用时参考。书内还配有较多的数值例子，便于读者自学。

学习本书需要具备微积分、线性代数、常微分方程的基础知识，本书还可作为工程技术人员学习计算方法的参考书。

本书第一、二、三、五、六、九章由易大义编写，第四、七、八章由陈道琦编写。

书中缺点和错误敬请读者批评指正。

易大义　陈道琦

1996 年 8 月于浙大求是园

目　录

第一章　数值计算引论 …… 1
§1　数值分析研究对象 …… 1
§2　误差来源及种类 …… 1
§3　误差的基本概念 …… 3
3.1　绝对误差和相对误差 …… 3
3.2　有效数字 …… 4
§4　求函数值的误差估计 …… 6
§5　在数值计算中应注意的几个问题 …… 9
习题1 …… 14

第二章　插值法 …… 16
§1　引言 …… 16
§2　拉格朗日插值多项式 …… 18
2.1　插值基函数 …… 19
2.2　拉格朗日(Lagrange)插值多项式 …… 19
2.3　插值多项式的余项 …… 22
2.4　算法与例子 …… 24
§3　逐步线性插值法 …… 25
3.1　列维尔算法 …… 26
3.2　算法与例子 …… 29
§4　差商与牛顿插值多项式 …… 31
4.1　差商(均差)及性质 …… 31
4.2　牛顿插值多项式 …… 32
4.3　算法与例子 …… 35

§5 差分,等距节点插值多项式 …… 39
5.1 差分及性质 …… 39
5.2 牛顿向前插值,向后插值公式 …… 42
§6 埃尔米特插值 …… 45
§7 分段插值法 …… 53
7.1 高次插值的龙格(Runge)现象 …… 53
7.2 分段线性插值 …… 54
7.3 分段三次埃尔米特插值 …… 55
§8 三次样条插值 …… 57
8.1 引言 …… 57
8.2 三次样条插值函数的表达式 …… 60
8.3 三弯矩方程 …… 63
8.4 算法与例子 …… 68
8.5 三次样条插值函数的收敛性 …… 73
§9* B 样条函数及性质 …… 73
9.1 半截幂函数 …… 73
9.2 样条函数 …… 74
9.3 B 样条函数及性质 …… 76
习题 2 …… 84

第三章 函数与数据的逼近 …… 87
§1 引言 …… 87
§2 连续函数空间,正交多项式理论 …… 92
2.1 连续函数空间 …… 92
2.2 正交多项式理论 …… 96
§3 最佳平方逼近 …… 108
3.1 法方程 …… 108
3.2 用多项式作最佳平方逼近 …… 113
3.3 用正交多项式作最佳平方逼近 …… 114

§4　最小二乘逼近 …… 119
4.1　一般的最小二乘逼近 …… 119
4.2　算法与例子 …… 126
4.3　用正交多项式作曲线拟合算法 …… 131
4.4　非线性模型举例 …… 136
§5*　用 B 样条作最小二乘逼近 …… 142
§6*　近似最佳一致逼近多项式 …… 145
6.1　函数展开为 Chebyshev 级数 …… 147
6.2　拉格朗日插值余项的极小化 …… 151
6.3　泰勒级数的缩减 …… 156
习题 3 …… 159

第四章　数值积分与数值微分 …… 162
§1　插值型数值求积公式 …… 162
1.1　一般求积公式及其代数精度 …… 162
1.2　插值型求积公式 …… 163
1.3　Newton-Cotes 求积公式 …… 165
1.4　Newton-Cotes 求积公式的余项 …… 168
1.5　Newton-Cotes 公式的数值稳定性和收敛性 …… 170
§2　Gauss 型求积公式 …… 171
2.1　最高代数精度求积公式 …… 171
2.2　Gauss 点与正交多项式的联系 …… 173
2.3　Gauss 求积公式的余项 …… 174
2.4　Gauss 求积公式的数值稳定性和收敛性 …… 174
2.5　几个常用的 Gauss 型求积公式 …… 176
2.6*　低阶 Gauss 型求积公式构造方法 …… 178
§3　复化数值求积公式 …… 180
3.1　复化数值求积法 …… 180
3.2　复化梯形公式 …… 181

3.3 复化 Simpson 公式 …………………………… 182
3.4 复化求积公式的收敛阶 ………………………… 183
§4 外推方法 ………………………………………… 184
4.1 外推原理 ……………………………………… 184
4.2 复化梯形公式余项的渐近展开 ………………… 185
4.3 Romberg 算法 ………………………………… 186
4.4* 外推法的进一步讨论 ………………………… 187
§5 自适应求积方法 ………………………………… 189
5.1 自适应计算问题 ……………………………… 189
5.2 自适应算法 …………………………………… 189
§6* 奇异积分和振荡函数积分的数值方法 ………… 191
6.1 奇异积分计算 ………………………………… 191
6.2 振荡函数积分的计算 ………………………… 193
§7* 二元函数数值积分 …………………………… 195
7.1 矩形域上乘积型求积公式 …………………… 196
7.2 三角形域上面积坐标积分法 ………………… 197
§8 数值微分 ………………………………………… 199
8.1 插值函数法 …………………………………… 199
8.2 差分算子近似微分算子法 …………………… 202
8.3* 隐式方法 ……………………………………… 205
习题 4 ……………………………………………… 207

第五章 解线性方程组的直接法 ………………… 209
§1 引言 ……………………………………………… 209
§2 初等矩阵 ………………………………………… 211
2.1 初等下三角阵(高斯变换) …………………… 212
2.2 初等置换阵 …………………………………… 212
2.3 初等反射阵(Householder 变换) …………… 213
2.4 平面旋转矩阵(Givens 变换) ……………… 218

§3 高斯消去法 …… 221
§4 高斯选主元素消去法 …… 229
4.1 完全主元素消去法 …… 230
4.2 列主元素消去法 …… 233
4.3 列主元高斯-约当消去法 …… 235
§5 用直接三角分解法解线性方程组 …… 240
5.1 矩阵的三角分解 …… 240
5.2 不选主元三角分解法 …… 243
5.3 部分选主元三角分解法 …… 246
§6 解对称正定矩阵线性方程组的平方根法 …… 249
6.1 对称正定矩阵及性质 …… 249
6.2 平方根法 …… 252
6.3 改进的平方根法 …… 254
§7 解三对角线方程组的追赶法 …… 258
§8* 用直接法解大型带状方程组 …… 262
8.1 用分解法解大型等带宽方程组 …… 262
8.2 用改进平方根法解大型变带宽对称正定方程组 …… 269
§9 向量,矩阵范数,矩阵的条件数 …… 274
9.1 向量,矩阵范数 …… 274
9.2 矩阵的条件数,病态方程组 …… 281
9.3* 关于病态方程组解法 …… 287
§10 矩阵的正交分解(QR 分解) …… 292
习题5 …… 299

第六章 解大型稀疏线性方程组的迭代法 …… 302
§1 引言、例子 …… 302
§2 基本迭代法 …… 305
2.1 雅可比(Jacobi)迭代法 …… 306
2.2 高斯-塞德尔迭代法(G-S) …… 307

2.3 解大型稀疏线性方程组的逐次超松弛迭代法(SOR) …… …… 309
§3 迭代法的收敛性 …… 312
3.1 一阶定常迭代法的基本定理 …… 312
3.2 关于解特殊线性方程组迭代法的收敛性 …… 317
3.3* 迭代法收敛速度 …… 323
3.4 分块迭代法 …… 327
§4* 梯度法 …… 331
4.1 等价性定理 …… 332
4.2 最速下降法 …… 335
4.3 共轭梯度法(CG) …… 336
习题 6 …… 347

第七章 非线性方程(组)数值解法 …… 349
§1 基础知识 …… 349
1.1 非线性方程,非线性方程组 …… 349
1.2 非线性方程(组)求解的特点 …… 350
1.3* 映射的 Jacobi 阵和 F 导数 …… 351
1.4 收敛性和收敛阶 …… 352
§2 非线性方程的二分法和插值法 …… 353
2.1 二分法 …… 353
2.2 正割法 …… 355
2.3 抛物线法 …… 357
2.4* 反插值法 …… 358
§3 解 $x=g(x)$ 的简单迭代法 …… 359
3.1 简单迭代法公式 …… 359
3.2 收敛定理 …… 361
§4 迭代的加速法 …… 364
4.1 Aitken 加速方法 …… 364

4.2 Steffenson 迭代方法 …………………………… 366
§5 解 $f(x)=0$ 的 Newton 迭代法 …………………… 367
5.1 Newton 迭代公式 …………………………… 367
5.2 Newton 法收敛定理 ………………………… 368
5.3 Newton 下山法 ……………………………… 372
5.4 Newton 迭代算法 …………………………… 373
§6* 解方程组 $x=G(x)$的简单迭代法 ……………… 374
6.1 简单迭代法 …………………………………… 374
6.2 简单迭代的收敛性 ………………………… 375
§7 解方程组 $F(x)=0$ 的 Newton 法 ……………… 377
7.1 Newton 法迭代公式 ………………………… 378
7.2 收敛定理 ……………………………………… 378
7.3 Newton 下山法 ……………………………… 380
7.4* m 步 Newton 法 ………………………… 381
7.5 算法 …………………………………………… 382
§8* quasi-Newton 法 …………………………… 383
8.1 Broyden 方法和一般 quasi-Newton 法 ……… 383
8.2 几个秩 2 quasi-Newton 法 ………………… 384
习题 7 ……………………………………………… 387

第八章 常微分方程数值解法 ……………………… 390
§1 基本概念 ……………………………………… 390
1.1 常微分方程初值问题的一般解法 ………… 390
1.2 初值问题数值解基本概念 ………………… 392
§2 Euler 方法 …………………………………… 394
2.1 显式 Euler 方法 …………………………… 394
2.2 隐式 Euler 方法和梯形方法 ……………… 396
2.3 预估-校正 Euler 方法 …………………… 398
2.4 单步法的局部截断误差、整体截断误差 ……… 399

§3 Taylor 方法和 Runge-Kutta 方法 …………………… 402
3.1 Taylor 方法 …………………………………… 402
3.2 Runge-Kutta 方法的一般形式 ………………… 403
3.3 常用低阶 Runge-Kutta 方法…………………… 404
3.4 其它 Runge-Kutta 方法 ………………………… 408
§4 单步法的进一步讨论 ……………………………… 409
4.1 收敛性与相容性 ………………………………… 409
4.2 稳定性 …………………………………………… 410
4.3 均匀步长重复 Richardson 外推法……………… 413
4.4 变步长自动选择 ………………………………… 413
§5 Adams 方法和一般线性多步法 …………………… 414
5.1 Adams 方法 ……………………………………… 415
5.2 一般线性多步法 ………………………………… 420
§6 线性多步法的收敛性与稳定性 …………………… 424
6.1* 常系数线性差分方程………………………… 424
6.2 线性多步法的方法稳定性 …………………… 426
6.3* 数值稳定性 ………………………………… 427
§7 一阶方程组初值问题数值方法 …………………… 429
7.1 数值方法推广到方程组 ……………………… 429
7.2* 刚性方程组 ………………………………… 431
§8* 二阶常微分方程边值问题数值方法 …………… 432
8.1 打靶法………………………………………… 433
8.2 有限差分法 …………………………………… 433
习题 8 ……………………………………………………… 435

第九章 矩阵特征值与特征向量计算方法 …………… 437
§1 引言 ……………………………………………………… 437
§2 幂法及反幂法 ………………………………………… 442
2.1 幂法 …………………………………………………… 442

2.2 加速方法 …………………………………………………… 447
2.3 反幂法(或逆迭代) ……………………………………………… 450
§3 豪斯荷尔德方法 ……………………………………………… 454
3.1 正交相似变换约化一般矩阵为上 Hessenberg 阵 …… 455
3.2 正交相似变换约化对称阵为对称三对角阵 ………… 460
§4 QR 算法 ………………………………………………………… 462
4.1 引言 ……………………………………………………………… 462
4.2 QR 算法及收敛性 …………………………………………… 463
4.3 带原点位移的 QR 方法 …………………………………… 465
4.4 用单步 QR 方法计算上 Hessenberg 阵特征值 ……… 467
4.5* 稳式对称 QR 方法 …………………………………………… 471
§5* 计算对称矩阵特征值的 Jacobi 方法 ………………… 480
5.1 引言…………………………………………………………… 480
5.2 古典 Jacobi 方法 …………………………………………… 481
5.3 Jacobi 过关法 ……………………………………………… 489
习题 9 ……………………………………………………………… 490

参考文献………………………………………………………………… 494

第一章　数值计算引论

§1　数值分析研究对象

随着计算机技术的发展，科学技术的进步，科学与工程计算（简称科学计算）的应用范围已扩大到许多学科领域，形成一些边缘学科，例如计算物理、计算化学、计算力学等。目前，实验、理论、计算已成为人类进行科学活动的三大方法。

为了解某科学与工程实际问题，首先是依据物理、力学规律建立问题的数学模型，这些模型一般为代数方程、微分方程等。科学计算的一个重要方面就是要研究解这些数学问题的数值计算方法（适合计算机计算的计算方法），然后通过计算软件在计算机上计算出实际需要的结果。数值分析内容包括：函数的插值与逼近方法，微分与积分计算方法，线性方程组与非线性方程组计算方法，常微分与偏微分数值解等。

本书将介绍数值分析的基本概念、理论及解各种数学问题的有效计算方法。

§2　误差来源及种类

在工程和科学计算中需要估计计算结果的精确度，而下述几种误差可能影响计算结果的精确度。

1. 模型误差

由实际问题建立数学模型，要忽略一些次要因素的影响，要简化许多条件。因此，数学模型是实际问题理想化、简化得到的，是实际问题的近似。把实际问题的解与数学模型的解之间的误差称为模型误差。

2. 观测误差

数学模型中包含有一些物理量(例如时间、温度、长度、电压等)(初始数据)大多都是由观察、测量得到的。由于受到测量工具的限制，测量的数据只能是近似的，称测量值与真值之间误差为观测误差。

3. 截断误差

在求解某数学问题时，用有限的过程代替无限过程所产生的误差称为截断误差(或方法误差)。

例1 用 $f(x)$ 的 Taylor 展开计算 $f(x)$ 函数值。

设有 $$f(x)=f(x_0)+f'(x_0)(x-x_0)+\frac{f''(x_0)}{2!}(x-x_0)^2+\cdots+\frac{f^{(n)}(x_0)}{n!}(x-x_0)^n+R_n(x)$$

其中 $R_n(x)=\dfrac{f^{(n+1)}(\xi)}{(n+1)!}(x-x_0)^{n+1}$，$\xi$ 在 x_0 与 x 之间。

当我们用近似公式来代替 $f(x)$ 进行计算时，即

$$f(x)\approx P_n(x)=\sum_{k=0}^{n}\frac{f^{(k)}(x_0)}{k!}(x-x_0)^k$$ (当 $|x-x_0|$ 较小时)

则数值方法的截断误差为

$$R_n(x)=f(x)-P_n(x)=\frac{f^{(n+1)}(\xi)}{(n+1)!}(x-x_0)^{n+1}$$

4. 舍入误差

有了求解数学问题的计算公式后，用计算机进行数值计算时，由于计算机字长的位数有限，原始数据只能用有限位数表示，即要舍入。且当两数进行算术运算时，其结果也要进行舍入，这种由舍入产生的误差称为舍入误差。

例如，$\pi=3.1415926\cdots$

如用 3.1416 代替 π,则产生的舍入误差

$$\pi - 3.1416 = -0.0000073\cdots$$

数值分析主要研究截断误差、舍入误差对计算结果的影响。

§3 误差的基本概念

3.1 绝对误差和相对误差

定义 1

(1) 设某量的准确值为 x,x^* 是 x 的近似值,称 $e(x) = x^* - x$ 为 x^* 的绝对误差(简称误差)。如果 $|e(x)| = |x^* - x| \leqslant \varepsilon$,称 ε 为 x^* 的绝对误差限,即 $x^* - \varepsilon \leqslant x \leqslant x^* + \varepsilon$,在应用上常记为 $x = x^* \pm \varepsilon$。

(2) 绝对误差与准确值比值,即

$$e_r(x) = \frac{x^* - x}{x} = \frac{e(x)}{x}$$

称为 x^* 的相对误差,如果 $|e_r(x)| = \left|\frac{x^* - x}{x}\right| \leqslant \delta$,称 δ 为 x^* 的相对误差限。

例 2 设 $\pi = 3.1415926\cdots$,用四舍五入方法取 4 位小数得近似数 $\pi^* = 3.1416$,求 π^* 绝对误差限。显然有,

$$|e(\pi)| = |\pi - \pi^*| \leqslant \frac{1}{2} \times 10^{-4}$$

例 3 设 $x_1 = 1.234, x_2 = 0.002$

$$x_1^* = 1.233, x_2^* = 0.001$$

估计近似数 x_1^*,x_2^* 的绝对误差及相对误差。

解 显然
$$|e(x_1)| = |x_1^* - x_1| = 10^{-3},$$
$$|e(x_2)| = |x_2^* - x_2| = 10^{-3}$$

这两个近似数绝对误差都是 10^{-3},但 x_1^* 是 x_1 一个较好的近似值,而 x_2 本身就很小,而 x_2^* 绝对误差较小不能说明 x_2^* 是 x_2 的一个较好的

近似值,两数的相对误差为:

$$|e_r(x_1)| = \frac{10^{-3}}{1.234} \approx 8.1 \times 10^{-4} = 0.81\%$$

$$|e_r(x_2)| = \frac{10^{-3}}{0.002} = 0.5 = 50\%$$

由此可见,要确定一个量的近似数的精确度,除了要看近似数绝对误差大小之外,还必须考虑该量本身的大小。因此近似数的相对误差是近似数精确度的基本度量,一个近似数 x^* 的相对误差越小,说明近似数越精确。

相对误差是个无名数,它没有量纲。在实际计算中,由于准确值 x 一般是不知道的,通常将

$$e_r^*(x) = \frac{x^* - x}{x^*} = \frac{e(x)}{x^*}$$

作为 x^* 相对误差。事实上,当 $|e_r^*(x)| = |\frac{e(x)}{x^*}|$ 较小时有

$$\frac{e(x)}{x} - \frac{e(x)}{x^*} = \frac{e^2(x)}{xx^*} = \frac{e^2(x)}{x^*(x^* - e(x))} = \frac{(\frac{e(x)}{x^*})^2}{1 - \frac{e(x)}{x^*}} \approx 0$$

3.2 有效数字

定义 2 设 x 为准确值,x^* 为 x 的近似值且 x^* 表示为

$$x^* = \pm (0.a_1a_2\cdots a_n)10^m(m\ 为整数)$$

其中 $a_1 \neq 0, a_1 \sim a_n$ 为 $0,1,\cdots,9$ 中一个数字。如果 x^* 误差满足

$$|x^* - x| \leqslant \frac{1}{2}10^{m-n}$$

即 x^* 误差不超过某位的半个单位。称该位到 x^* 的第一位非零数字为 x^* 的有效数字,即 x^* 有 n 位有效数字。或者说 x^* 准确到该位。

1. 当 x^* 是 x 的 a_{n+1} 按四舍五入原则得到的近似数,则 x^* 具有 n 位有效数字。设

$$x = \pm (0.a_1a_2\cdots a_na_{n+1}\cdots)10^m,其中\ a_1 \neq 0$$

x^* 是 x 的 a_{n+1} 按四舍五入原则得到的近似数,则有

$$|x^* - x| \leqslant \frac{1}{2}10^{m-n}$$

例如，设 $\pi = 3.1415926\cdots$，按四舍五入原则得到数 $x_1^* = 3.14$，$x_2^* = 3.1416$，则 x_1^* 具有 3 位有效数字，x_2^* 具有 5 位有效数字，且

$$|\pi - x_1^*| \leqslant \frac{1}{2}10^{-2}$$

$$|\pi - x_2^*| \leqslant \frac{1}{2}10^{-4}$$

2. 设 $x = 8.000033$，且它的近似数为 $x_1^* = 8.0000$ 及 $x_2^* = 8$，这两个数写法是有区别的，x_1^* 有 5 位有效数字，x_2^* 有一位有效数字。

因此，近似数的有效数字不但给出了近似值的大小，而且还指出了它的绝对误差限。

下面讨论有效数字与相对误差的关系。

定理 1 设 x 近似数为 $x^* = \pm(0.a_1a_2\cdots a_n) \times 10^m$，(其中 $a_1 \neq 0$). 如果 x^* 具有 n 位有效数字，则 x^* 的相对误差限为

$$|e_r^*| = \left|\frac{x^* - x}{x^*}\right| \leqslant \frac{1}{2a_1} \cdot 10^{-(n-1)}$$

证明 显然有

$$0.a_1 \times 10^m \leqslant |x^*| < (0.a_1 + 0.1) \times 10^m$$

或 $$a_1 \times 10^{m-1} \leqslant |x^*| < (a_1 + 1) \times 10^{m-1}$$

于是，x 相对误差

$$|e_r^*| = \left|\frac{x^* - x}{x^*}\right| \leqslant \frac{1}{2} \times 10^{m-n} \cdot \frac{1}{a_1 \times 10^{m-1}}$$

$$= \frac{1}{2a_1} \times 10^{-(n-1)}$$

说明 x^* 的有效数字位数越多，x^* 的相对误差就越小。

可以从近似数 x^* 的相对误差限来估计 x^* 有效数字的位数。

定理 2 设 x 的近似数 x^* 为 $x^* = \pm(0.a_1a_2\cdots a_n) \times 10^m$，($a_1 \neq 0$)，如果 x^* 的相对误差满足

$$|e_r^*| = \left|\frac{x^* - x}{x^*}\right| \leqslant \frac{1}{2(a_1 + 1)} \times 10^{-(n-1)}$$

则 x^* 至少具有 n 位有效数字。

证明 由于

$$
\begin{aligned}
|x^* - x| &= |x^*| \left| \frac{x^* - x}{x^*} \right| \\
&\leqslant (a_1 + 1) \times 10^{m-1} \cdot \frac{1}{2(a_1 + 1)} \times 10^{-(n-1)} \\
&\leqslant \frac{1}{2} 10^{m-n}
\end{aligned}
$$

故 x^* 至少具有 n 位有效数字。

推论 设 $x^* = \pm (0.a_1a_2\cdots a_n) \times 10^m (a_1 \neq 0)$. 如果 x^* 相对误差满足

$$
|e_r^*| = \left| \frac{x^* - x}{x^*} \right| \leqslant \frac{1}{2} 10^{-n}
$$

则 x^* 至少具有 n 位有效数字。

§4 求函数值的误差估计

设给定多元函数

$A = f(x_1, x_2, \cdots, x_n)$ 且设 $x_1^*, x_2^*, \cdots, x_n^*$ 为 $x_1, x_2, \cdots, x_n$ 近似值，于是，可求 A 的近似值 $A^* = f(x_1^*, \cdots, x_n^*)$，下面估计 A^* 的绝对误差及相对误差。

也就是说，由于初始数据 $x_1^*, \cdots, x_2^*$ 有误差，引起计算函数值 $f(x_1^*, \cdots, x_n^*)$ 有误差，考查初始误差对计算结果的影响。

1. 函数值 A^* 绝对误差

利用 $f(x_1, \cdots, x_n)$ 在点 $x = (x_1, \cdots, x_n)^T$ 的 Taylor 展开，且设 $|e(x_i)| (i = 1, 2, \cdots, n)$ 都很小，因而可略去高阶项，于是有

$$
\begin{aligned}
A^* - A &= f(x_1^*, \cdots, x_n^*) - f(x_1, x_2, \cdots, x_n) \\
&\approx \sum_{j=1}^{n} \frac{\partial f(x)}{\partial x_j} (x_j^* - x_j)
\end{aligned}
$$

或 $$e(A) \approx \sum_{j=1}^{n} \frac{\partial f(x)}{\partial x_j} e(x_j), \quad |e(A)| \leqslant \sum_{j=1}^{n} \left| \frac{\partial f(x)}{\partial x_j} \right| |e(x_j)| \tag{4.1}$$

2. 函数值 A^* 相对误差

设 $A \neq 0, x_j \neq 0, (j = 1, \cdots, n)$，则 A^* 相对误差为

$$e_r(A) = \frac{e(A)}{A} \approx \sum_{j=1}^{n} \frac{x_j}{f(x)} \frac{\partial f(x)}{\partial x_j} e_r(x_j) \tag{4.2}$$

因子 $\frac{x_j}{f(x)} \frac{\partial f(x)}{\partial x_j}$ 反映了 x_j 相对误差 $e_r(x_j)$ 对相对误差 $e_r(A)$ 影响的程度，称这些因子为计算问题的条件数。

这些因子的绝对值很大，则 $e_r(A)$ 可能很大，即初始数据 x_i 微小误差可能引起结果 A 的很大误差。

如果问题的数据 $x_i (i = 1, \cdots, n)$ 微小误差，引起结果 A 很大误差，称这种问题为病态问题或坏条件问题。

对于算术运算，问题中数据的误差对计算结果产生的误差有下述关系，设 $x \neq 0, y \neq 0$。

(1) $f(x, y) = xy$

(a) $e(xy) \approx ye(x) + xe(y)$

(b) $e_r(xy) \approx e_r(x) + e_r(y)$

(2) $f(x, y) = x/y$

(c) $e(x/y) \approx \frac{1}{y} e(x) - \frac{x}{y^2} e(y)$

(d) $e_r(x/y) \approx e_r(x) - e_r(y)$

(3) $f(x, y) = x \pm y$

(e) $e(x \pm y) \approx e(x) \pm e(y)$

(f) $e_r(x \pm y) \approx \frac{x}{x \pm y} e_r(x) \pm \frac{y}{x \pm y} e_r(y)$，如果 $x \pm y \neq 0$

(4) $f(x) = \sqrt{x}$

(g) $e_r(\sqrt{x}) \approx \frac{1}{2} e_r(x)$

(5) $f(x)=x^n$

$(h)\ e_r(x^n)\approx ne_r(x)$

由上述关系说明：

(1) 在乘、除、开方运算时，问题数据的误差对计算结果的影响不大。

(2) 当 x 与 y 同号，且 $x-y\neq 0$ 时，则由(f)有

$$e_r(x-y)\approx\frac{x}{x-y}e_r(x)-\frac{y}{x-y}e_r(y)$$

条件数$\frac{x}{x-y},\frac{y}{x-y}$中至少有一个绝对值大于 1，特别当 $x\approx y$ 时，$\left|\frac{x}{x-y}\right|,\left|\frac{y}{x-y}\right|$有一个会变得很大。这时，问题中数据的误差对计算结果 $A=x-y$ 就会产生较大的影响，计算结果的有效数字位数将丢失，因此，在实际计算中应尽量避免相近两数的相减。

(3) 由(c)式，则有

$$e(x/y)\approx\frac{x}{y}(e_r(x)-e_r(y))$$

当除数 y 绝对值很小时(接近于零)，两数商的绝对误差 $|e(x/y)|$ 可能很大，因此，在实际计算中不宜用绝对值很小的数作除数。

例 4　设 $A=f(p,q)=-p+\sqrt{p^2+q}$，则

$$\frac{\partial f}{\partial p}=-1+\frac{p}{\sqrt{p^2+q}}=\frac{-A}{\sqrt{p^2+q}},\frac{\partial f}{\partial q}=\frac{1}{2\sqrt{p^2+q}}$$

$$e_r(A)\approx\frac{-p}{\sqrt{p^2+q}}e_r(p)+\frac{q}{2A\sqrt{p^2+q}}e_r(q)$$

$$\approx\frac{-p}{\sqrt{p^2+q}}e_r(p)+\frac{p+\sqrt{p^2+q}}{2\sqrt{p^2+q}}e_r(q)$$

因为当 $q>0$ 时

$$\left|\frac{p}{\sqrt{p^2+q}}\right|\leqslant 1,\left|\frac{p+\sqrt{p^2+q}}{2\sqrt{p^2+q}}\right|\leqslant 1$$

于是，当 $q>0$ 时，计算 $f(p,q)$ 是好条件的，当 $q\approx -p^2$ 时，计算 $f(p,q)$ 是坏条件的(即说明二次方程 $x^2+2px-q=0$ 接近有重根

时，求解问题是坏条件的)。

§5 在数值计算中应注意的几个问题

算法：由给定的一些数据，按照某种规定的顺序进行运算的一个运算序列，称为算法。

1. 在用近似公式计算时，要注意收敛速度，要讲效率

例 5 用下述级数计算 ln2

$$\ln 2 = 1 - \frac{1}{2} + \frac{1}{3} - \cdots + (-1)^{n-1}\frac{1}{n} - \cdots$$

且要求误差小于 10^{-7}。

解 用计算公式(算法)

$$\ln 2 \approx S_n = 1 - \frac{1}{2} + \cdots + (-1)^{n-1}\frac{1}{n}$$

误差 $|\ln 2 - S_n| \leqslant \frac{1}{(1+n)} < 10^{-7}$，于是，$n > 10^7 - 1$，即用此计算公式计算且达到所要求的精度，就需要取级数的前一千万项求和，显然，这计算量太大，不经济，而且每项计算都有舍入误差，再求和会使有效数字损失。

如果用级数

$$\ln\frac{1+x}{1-x} = 2x\left(1 + \frac{1}{3}x^2 + \frac{1}{5}x^4 + \cdots + \frac{1}{2m+1}x^{2m} + \cdots\right)$$

$|x| < 1$，来计算 ln2，只需取 $x = \frac{1}{3}$，且用前 9 项求和(取 $m = 8$) 就达到精度要求，即

$$\ln 2 \approx S_m = 2x\left(1 + \frac{1}{3}x^2 + \cdots + \frac{1}{17}x^{16}\right), x = \frac{1}{3}$$

则有

$$|\ln 2 - S_8| < 10^{-7}$$

2. 在数值计算中要构造和使用数值稳定的计算方法

解某个数学问题的一个计算公式或者一个算法，是否适合在计

算机上进行数值计算是一个很大的问题。也就是说，用某个算法解算一个数学问题时，计算过程中舍入误差影响较大，使计算的结果较差或 计算失败。而用另一方法解同一个数学问题时可能会得到满意的结果，这就是计算方法的“好坏”问题。

例 6 计算积分

$$I_n = e^{-1}\int_0^1 x^n e^x dx \quad (n = 0,1,\cdots)$$

解 (1) 用分部积分

$$\begin{aligned} I_n &= e^{-1}[x^n e^x|_0^1 - \int_0^1 n x^{n-1} e^x dx] \\ &= 1 - nI_{n-1} \end{aligned}$$

于是，可用递推公式计算积分

$$\begin{cases} I_0 = 1 - e^{-1} \\ I_n = 1 - nI_{n-1},(n = 1,2,\cdots) \end{cases} \tag{5.1}$$

(1) 实际计算公式

$$\begin{cases} \hat{I}_0 = 0.632120559,\text{有舍入误差 } |I_0 - \hat{I}_0| \leqslant \frac{1}{2}\times 10^{-9} \\ \hat{I}_n = 1 - n\hat{I}_{n-1},(n = 1,2,\cdots,20) \end{cases} \tag{5.2}$$

计算结果：

$$\begin{cases} \hat{I}_0 = 0.632120559 \\ \hat{I}_1 = 0.367879441 \\ \quad\vdots \\ \hat{I}_{10} = 0.0844992 \\ \quad\vdots \\ \hat{I}_{13} = -1.0006272 \\ \quad\vdots \end{cases}$$

显然，应有 $\hat{I}_n > 0(n = 0,1,2,\cdots,20)$，但按计算公式(5.2)计算却有 $\hat{I}_{13} < 0$。说明，用计算公式(5.2)计算失败，这是由于采用计算公式(5.2)计算时舍入误差的危害较大(计算 I_0 时有舍入)。

用 I_n 表示积分真值，用 $\hat{I}_n$ 表示用(5.2)计算的计算值，用 $\varepsilon_n = I_n$

$-\hat{I}_n$表示计算值$\hat{I}_n$的误差，由(5.1)式减(5.2)式得到误差的递推公式

$$\varepsilon_n = -n\varepsilon_{n-1}, (n = 1,2,\cdots)$$

或

$$\begin{cases} \varepsilon_1 = -\varepsilon_0 \\ \varepsilon_2 = 2\varepsilon_0 \\ \quad \vdots \\ \varepsilon_n = (-1)^n n!\varepsilon_0 \end{cases}$$

说明用计算公式(5.2)计算$\hat{I}_n$时，由于计算I_0时有舍入误差ε_0，在以后每步计算中，这个舍入误差不断扩大。当计算$\hat{I}_n$时，产生的误差为ε_0的$n!$倍，因而使计算结果不可靠，这个算法((5.2)式)是数值不稳定的方法。

(2) 采用倒递计算公式

$$I_{n-1} = (1 - I_n)/n, (n = 20,19,\cdots,2,1)$$

由于

$$e^{-1}\min_{0\leqslant x\leqslant 1} e^x \int_0^1 x^n dx < I_n < e^{-1}\max_{0\leqslant x\leqslant 1} e^x \int_0^1 x^n dx$$

或

$$\frac{e^{-1}}{n+1} < I_n < \frac{1}{n+1}$$

$$0.017518068 < I_{20} < 0.047619047$$

取

$$\begin{cases} \tilde{I}_{20} = 0.032568558, \text{且 } |I_{20} - \tilde{I}_{20}| < 0.015051 \\ \tilde{I}_{n-1} = (1 - \tilde{I}_n)/n, (n = 20,19,\cdots,2,1) \end{cases} \tag{5.3}$$

计算结果：

$$
\begin{cases}
\tilde{I}_{20} = 0.032568558 \\
\tilde{I}_{19} = 0.0483715721 \\
\quad \vdots \\
\tilde{I}_{13} = 0.06694770261 \\
\quad \vdots \\
\tilde{I}_{1} = 0.3678794412 \\
\tilde{I}_{0} = 0.6321205588
\end{cases}
$$

用计算公式(5.3)计算，尽管 $\tilde{I}_{20}$ 较粗略，但计算结果越来越精确。

事实上，记 $\tilde{\varepsilon} = I_n - \tilde{I}_n$ 为 $\tilde{I}_n$ 的误差，于是有

$$\tilde{\varepsilon}_{n-1} = -\frac{1}{n}\tilde{\varepsilon}_n, (n = 20, 19, \cdots, 2, 1)$$

且有

$$|\tilde{\varepsilon}_0| = \frac{1}{n!}|\tilde{\varepsilon}_n|$$

说明，采用倒递计算公式(5.3)，每一步误差是缩小的，计算 $\tilde{I}_0$ 时，误差 $|\varepsilon_0|$ 比 $|\tilde{\varepsilon}_{20}|$ 缩小了 20!倍，计算方法(5.3)是数值稳定的方法。

例 7 求二次方程最小根

$$t^2 - 6.433t + 0.009474 = 0$$

(取 5 位准确值 $t_1 = 1.4731 \times 10^{-3}$)

解 (*a*) 用计算公式

$$
\begin{aligned}
t_1 &= (6.433 - \sqrt{6.433^2 - 4(0.009474)})/2 \\
&\approx (6.433 - 6.430)/2 \approx 0.0015
\end{aligned}
$$

(取 4 位浮点数计算) 与准确值只有一位相同。用此计算公式在计算过程中，舍入误差对结果影响较大(由于计算有舍入误差，相近的数作减法时，有效数字损失了)，使计算结果不可靠。这计算方法是一个数值不稳定方法。

(*b*) 用计算公式

$$\tilde{t}_1 = \frac{2(0.009474)}{6.433 + \sqrt{6.433^2 - 4(0.009474)}} \approx 1.473 \times 10^{-3}$$

(用 4 位浮点数计算)

用此计算公式计算时，结果较精确。这个计算方法是数值稳定的。

算法的数值稳定性：

如果用一个方法(算法) 计算时，其计算结果受计算过程中舍入误差影响较小，则称此算法是数值稳定的；否则，如果结果受计算过程中舍入误差影响较大，则称这个算法是数值不稳定的。

在构造和使用计算方法解数学问题时，一定要选用数值稳定的方法。

用数值不稳定的计算方法，可能导致计算结果不可靠，计算失败。

3. 在数值计算中应十分小心处理病态的数学问题

例 8 设有方程组

$$\begin{cases} 3.000x_1 + 4.127x_2 = 15.41 \\ 1.000x_1 + 1.374x_2 = 5.147 \end{cases} \quad (\text{或 } A\boldsymbol{x} = \boldsymbol{b})$$

(真解：$x_1^* = 13.6658, x_2^* = -6.2$)

将元素 4.127 带一点微小误差变为 4.122，方程组变为：

$$\begin{cases} 3.000\tilde{x}_1 + 4.122\tilde{x}_2 = 15.41 \\ 1.000\tilde{x}_1 + 1.374\tilde{x}_2 = 5.147 \end{cases} \quad (\text{或 } \tilde{A}\tilde{\boldsymbol{x}} = \boldsymbol{b})$$

其中 $\tilde{A} = A + \begin{pmatrix} 0. & -0.005 \\ 0. & 0. \end{pmatrix} \equiv A + \delta A$

显然，$\det(\tilde{A}) = 0$，方程组 $\tilde{A}\tilde{\boldsymbol{x}} = \boldsymbol{b}$ 无解。

这就是说，解 $A\boldsymbol{x} = \boldsymbol{b}$ 问题，数据 A 的微小误差引起解的很大变化(此处为无解)，或 $A\boldsymbol{x} = \boldsymbol{b}$ 解对问题数据 A 很灵敏，这种问题称为病态方程组或坏条件的方程组。

病态是数学问题本身所具有的，对病态问题用一般计算方法求解，计算结果可能根本不可靠，如果问题是病态的，一般要采用高精度计算或用解病态问题的方法求解。

4. 在数值计算中要构造和使用计算量省的计算方法

例 9　计算多项式值

$P_n(x) = a_n x^n + a_{n-1}x^{n-1} + \cdots + a_1 x + a_0$

解　(a) 如果直接计算每一项再求和，显然，计算 $a_k x^k$ 需要作 k 次乘法，因此，计算 $P_n(x)$ 值就需要作：$n + (n-1) + \cdots + 2 + 1 = n(n+1)/2$ 次乘法运算及 n 次加法。

(b) 采用秦九韶算法

$P_n(x) = (\cdots((a_n x + a_{n-1})x + a_{n-2})x + \cdots + a_1)x + a_0$

递推公式：

$$\begin{cases} S_n = a_n \\ S_{k-1} = x \cdot S_k + a_{k-1}, (k = n, n-1, \cdots, 2, 1) \end{cases}$$

则　　$S_0 = P_n(x)$

采用秦九韶算法计算 $P_n(x)$ 值只需作 n 次乘法运算和 n 次加法运算。

习　题　1

1. 设下列各近似值均有 4 位有效数字，$x^* = 0.001428$，$y^* = 13.521$，$z^* = 2.300$，试指出它们的绝对误差限和相对误差限。

2. 下列各近似值的绝对误差限都是 $\frac{1}{2} \times 10^{-3}$，试指出它们各有几位有效数字。

$x^* = 2.00021$，$y^* = 0.032$，$z^* = 0.00052$

3. 设 $x = 0.001$，试选择较好的算法计算函数值

$f(x) = \dfrac{1 - \cos x}{x^2}$

4. 设有近似数 $x^* = 2.41$，$y^* = 1.84$，$z^* = 2.35$ 且都有 3 位有效数字，试计算 $S = x^* + y^* z^*$，问 S 有几位有效数字。

5. 序列 $\{y_n\}$ 有递推公式

$$y_n = 10y_{n-1} - 1, (n = 1,2,\cdots)$$

若 $y_0 = \sqrt{2} \approx 1.41$(三位有效数字),问计算 y_{10} 的误差有多大,这个计算公式稳定吗?

第二章　插值法

§1　引言

在工程实际问题中，某些变量之间的函数关系是存在的，但通常不能用式子表示，只能由实验、观测得到 $y=f(x)$ 在一系列离散点上的函数值，即已知 $y=f(x)$ 的一张函数表

x	x_0	x_1	$\cdots$	x_n
$f(x)$	$f(x_0)$	$f(x_1)$	$\cdots$	$f(x_n)$

(1.1)

其中，$x_i \neq x_j$，当 $i \neq j$，且 $f(x_i)=y_i$，$(i=0,1,\cdots,n)$ 值比较准确，$[a,b]$ 为包含 $x_i(i=0,1,\cdots,n)$ 的区间。

对于只给出一张表的连续函数 $y=f(x)$，研究 $y=f(x)$ 的变化规律，计算函数值 $f(x)$，当 $x\neq x_i(i=0,1,\cdots,n)$ 都不方便。这样，希望寻求一个简单且便于计算的函数 $P(x)$ 来近似 $f(x)$，即 $f(x)\approx P(x)$，当 $x\in[a,b]$，$x\neq x_i(i=0,1,\cdots,n)$，一般 $P(x)$ 可选为多项式，三角多项式，有理函数或样条函数等。

有的函数虽然有表达式，但比较复杂，计算 $f(x)$ 值很不经济，这时，也希望用简单的函数 $P(x)$ 来逼近它。

下面首先考虑最基本、最常用的简单函数，即次数小于、等于 n 的多项式集合

$$H_n=\{P_n(x)\,|\,P_n(x)=\sum_{j=0}^{n}a_jx^j,a_j\text{ 实数}\}$$

插值问题的数学提法：

设给定连续函数 $y=f(x)$ 的函数表(1.1)，寻求一个次数 $\leqslant n$ 的多项式 $P_n(x)\in H_n$ 使满足：

$$f(x_i)=P_n(x_i),(i=0,1,\cdots,n) \tag{1.2}$$

定义 1 (1) 如果满足插值条件(1.2)的多项式 $P_n(x)$ 存在，称 $P_n(x)$ 为 $f(x)$ 的插值多项式，$x_i(i=0,1,\cdots,n)$ 称为插值节点，$f(x)$ 称为被插函数(如图 2-1)。

(2) 求插值多项式的方法称为插值法。

(3) 当 $P(x)$ 为分段多项式时，称为分段插值函数。$[a,b]$ 称为插值区间。

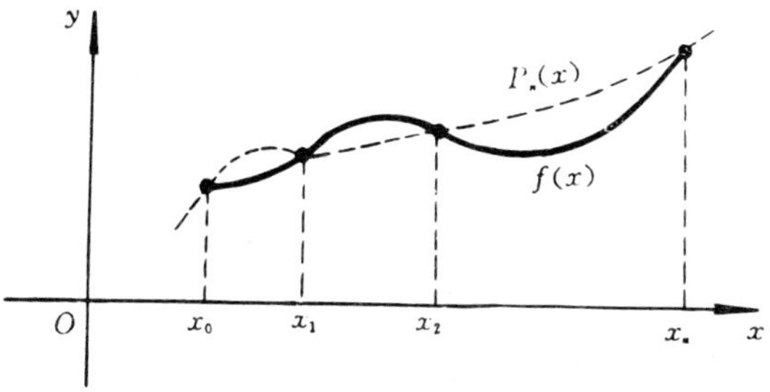

图 2-1

研究问题：(1) 满足插值条件(1.2)的多项式 $P_n(x)$ 是否存在，唯一。

(2) 如果满足插值条件(1.2)的 $P_n(x)$ 存在，又如何构造 $P_n(x)$。

(3) 用 $P_n(x)$ 近似代替 $f(x)$ 的误差估计。

插值法是一种古老的数学问题，它在应用数学、物理学、天文学等领域都有重要应用，尤其是近代发展起来的样条(Spline)插值更是广泛应用于飞机、轮船的外形设计及精密机械加工等。

首先研究第一个问题。

寻求多项式 $P_n(x)=\sum_{i=0}^{n}a_ix^i\in H_n$ 使 $f(x_i)=P_n(x_i)$，$(i=0,$

$1,\cdots,n$)，其中 $a_i(i=0,1,\cdots,n)$ 为 $n+1$ 个待定系数，即寻求 $\{a_i\}$，$(i=0,1,\cdots,n)$ 使满足

$$\begin{cases} a_0+a_1x_0+\cdots+a_nx_0^n=f(x_0) \\ a_0+a_1x_1+\cdots+a_nx_1^n=f(x_1) \\ \quad\vdots \qquad\quad \vdots \qquad\qquad\qquad \vdots \\ a_0+a_1x_n+\cdots+a_nx_n^n=f(x_n) \end{cases} \tag{1.3}$$

这是一个有 $n+1$ 个未知数 $\{a_i\}$ 和 $n+1$ 个方程的线性方程组，于是 $f(x)$ 插值多项式 $P_n(x)$ 是否存在和唯一问题，就是方程组(1.3)解是否存在和唯一的问题。下面说明(1.3)解存在且唯一。

事实上，方程组(1.3)系数阵的行列式为

$$V_n=\det\begin{bmatrix} 1 & x_0 & x_0^2 & \cdots & x_0^n \\ 1 & x_1 & x_1^2 & \cdots & x_1^n \\ \vdots & \vdots & & & \vdots \\ 1 & x_n & x_n^2 & \cdots & x_n^n \end{bmatrix}$$

即是 $n+1$ 阶 Vandermonde 行列式，且有

$$V_n=\prod_{0\leqslant j<i\leqslant n}(x_i-x_j)\neq 0$$

故方程组(1.3)有唯一解，从而得到下述结论。

定理 1 （插值多项式存在唯一性）

设已知 $y=f(x)$ 的函数表 $(x_i,f(x_i))(i=0,1,\cdots,n,x_i\neq x_j$，当 $i\neq j$，$[a,b]$ 为包含所有 x_i 区间)，则存在唯一多项式 $P_n(x)=\sum_{i=0}^{n}a_ix^i\in H_n$ 使 $f(x_i)=P_n(x_i)$，$(i=0,1,\cdots,n)$。

当 $x\in[a,b]$，且 $x\neq x_i$，$(i=0,1,\cdots,n)$ 时 $f(x)\approx P_n(x)$，称 $f(x)-P_n(x)=R_n(x)$ 为插值多项式 $P_n(x)$ 的余项。显然，定理 1 的结论和节点 $x_0,x_1,\cdots,x_n$ 次序无关。

§ 2　拉格朗日插值多项式

通过解方程组(1.3)求插值多项式 $P_n(x)$ 系数 $\{a_i\}$，不但计算工

作量较大，且难于得到 $P_n(x)$ 简单表达式。下面通过找插值基函数的方法，可得到插值多项式 $P_n(x)$ 简单表达式。

2.1 插值基函数

考查一个简单的插值问题，设已知 $y=f(x)$ 的函数表为

x	x_0	x_1	$\cdots$		x_k		$\cdots$	x_n
$f(x)$	0	0	$\cdots$	0	1	0	$\cdots$	0

(2.1)

寻求次数 $\leqslant n$ 多项式 $l_k(x)$ 使满足条件：

$$l_k(x_i)=\begin{cases}1, \text{当 } x_i=x_k \\ 0, x_i\neq x_k\end{cases} \tag{2.2}$$

显然，$x_0,x_1,\cdots,x_{k-1},x_{k+1},\cdots,x_n$ 为 $l_k(x)$ 零点，于是

$$l_k(x)=A(x-x_0)(x-x_1)\cdots(x-x_{k-1})(x-x_{k+1})\cdots(x-x_n)$$

其中，A 为待定系数，可由条件 $l_k(x_k)=1$ 确定，于是得到(2.1)插值多项式

$$\begin{cases}l_k(x)=\dfrac{(x-x_0)(x-x_1)\cdots(x-x_{k-1})(x-x_{k+1})\cdots(x-x_n)}{(x_k-x_0)(x_k-x_1)\cdots(x_k-x_{k-1})(x_k-x_{k+1})\cdots(x_k-x_n)} \\ \quad =\prod\limits_{\substack{j=0\\ j\neq k}}^{n}\dfrac{x-x_j}{x_k-x_j},(k=0,1,\cdots,n)\end{cases} \tag{2.3}$$

定义 2　称 n 次多项式 $l_0(x),l_1(x),\cdots,l_n(x)$ 为节点 $x_0,x_1,\cdots,x_n$ 上的 n 次插值基函数。

2.2 拉格朗日(Lagrange)插值多项式

已知 $y=f(x)$ 函数表 $(x_i,f(x_i)),(i=0,1,\cdots,n)$，寻求 $L_n(x)\in H_n$ 使满足插值条件：$f(x_i)=L_n(x_i),(i=0,1,\cdots,n)$。

显然，满足插值条件的 n 次多项式为

$$L_n(x)=\sum_{k=0}^{n} f(x_k)l_k(x)$$

事实上有：

$$L_n(x_i)=\sum_{k=0}^{n} f(x_k)l_k(x_i)=f(x_i) \quad (i=0,1,\cdots,n)$$

插值多项式 $L_n(x)$，又称为(Lagrange) 插值多项式。

定理 2 (Lagrange 插值多项式)

设 $y=f(x)$ 函数表为$(x_i,f(x_i))(i=0,1,\cdots,n)$，$(x_i\neq x_j$，当 $i\neq j)$，则满足插值条件 $L_n(x_i)=f(x_i)$，$(i=0,1,\cdots,n)$ 插值多项式为

$$L_n(x)=\sum_{k=0}^{n} f(x_k)l_k(x) \tag{2.4}$$

其中

$$l_k(x)=\prod_{\substack{j=0\\ j\neq k}}^{n}\frac{x-x_j}{x_k-x_j},(k=0,1,\cdots,n)$$

线性插值：已知 $y=f(x)$ 函数表

x	x_k	x_{k+1}
$f(x)$	$f(x_k)$	$f(x_{k+1})$

(即 $n=1$)

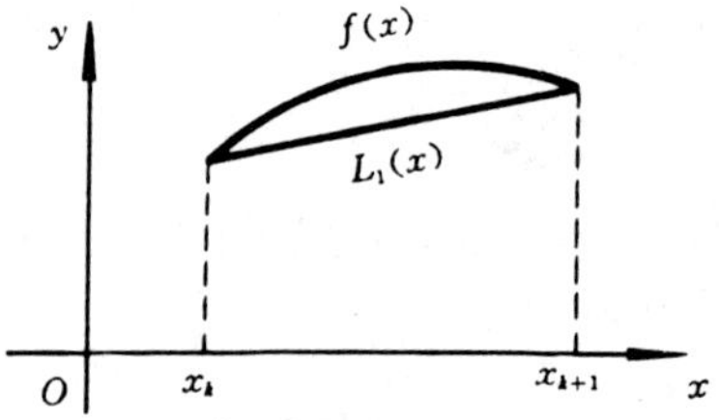

图 2-2

由定理 2 满足插值条件 $L_1(x_i)=f(x_i)$ $(i=k,k+1)$ 一次多项式为(如图 2-2)：

$$L_1(x) = \frac{x - x_{k+1}}{x_k - x_{k+1}} f(x_k) + \frac{x - x_k}{x_{k+1} - x_k} f(x_{k+1}) \tag{2.5}$$

于是，$f(x) \approx L_1(x)$，当 $x \in [x_k, x_{k+1}]$（当 $|x_k - x_{k+1}|$ 比较小时）

抛物线插值：已知 $y = f(x)$ 函数表

x	x_{k-1}	x_k	x_{k+1}
$f(x)$	$f(x_{k-1})$	$f(x_k)$	$f(x_{k+1})$

（即 $n = 2$）

由定理 2 满足插值条件 $L_2(x_i) = f(x_i)$，$(i = k-1, k, k+1)$ 的二次插值多项式为（如图 2-3）：

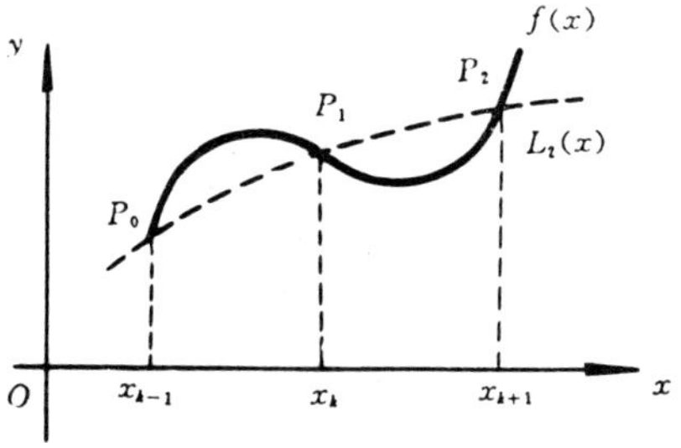

图 2-3

$$\begin{aligned} L_2(x) &= f(x_{k-1})l_{k-1}(x) + f(x_k)l_k(x) + f(x_{k+1})l_{k+1}(x) \\ &= \frac{(x - x_k)(x - x_{k+1})}{(x_{k-1} - x_k)(x_{k-1} - x_{k+1})} f(x_{k-1}) + \\ &\quad \frac{(x - x_{k-1})(x - x_{k+1})}{(x_k - x_{k-1})(x_k - x_{k+1})} f(x_k) + \\ &\quad \frac{(x - x_{k-1})(x - x_k)}{(x_{k+1} - x_{k-1})(x_{k+1} - x_k)} f(x_{k+1}) \end{aligned} \tag{2.6}$$

从几何上看就是用通过三点 P_0, P_1, P_2 抛物线近似代替 $f(x)$，即

$f(x) \approx L_2(x)$，当 $x \in [x_{k-1}, x_{k+1}]$

线性插值和抛物线插值是工程上常用的插值方法。

引进记号：$\omega_{n+1}(x) = (x - x_0)(x - x_1)\cdots(x - x_n)$

显然，

$$\omega'_{n+1}(x_k) = (x_k - x_0)(x_k - x_1)\cdots(x_k - x_{k-1})(x_k - x_{k+1})\cdots(x_k - x_n)$$

于是，拉格朗日插值多项式 $L_n(x)$ 可写为：

$$L_n(x) = \sum_{k=0}^{n} f(x_k)\frac{\omega_{n+1}(x)}{(x - x_k)\omega'_{n+1}(x_k)} \tag{2.7}$$

2.3 插值多项式的余项

在 $[a,b]$ 上用插值多项式 $L_n(x)$ 近似 $f(x)$，其误差为

$$R_n(x) = f(x) - L_n(x)$$

下面给出插值余项的估计。

定理 3 （插值多项式余项）

(1) 设已知 $y = f(x)$ 函数表 $(x_i, f(x_i)), (i = 0,1,\cdots,n), x_i \neq x_j$，当 $i \neq j, x_i \in [a,b], L_n(x)$ 为满足插值条件的 n 次插值多项式。

(2) 设 $f^{(n)}(x)$ 在 $[a,b]$ 上连续，$f^{(n+1)}(x)$ 在 (a,b) 内存在，则对任何 $x \in [a,b]$ 插值多项式余项为

$$R_n(x) = f(x) - L_n(x) = \frac{f^{(n+1)}(\xi)}{(n+1)!}\prod_{i=0}^{n}(x - x_i) \tag{2.8}$$

其中 $\xi \in (a,b)$ 且 ξ 依赖于 x。

证明 设 x 为 $[a,b]$ 任一固定点，如果有 $x = x_i (i = 0,1,\cdots,n)$，则(2.8)式显然成立。现设 $x \in [a,b]$ 但 $x \neq x_i (i = 0,1,\cdots,n)$。显然有

$$R_n(x_i) = 0, (i = 0,1,\cdots,n)$$

于是有 $R_n(x) = k(x)(x - x_0)(x - x_1)\cdots(x - x_n)$ (2.9)

其中 $k(x)$ 为与 x 有关的待定函数。

为了确定 $k(x)$，作一辅助函数

$$\varphi(t) = f(t) - L_n(t) - k(x)(t - x_0)(t - x_1)\cdots(t - x_n),\quad t \in [a,b]$$

显然，$\varphi(t)$ 具有性质：

$\varphi(x) = 0, \varphi(x_i) = 0, (i = 0,1,\cdots,n)$，即 $\varphi(t)$ 于 $[a,b]$ 上有 $n +$

2 个不同的零点且 $\varphi^{(n)}(t)$ 于$[a,b]$连续，$\varphi^{(n+1)}(t)$ 于(a,b) 存在且为

$$\varphi^{(n+1)}(t) = f^{(n+1)}(t) - k(x)(n+1)!$$

由 Rolle 定理可知 $\varphi'(t)$ 在(a,b) 内至少有 $n+1$ 个不同零点，$\varphi''(t)$ 在(a,b) 内至少有 n 个不同的零点，…，$\varphi^{(n+1)}(t)$ 于(a,b) 内至少有一个零点，即存在 $\xi \in (a,b)$ 使

$$\varphi^{(n+1)}(\xi) = 0$$

或 $$f^{(n+1)}(\xi) - k(x)(n+1)! = 0$$

即 $$k(x) = \frac{f^{(n+1)}(\xi)}{(n+1)!}$$

代入(2.9)式即得余项公式(2.8)式。

线性插值的余项：

当 $n=1$ 时，由定理 3 可得线性插值 $L_1(x)$ 的余项公式

$$R_1(x) = f(x) - L_1(x) = \frac{f^{(2)}(\xi)}{2!}(x-x_k)(x-x_{k+1})$$

其中，$\xi \in (a,b)$。

抛物线插值的余项：

当 $n=2$ 时，由定理 3 可得抛物线插值 $L_2(x)$ 的余项公式

$$R_2(x) = f(x) - L_2(x) = \frac{f^{(3)}(\xi)}{3!}(x-x_{k-1})(x-x_k)(x-x_{k+1})$$

其中，$\xi \in (a,b)$。

当 $f(x)$ 的高阶导数存在并能估计时，

$$|f^{(n+1)}(x)| \leqslant M_{n+1}, \forall\ x \in (a,b)$$

则有 $L_n(x)$ 逼近 $f(x)$ 的误差估计

$$|R_n(x)| \leqslant \frac{M_{n+1}}{(n+1)!}|(x-x_0)(x-x_1)\cdots(x-x_n)| \tag{2.10}$$

由(2.10)式可知误差 $|R(x)|$ 大小除与 M_{n+1} 有关外，还与因子 $|\omega_{n+1}(x)|$ 有关，因此，在 n 及 $x \in [a,b]$ 给定情况下，应选择 $n+1$ 个插值节点使 $|\omega_{n+1}(x)|$ 尽可能较小。

2.4 算法与例子

算法1 (Lagrange插值) 已知 $y=f(x)$ 函数表 (x_i,y_i)，$(a=x_0<x_1<\cdots<x_n=b)$，给定 $xx\in[a,b]$ 及 i_0、n_0，表示选取 $x_{i_0},\cdots,x_{i_0+n_0}$ 作为插值节点作 n_0 次插值多项式 $L_{n_0}(xx)$，计算 $f(xx)$ 近似值，即 $f(xx)\approx L_{n_0}(xx)$，结果存放在 f_0 内，要求 $i_0+n_0\leqslant n$。

1. 输入：$n,i_0,n_0,xx,x(i),y(i),(i=0,\cdots,n)$
2. $f_0\leftarrow 0.0$
3. 对于 $k=i_0,\cdots,i_0+n_0$
   (1) $M\leftarrow 1.0$
   (2) 对于 $j=i_0,\cdots,i_0+n_0$
      1) 如果 $j=k$ 则转 3)
      2) $M\leftarrow(xx-x(j))*M/(x(k)-x(j))$
      3) Continue
   (3) $f_0\leftarrow f_0+M*y(k)$
   (4) Continue
4. 输出：f_0

[注] 对于给定 $y=f(x)$ 函数表

x	x_0	x_1	$\cdots$	x_n
$f(x)$	y_0	y_1	$\cdots$	y_n

可设计“一元 3 点不等距插值”计算，即对于给定 $x\in[a,b]$，可选取最靠近 x 的相邻 3 个插值节点，然后用拉格朗日插值公式(抛物线插值)进行插值计算。

例 1 设 $y=\ln x$ 且给出函数表

x	0.40	0.50	0.70	0.80
$\ln x$	-0.916291	-0.693147	-0.356675	-0.223144

试计算 $f(0.6)=\ln 0.6$ 近似值，并估计误差。

解　(1) 选取插值节点为 $x_1 = 0.50, x_2 = 0.70$ 作线性插值

$$f(0.6) \approx L_1(0.6) = y_1 \frac{x - x_2}{x_1 - x_2} + y_2 \frac{x - x_1}{x_2 - x_1}$$
$$= -0.524911 \qquad (x = 0.6)$$

误差

$$R_1(0.6) = f(0.6) - L_1(0.6) = \frac{f^{(2)}(\xi)}{2!}(x - x_1)(x - x_2)$$
$$= \frac{0.01}{2}\frac{1}{\xi^2}, \quad 0.50 < \xi < 0.70$$

由于

$$\frac{10^2}{49} < \frac{1}{\xi^2} < \frac{10^2}{25}$$

所以有

$$0.01 < R_1(x) < 0.02$$

(2) 选取插值节点为 $x_1 = 0.50, x_2 = 0.70, x_3 = 0.80$ 作抛物线插值

$$\ln 0.6 \approx L_2(0.6)$$
$$= y_1 l_1(x) + y_2 l_2(x) + y_3 l_3(x)$$
$$= -0.513343 \qquad (x = 0.6)$$

且误差　$R_2(0.6) = \dfrac{f^{(3)}(\xi)}{3!}(x - x_1)(x - x_2)(x - x_3)$

$$= \frac{2}{3}\frac{10^{-3}}{\xi^3}, x_1 < \xi < x_3$$

$$1.3 \times 10^{-3} < R_2(0.6) = f(0.6) - L_2(0.6) < 5.34 \times 10^{-3}$$

$f(0.6) = \ln 0.6$ 真值为:

$$\ln 0.6 = -0.510826$$

§3　逐步线性插值法

用拉格朗日插值多项式 $L_n(x)$ 进行插值计算时,一个缺点是当需要增加插值节点时,原来插值多项式不能利用,需要重新建立。本

节介绍比拉格朗日插值公式更为实用的逐步线性插值方法。

3.1 列维尔算法

设给定 $y=f(x)$ 函数表

x	x_0	x_1	$\cdots$	x_n
$f(x)$	y_0	y_1	$\cdots$	y_n

(3.1)

引进记号,用 $P_{0,1,\cdots,k}(x)$ 表示节点为 $x_0,x_1,\cdots,x_k$ 的 k 次插值多项式,即

$$\begin{cases}P_{0,1,\cdots,k}(x)=\sum_{j=0}^{k}y_jl_j(x)\\ P_j(x)\equiv f(x_j),(j=0,1,\cdots,k)\end{cases}$$

其中,$l_j(x)$ 为插值基函数。

下面说明高阶的拉格朗日插值多项式可以通过低一阶的拉格朗日插值多项式组合得到。

例如,已知 $y=f(x)$ 函数表(3.1),有线性插值

$$P_{0,1}(x)=\frac{x-x_1}{x_0-x_1}y_0+\frac{x-x_0}{x_1-x_0}y_1$$

$$P_{1,2}(x)=\frac{x-x_2}{x_1-x_2}y_1+\frac{x-x_1}{x_2-x_1}y_2$$

显然,可以选取 a,b 使由 $P_{0,1}(x),P_{1,2}(x)$ 组合得到二次插值,即选取 a,b 使

$$\begin{cases}P_{0,1,2}(x)=a(x-x_2)P_{0,1}(x)+b(x-x_0)P_{1,2}(x)\\ \text{即选取 } a=\dfrac{1}{x_0-x_2},b=\dfrac{1}{x_2-x_0}\end{cases}$$

或

$$P_{0,1,2}(x)=\frac{x-x_2}{x_0-x_2}P_{0,1}(x)+\frac{x-x_0}{x_2-x_0}P_{1,2}(x) \tag{3.2}$$

显然,二次插值 $P_{0,1,2}(x)$ 就是由两点$(x_0,P_{0,1}(x))$、$(x_2,P_{1,2}(x))$线

性插值得到。

定义 3　$P_{i_0,i_1,\cdots,i_k}(x)$ 记插值节点为 $x_{i_0},x_{i_1},\cdots,x_{i_k}$ 且满足插值条件 $P_{i_0,i_1,\cdots,i_k}(x_{i_j})=f(x_{i_j})(j=0,1,\cdots,k)$，$k$ 次插值多项式。

定理 4　（逐步线性插值）

设已知 $y=f(x)$ 的函数表

x	x_0	x_1	$\cdots$	x_n
$f(x)$	$f(x_0)$	$f(x_1)$	$\cdots$	$f(x_n)$

则

（1）k 次插值多项式 $P_{0,1,\cdots,k}(x)$ 有下述递推公式

$$\begin{cases} P_j(x)=f(x_j) \quad (j=0,1,\cdots,k) \\ P_{0,1,\cdots,k}(x)=\dfrac{(x-x_0)P_{1,2,\cdots,k}(x)-(x-x_k)P_{0,1,\cdots,k-1}(x)}{x_k-x_0} \\ (k=1,2,\cdots) \end{cases} \tag{3.3}$$

其中，$P_{1,2,\cdots,k}(x)$，$P_{0,1,\cdots,k-1}(x)$ 为 $k-1$ 次插值多项式。

（3.3）式说明，k 次插值多项式 $P_{0,1,\cdots,k}(x)$ 可由两点 $(x_0,P_{0,1,\cdots,k-1}(x))$，$(x_k,P_{1,2,\cdots,k}(x))$ 线性插值得到。

（2）k 次插值多项式 $P_{i_0,i_1,\cdots,i_k}(x)$ 有下述递推公式

$$\begin{cases} P_j(x)=f(x_j) \\ P_{i_0,i_1,\cdots,i_k}(x)=\dfrac{(x-x_{i_0})P_{i_1,i_2,\cdots,i_k}(x)-(x-x_{i_k})P_{i_0,i_1,\cdots,i_{k-1}}(x)}{x_{i_k}-x_{i_0}} \\ (k=1,2,\cdots) \end{cases} \tag{3.4}$$

其中 $P_{i_1,i_2,\cdots,i_k}(x)$，$P_{i_0,i_1,\cdots,i_{k-1}}(x)$ 为 $k-1$ 次插值多项式。

（3.4）式说明 k 次插值多项式 $P_{i_0,i_1,\cdots,i_k}(x)$ 可由两点 $(x_{i_0},P_{i_0,\cdots,i_{k-1}}(x))$，$(x_{i_k},P_{i_1,i_2\cdots,i_k}(x))$ 线性插值得到。

证明　证明（3.3）式，记（3.3）式右边式子为 $G(x)$，显然 $G(x)$ 满足：

(1) $G(x)$ 为次数不超过 k 的多项式；

(2) $G(x_0) = P_{0,1,\cdots,k-1}(x_0) = f(x_0), G(x_k) = P_{1,2,\cdots,k}(x_k) = f(x_k)$

且
$$G(x_j) = \frac{(x_j - x_0)P_{1,2,\cdots,k}(x_j) - (x_j - x_k)P_{0,1,\cdots,k-1}(x_j)}{x_k - x_0}$$
$$= \frac{(x_j - x_0)f(x_j) - (x_j - x_k)f(x_j)}{x_k - x_0} = f(x_j),$$
$$(j = 1,2,\cdots,k-1)$$

说明(3.3)式右边函数 $G(x)$ 满足插值条件：

$$G(x_j) = f(x_j), (j = 0,1,\cdots,k)$$

于是由插值节点为 $x_0, x_1, \cdots, x_k$ 的 k 次插值多项式的唯一性，则有

$$G(x) = P_{0,1,\cdots,k}(x)$$

同理可证(3.4)式。

定理 4 提供了一个逐步用线性插值产生拉格朗日插值多项式的计算方法，称(3.4)式为列维尔(Neville)方法。

Neville 方法计算如表 2-1：

表 2-1

x_i	$f(x_i)$	1 次	2 次	3 次		k 次	$t(\cdot)$
x_0	$f(x_0)$						$t(0)$
x_1	$f(x_1)$	$P_{0,1}(x)$					$t(1)$
x_2	$f(x_2)$	$P_{1,2}(x)$	$P_{0,1,2}(x)$				
x_3	$f(x_3)$	$P_{2,3}(x)$	$P_{1,2,3}(x)$	$P_{0,1,2,3}(x)$			
$\vdots$	$\vdots$	$\vdots$	$\vdots$	$\vdots$	$\ddots$		$\vdots$
x_k	$f(x_k)$	$P_{k-1,k}(x)$	$P_{k-2,k-1,k}(x)$	$P_{k-3,k-2,k-1,k}(x)$	$\cdots$	$P_{0,1,\cdots,k}(x)$	$t(k)$
$\vdots$	$\vdots$	$\vdots$	$\vdots$	$\vdots$		$\vdots$	$\vdots$

每增加一个节点，只需在表中再计算一行，表中斜线上值就是取插值节点为 $x_0, x_1, \cdots, x_k$ 时 k 次插值多项式 $P_{0,1,\cdots,k}(x)$ 值($k = 1,2,$

…)。逐步线性插值方法适宜在计算机上计算，且计算 $P_{0,1,\cdots,n}(x)$ 需要 $\frac{3}{2}n^2+\frac{3}{2}n$ 次乘除法运算，而 Lagrange 插值计算需要 $2n^2+2n$ 次乘除法运算。

Aitken 方法计算如表 2-2：

表 2-2

x_i	$f(x_i)$	1 次	2 次	3 次	…	k 次
x_0	$f(x_0)$					
x_1	$f(x_1)$	$P_{0,1}(x)$				
x_2	$f(x_2)$	$P_{0,2}(x)$	$P_{0,1,2}(x)$			
x_3	$f(x_3)$	$P_{0,3}(x)$	$P_{0,1,3}(x)$	$P_{0,1,2,3}(x)$		
⋮	⋮	⋮	⋮	⋮	⋱	
x_k	$f(x_k)$	$P_{0,k}(x)$	$P_{0,1,k}(x)$	$P_{0,1,2,k}(x)$	…	$P_{0,1,\cdots,k}(x)$

按行计算，由列顶端值与某行值可产生此行新的值，例

$$P_{0,1,3}(x)=\frac{(x-x_3)P_{0,1}(x)-(x-x_1)P_{0,3}(x)}{x_1-x_3}$$

3.2 算法与例子

现考虑 Neville 算法，用数组 $t(n)$ 存放函数值 $f(x_i)$，$(i=0,1,\cdots,n)$，第 k 步计算结果(表 2-1 中第 k 行) 覆盖数组 t，即

$$t(j)\leftarrow P_{j,j+1,\cdots,k-1,k}(x),(j=k-1,\cdots,1,0)$$

于是，第 k 步计算，即通过 $(x(j),t(j))$，$(x(k),t(j+1))$ 作线性插值可计算 $P_{j,j+1,\cdots,k-1,k}(x)$ 且存放在 $t(j)$ 内 $(j=k-1,\cdots,1,0)$。

算法 2 (Neville 算法) 设已知 $y=f(x)$ 函数表 (x_i,y_i)，$(i=0,1,\cdots,n)$，对给定 $z\in[a,b]$ 计算 $f(z)\approx P_{0,1,\cdots,n}(z)$，结果在 $t(0)$ 内：

1. 输入：$n,x(i),y(i),(i=0,1,\cdots,n),z$
2. $t(0)\leftarrow y(0)$

3. 对于 $k = 1,2,\cdots,n$

(1) $t(k) \leftarrow y(k)$

(2) 对于 $j = k-1, k-2, \cdots, 1, 0$

1) $t(j) \leftarrow t(j+1) + (t(j+1) - t(j))$
$* (z - x(k))/(x(k) - x(j))$

2) Continue

(3) Continue

4. 输出:$t(0)$

注:本算法可用判断 $|P_{0,1,\cdots,k-1}(x) - P_{0,1,\cdots,k}(x)| < \varepsilon$(其中 ε 为给定的误差界)来控制选择合适的插值多项式 $P_{0,1,\cdots,k}(x)$,如果不等式不满足,则增加一个插值节点。

例 2 已知第一类零阶 Bessel 函数 $J_0(x)$ 的函数表

x	1.0	1.3	1.6	1.9	2.2	2.5
$J_0(x)$	0.7651977	0.6200860	0.4554022	0.2818186	0.1103623	−0.0483838

试计算 $J_0(1.5)$ 近似值,见表 2-3。

解 按表 2-1 计算如下:

表 2-3

1.0	0.7651977				
1.3	0.6200860	0.5233449			
1.6	0.4554022	0.5102968	0.5124715		
1.9	0.2818186	0.5132634	0.5112857	0.5118127	
2.2	0.1103623	0.5104270	0.5137361	0.5118302	0.5118200

$\therefore J_0(1.5) \approx 0.5118200$

§ 4　差商与牛顿插值多项式

4.1 差商(均差)及性质

为了研究插值多项式另一种简单表达式,首先引进差商(均差)概念。

设已知 $y = f(x)$ 函数表

x	x_0	x_1	$\cdots$	x_n
$f(x)$	$f(x_0)$	$f(x_1)$	$\cdots$	$f(x_n)$

$$(x_i \neq x_j, \text{当}\ i \neq j) \tag{4.1}$$

由给定 $y = f(x)$ 函数表研究 $f(x)$ 在 $[x_0, x_1]$, $[x_1, x_2]$, $\cdots$, $[x_{n-1}, x_n]$ 上平均变化率,例如

$$f[x_0, x_1] = \frac{f(x_1) - f(x_0)}{x_1 - x_0},$$

$$f[x_1, x_2] = \frac{f(x_2) - f(x_1)}{x_2 - x_1},$$

$\cdots$,

$$f[x_{n-1}, x_n] = \frac{f(x_n) - f(x_{n-1})}{x_n - x_{n-1}}$$

定义 4　(1) 对于 $[x_i, x_j]$ 称

$$f[x_i, x_j] \equiv [x_i, x_j]f(x) \equiv \frac{f(x_j) - f(x_i)}{x_j - x_i}$$

为函数 $f(x)$ 在 x_i, x_j 的一阶差商;

(2) 由函数 $y = f(x)$ 的一阶差商表,再作一次差商,例如

$$f[x_0, x_1, x_2] \equiv [x_0, x_1, x_2]f(x) \equiv \frac{f[x_1, x_2] - f[x_0, x_1]}{x_2 - x_0}$$

称为 $y = f(x)$ 在点 x_0, x_1, x_2 的二阶差商。二阶差商一般形式

$$f[x_i,x_j,x_k] \equiv [x_i,x_j,x_k]f(x) \equiv \frac{f[x_j,x_k) - f[x_i,x_j]}{x_k - x_i}$$

(3) 一般由函数 $y = f(x)$ 的 $n-1$ 阶差商表可定义函数的 n 阶差商。例如

$$\begin{aligned} f[x_0,x_1,\cdots,x_n] &\equiv [x_0,x_1,\cdots,x_n]f(x) \\ &= \frac{f[x_1,x_2,\cdots,x_n] - f[x_0,x_1,\cdots,x_{n-1}]}{x_n - x_0} \end{aligned}$$

称为函数 $y = f(x)$ 在 $x_0,x_1,\cdots,x_n$ 点的 n 阶差商，其中 $f[x_1,x_2,\cdots,x_n]$，$f[x_0,x_1,\cdots,x_{n-1}]$ 为 $y = f(x)$ 的 $n-1$ 阶差商。

即由低一阶的两个差商的均差，可得到高一阶的差商。

定理 5　(1) $f(x)$ 的 k 阶差商 $f[x_0,x_1,\cdots,x_k]$ 是函数值 $f(x_0)$，$f(x_1),\cdots,f(x_k)$ 的组合，即

$$\begin{aligned} &f[x_0,x_1,\cdots,x_k] \\ &= \sum_{j=0}^{k} \frac{f(x_j)}{(x_j - x_0)(x_j - x_1)\cdots(x_j - x_{j-1})(x_j - x_{j+1})\cdots(x_j - x_k)} \\ &= \sum_{j=0}^{k} \frac{f(x_j)}{\prod\limits_{\substack{i=0 \\ i\neq j}}^{k}(x_j - x_i)} \end{aligned}$$

(2) k 阶差商 $f[x_0,x_1,\cdots,x_k]$ 关于点 $x_0,x_1,\cdots,x_k$ 是对称的，即

$$\begin{aligned} f[x_0,x_1,\cdots,x_k] &= f[x_1,x_0,x_2,\cdots,x_k] = \cdots \\ &= f[x_k,x_{k-1},\cdots,x_0] \end{aligned}$$

证明　(1) 显然，对 $k = 1$ 时定理 5(1) 成立，即

$$f[x_0,x_1] = \frac{f(x_0)}{x_0 - x_1} + \frac{f(x_1)}{x_1 - x_0}$$

一般对 k 可用归纳法证明。

(2) 利用(1) 结论可得。

4.2 牛顿插值多项式

设已给 $y = f(x)$ 函数表式(4.1)，利用 $f(x)$ 差商表可建立 $f(x)$ 插值多项式的另一种表达式。

由于满足插值条件 $f(x_i)=P_n(x_i)\ (i=0,1,\cdots,n)$ 插值多项式 $P_n(x)$ 的次数 $\leqslant n$，于是 $P_n(x)$ 应为

$$1,(x-x_0),(x-x_0)(x-x_1),\cdots,(x-x_0)(x-x_1)\cdots(x-x_{n-1})$$

线性组合，即

$$P_n(x)=a_0+a_1(x-x_0)+\cdots+a_n(x-x_0)(x-x_1)\cdots(x-x_{n-1})$$

且选择系数 $\{a_i\}$ 使 $f(x_i)=P_n(x_i)$，$(i=0,1,\cdots,n)$，即得到 $\{a_i\}$ 所满足的方程组

$$\begin{cases} f(x_0)=a_0 \\ f(x_1)=f(x_0)+a_1(x_1-x_0)\rightarrow a_1=f[x_0,x_1] \\ f(x_2)=f(x_0)+f[x_0,x_1](x-x_0)+a_2(x_2-x_0)(x_2-x_1) \\ \qquad \rightarrow a_2=f[x_0,x_1,x_2] \\ \quad\vdots \qquad\qquad \vdots \\ f(x_n)=f(x_0)+f[x_0,x_1](x_n-x_0)+f[x_0,x_1,x_2](x_n-x_0) \\ \quad \cdot(x_n-x_1)+\cdots+a_n(x_n-x_0)\cdots(x_n-x_{n-1}) \end{cases}$$

一般可得：$a_n=f[x_0,x_1,\cdots,x_n]$。

于是得到满足插值条件的牛顿插值多项式

$$\begin{aligned} P_n(x)=&f(x_0)+f[x_0,x_1](x-x_0) \\ &+f[x_0,x_1,x_2](x-x_0)(x-x_1) \\ &+\cdots \\ &+f[x_0,x_1,\cdots,x_n](x-x_0)(x-x_1)\cdots(x-x_{n-1}) \end{aligned}$$

且 $P_n(x)$ 系数为函数 $f(x)$ 的各阶差商。

下面推导余项公式：

$$f(x)=P_n(x)+R_n(x)$$

显然，

$$\begin{aligned} R_1(x)&=f(x)-P_1(x) \\ &=f(x)-f(x_0)-f[x_0,x_1](x-x_0) \\ &=f[x,x_0](x-x_0)-f[x_0,x_1](x-x_0) \\ &=f[x_1,x_0,x](x-x_0)(x-x_1) \end{aligned}$$

一般情况，用归纳法。设对 $n-1$ 有余项公式

$$R_{n-1}(x)=f(x)-P_{n-1}(x)$$
$$=f[x_0,x_1,\cdots,x_{n-1},x](x-x_0)(x-x_1),\cdots,(x-x_{n-1})$$

于是对 n，余项 $R_n(x)$ 公式亦成立。事实上

$$R_n(x)=f(x)-P_n(x)=f(x)-P_{n-1}(x)$$
$$-f[x_0,x_1,\cdots,x_n](x-x_0)(x-x_1)\cdots(x-x_{n-1})$$
$$=(f[x_0,x_1,\cdots,x_{n-1},x]-f[x_0,x_1,\cdots,x_n])(x-x_0)$$
$$\cdot(x-x_1)\cdots(x-x_{n-1})$$
$$=f[x_n,x_0,x_1,\cdots,x_{n-1},x](x-x_0)(x-x_1)\cdots$$
$$(x-x_{n-1})(x-x_n)$$

定理 6 （牛顿插值多项式）

设已知 $y=f(x)$ 函数表 $(x_i,f(x_i))(i=0,1,\cdots,n)$，$(x_i\neq x_j$，当 $i\neq j)$，则满足插值条件 $f(x_i)=P_n(x_i)$，$(i=0,1,\cdots,n)$ 的插值多项式为：

$$f(x)=P_n(x)+R_n(x) \tag{4.2}$$

其中，

$$P_n(x)=f(x_0)+f[x_0,x_1](x-x_0)+\cdots$$
$$+f[x_0,x_1,\cdots,x_n](x-x_0)(x-x_1)\cdots(x-x_{n-1})$$

$$R_n(x)=f[x,x_0,x_1,\cdots,x_n]\prod_{i=0}^{n}(x-x_i)$$

由 n 次插值多项式的唯一性，则有 $P_n(x)=L_n(x)$，但牛顿插值多项式 $P_n(x)$ 与拉格朗日插值多项式 $L_n(x)$ 形式不同。

当 $f(x)$ 的 $n+1$ 阶导数存在时，则有余项公式

$$R_n(x)=f(x)-P_n(x)$$
$$=f[x,x_0,x_1,\cdots,x_n]\prod_{i=0}^{n}(x-x_i)$$
$$=\frac{f^{(n+1)}(\xi)}{(n+1)!}\prod_{i=0}^{n}(x-x_i)$$

从而，$n+1$ 阶差商与导数有关系

$$f[x,x_0,x_1,\cdots,x_n]=\frac{f^{(n+1)}(\xi)}{(n+1)!}$$
其中，$\xi\in(a,b)$ 且 ξ 依赖于 $x\in[a,b]$ 为包含 $x_i(i=0,1,\cdots,n)$ 区间）。

当需要增加一个插值节点时，牛顿插值多项式只需增加一项即可，即

$$P_{k+1}(x)=P_k(x)+f[x_0,x_1,\cdots,x_{k+1}](x-x_0)(x-x_1)\cdots(x-x_k)$$

对于给定 $x\in[a,b]$ 计算牛顿插值多项式 $P_n(x)$ 值需要 $(n^2+n)/2$ 次除法，n 次乘法运算，比 Lagrange 公式节省 3 ～ 4 倍工作量。

用牛顿插值多项式计算需要下列计算：

(1) 计算差商表；

(2) 用嵌套乘法计算 $P_n(x)$ 值。

定理 7 (1) 设 $f(x)$ 在$[a,b]$存在 n 阶导数，则 n 阶差商与导数关系为

$$f[x_0,x_1,\cdots,x_n]=\frac{f^{(n)}(\xi)}{n!}$$
其中，$\xi\in(a,b)$（$[a,b]$ 为包含 $x_0,x_1,\cdots,x_n$ 区间）。

(2) 如果 $f(x)=\sum_{i=0}^{n}a_ix^i$ 是一个 n 次多项式，则

$$f[x_0,x_1,\cdots,x_k]=\begin{cases}0, & \text{当 } k>n \text{ 时}\\ a_n, & \text{当 } k=n \text{ 时}\end{cases}$$

证明 (1) 对 $R_n(x)=f(x)-P_n(x)$ 直接反复利用 Rolle 定理可得。

(2) 利用(1) 结论可得。

4.3 算法与例子

算法 3 （牛顿插值）设已知 $y=f(x)$ 函数值$(x_i,f(x_i))$，$(i=0,1,\cdots,n)$，对给定 $z\in(a,b)$ 计算 $f(z)$ 近似值 $P_n(z)$，计算结果存放在 P 内。

1. 输入:$n, z, x(i), y(i), (i = 0, 1, \cdots, n)$

2. $t(0) \leftarrow y(0)$

3. $A(0) \leftarrow y(0)$

4. 对于 $k = 1, 2, \cdots, n$

   (1) $t(k) \leftarrow y(k)$

   (2) 对于 $j = k - 1, k - 2, \cdots, 1, 0$

      1) $t(j) \leftarrow (t(j+1) - t(j))/(x(k) - x(j))$

      2) Continue

   (3) $A(k) \leftarrow t(0)$

   (4) Continue

5. $P \leftarrow A(n)$

6. 对于 $i = n - 1, n - 2, \cdots, 1, 0$

   $P \leftarrow P * (z - x(i)) + A(i)$

7. 输出:P

[注] 一维数组 $t(n)$ 开始存放函数值 $y(i), (i = 0, 1, \cdots, n)$,第 k 步计算结果(即表 2-4 第 k 行) 存放在 $t(j), (j = k - 1, \cdots, 1, 0)$,一维数组 $A(n)$ 存放各阶差商:$f(x_0), f[x_0, x_1], \cdots, f[x_0, x_1, \cdots, x_n]$。

表 2-4　差商表

x_i	$f(x_i)$	一阶差商	二阶差商	三阶差商		k 阶差商	$t(\cdot)$
x_0	$f(x_0)$						$t(0)$
x_1	$f(x_1)$	$f[x_0, x_1]$					$t(1)$
x_2	$f(x_2)$	$f[x_1, x_2]$	$f[x_0, x_1, x_2]$				
x_3	$f(x_3)$	$f[x_2, x_3]$	$f[x_1, x_2, x_3]$	$f[x_0, x_1, x_2, x_3]$	$\vdots$		
$\vdots$	$\vdots$	$\vdots$	$\vdots$	$\vdots$	$\ddots$		$\vdots$
x_k	$f(x_k)$	$f[x_{k-1}, x_k]$	$f[x_{k-2}, x_{k-1}, x_k]$	$\cdots$	$\cdots$	$f[x_0, x_1, \cdots, x_k]$	$t(k)$

例 3　已知 $y = \cos x$ 的函数表

x	0.0	0.2	0.4	0.6	0.8	1.0	1.2
$\cos x$	1.0	0.980067	0.921061	0.825336	0.696707	0.540302	0.362358

试用牛顿插值算法计算 $f(0.3) = \cos 0.3$ 近似值并估计 $R_4(x)$。

解　(1) 差商表表 2-5 中各阶差商：$A(k) = f[x_0, x_1, \cdots, x_k]$

表 2-5

$f(x_0)$	$f[x_0,x_1]$	$f[x_0,x_1,x_2]$	$f[x_0,x_1,x_2,x_3]$
1.0	−0.099665	−0.4884125	0.04904167
	$f[x_0,x_1,x_2,x_3,x_4]$	$f[x_0,\cdots,x_5]$	$f[x_0,\cdots,x_6]$
	0.03804688	−0.003854167	−0.001215278

牛顿插值多项式

$$P_n(x) = A(0) + A(1)(x - x_0) + \cdots + A(n)(x - x_0)(x - x_1)\cdots(x - x_{n-1})$$

(2) 插值计算(表 2-6)

表 2-6

n	$P_n(0.3)$
1	0.9701005
2	0.9554481
3	0.955301
4	0.9553352
5	0.9553370
6	0.9553366
真值	$f(0.3) = 0.9553365$

(3) 估计误差，$x = 0.3$

$$|R_4(x)| = |f(x) - P_4(x)|$$

$$\leqslant \frac{|f^{(5)}(\xi)|}{5!}|(x-x_0)(x-x_1)(x-x_2)(x-x_3)(x-x_4)|$$

$$\leqslant \frac{1}{5!} \times 4.5 \times 10^{-4} = 3.75 \times 10^{-6}$$

定义 5 （重节点差商）重节点差商是通过差商极限定义的，如

$$f[x_0,x_0] \overset{记}{=} \lim_{x_0^{(1)} \to x_0} f[x_0,x_0^{(1)}]$$

$$= \lim_{x_0^{(1)} \to x_0} \frac{f(x_0^{(1)}) - f(x_0)}{x_0^{(1)} - x_0} = f'(x_0)$$

类似的有

(1) $f[x_0,x_1,\cdots,x_n,x,x] = \dfrac{d}{dx}f[x_0,x_1,\cdots,x_n,x]$

(2) $f\underbrace{[x_0,x_0,\cdots,x_0]}_{n+1个} = \dfrac{f^{(n)}(x_0)}{n!}$

定理 8 （两函数相乘的差商）

设 $f(t) = g(t)h(t)$，则 $f(t)$ 的 k 阶差商为

$$f[t_i,t_{i+1},\cdots,t_{i+k}] = g(t_i)h[t_i,t_{i+1},\cdots,t_{i+k}]$$
$$+ g[t_i,t_{i+1}]h[t_{i+1},\cdots,t_{i+k}] + \cdots$$
$$+ g[t_i,t_{i+1},\cdots,t_{i+k}] \cdot h[t_{i+k}]$$

显然，对 $k = 1$ 公式成立，事实上

$$f[t_i,t_{i+1}] = \frac{f(t_{i+1}) - f(t_i)}{t_{i+1} - t_i}$$

$$= \frac{g(t_{i+1})h(t_{i+1}) - g(t_i)h(t_i)}{t_{i+1} - t_i}$$

$$= g(t_i)\frac{h(t_{i+1}) - h(t_i)}{t_{i+1} - t_i} + h(t_{i+1})\frac{g(t_{i+1}) - g(t_i)}{t_{i+1} - t_i}$$

$$= g(t_i)h[t_i,t_{i+1}] + g[t_i,t_{i+1}]h[t_{i+1}]$$

一般情况，可用归纳法证明。

§ 5　差分，等距节点插值多项式

上面讨论了不等距节点的牛顿插值多项式，在实际问题中常遇到等距节点情况，这时，牛顿插值公式可以进一步简化。

5.1 差分及性质

设已知 $y = f(x)$ 函数表

x	x_0	x_1	$\cdots$	x_n
$f(x)$	$f(x_0)$	$f(x_1)$	$\cdots$	$f(x_n)$

(5.1)

且 $a = x_0 < x_1 < \cdots < x_n = b, x_1 - x_0 = x_2 - x_1 = \cdots = x_n - x_{n-1} = h > 0$，$h$ 称为步长，即 $x_k = x_0 + kh, (k = 0,1,\cdots,n)$，记 $f(x_k) = f_k$。

研究函数 $f(x)$ 在 $[x_k, x_k + h]$ 上函数值的改变，于是由给定的 $f(x)$ 函数表可造一阶差分表：记为

$$\Delta f_0 = f_1 - f_0, \Delta f_1 = f_2 - f_1, \cdots, \Delta f_{n-1} = f_n - f_{n-1}$$

定义 6　(1) 符号 Δ 称为向前差分算子，它作用到 $f(x)$ 的意义为 $\Delta f(x) = f(x+h) - f(x)$，称为 $f(x)$ 在 x 的一阶向前差分，当 $x = x_k$ 时，则有 $\Delta f_k = f_{k+1} - f_k$。

(2) $\Delta^2 f(x) \equiv \Delta(\Delta f(x))$（即用 Δ 算子对 $f(x)$ 连续作用二次结果），称为 $f(x)$ 的二阶向前差分，且有

$$\begin{aligned}\Delta^2 f(x) &= \Delta(f(x+h) - f(x)) = \Delta f(x+h) - \Delta f(x) \\ &= f(x+2h) - 2f(x+h) + f(x)\end{aligned}$$

取 $x = x_k$ 时，则有 $\Delta^2 f_k = f_{k+2} - 2f_{k+1} + f_k$

(3) 一般由 $f(x)$ 的 $m-1$ 阶差分可定义 $f(x)$ 的 m 阶向前差分，即

$$\Delta^m f(x) = \Delta^{m-1}\Delta(f(x)) = \Delta^{m-1}(f(x+h) - f(x)) = \Delta^{m-1} f(x$$

$+ h) - \Delta^{m-1} f(x)$

称为 $f(x)$ 的 m 阶向前差分(m 为正整数)。

(4) ∇—— 符号称为向后差分算子;

δ—— 符号称为中心差分算子;

E—— 符号称为位移算子;

I—— 称为不变算子。

其意义如下:

$\nabla f(x) = f(x) - f(x-h)$ 称为 $f(x)$ 在 x 处的一阶向后差分,取 $x = x_k$,则有 $\nabla f_k = f_k - f_{k-1}$;

$$\begin{aligned}\nabla^2 f(x) &= \nabla(\nabla f(x)) = \nabla(f(x) - f(x-h)) \\ &= \nabla f(x) - \nabla f(x-h)\end{aligned}$$

称为 $f(x)$ 在 x_k 处的二阶向后差分,$\nabla^2 f_k = \nabla f_k - \nabla f_{k-1}$。

$$\begin{aligned}\nabla^m f(x) &= \nabla^{m-1}(\nabla f(x)) = \nabla^{m-1}(f(x) - f(x-h)) \\ &= \nabla^{m-1} f(x) - \nabla^{m-1} f(x-h)\end{aligned}$$

称为 $f(x)$ 在 x 处 m 阶向后差分。

$$\delta f(x) = f(x + \frac{h}{2}) - f(x - \frac{h}{2})$$

称为 $f(x)$ 在 x 的一阶中心差分。

$$\begin{aligned}\delta^2 f(x) &= \delta(\delta f(x)) = \delta(f(x + \frac{h}{2}) - f(x - \frac{h}{2})) \\ &= \delta(f(x + \frac{h}{2})) - \delta f(x - \frac{h}{2}) \\ &= f(x+h) - 2f(x) + f(x-h)\end{aligned}$$

称为 $f(x)$ 在 x 处二阶中心差分。

$Ef(x) \equiv f(x+h)$,取 $x = x_k$,则 $Ef_k = f_{k+1}$

$If(x) \equiv f(x)$,取 $x = x_k$,则 $If_k = f_k$

(5) 如果对任意 x 有 $Af(x) = Bf(x)$,称算子 A 与 B 为相等。

如果 $AB = BA = I$,称 B 为 A 逆算子,记 $B = A^{-1}$。

显然有:(a) $\Delta = E - I$,(b) $\nabla = I - E^{-1}$

事实上,由

$$\Delta f(x) = f(x+h) - f(x) = Ef(x) - If(x) = (E-I)f(x)$$

$$\nabla f(x) = f(x) - f(x-h) = If(x) - E^{-1}f(x) = (I - E^{-1})f(x)$$

性质 1 $f(x)$ 各阶差分均可用函数值表示。即

$$\Delta^n f_k = \sum_{j=0}^{n}(-1)^j\binom{n}{j}f_{n-j+k}, \nabla^n f_k = \sum_{j=0}^{n}(-1)^j\binom{n}{j}f_{k-j}$$

其中$\binom{n}{j} = n(n-1)\cdots(n-j+1)/j!$

证明
$$\Delta^n f_k = (E-I)^n f_k = \sum_{j=0}^{n}(-1)^j\binom{n}{j}E^{n-j}I^j f_k$$
$$= \sum_{j=0}^{n}(-1)^j\binom{n}{j}E^{n-j}f_k$$
$$= \sum_{j=0}^{n}(-1)^j\binom{n}{j}f_{n-j+k}$$

$$\nabla^n f_k = (I-E^{-1})^n f_k = \sum_{j=0}^{n}(-1)^j\binom{n}{j}I^{n-j}(E^{-1})^j f_k$$
$$= \sum_{j=0}^{n}(-1)^j\binom{n}{j}f_{k-j}$$

性质 2 差商与差分关系

设 $x_{k+1} = x_k + h, (k = 0,1,\cdots,n-1)$

$$f[x_0,x_1] = \frac{f(x_1)-f(x_0)}{x_1-x_0} = \frac{\Delta f(x_0)}{h}$$

$$f[x_0,x_1,\cdots,x_m] = \frac{\Delta^m f(x_0)}{m!h^m}, (m = 1,2,\cdots,n)$$

用归纳法可证。

性质 3 差分与导数关系

$\Delta^m f(x_0) = h^m f^{(m)}(\xi)$，其中 $\xi \in (x_0, x_m)$

由性质 2 及定理 7 可知

$$\Delta^m f(x_0) = f[x_0,x_1,\cdots,x_m]m!h^m$$
$$= \frac{f^{(m)}(\xi)}{m!}m!h^m = f^{(m)}(\xi)h^m$$

5.2 牛顿向前插值,向后插值公式

设已知 $y=f(x)$ 函数表(5.1)且设 $x_k=x_0+kh,(k=0,1,\cdots,n)$ 为等距节点,当被插值点 $x\in[a,b]$,靠近 x_0 时(表初)自然要选择和 x 靠近的点 $x_0,x_1,\cdots$ 作为插值节点,用牛顿插值公式就可得到选取 $x_0,x_1,\cdots,x_n$ 为节点的等距插值公式。

作变换 $x=x_0+th$ (当 $t\in[0,1]$ 时,则 $x_0\leqslant x\leqslant x_1=x_0+h$) 又由 $x_k=x_0+kh$,于是

$$x-x_k=(t-k)h,(k=0,1,\cdots,n)$$

$$\begin{aligned}&(x-x_0)(x-x_1)\cdots(x-x_{k-1})f[x_0,x_1,\cdots,x_k]\\&=h^kt(t-1)(t-2)\cdots(t-k+1)\frac{\Delta^kf(x_0)}{k!h^k}\\&=\frac{t(t-1)\cdots(t-k+1)}{k!}\Delta^kf(x_0)\\&=\frac{t(t-1)\cdots(t-k+1)}{k!}\Delta^kf_0\end{aligned}$$

代入牛顿插值公式(4.2),即得牛顿向前插值公式

$$\begin{cases}f(x)=f(x_0+th)=P_n(x_0+th)+R_n(x)\\ \text{其中 } P_n(x)=P_n(x_0+th)=f(x_0)+t\Delta f(x_0)+\\ \qquad\dfrac{t(t-1)}{2!}\Delta^2f(x_0)+\cdots+\dfrac{t(t-1)\cdots(t-n+1)}{n!}\Delta^nf(x_0)\\ \qquad=\displaystyle\sum_{k=0}^{n}\binom{t}{k}\Delta^kf(x_0)\\ \text{其中}\binom{t}{k}=\dfrac{t(t-1)\cdots(t-k+1)}{k!},(k>0),\binom{t}{0}=1\\ R_n(x)=\dfrac{f^{(n+1)}(\xi)}{(n+1)!}h^{n+1}t(t-1)\cdots(t-n),\xi\in(x_0,x_n)\end{cases}\tag{5.2}$$

如果要在插值区间终点 x_n 附近进行插值计算,自然要选取 $x_n,x_{n-1},\cdots$ 作为插值节点,用牛顿插值公式就得到选取 $x_n,x_{n-1},\cdots$ 为节点的等距插值公式。作变换

$x = x_n + th$,（当 $t \in [-1,0]$ 时，则 $x_{n-1} \leqslant x \leqslant x_n$）又由 $x_k = x_0 + kh$，于是有

$$x - x_k = (t + n - k)h,\ (k = n, n-1, \cdots, 1)$$

且利用关系 $f[x_n, x_{n-1}, \cdots, x_{n-k}] = \frac{1}{k!h^k} \nabla^k f(x_n) = \frac{1}{k!h^k} \Delta^k f_{n-k}$,（$k = 1, \cdots, n$）代入牛顿插值公式：

$$f(x) = P_n(x) + R_n(x)$$

$$\begin{aligned} P_n(x) = f(x_n) &+ (x - x_n) f[x_n, x_{n-1}] \\ &+ (x - x_n)(x - x_{n-1}) f[x_n, x_{n-1}, x_{n-2}] + \cdots \\ &+ (x - x_n)(x - x_{n-1}) \cdots (x - x_1) f[x_n, x_{n-1}, \cdots, x_0] \end{aligned}$$

$$R_n(x) = \frac{f^{(n+1)}(\xi)}{(n+1)!}(x - x_n)(x - x_{n-1}) \cdots (x - x_0)$$

得到牛顿向后插值公式

$$\begin{cases} f(x) = P_n(x) + R_n(x) \\ \text{其中 } P_n(x) = P_n(x_n + th) = f(x_n) + t \nabla f_n + \frac{t(t+1)}{2!} \nabla^2 f_n + \\ \qquad \cdots + \frac{t(t+1)\cdots(t+n-1)}{n!} \nabla^n f_n = \sum_{k=0}^{n} (-1)^k \binom{-t}{k} \nabla^k f_n \\ \qquad = \sum_{k=0}^{n} (-1)^k \binom{-t}{k} \Delta^k f_{n-k} \\ \qquad \binom{-t}{k} = \frac{-t(-t-1)\cdots(-t-k+1)}{k!} \\ \qquad\qquad = (-1)^k \frac{t(t+1)\cdots(t+k-1)}{k!} \\ R_n(x) = \frac{f^{(n+1)}(\xi)}{(n+1)!} h^{n+1} t(t+1) \cdots (t+n) \end{cases}$$

牛顿向前插值公式(5.2)中系数即为差分表 2-7 中第一排斜线上数据，而牛顿向后插值公式(5.3)中系数为差分表 2-7 中最后一排斜线上数据（因为 $\Delta f_{n-1} = \nabla f_n, \Delta^2 f_{n-2} = \nabla^2 f_n, \cdots, \Delta^n f_0 = \nabla^n f_n$）。

表 2-7

x_i	$f(x_i)$	Δf	$\Delta^2 f$	$\Delta^3 f$	$\Delta^4 f$	$\cdots$	$\Delta^n f$
x_0	f_0						
		Δf_0					
x_1	f_1		$\Delta^2 f_0$				
		Δf_1		$\Delta^3 f_0$			
x_2	f_2		$\Delta^2 f_1$		$\Delta^4 f_0$	$\ddots$	
		Δf_2		$\Delta^3 f_1$	$\vdots$		
x_3	f_3		$\Delta^2 f_2$				$\Delta^n f_0$
		Δf_3					
x_4	f_4		$\vdots$	$\vdots$		$\cdot^{\cdot^{\cdot}}$	
$\vdots$	$\vdots$	$\vdots$	$\Delta^2 f_{n-2}$				
		Δf_{n-1}					
x_n	f_n						

例 4 已知 Bessel 函数 $J_0(x)$ 函数表

x	$J_0(x)$
2.0	0.2238907791
2.1	0.1666069803
2.2	0.1103622669
2.3	0.0555397844
2.4	0.0025076832
2.5	−0.0483837764
2.6	−0.0968049544
2.7	−0.1424493700
2.8	−0.1850360334
2.9	−0.2243115458

试用牛顿向前插值公式计算 $J_0(2.45)$ 近似值。

解 取 $x_0=2.4, x_1=2.5, x_2=2.6, x_3=2.7, x_4=2.8, x_5=2.9$，各阶差分见表 2-8。

表 2-8

x	$f(x)$	Δf	$\Delta^2 f$	$\Delta^3 f$	$\Delta^4 f$	$\Delta^5 f$
x_0	f_0					
x_1	f_1	-0.0508914596				
x_2	f_2	-0.048421178	0.0024702816			
x_3	f_3	-0.0456444156	0.0027767624	3.064808×10^{-4}		
x_4	f_4	-0.0425866634	0.0030577522	2.809898×10^{-4}	-2.5491×10^{-5}	
x_5	f_5	-0.0392755124	0.003311151	2.533988×10^{-4}	-2.7591×10^{-5}	-2.1×10^{-6}

利用牛顿向前插值公式(5.2)计算 $P_n(x)(x=2.45)$，如表 2-9。

表 2-9

n	$P_n(2.45)$	$\Delta^n f_0$
0	0.0025076832	
1	-0.0229380466	-0.0508914596
2	-0.0232468316	0.0024702816
3	-0.0232276767	0.0003064808
4	-0.023226681	-0.000025491
5	-0.0232267384	-0.0000021

正确的答案是 $J_0(2.45)=-0.023226743305$。

§6 埃尔米特插值

在某些实际问题中，希望近似多项式能更好的密合原来的函数

$f(x)$，即不但要求插值多项式 $P(x)$ 在节点上与 $f(x)$ 函数值相等．而且还要求 $P(x)$ 与 $f(x)$ 在节点上导数值相等，甚至要求高阶导数也相等，即提出埃尔米特(Hermite)插值问题。

Hermite 插值问题的提法：给定 $y=f(x)$ 函数表及各阶导数表如下：

x	x_0	x_1	$\cdots$	x_n
$f(x)$	f_0	f_1	$\cdots$	f_n
$f'(x)$	$f_0^{(1)}$	$f_1^{(1)}$	$\cdots$	$f_n^{(1)}$
$\vdots$	$\vdots$	$\vdots$		$\vdots$
$f^{(m_i-1)}(x)$	$f_0^{(m_0-1)}$	$f_1^{(m_1-1)}$	$\cdots$	$f_n^{(m_n-1)}$

其中 $x_i(i=0,1,\cdots,n)$ 互异，m_i 为正整数，记 $\sum\limits_{i=0}^{n}m_i\equiv m+1$(Hermite 插值问题共有 $m+1$ 个条件)。

寻求 m 次多项式 $P(x)$ 使满足插值条件：

$$P^{(k)}(x_i)=f^{(k)}(x_i)\quad(i=0,1,\cdots,n;k=0,1,\cdots,m_i-1)\tag{6.1}$$

可以证明满足(6.1)插值多项式 $P(x)$ 存在且唯一。

本节讨论下述 Hermite 插值问题。

设已知 $y=f(x)\in C^1[a,b]$ 函数及导数表

x	x_0	x_1	$\cdots$	x_n
$f(x)$	y_0	y_1	$\cdots$	y_n
$f'(x)$	y'_0	y'_1	$\cdots$	y'_n

其中 x_i 互异$(i=0,1,\cdots,n)$，寻求 $2n+1$ 次多项式 $H_{2n+1}(x)$ 使满足插值条件

$$\begin{cases}H_{2n+1}(x_i)=y_i\\ H'_{2n+1}(x_i)=y'_i \qquad (i=0,1,\cdots,n)\end{cases} \tag{6.2}$$

定理 9 如果 $f(x)\in C^1[a,b]$ 且已知 $f(x)$ 函数表及导数表，则存在唯一次数不超过 $2n+1$ 次多项式 $H_{2n+1}(x)$ 满足插值条件(6.2)。

证明 首先证唯一性。

设有 $H_{2n+1}(x)$ 及 $\tilde{H}_{2n+1}(x)$ 都是 Hermite 插值问题(6.2)的解，则

$$Q(x)=H_{2n+1}(x)-\tilde{H}_{2n+1}(x)$$

为次数 $\leqslant 2n+1$ 的多项式且满足条件

$$\begin{cases}Q(x_i)=0\\ Q'(x_i)=0 \quad (i=0,1,\cdots,n)\end{cases}$$

说明 $x=x_i(i=0,1,\cdots,n)$ 都是 $Q(x)$ 的二重零点，即 $Q(x)$ 共有 $2n+2$ 个零点，故 $Q(x)\equiv 0$，即 $H_{2n+1}(x)=\tilde{H}_{2n+1}(x)$。

下面用构造性方法来证明 $H_{2n+1}(x)$ 存在性，利用基函数的方法寻求 $H_{2n+1}(x)$。

求 Hermite 插值基函数。

(1) 考查插值问题，已知

x	x_0	x_1	$\cdots$	x_j		$\cdots$	x_n
$f(x)$	0	0	$\cdots$ 0	1	0	$\cdots$	0
$f'(x)$	0	0	$\cdots$ 0	0	0	$\cdots$	0

寻求满足插值条件

$$\begin{cases}\alpha_j(x_k)=\begin{cases}1, 当\ k=j\ 时\\ 0, 当\ k\neq j\ 时\end{cases}\\ \alpha'_j(x_k)=0, (k=0,1,\cdots,n)\end{cases}$$

的 $2n+1$ 次多项式 $\alpha_j(x)$,($j=0,1,\cdots,n$)。

显然,$x_0,x_1,\cdots,x_{j-1},x_{j+1},\cdots,x_n$ 为 $\alpha_j(x)$ 的二重零点且 $\alpha_j(x_j)=1$,于是

$$\alpha_j(x)=(C(x-x_j)+1)\cdot\frac{(x-x_0)^2(x-x_1)^2\cdots(x-x_{j-1})^2(x-x_{j+1})^2\cdots(x-x_n)^2}{(x_j-x_0)^2(x_j-x_1)^2\cdots(x_j-x_{j-1})^2(x_j-x_{j+1})^2\cdots(x_j-x_n)^2}$$
$$=(C(x-x_j)+1)l_j^2(x) \tag{6.3}$$

其中

$$C\text{ 为待定常数},l_j(x)=\prod_{\substack{i=0\\i\neq j}}^{n}\frac{x-x_i}{x_j-x_i}$$

利用条件 $\alpha'_j(x_j)=0$ 可确定 C。

事实上,对(6.3)式求导

$$\alpha'_j(x)=Cl_j^2(x)+2(C(x-x_j)+1)l_j(x)l'_j(x)$$

于是,

$$\alpha'_j(x_j)=Cl_j^2(x_j)+2l_j(x_j)l'_j(x_j)=0$$

$$C=-2l'_j(x_j)=-2\sum_{\substack{i=0\\i\neq j}}^{n}\frac{1}{x_j-x_i}$$

所以

$$\alpha_j(x)=(1-2(x-x_j)\sum_{\substack{i=0\\i\neq j}}^{n}\frac{1}{x_j-x_i})l_j^2(x)\quad(j=0,1,\cdots,n)$$

(2) 考查插值问题,已知

x	x_0	x_1	$\cdots$	x_j	$\cdots$	x_n
$f(x)$	0	0	$\cdots$	0	$\cdots$	0
$f'(x)$	0	0	$\cdots$ 0	1	0 $\cdots$	0

寻求 $2n+1$ 次多项式 $\beta_j(x)$ 使满足插值条件

$$\begin{cases} \beta_j(x_k) = 0, (k = 0,1,\cdots,n) \\ \beta'_j(x_k) = \begin{cases} 1, & \text{当 } k = j \text{ 时} \\ 0, & \text{当 } k \neq j \text{ 时} \end{cases} \end{cases}$$

显然,当 $x_0, x_1, \cdots, x_{j-1}, x_{j+1}, \cdots, x_n$ 为 $\beta_j(x)$ 二重零点且 $\beta_j(x_j) = 0$,则

$$\beta_j(x) = A(x - x_j)(x - x_0)^2(x - x_1)^2\cdots(x - x_{j-1})^2 \cdot (x - x_{j+1})^2\cdots(x - x_n)^2$$

又由条件 $\beta'_j(x_j) = 1$ 可确定常数 A,即有

$$A = 1/[(x_j - x_0)^2\cdots(x_j - x_{j-1})^2(x_j - x_{j+1})^2\cdots(x_j - x_n)^2]$$

于是

$$\beta_j(x) = (x - x_j)l_j^2(x), (j = 0,1,\cdots,n) \tag{6.4}$$

称 $2n+1$ 次多项式 $\alpha_j(x), (j=0,1,\cdots,n), \beta_j(x), (j=0,1,\cdots,n)$ 为 Hermite 插值的基函数。

(3) 满足插值条件(6.2)的 $2n+1$ 次多项式 $H_{2n+1}(x)$ 为

$$H_{2n+1}(x) = \sum_{j=0}^{n} (\alpha_j(x)y_j + \beta_j(x)y'_j) \tag{6.5}$$

其中 $\alpha_j(x), \beta_j(x), (j = 0,1,\cdots,n)$ 为 Hermite 插值基函数,有

$$\begin{cases} \alpha_j(x) = (1 - 2(x - x_j)\sum\limits_{\substack{i=0 \\ i\neq j}}^{n} \dfrac{1}{x_j - x_i})l_j^2(x) \\ \beta_j(x) = (x - x_j)l_j^2(x), \\ l_j(x) = \prod\limits_{\substack{i=0 \\ i\neq j}}^{n} \dfrac{x - x_i}{x_j - x_i} \end{cases}$$

事实上,有

$$H_{2n+1}(x_i) = \sum_{j=0}^{n} (\alpha_j(x_i)y_j + \beta_j(x_i)y'_j) = y_i$$

$$H'_{2n+1}(x_i) = \sum_{j=0}^{n} (\alpha'_j(x_i)y_j + \beta'_j(x_i)y'_j) = y'_i$$

$$(i = 0,1,\cdots,n)$$

定理 10 （Hermite 插值余项）

(a) 设 $f(x)$ 的导数 $f^{(2n+1)}(x)$ 于 $[a,b]$ 连续，$f^{(2n+2)}(x)$ 于 (a,b) 内存在（$x_i \in [a,b]$，$(i=0,1,\cdots,n)$，x_i 互异）。

$(b)H_{2n+1}(x)$ 为 Hermite 插值多项式，则

$$
\begin{aligned}
R_{2n+1}(x) &= f(x) - H_{2n+1}(x) \\
&= \frac{f^{(2n+2)}(\xi)}{(2n+2)!}(x-x_0)^2(x-x_1)^2\cdots(x-x_n)^2 \qquad (6.6)
\end{aligned}
$$

其中 $\xi \in (a,b)$ 与 x 有关。

证明　与拉格朗日余项公式证明类似。

(4) 带导数插值的重要特例：当 $n=1$ 时：

给定 $f(x) \in C^1[a,b]$ 函数及导数表

x	x_k	x_{k+1}
$f(x)$	y_k	y_{k+1}
$f'(x)$	m_k	m_{k+1}

（6.7）

寻求 3 次多项式 $H_3(x)$ 使满足插值条件：

$$
\begin{cases}
H_3(x_i) = y_i \\
H'_3(x_i) = m_i \quad (i=k,k+1)
\end{cases} \qquad (6.8)
$$

取 $n=1$，由定理 9 及定理 10 可得下述结果。

定理 11　设 $f(x) \in C^1[a,b]$ 及已知函数表及导数表(6.7)，则满足插值条件(6.8)的 3 次多项式 $H_3(x)$ 存在且唯一。$H_3(x)$ 表达式为（如图 2-4）

$$
H_3(x) = y_k\alpha_k(x) + y_{k+1}\alpha_{k+1}(x) + m_k\beta_k(x) + m_{k+1}(x)\beta_{k+1}(x) \qquad (6.9)
$$

其中

$$\begin{cases}\alpha_k(x) = (1 + 2\dfrac{x - x_k}{x_{k+1} - x_k})(\dfrac{x - x_{k+1}}{x_k - x_{k+1}})^2 \\ \alpha_{k+1}(x) = (1 + 2\dfrac{x - x_{k+1}}{x_k - x_{k+1}})(\dfrac{x - x_k}{x_{k+1} - x_k})^2 \\ \beta_k(x) = (x - x_k)(\dfrac{x - x_{k+1}}{x_k - x_{k+1}})^2 \\ \beta_{k+1}(x) = (x - x_{k+1})(\dfrac{x - x_k}{x_{k+1} - x_k})^2\end{cases} \tag{6.10}$$

$$x \in [x_k, x_{k+1}]$$

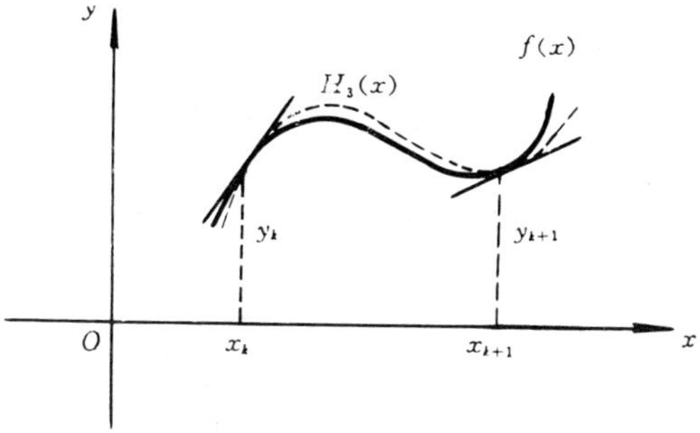

图 2-4

余项公式为

$$R_3(x) = f(x) - H_3(x) = \frac{f^{(4)}(\xi)}{4\,!}(x - x_k)^2(x - x_{k+1})^2$$

例 5　已知 $y = f(x)$ 函数及导数表

x	x_0	x_1	x_2
$f(x)$	y_0	y_1	y_2
$f'(x)$		f'_1	

寻求次数不超过 3 的多项式 $P_3(x)$ 使满足插值条件

$$\begin{cases} P_3(x_i) = y_i, (i = 0,1,2) \\ P'_3(x_1) = f'_1 \end{cases}$$

解　由于 $P_3(x)$ 通过 3 点 (x_0, y_0)，(x_1, y_1)，(x_2, y_2)，而通过这 3 点的二次插值多项式为

$$f(x_0) + f[x_0, x_1](x - x_0)(x - x_1) + f[x_0, x_1, x_2](x - x_0)(x - x_1)$$

于是

$$P_3(x) = f(x_0) + f[x_0, x_1](x - x_0) + f[x_0, x_1, x_2] \cdot (x - x_0)(x - x_1) + A(x - x_0)(x - x_1)(x - x_2)$$

其中，A 为待定系数。

可由条件 $P'_3(x_1) = f'_1$ 来确定 A，事实上

$$P'_3(x_1) = f[x_0, x_1] + f[x_0, x_1, x_2](x_1 - x_0) + A(x_1 - x_0)(x_1 - x_2) = f'_1$$

于是，

$$A = \frac{f'(x_1) - f[x_0, x_1] - f[x_0, x_1, x_2](x_1 - x_0)}{(x_1 - x_0)(x_1 - x_2)}$$

下面求插值余项 $R(x) = f(x) - P_3(x)$。

设 $f(x)$ 于 $[x_0, x_2]$ 具有连续的 4 阶导数，由插值条件 x_0, x_1, x_2 为 $R(x)$ 零点且 x_1 为二重零点，于是

$$R(x) = k(x)(x - x_0)(x - x_1)^2(x - x_2)$$

其中，$k(x)$ 为待定函数。

构造函数(不妨设 $x \in [x_0, x_2]$ 且 $x \neq x_i, i = 0,1,2$)

$$\varphi(t) = f(t) - P_3(t) - k(x)(t - x_0)(t - x_1)^2(t - x_2)$$

显然，$\varphi(x) = 0, \varphi(x_0) = 0, \varphi(x_1) = 0, \varphi(x_2) = 0$ 且 x_1 为 $\varphi(t)$ 二重零点，反复应用罗尔定理可知，$\varphi'(t)$ 于 $[x_0, x_2]$ 至少有 4 个互异的零点，…，$\varphi^{(4)}(t)$ 在 $[x_0, x_2]$ 内至少存在一 ξ 使

$$\varphi^{(4)}(\xi) = f^{(4)}(\xi) - k(x)4! = 0$$

所以　$k(x) = \dfrac{f^{(4)}(\xi)}{4!}$

于是，余项公式为

$$R(x)=f(x)-P_3(x)=\frac{f^{(4)}(\xi)}{4\,!}(x-x_0)(x-x_1)^2(x-x_2)$$

其中 $\xi\in(x_0,x_2)$ 且依赖于 x。

§7 分段插值法

7.1 高次插值的龙格(Runge)现象

根据插值方法构造插值多项式 $L_n(x)$ 作为函数 $f(x)\in C[a,b]$ 的近似函数，是否 $L_n(x)$ 次数愈高，逼近 $f(x)$ 的效果愈好，即是否有

$$L_n(x)\underset{\text{当 } n\to\infty}{\longrightarrow} f(x),x\in[a,b]$$（或者说插值过程的收敛性问题）

事实上利用高次插值多项式的危险性，20 世纪初就为 Runge 所发现，他给出一个有名例子，设

$$f(x)=\frac{1}{1+x^2},\ -5\leqslant x\leqslant 5$$

显然，$f(x)$ 于$[-5,5]$各阶导数都存在，取等距节点 $x_k=-5+kh,(k=0,1,\cdots,10),n=10,h=1$，作 10 次拉格朗日插值多项式 $L_{10}(x)$，并研究 $f(x)$ 与 $L_{10}(x)$ 之间误差如表 2-10。

表 2-10

x	$f(x)=\frac{1}{1+x^2}$	$L_{10}(x)$	$R_{10}(x)$
5	0.03846	0.03846	0
4.8	0.04160	1.80438	−1.76278
4.5	0.04706	1.57872	−1.53166
4.3	0.05131	0.88808	−0.83671
4	0.05882	0.05882	0
3.8	0.06477	−0.20130	0.26607

计算说明在[0,1]范围内 $L_{10}(x)$ 能较好逼近 $f(x)$，越靠近区间[-5,5]端点，逼近效果越差。对于等距节点高次插值所发生的这种现象称为龙格现象(图 2-5)，进一步可以证明

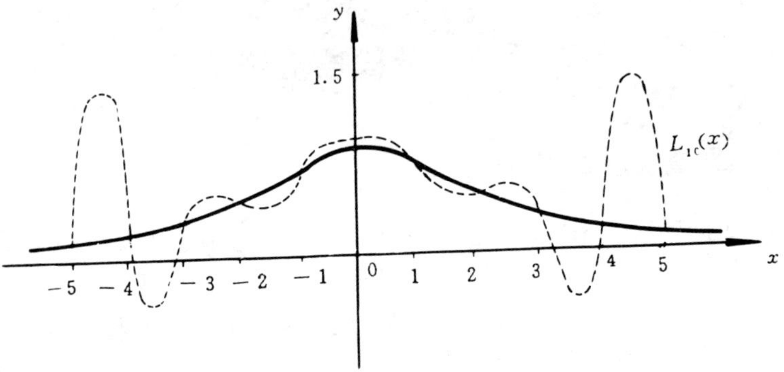

图 2-5

$$L_n(x) \to f(x)\ (当\ |x| \leqslant 3.63, n \to \infty)$$

且在这区间外是发散的。

这例子说明，用高次插值多项式 $L_n(x)$ 近似 $f(x)$ 效果并不好，因此在实际计算中不采用高次插值，而启发我们使用分段插值方法，即将[a,b]分成一些小区间，且在每个小区间上用低次插值多项式，然后装配在一起(具有一定的光滑性)逼近 $f(x)$，效果较好。

7.2 分段线性插值

设已知 $f = f(x)$ 函数表

x	x_0	x_1	…	x_n
$f(x)$	$f(x_0)$	$f(x_1)$	…	$f(x_n)$

(7.1)

且 $a = x_0 < x_1 < \cdots < x_n = b, h_k = x_{k+1} - x_k, h = \max_k h_k$

定义 7 （分段线性插值）如果 $I_h(x)$ 满足

(1) $I_h(x) \in C[a,b]$；

(2) 在每一个小区间 $\Delta_k = [x_k, x_{k+1}]$，$I_h(x)$ 为线性多项式 $I_k(x)$；

(3) 满足插值条件：$I_h(x_k) = f(x_k)$，$(k = 0,1,\cdots,n)$ 即当 $x \in \Delta_k = [x_k, x_{k+1}]$ 时

$$I_h(x) = I_k(x) = \frac{x - x_{k+1}}{x_k - x_{k+1}} f(x_k) + \frac{x - x_k}{x_{k+1} - x_k} f(x_{k+1}) \quad (k = 0,1,\cdots,n-1) \tag{7.2}$$

称 $I_h(x)$ 为数据 $(x_i, f(x_i))$，$(i = 0,1,\cdots,n)$ 分段线性插值函数。

设 $f(x) \in C[a,b]$，可证明

$$\lim_{h\to 0} I_h(x) = f(x)（且一致收敛，x \in [a,b]）$$

7.3 分段三次埃尔米特插值

设 $f(x) \in C^1[a,b]$ 且给定 $f(x)$ 函数及导数表

x	x_0	x_1	$\cdots$	x_n
$f(x)$	y_0	y_1	$\cdots$	y_n
$f'(x)$	m_0	m_1	$\cdots$	m_n

(7.3)

$(a = x_0 < x_1 < \cdots < x_n = b$，记 $h_k = x_{k+1} - x_k$，$h = \max\limits_k h_k)$，$f'(x_i) = m_i$。

定义 8 （分段 3 次 Hermite 插值）如果 $I_h(x)$ 满足

(1) $I_h(x) \in C^1[a,b]$；

(2) 在每一个小区间 $[x_k, x_{k+1}]$ $(k = 0,1,\cdots,n-1)$ $I_h(x)$ 为 3 次多项式 $I_k(x)$；

(3) 满足插值条件

$$\begin{cases} I_h(x_i) = f_i \\ I'_h(x_i) = m_i, (i = 0,1,\cdots,n) \end{cases}$$

称 $I_h(x)$ 为 $f(x)$ 的分段 3 次 Hermite 插值函数。由定理 11，可知，当 $x \in \Delta_k = [x_k, x_{k+1}]$ 时，$I_h(x)$ 为 3 次 Hermite 插值多项式

$$\begin{aligned} I_h(x) = I_k(x) = &(1 + 2\frac{x - x_k}{x_{k+1} - x_k})(\frac{x - x_{k+1}}{x_k - x_{k+1}})^2 y_k \\ &+ (1 + 2\frac{x - x_{k+1}}{x_k - x_{k+1}})(\frac{x - x_k}{x_{k+1} - x_k})^2 y_{k+1} \\ &+ (x - x_k)(\frac{x - x_{k+1}}{x_k - x_{k+1}})^2 m_k \\ &+ (x - x_{k+1})(\frac{x - x_k}{x_{k+1} - x_k})^2 m_{k+1} \\ &x \in [x_k, x_{k+1}] \\ &(k = 0,1,\cdots,n-1) \end{aligned} \tag{7.4}$$

或　$I_k(x) = y_k + c_{k,1}(x - x_k) + c_{k,2}(x - x_k)^2 + c_{k,3}(x - x_k)^3$

其中

$$\begin{cases} c_{k,1} = m_k \\ c_{k,2} = (\frac{3}{h_k}(y_{k+1} - y_k) - 2m_k - m_{k+1})\frac{1}{h_k} \\ c_{k,3} = (m_{k+1} + m_k - 2\frac{y_{k+1} - y_k}{h_k})\frac{1}{h_k^2} \\ \text{当 } x \in [x_k, x_{k+1}], (k = 0,1,\cdots,n-1) \\ h_k = x_{k+1} - x_k, m_k = f'(x_k) \end{cases} \tag{7.5}$$

定理 12　(1) 设 $f(x) \in C^4[a,b]$，且已知 $f(x)$ 的函数及导数表 $(x_i, y_i, m_i), (i = 0,1,\cdots,n)$；

(2) $I_h(x)$ 为 $[a,b]$ 上 $f(x)$ 的分段 3 次 Hermite 插值函数，则有误差估计

$$|f(x) - I_h(x)| \leqslant \frac{h^4}{384}\max_{a \leqslant x \leqslant b}|f^{(4)}(x)|, x \in [a,b]$$

且

$$\lim_{h\to 0} I_h(x) = f(x), \text{(对 } x \in [a,b] \text{ 一致收敛)}$$

其中 $a = x_0 < x_1 < \cdots < x_n = b, h_k = x_{k+1} - x_k, h = \max_k h_k$。

证明 对任意 $x \in [a,b]$ 存在 k 使 $x \in [x_k, x_{k+1}]$,考查

$$\begin{aligned} |f(x) - I_h(x)| &= |f(x) - I_k(x)| \\ &= \left|\frac{f^{(4)}(\xi)}{4!}(x-x_k)^2(x-x_{k+1})^2\right| \\ &\leqslant \frac{1}{4!}\max_{x_k\leqslant x\leqslant x_{k+1}}|f^{(4)}(x)|(x-x_k)^2 \\ &\quad \cdot (x-x_{k+1})^2 \end{aligned}$$

显然有,

$$\begin{cases} g(x) = (x-x_k)^2(x-x_{k+1})^2 \\ \max\limits_{x_k\leqslant x\leqslant x_{k+1}} g(x) = g(\tilde{x}), \text{其中 } \tilde{x} = \frac{1}{2}(x_k + x_{k+1}) \\ \text{且 } g(\tilde{x}) = \frac{1}{16}(x_{k+1} - x_k)^4 \end{cases}$$

于是,

$$|f(x) - I_h(x)| \leqslant \frac{h^4}{384}\max_{a\leqslant x\leqslant b}|f^{(4)}(x)|, \quad x \in [a,b]$$

且有

$$\lim_{h\to 0} I_h(x) = f(x)\text{。(一致收敛)}$$

由上述讨论可知,分段3次Hermite插值函数具有连续的一阶导数。

§8 三次样条插值

8.1 引言

在§7讨论的分段线性插值及分段Hermite插值,具有一致收敛性,适用于光滑性要求不高的插值问题,但在某些应用领域,例如船

体的外形设计，飞机机翼的外形设计等对型值线的光滑性要求较高，往往要求具有二阶光滑度(即要求插值函数具有连续的一阶，二阶导数)。

早期放样工人根据 $y=f(x)$ 曲线的型值表(或函数表)，然后用细长的具有弹性的木样条和压铁在放样台上把相近几点连接起来。再把另外几点连接起来，且要求在拼接处具有一定的光滑度。这样，就给出一条具有一定光滑性曲线，进而可作内插计算。这样的曲线称为木样条(如图 2-6)。

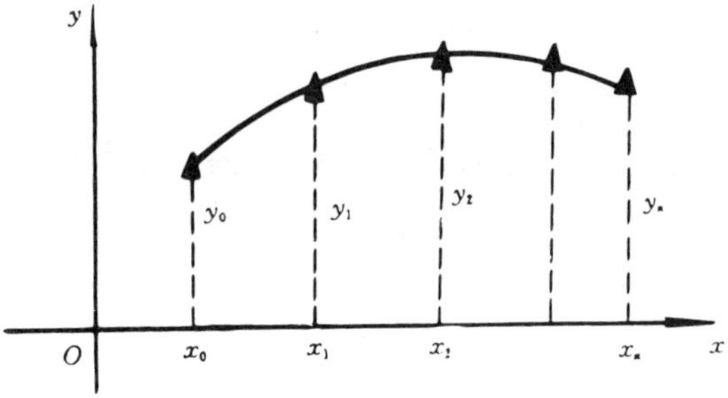

图 2-6

下面模仿木样条曲线建立数学样条(Spline)。

定义 9 (3 次样条函数)

(1) 设有一剖分 Δ：$a=x_0<x_1<\cdots<x_n=b$，如果函数 $S(x)$ 满足下述条件：

(a) $S(x)\in C^2[a,b]$(即 $S(x)$ 于 $[a,b]$ 具有连续的一阶，二阶导数。

(b) $S(x)$ 在每一个小区间 $[x_j,x_{j+1}]$ 上 $(j=0,1,\cdots,n-1)$ 是次数 $\leqslant 3$ 多项式。

则称 $S(x)$ 为关于剖分 Δ 的一个 3 次样条函数。

(2) 设给定

$$y=f(x) \text{ 函数表}(x_i,f(x_i)),(i=0,1,\cdots,n) \tag{8.1}$$

如果(1)中3次样条函数 $S(x)$ 还满足插值条件

$$S(x_i)=f(x_i),(i=0,1,\cdots,n)$$

称 $S(x)$ 为 $f(x)$ 的关于剖分 Δ 的3次样条插值函数。

研究问题:对于给定 $y=f(x)$ 函数表(8.1),现要求构造一个3次样条插值函数 $S(x)$,即要求构造一个函数 $S(x)$ 是点点通过 $(x_i,y_i),(i=0,1,\cdots,n)$,且具有连续的一阶,二阶导数的分段函数。或研究3次样条插值函数的存在性,唯一性及如何计算等问题。

由于要求 $S(x)$ 在 $[x_j,x_{j+1}]$ 上是3次多项式,即为

$$S(x)=S_j(x)=a_j+b_jx+c_jx^2+d_jx^3$$

$$x\in[x_j,x_{j+1}],(j=0,1,\cdots,n-1)$$

其中,共有 $4n$ 个待定系数 $\{a_j\},\{b_j\},\{c_j\}.\{d_j\}$,且要确定 $S(x)$ 也就是要确定这 $4n$ 待定系数使满足条件

$$\begin{cases}S_{j-1}(x_j)=S_j(x_j)\\ S'_{j-1}(x_j)=S'_j(x_j)\\ S''_{j-1}(x_j)=S''_j(x_j),(j=1,2,\cdots,n-1)\end{cases}\tag{8.2}$$

及 $\quad S(x_j)=f(x_j),(j=0,1,\cdots,n)$

共有 $4n-2$ 个条件,要唯一确定 $S(x)$,还必须附加端点条件。

(a) 第1种边界条件:给定 $y=f(x)$ 在端点的一阶导数,要求 $S(x)$ 满足

$$S'(x_0)=f'_0,S'(x_n)=f'_n$$

(b) 第2种边界条件:给定 $y=f(x)$ 在端点处的二阶导数,要求 $S(x)$ 满足

$$S''(x_0)=f''_0,S''(x_n)=f''_n$$

当要求 $S''(x_0)=S''(x_n)=0$ 时,称为自然边界条件。

(c) 第3种边界条件:当 $y=f(x)$ 为周期函数时,自然也要求 $S(x)$ 亦是周期函数,周期为 $b-a$,即要求 $S(x)$ 满足

$$S^{(k)}(x_0)=S^{(k)}(x_n),(k=0,1,2)$$

(由设有 $f(x_0)=f(x_n)$),称 $S(x)$ 为周期样条函数。

8.2 三次样条插值函数的表达式

下面研究在给定 $y=f(x)$ 函数表(8.1)及边界条件(a)(或(b),或(c))情况下,3 次样条插值函数 $S(x)$ 存在性及唯一性,并构造出 $S(x)$ 表达式。

利用节点处一阶导数来表示三次样条插值函数。

如果能确定 3 次样条插值函数 $S(x)$ 在节点处一阶导数,记为 $S'(x_j)=m_j,(j=0,1,\cdots,n)$,那么 $S(x)$ 就可确定。

事实上,$S(x)$ 是满足条件

$$\begin{cases} S(x_j)=f(x_j) \\ S'(x_j)=m_j,(j=0,1,\cdots,n) \end{cases}$$

的分段 3 次多项式函数,即是分段 3 次 Hermite 插值函数,于是 $S(x)$ 在$[x_j,x_{j+1}]$上表达式为

$$\begin{aligned} S(x)=S_j(x)=y_j+c_{j,1}(x-x_j)+c_{j,2}(x-x_j)^2 \\ +c_{j,3}(x-x_j)^3 \end{aligned} \tag{8.3}$$

其中,$h_j=x_{j+1}-x_j,x\in[x_j,x_{j+1}],(j=0,1,\cdots,n-1)$。

$$\begin{cases} c_{j,1}=m_j \\ c_{j,2}=(\dfrac{3(y_{j+1}-y_j)}{h_j}-2m_j-m_{j+1})\dfrac{1}{h_j} \\ c_{j,3}=(m_{j+1}+m_j-2\dfrac{y_{j+1}-y_j}{h_j})\dfrac{1}{h_j^2} \end{cases} \tag{8.4}$$

如果能确定$\{m_j\}_{j=0}^n$使 $S(x)$ 满足:$S''_{j-1}(x_j)=S''_j(x_j),(j=1,\cdots,n-1)$,那么由(8.3)及(8.4)式确定的 $S(x)$ 就是 3 次样条插值函数。

对(8.3)式求导

$$S''_j(x)=2c_{j,2}+6c_{j,3}(x-x_j),x\in[x_j,x_{j+1}]$$

$$S''_{j-1}(x)=2c_{j-1,2}+6c_{j-1,3}(x-x_{j-1}),x\in[x_{j-1},x_j]$$

于是,

$$S''_j(x_j)=2c_{j,2} \tag{8.5}$$

$$S''_{j-1}(x_j) = 2c_{j-1,2} + 6c_{j-1,3}h_{j-1} \tag{8.6}$$

由条件 $S''_j(x_j) = S''_{j-1}(x_j)$，$(j = 1,2,\cdots,n-1)$ 得到 $\{m_j\}_{j=0}^{n}$ 所满足的线性方程组

$$\begin{cases} c_{j,2} = c_{j-1,2} + 3c_{j-1,3}h_{j-1} \\ (j = 1,2,\cdots,n-1) \end{cases} \tag{8.7}$$

用(8.4)代入(8.7)得到 $\{m_j\}$ 所满足线性方程组

$$\begin{cases} \dfrac{1}{h_{j-1}}m_{j-1} + 2(\dfrac{1}{h_{j-1}} + \dfrac{1}{h_j})m_j + \dfrac{1}{h_j}m_{j+1} \\ = 3(\dfrac{y_{j+1} - y_j}{h_j^2} + \dfrac{y_j - y_{j-1}}{h_{j-1}^2}) \\ (j = 1,2,\cdots,n-1) \end{cases}$$

即

$$\begin{cases} \dfrac{h_j}{h_j + h_{j-1}}m_{j-1} + 2m_j + \dfrac{h_{j-1}}{h_j + h_{j-1}}m_{j+1} \\ = 3[\dfrac{h_{j-1}}{h_j + h_{j-1}}\dfrac{y_{j+1} - y_j}{h_j} + \dfrac{h_j}{h_j + h_{j-1}}\dfrac{y_j - y_{j-1}}{h_{j-1}}] \\ (j = 1,2,\cdots,n-1) \end{cases}$$

或

$$\begin{cases} \lambda_j m_{j-1} + 2m_j + \mu_j m_{j+1} = g_j \\ \text{其中}, \lambda_j = \dfrac{h_j}{h_j + h_{j-1}}, \mu_j = 1 - \lambda_j \\ g_j = 3(\mu_j \dfrac{y_{j+1} - y_j}{h_j} + \lambda_j \dfrac{y_j - y_{j-1}}{h_{j-1}}) \\ h_j = x_{j+1} - x_j, (j = 1,2,\cdots,n-1) \end{cases} \tag{8.8}$$

(8.8)式是关于 $m_0, m_1, \cdots, m_n$ 的 $n-1$ 个方程。

(1) 如果附加第1种边界条件，即已知 $S'(x_0) = f'_0$，$S'(x_n) = f'_n$，则方程组(8.8)为 $\{m_j\}_{j=1}^{n-1}$ 所满足的方程组，即($m_0 = f'_0$，$m_n = f'_n$)

$$\begin{bmatrix} 2 & \mu_1 & & & & & & \\ \lambda_2 & 2 & \mu_2 & & & & & \\ & \ddots & \ddots & \ddots & & & & \\ & & \lambda_j & 2 & \mu_j & & & \\ & & & \ddots & \ddots & \ddots & & \\ & & & & \lambda_{n-2} & 2 & \mu_{n-2} \\ & & & & & \lambda_{n-1} & 2 \end{bmatrix} \begin{bmatrix} m_1 \\ m_2 \\ \vdots \\ m_{n-1} \end{bmatrix} = \begin{bmatrix} g_1 - \lambda_1 f_0^1 \\ g_2 \\ \vdots \\ g_{n-2} \\ g_{n-1} - \mu_{n-1} f'_n \end{bmatrix} \tag{8.9}$$

(2) 如果附加第 2 种边界条件,即已知 $S''(x_0) = f''_0, S''(x_n) = f''_n$,则由(8.5)式取 $j = 0$ 及(8.6)式取 $j = n$ 得到 2 个方程:

$$S''(x_0) = \frac{6}{h_0^2}(y_1 - y_0) - \frac{4}{h_0}m_0 - \frac{2}{h_0}m_1 = f''_0$$

$$S''(x_n) = \frac{2}{h_{n-1}}m_{n-1} + \frac{4}{h_{n-1}}m_n - \frac{6}{h_{n-1}^2}(y_n - y_{n-1}) = f''_n$$

整理得两个方程:

$$\begin{cases} 2m_0 + m_1 = 3\,\dfrac{y_1 - y_0}{h_0} - \dfrac{h_0}{2}f'_0 \equiv g_0 \\ m_{n-1} + 2m_n = 3\,\dfrac{y_n - y_{n-1}}{h_{n-1}} + \dfrac{h_{n-1}}{2}f'_n \equiv g_n \end{cases}$$

于是,得到 $\{m_i\}_j^n = 0$ 所满足的线性方程组

$$\begin{bmatrix} 2 & 1 & & & & & & \\ \lambda_1 & 2 & \mu_1 & & & & & \\ & \ddots & \ddots & \ddots & & & & \\ & & \lambda_j & 2 & \mu_j & & & \\ & & & \ddots & \ddots & \ddots & & \\ & & & & \lambda_{n-1} & 2 & \mu_{n-1} \\ & & & & & 1 & 2 \end{bmatrix} \begin{bmatrix} m_0 \\ m_1 \\ \vdots \\ m_n \end{bmatrix} = \begin{bmatrix} g_0 \\ g_1 \\ \vdots \\ g_n \end{bmatrix} \tag{8.10}$$

上式简记为 $\boldsymbol{Am} = \boldsymbol{g}$。

(3) 在第 3 种边界条件下,由 $S'(x_0 + 0) = S'(x_n - 0)$ 即得

$$m_0 = m_n$$

又由 $S''(x_0+0)=S''(x_n-0)$ 条件得到

$$\begin{cases}\mu_n m_1+\lambda_n m_{n-1}+2m_n=g_n \\ \text{其中 } \mu_n=\dfrac{h_{n-1}}{h_0+h_{n-1}},\lambda_n=\dfrac{h_0}{h_0+h_{n-1}} \\ \qquad g_n=3(\mu_n\dfrac{y_1-y_0)}{h_0}+\lambda_n\dfrac{y_n-y_{n-1}}{h_{n-1}})\end{cases}$$

于是,得到 $\{m_j\}_{j=1}^{n}$ 所满足线性方程组:

$$\begin{bmatrix}2 & \mu_1 & & & \lambda_1 \\ \lambda_2 & 2 & \mu_2 & & \\ & \ddots & \ddots & \ddots & \\ & & \lambda_{n-1} & 2 & \mu_{n-1} \\ \mu_n & & & \lambda_n & 2\end{bmatrix}\begin{bmatrix}m_1 \\ m_2 \\ \vdots \\ m_{n-1} \\ m_n\end{bmatrix}=\begin{bmatrix}g_1 \\ g_2 \\ \vdots \\ g_{n-1} \\ g_n\end{bmatrix} \tag{8.11}$$

显然,方程组(8.9)或(8.10)或(8.11)系数矩阵都是严格对角占 优矩阵,将由第六章定理6可知这些方程组的系数阵为非奇异矩阵,则方程组(8.9)或(8.10)或(8.11)有唯一解 $\{m_j\}$。可用追赶法求解,从而由(8.3)给出 $S(x)=S_j(x),(j=0,1,\cdots,n-1)$ 表达式,且 $S(x)$ 具有连续的一阶,二阶导数(即 $S(x)$ 为3次样条插值函数)。

定理 13 (3次样条插值函数存在唯一)

(1) 如果 $f(x)$ 是定义在 $[a,b]$ 上函数且已知 $y=f(x)$ 函数表 $(x_i,f(x_i)),(i=0,1,\cdots,n)$ 且 $a=x_0<x_1<\cdots<x_n=b$;

(2) 给定边界条件 (a)(或 (b) 或 (c)),则 $f(x)$ 于 $[a,b]$ 存在有唯一3次样条插值函数 $S(x)$,且满足 (a)(或 (b) 或 (c))。

计算步骤如下:

(1) 用追赶法求解方程组(8.9)(或(8.10)或(8.11)),求 $\{m_j\}$。

(2)(8.3)式为3次样条插值函数 $S(x)$ 的表达式且利用(8.3)及(8.4)式可进行插值计算(当 $x\in[a,b]$)。

8.3 三弯矩方程

上面证明了3次样条插值函数 $S(x)$ 存在性及唯一性,但是

$S(x)$ 可以有多种表达方法，在某些应用中用 $S(x)$ 的二阶导数 $S''(x_j) \equiv M_j,(j=0,1,\cdots,n)$ 来表示 $S(x)$ 使用更方便。下面来推导 $S(x)$ 另一表达式。

由于 $S(x)$ 在 $[x_j,x_{j+1}]$ 上是 3 次多项式 $S_j(x)$，故 $S''(x)$ 在 $[x_j, x_{j+1}]$ 是线性函数，记 $S(x)$ 在节点处二阶导数为

$$S''(x_j)=M_j,(j=0,1,\cdots,n)$$

于是，$S''(x)$ 在 $[x_j,x_{j+1}]$ 可表示为

$$\begin{cases} S''(x)=\dfrac{x_{j+1}-x}{h_j}M_j+\dfrac{x-x_j}{h_j}M_{j+1} \\ x\in[x_j,x_{j+1}],h_j=x_{j+1}-x_j \end{cases} \tag{8.12}$$

对(8.12)式积分，则有

$$S'(x)=\frac{-M_j}{2h_j}(x_{j+1}-x)^2+\frac{M_{j+1}}{2h_j}(x-x_j)^2+A_j \tag{8.13}$$

再积分一次，则有

$$\begin{cases} S(x)=\dfrac{M_j}{6h_j}(x_{j+1}-x)^3+\dfrac{M_{j+1}}{6h_j}(x-x_j)^3+A_j(x-x_j)+B_j \\ x\in[x_j,x_{j+1}] \end{cases} \tag{8.14}$$

由条件 $S(x_j)=y_j,S(x_{j+1})=y_{j+1}$ 可确定积分常数 A_j、B_j，

即
$$\begin{cases} \dfrac{M_j}{6}h_j^2+B_j=y_j \\ \dfrac{M_{j+1}}{6}h_j^2+A_jh_j+B_j=y_{j+1} \end{cases}$$

于是，得到

$$\begin{cases} B_j=y_j-\dfrac{M_jh_j^2}{6} \\ A_j=\dfrac{y_{j+1}-y_j}{h_j}-\dfrac{h_j}{6}(M_{j+1}-M_j) \end{cases} \tag{8.15}$$

将(8.15)代入(8.14)得到 3 次样条插值函数的表达式

$$
\begin{cases}
S(x) = y_j + c_{j,1}(x - x_j) + c_{j,2}(x - x_j)^2 + c_{j,3}(x - x_j)^3 \\
\quad \equiv S_j(x) \\
\text{其中 } c_{j,1} = S'(x_j) = \dfrac{y_{j+1} - y_j}{h_j} - \dfrac{(2M_j + M_{j+1})}{6} h_j \\
\quad c_{j,2} = \dfrac{M_j}{2} \\
\quad c_{j,3} = \dfrac{M_{j+1} - M_j}{6h_j} \\
\quad h_j = x_{j+1} - x_j \\
\quad x \in [x_j, x_{j+1}], (j = 0, 1, \cdots, n - 1)
\end{cases}
\tag{8.16}
$$

由条件 $S'_j(x_j) = S'_{j-1}(x_j), (j = 1, 2, \cdots, n - 1)$ 可得到 $S(x)$ 在节点处二阶导数 $\{m_j\}$ 所满足线性方程组。

由(8.13)及(8.15)式有

$$
\begin{cases}
S'_j(x) = \dfrac{-M_j}{2h_j}(x_{j+1} - x)^2 + \dfrac{M_{j+1}}{2h_j}(x - x_j)^2 \\
\qquad\qquad + \dfrac{y_{j+1} - y_j}{h_j} - \dfrac{h_j}{6}(M_{j+1} - M_j) \\
x \in [x_j, x_{j+1}]
\end{cases}
$$

及

$$
\begin{cases}
S'_{j-1}(x) = \dfrac{-M_{j-1}}{2h_{j-1}}(x_j - x)^2 + \dfrac{M_j}{2h_{j-1}}(x - x_{j-1})^2 \\
\qquad\qquad + \dfrac{y_j - y_{j-1}}{h_{j-1}} - \dfrac{h_{j-1}}{6}(M_j - M_{j-1}) \\
x \in [x_{j-1}, x_j]
\end{cases}
$$

于是，得到：

$$
\begin{cases}
S'_j(x_j) = \dfrac{y_{j+1} - y_j}{h_j} - \dfrac{h_j}{3}M_j - \dfrac{h_j}{6}M_{j+1} & (8.17) \\
S'_{j-1}(x_j) = \dfrac{y_j - y_{j-1}}{h_{j-1}} + \dfrac{h_{j-1}}{3}M_j + \dfrac{h_{j-1}}{6}M_{j-1} & (8.18)
\end{cases}
$$

由条件 $S'_j(x_j) = S'_{j-1}(x_j), (j = 1, 2, \cdots, n - 1)$ 得到 $\{M_j\}_{j=0}^{n}$

所满足线性方程组

$$\begin{cases} \dfrac{h_{j-1}}{6}M_{j-1}+\dfrac{h_j+h_{j-1}}{3}M_j+\dfrac{h_j}{6}M_{j+1} \\ =\dfrac{y_{j+1}-y_j}{h_j}-\dfrac{y_j-y_{j-1}}{h_{j-1}} \\ (j=1,2,\cdots,n-1) \end{cases}$$

或$\{M_j\}$所满足方程组

$$\begin{cases} \mu_j M_{j-1}+2M_j+\lambda_j M_{j+1}=d_j \\ 其中\ \lambda_j=\dfrac{h_j}{h_j+h_{j-1}},\mu_j=1-\lambda_j \\ \qquad d_j=\dfrac{6}{h_j+h_{j-1}}\left(\dfrac{y_{j+1}-y_j}{h_j}-\dfrac{y_j-y_{j-1}}{h_{j-1}}\right) \\ \qquad h_j=x_{j+1}-x_j \\ \qquad (j=1,2,\cdots,n-1) \end{cases}$$

(1) 设已知$S'(x_0)=f'_0$,$S'(x_n)=f'_n$,由(8.17)式取$j=0$,(8.18)式取$j=n$得到:

$$\begin{cases} \dfrac{h_0}{3}M_0+\dfrac{h_0}{6}M_1=\dfrac{y_1-y_0}{h_0}-f'_0 \\ \dfrac{h_{n-1}}{6}M_{n-1}+\dfrac{h_{n-1}}{3}M_n=f'_n-\dfrac{y_n-y_{n-1}}{h_{n-1}} \end{cases}$$

或

$$\begin{cases} 2M_0+M_1=\dfrac{6}{h_0}\left(\dfrac{y_1-y_0}{h_0}-f'_0\right)\equiv d_0 \\ M_{n-1}+2M_n=\dfrac{6}{h_{n-1}}\left(f'_n-\dfrac{y_n-y_{n-1}}{h_{n-1}}\right)\equiv d_n \end{cases}$$

令 $\lambda_0=1,\mu_n=1$

于是得到3次样条插值函数$S(x)$在节点二阶导数$\{M_j\}_{j=0}^n$所满足的方程组

$$
\begin{bmatrix}
2 & \lambda_0 & & & & & \\
\mu_1 & 2 & \lambda_1 & & & & \\
 & \ddots & \ddots & \ddots & & & \\
 & & \mu_j & 2 & \lambda_j & & \\
 & & & \ddots & \ddots & \ddots & \\
 & & & & \mu_{n-1} & 2 & \lambda_{n-1} \\
 & & & & & \mu_n & 2
\end{bmatrix}
\begin{bmatrix} M_0 \\ M_1 \\ \vdots \\ M_{n-1} \\ M_n \end{bmatrix}
=
\begin{bmatrix} d_0 \\ d_1 \\ \vdots \\ d_{n-1} \\ d_n \end{bmatrix}
\tag{8.19}
$$

或简记为　$AM = d$

其中

$$
\begin{cases}
\lambda_j = \dfrac{h_j}{h_j + h_{j-1}}, \mu_j = 1 - \lambda_j, h_j = x_{j+1} - x_j \\
d_j = \dfrac{6}{h_j + h_{j-1}}\left(\dfrac{y_{j+1} - y_j}{h_j} - \dfrac{y_j - y_{j-1}}{h_{j-1}}\right), (j = 1, 2, \cdots, n-1) \\
d_0 = \dfrac{6}{h_0}\left(\dfrac{y_1 - y_0}{h_0} - f'_0\right), d_n = \dfrac{6}{h_{n-1}}\left(f'_n - \dfrac{y_n - y_{n-1}}{h_{n-1}}\right)
\end{cases}
$$

(2) 设已知 $S''(x_0) = M_0 = f''_0, S''(x_n) = M_n = f''_n$，得到 $\{M_j\}_{j=1}^{n-1}$ 所满足的方程组：

$$
\begin{bmatrix}
2 & \lambda_1 & & & & & \\
\mu_2 & 2 & \lambda_2 & & & & \\
 & \ddots & \ddots & \ddots & & & \\
 & & \mu_j & 2 & \lambda_j & & \\
 & & & \ddots & \ddots & \ddots & \\
 & & & & \mu_{n-2} & 2 & \lambda_{n-2} \\
 & & & & & \mu_{n-1} & 2
\end{bmatrix}
\begin{bmatrix} M_1 \\ M_2 \\ \vdots \\ M_{n-2} \\ M_{n-1} \end{bmatrix}
=
\begin{bmatrix} d_1 - \mu_1 f''_0 \\ d_2 \\ \vdots \\ d_{n-2} \\ d_{n-1} - \lambda_{n-1} f''_n \end{bmatrix}
\tag{8.20}
$$

方程(8.19)或(8.20)系数矩阵都是严格角占优阵，因此，方程组(8.19)或(8.20)有唯一解 $\{M_j\}$。M_j 在力学上解释为细梁在 x_j 截面处的弯矩，且弯矩与相邻两个弯矩有关，故方程组(8.19)或(8.20)称为三弯矩方程组。

8.4 算法与例子

设给定 $y=f(x)$ 函数表 $(x_i,f(x_i))$,$(i=1,2,\cdots,n)$,$(a=x_1<x_2<\cdots<x_n=b)$,可用一维数组 $B(1:4)$ 将上述各种边界条件统一处理。边界条件 2 个方程统一写为:

$$\begin{cases}2M_1+B(1)M_2=B(3)\\B(2)M_{n-1}+2M_n=B(4)\end{cases}$$

(1) 已知 $S''(x_1)=M_1=f''_1$,$S''(x_n)=M_n=f''_n$,数组 B 应取为

0.0	0.0	$2.0*f''_1$	$2.0*f''_n$

(2) 已知 $S''(x_1)=S''(x_n)=0.0$ 时,数组 B 应取为

0.0	0.0	0.0	0.0

(3) 已知 $S'(x_1)=f'_1$,$S'(x_n)=f'_n$ 时,数组 B 应取为

1.0	1.0	d_1	d_n

其中

$$\begin{cases}d_1=\dfrac{6}{h_1}\left[\dfrac{y_2-y_1}{h_1}-f'_1\right]\\[2ex]d_n=\dfrac{6}{h_{n-1}}\left[f'_n-\dfrac{y_n-y_{n-1}}{h_{n-1}}\right]\end{cases}$$

用追赶法求解下述方程组,可求出 $S''(x_j)=M_j(j=1,\cdots,n)$ 及样条系数。

1. 计算 λ_i,μ_i,d_i,$(i=2,\cdots,n-1)$

$$\begin{bmatrix}2 & B(1) & & & \\ \mu_2 & 2 & \lambda_2 & & \\ & \ddots & \ddots & \ddots & \\ & & \mu_{n-1} & 2 & \lambda_{n-1} \\ & & & B(2) & 2\end{bmatrix}\begin{bmatrix}M_1\\M_2\\\vdots\\M_{n-1}\\M_n\end{bmatrix}=\begin{bmatrix}B(3)\\d_2\\\vdots\\d_{n-1}\\B(4)\end{bmatrix} \text{或 } AM=\boldsymbol{d}$$

其中

$$\begin{cases}\lambda_1 = B(1) \\ \mu_n = B(2) \\ \lambda_i = \dfrac{h_i}{h_i + h_{i-1}}, \mu_i = 1 - \lambda_i, (i = 2, \cdots, n-1) \\ d_i = \dfrac{6}{h_i + h_{i-1}}\left(\dfrac{y_{i+1} - y_i}{h_i} - \dfrac{y_i - y_{i-1}}{h_{i-1}}\right), (i = 2, \cdots, n-1) \\ d_1 = B(3), d_n = B(4), h_i = x_{i+1} - x_i\end{cases}$$

2. 追赶法求解 $A\boldsymbol{M} = \boldsymbol{d}$ 公式：$S''(x_i) = M_i, (i = 1, \cdots, n)$

$$(1)\begin{cases}\beta_1 = \dfrac{\lambda_1}{2} \\ \beta_i = \dfrac{\lambda_i}{2 - \mu_i\beta_{i-1}}, (i = 2, \cdots, n-1)\end{cases}$$

$$(2)\begin{cases}z_1 = \dfrac{d_1}{2} \\ z_i = \dfrac{d_i - \mu_i z_{i-1}}{2 - \mu_i\beta_{i-1}}, (i = 2, \cdots, n)\end{cases}$$

$$(3)\begin{cases}M_n = z_n \\ M_j = z_j - \beta_j M_{j+1}, (j = n-1, \cdots, 2, 1)\end{cases}$$

3. 计算三次样条系数

$$\begin{cases}c_{j,1} = \dfrac{y_{j+1} - y_j}{h_j} - \dfrac{(2M_j + M_{j+1})}{6}h_j \\ c_{j,2} = \dfrac{M_j}{2} \\ c_{j,3} = \dfrac{M_{j+1} - M_j}{6h_j}, h_j = x_{j+1} - x_j \\ (j = 1, 2, \cdots, n-1)\end{cases}$$

4. 三次样条插值函数

$$S(x) = S_j(x) = y_j + c_{j,1}(x - x_j) + c_{j,2}(x - x_j)^2 + c_{j,3}(x - x_j)^3$$

$$x \in [x_j, x_{j+1}]$$

$$(j = 1, 2, \cdots, n-1)$$

算法 4 （计算 3 次样条插值函数系数）

已知 $y = f(x)$ 函数表 $(x(i), y(i))$，$(i = 1,2,\cdots,n)$ 及边界条件参数 $B(1:4)$，本算法计算 $\{M_j\}_{j=1}^{n}$ 及样条系数 $c_{j,1}, c_{j,2}, c_{j,3}$ $(j = 1,2,\cdots,n-1)$，且存放在数组 $C(N-1,3)$ 内。

1. 输入：$x(i), y(i), (i = 1,2,\cdots,N), N, B(i), (i = 1,\cdots,4)$（或计算）

2. $h_1 \leftarrow x(2) - x(1), p \leftarrow y(2) - y(1)$

3. 对于 $j = 2,\cdots,N-1$

   (1) $h_2 \leftarrow x(j+1) - x(j)$

   (2) $q \leftarrow y(j+1) - y(j)$

   (3) $h_0 \leftarrow h_1 + h_2$

   (4) 计算 λ_j：$C(j,1) \leftarrow h_2/h_0$

   (5) 计算 μ_j：$C(j,2) \leftarrow 1 - C(j,1)$

   (6) 计算 d_j：$C(j,3) \leftarrow 6 * (q/h_2 - p/h_1)/h_0$

   (7) $h_1 \leftarrow h_2$

   (8) $p \leftarrow q$

4. 计算 β_1 及 z_1：$C(1,1) \leftarrow B(1)/2, C(1,2) \leftarrow B(3)/2$

5. 如果 $N = 2$ 则转 7

6. 计算 β_j 及 z_j，$(j = 2,\cdots,n-1)$

   对于 $j = 2,\cdots,N-1$

   (1) $p \leftarrow 2 - C(j,2) * C(j-1,1)$

   (2) $C(j,1) \leftarrow \beta_i = C(j,1)/p$

   (3) $C(j,2) \leftarrow z_j = (C(j,3) - C(j,2) * C(j-1,2))/p$

7. 计算 $z_n = M_n$

   $y_1 \leftarrow (B(4) - B(2) * C(N-1,2))/(2 - B(2) * C(N-1,1))$

8. 计算 $\{M_j\}$ 及样条系数

   对于 $j = N-1,\cdots,2,1$

   (1) 计算 M_j：$y_2 \leftarrow C(j,2) - C(j,1) * y_1$

(2) $h \leftarrow x(j+1) - x(j)$

(3) $C(j,3) \leftarrow (y_1 - y_2)/6/h$

$C(j,2) \leftarrow y_2/2$

$C(j,1) \leftarrow (y(j+1) - y(j))/h - (2 * y_2 + y_1) * h/6$

(4) $y_1 \leftarrow y_2$

9. 输出:数组 $C(N-1,3)$

算法 5 (3 次样条插值计算)

设已知 $y = f(x)$ 函数表(x_i, y_i), $(i = 1, \cdots, n)$ $(a = x_1 < x_2 < \cdots < x_n = b)$ 及边界条件参数数组 $B(1:4)$,给定 $x = U(i) \in [a, b]$, $(i = 1, \cdots, m)$,要求计算 $S(U(i))$ $(i = 1, \cdots, m)$,存放在 $V(i)$, $(i = 1, \cdots, m)$ 内,且由算法 4 已计算出样条系数,存放在数组 $C(n-1, 3)$ 内。

1. 输入:$x(i)$, $y(i)$, $(i = 1, \cdots, n)$, n,及 $U(i)$, $(i = 1, \cdots, m)$, m

2. 对于 $k = 1, 2, \cdots, m$

(1) 如果 $U(k) < x(1)$ 则转(5)

(2) 如果 $U(k) > x(n)$ 则转(5)

(3) 如果 $U(k) = x(n)$ 则 $V(k) \leftarrow y(n)$,转(6)

(4) 对于 $i = n-1, \cdots, 2, 1$

1) 如果 $x(i) > U(k)$ 则转 5)

2) $d \leftarrow U(k) - x(i)$

3) $V(k) \leftarrow ((C(i,3) * d + C(i,2)) * d$
$+ C(i,1)) * d + y(i)$

4) 转(6)

5) Continue

(5) $V(k) \leftarrow 10^7$

(6) Continue

3. 输出:$U(i)$, $V(i)$, $(i = 1, 2, \cdots, m)$

例 6　已知 $y = f(x)$ 函数表及端点条件 $S''(x_1) = S''(x_4) = 0.0$

x	1	2	4	5
$f(x)$	1	3	4	2

求样条插值函数系数及插值计算 $f(3)$,$f(4.5)$ 近似值。

解 端点条件参数数组

$B(4)$:0.0,0.0,0.0,0.0

解三条线方程组求 $S''(x_i) = M_i$,$(i = 1,2,3,4)$

$$\begin{bmatrix} 2 & 0 & & \\ \frac{1}{3} & 2 & \frac{2}{3} & \\ & \frac{2}{3} & 2 & \frac{1}{3} \\ & & 0 & 2 \end{bmatrix} \begin{bmatrix} M_1 \\ M_2 \\ M_3 \\ M_4 \end{bmatrix} = \begin{bmatrix} 0 \\ -9 \\ -15 \\ 0 \end{bmatrix}$$

解得:$M_1 = 0, M_2 = -0.75, M_3 = -2.250, M_4 = 0$

样条系数 $C(N-1,3)$,见表 2-11。

表 2-11

I	$C(i,1)$	$C(i,2)$	$C(i,3)$
1	2.125	0.0	−0.125
2	1.75	−0.375	−0.125
3	−1.25	−1.125	0.375

插值计算:$f(3) \approx S_2(3) = 4.25, f(4.5) \approx S_3(4.5)$

$$= 3.140625$$

其中,$S_2(x) = y_2 + C(2,1)(x-2) + C(2,2)(x-2)^2 + C(2,3)(x-2)^3, x \in [2,4]$

$S_3(x) = y_3 + C(3,1)(x-4) + C(3,2)(x-4)^2 + C(3,3)(x-4)^3, x \in [4,5]$

8.5 三次样条插值函数的收敛性

下面不加证明的给出 3 次样条插值函数的收敛结果，可参见[4]。

定理 14　设有$[a,b]$一个划分Δ：$a=x_0<x_1<\cdots<x_n=b$，$h_j=x_{j+1}-x_j, h=\max\limits_j h_j, \delta=\min\limits_j h_j$

(1) 设 $f(x)\in C^4[a,b]$；

(2) 且 $|f^{(4)}(x)|\leqslant L, x\in[a,b]$；

(3) 设 $\dfrac{h}{\delta}\leqslant k$(常数)；

(4) 设 $S(x)$ 为 $f(x)$ 关于 Δ 的 3 次样条插值函数且满足端点条件 $S'(x_0)=f'(x_0), S'(x_n)=f'(x_n)$，则

$$|f^{(3)}(x)-S^{(3)}(x)|\leqslant 2Lkh$$

$$|f^{(2)}(x)-S^{(2)}(x)|\leqslant \frac{7}{4}Lkh^2$$

$$|f'(x)-S'(x)|\leqslant \frac{7}{4}Lkh^3 \qquad \text{对于 } x\in[a,b]$$

$$|f(x)-S(x)|\leqslant \frac{7}{8}Lkh^4$$

说明 3 次样条插值函数 $S(x)$ 及一阶，二阶导数于$[a,b]$一致收敛于 $f(x)$(当 $h\to 0$ 时)。

§9* B 样条函数及性质

B 样条(Basic Spline) 函数在曲线、曲面拟合等领域中有着广泛的应用。本节介绍 B 样条及其基本性质。

9.1 半截幂函数

定义 10　(1) 函数

$$f(x)=(x-t)_+\equiv\max(x-t,0)=\begin{cases}x-t, & 当\ x>t\\ 0, & 当\ x\leqslant t\end{cases}$$

称为 2 阶半截幂函数，其中 t 为参数如图 2-7(a)。

(2) 函数

$$f(x)=(x-t)_+^{m-1}=[(x-t)_+]^{m-1}=\begin{cases}(x-t)^{m-1}, & 当\ x>t\\ 0, & 当\ x\leqslant t\end{cases}$$

称为 m 阶半截幂函数，其中 t 为参数，$m=2,3,\cdots$ 如图 2-7(b)。

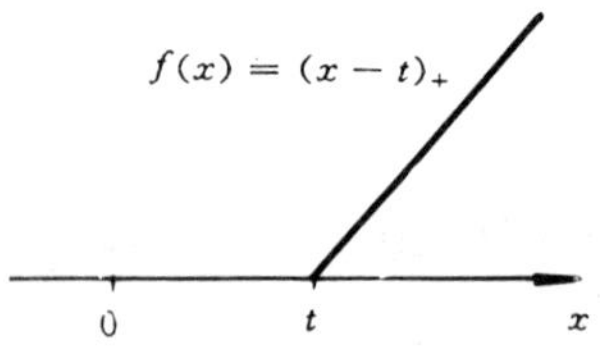

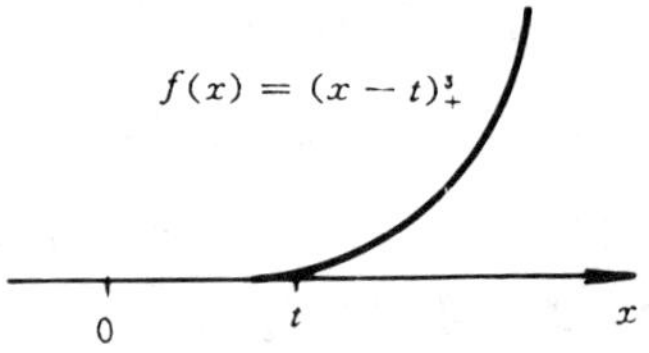

图 2-7

(3) 当 $m=1$ 时，定义

$$f(x)=(x-t)_+^0=\begin{cases}1, & 当\ x>t\\ 0, & x\leqslant t\end{cases}$$

显然，2 阶半截幂函数 $f(x)=(x-t)_+$ 是一个分段多项式函数且 $f'(x)$ 在 $x=t$ 不连续，一般对 $m+1$ 阶半截幂函数 $f(x)=(x-t)_+^m$，$(m>1)$，则有

$$f'(x)=\begin{cases}m(x-t)^{m-1}, & 当\ x>t\\ 0, & 当\ x\leqslant t\end{cases}$$

及 $f^{(m-1)}(x)$ 在 $x=t$ 为连续，但 $f^{(m)}(x)$ 在 $x=t$ 有跳跃，说明 $f(x)=(x-t)_+^m$ 是分段的多项式函数，且具有连续的一阶，…，$m-1$ 阶导数$(m>1)$。

9.2 样条函数

设$[a,b]$有一个剖分 Δ：$a=\xi_1<\xi_2<\cdots<\xi_{l+1}=b$

定义 11 （3 次样条函数）

(1) 如果 $S(x)$ 满足

$(a)S(x) \in C^2[a,b]$(即 $S(x)$ 于$[a,b]$具有连续的一阶，二阶导数)。

$(b)S(x)$ 在每一个小区间$[\xi_i,\xi_{i+1}]$$(i=1,2,\cdots,l)$ 为次数 $\leqslant 3$ 的多项式，称 $S(x)$ 为关于 Δ 的 4 阶样条函数(即 3 次样条)。

(2) 用 $S_\Delta^4 \equiv \{S(x) \mid S(x)$ 为关于 $\Delta,[a,b]$ 上 3 次样条函数$\}$ 称为 4 阶样条函数空间(即 3 次样条函数空间)。

显然，S_Δ^4 是一个线性空间，且 3 次样条函数

$$S(x)=S_i(x)=a_i+b_i(x-\xi_i)+c_i(x-\xi_i)^2+d_i(x-\xi_i)^3$$
$$x \in [\xi_i,\xi_{i+1}],(i=1,2,\cdots,l)$$

由 l 段“装配”，每段由 4 个参数唯一确定，所以共有 $4l$ 个自由参数。

又由要求 3 次样条函数 $S(x)$，及 $S'(x)$，$S''(x)$ 在 $\xi_i(i=2,\cdots,l)$ 连续，即有 $3(l-1)$ 个约束条件。所以，3 次样条函数空间 S_Δ^4 最多有 $4l-3(l-1)=l+3$ 个自由参数，也就是说 S_Δ^4 维数最多是 $l+3$。

定理 15 设函数集合

$\mathscr{L}_1=\{1,x,x^2,x^3,(x-\xi_2)_+^3,\cdots,(x-\xi_l)_+^3\}$ 则 $\mathscr{L}_1$ 为 S_Δ^4 空间中一个基 $a \leqslant x \leqslant b$。

证明 显然 $\mathscr{L}_1$ 中任一函数 $\in S_\Delta^4$，且 $\mathscr{L}_1$ 中共有 $l+3$ 个函数，其中 $\xi_2,\cdots,\xi_l$ 为内点，剩下只要证明 $\mathscr{L}_1$ 中 $l+3$ 个函数于$[a,b]$线性无关即可。

事实上，如果存在 a_j,b_j 使

$$\sum_{j=0}^{3} a_j x^j+\sum_{j=2}^{l} b_j(x-\xi_j)_+^3=0,x \in [a,b] \tag{9.1}$$

(1) 对于 $x \in [a,\xi_2]$ 时，则(9.1) 式为

$$\sum_{j=0}^{3} a_j x^j=0,x \in [a,\xi_2]$$

于是，$a_j=0,(j=0,1,2,3)$

这时，(9.1) 式为

$$\sum_{j=2}^{l} b_j(x-\xi_j)_+^3 = 0, x \in [a,b] \tag{9.2}$$

(2) 对于 $x \in [\xi_2,\xi_3]$ 时,则(9.2)式为

$$b_2(x-\xi_2)_+^3 = 0, x \in [\xi_2,\xi_3]$$

由此,$b_2 = 0$

(3) 同理,可得 $b_j = 0,(i = 2,\cdots,l)$。

定理 16　3 次样条函数空间 S_Δ^4 为 $4+(l-1) = l+3$ 维线性空间。于是,对任一 $S(x) \in S_\Delta^4$,则有

$$S(x) = \sum_{j=0}^{3} a_j x^j + \sum_{j=2}^{l} a_{j+2}(x-\xi_j)_+^3$$

定义 12　(k 阶样条函数)设对$[a,b]$有一剖分 Δ:$a = \xi_1 < \xi_2 < \cdots < \xi_l < \xi_{l+1} = b$,如果 $S(x)$ 满足:

(1)$S(x) \in C^{k-2}[a,b]$(即 $S(x)$ 于$[a,b]$具有连续的一阶,…,$k-2$ 阶导数)。

(2)$S(x)$ 于每一个小区间$[\xi_i,\xi_{i+1}]$上是 $k-1$ 次多项式,称 $S(x)$ 为关于剖分 Δ 的 k 阶样条函数(或 $k-1$ 次样条函数)($k>1$)。

显然,当 $k = 2,3,4$ 时,$S(x)$ 分别是 2 阶,3 阶,4 阶样条函数(或分别是 1 次,2 次,3 次样条函数)。

$S_\Delta^k = \{S(x) \mid S(x)$ 为关于 $\Delta,[a,b]$ 上 k 阶样条函数$\}$ 称为 k 阶样条函数空间,类似 3 次样条函数空间可知,S_Δ^k 维数最多为 $k+l-1$,且

$$\mathscr{L}_2 = \{1,x,\cdots,x^{k-1},(x-\xi_2)_+^{k-1},\cdots,(x-\xi_l)_+^{k-1}\},(a \leqslant x \leqslant b)$$

于$[a,b]$线性无关,即 $\mathscr{L}_2$ 为 S_Δ^k 一个基,S_Δ^k 是维数为 $n = k+l-1$ 的线性空间。

9.3 B 样条函数及性质

设有节点序列$\{t_i\}$:$t_1 < t_2 < \cdots < t_{n+k}$,可由剖分 Δ 节点扩展得到:

$$t_1 < t_2 < \cdots < t_k = \xi_1 < \xi_2 < \cdots < \xi_l < \xi_{l+1} = t_{n+1} < \cdots <$$

t_{n+k}

且 $t_{k+1} = \xi_2, t_{k+2} = \xi_3, \cdots, t_n = t_{k+l-1} = \xi_l$

其中 $n = k + l - 1$ 为 k 阶样条函数空间 S_Δ^k 维数。

定义 13 （B 样条函数）

设有节点序列$\{t_i\}^{n+k}$，称函数

$$B_{i,k}(x) = (t_{i+k} - t_i)[t_i, t_{i+1}, \cdots, t_{i+k}](t - x)_+^{k-1}$$

为关于节点序列$\{t_i\}$的第 i 个 k 阶 B 样条函数。

说明 k 阶半截幂函数 $f(t) = (t - x)_+^{k-1}$（其中 x 为参数）的 k 阶差商乘上一个数$(t_{i+k} - t_i)$就是 k 阶 B 样条函数。

(1) 一阶 B 样条函数(零次 B 样条)。

取 $k = 1$，于是第 i 个 1 阶 B 样条函数为

$$B_{i,1}(x) = (t_{i+1} - t_i)[t_i, t_{i+1}](t - x)_+^0 = f(t_{i+1}) - f(t_i)$$

其中，$$f(t) = (t - x)_+^0 = \begin{cases} 1, 当\ t > x \\ 0, 当\ t \leqslant x \end{cases}$$

(a) 当 $t_i \leqslant x < t_{i+1}$ 时，则 $f(t_{i+1}) = 1, f(t_i) = 0, B_{i,1}(x) = 1$；

(b) 对其他的 x，则 $B_{i,1}(x) = 0$。

于是一阶 B 样条函数为(见图 2-8)

$$B_{i,1}(x) = \begin{cases} 1, 当\ t_i \leqslant x < t_{i+1} \\ 0, \quad 其它\ x \end{cases}$$

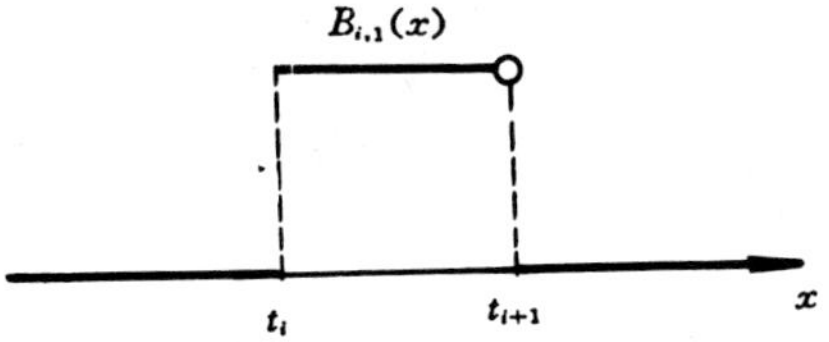

图 2-8

(2) 2 阶 B 样条函数(1 次 B 样条)。

取 $k = 2$，由定义，第 i 个 2 阶 B 样条函数为

$$B_{i,2}(x) = (t_{i+2} - t_i)[t_i, t_{i+1}, t_{i+2}](t - x)_+$$

可得

$$B_{i,2}(x)=\begin{cases}\dfrac{x-t_i}{t_{i+1}-t_i}, & 当\ t_i\leqslant x<t_{i+1}\\ \dfrac{t_{i+2}-x}{t_{i+2}-t_{i+1}}, & t_{i+1}\leqslant x<t_{i+2}\\ 0, & 其它\ x\end{cases}$$

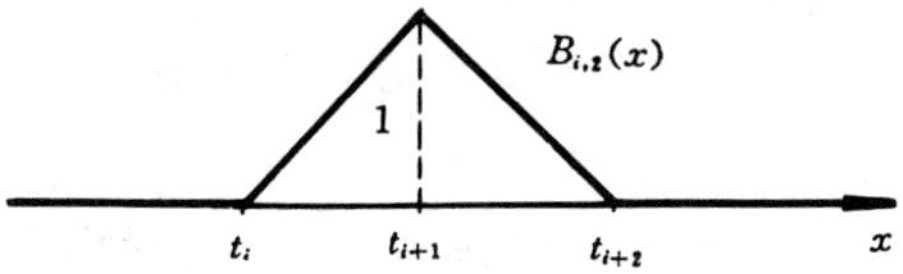

图 2-9

显然，$B_{i,2}(x)$（见图 2-9）是分段一次多项式函数且 $B_{i,2}(x)$ 连续（例如 $k=2,l=3,n=k+l-1=4,\Delta: a=\xi_1<\xi_2<\xi_3<\xi_4=b,\{t_i\}_1^6$，由 $\{\xi_i\}$ 扩充得到），显然，2 阶 B 样条函数

$$\mathscr{L}_2=\{B_{1,2}(x),B_{2,2}(x),B_{3,2}(x),B_{4,2}(x)\}\in S_\Delta^2$$
$$(a\leqslant x\leqslant b)$$

且 $\mathscr{L}_2$ 为 S_Δ^2 一个基（见图 2-10）。

下面介绍 B 样条函数性质。

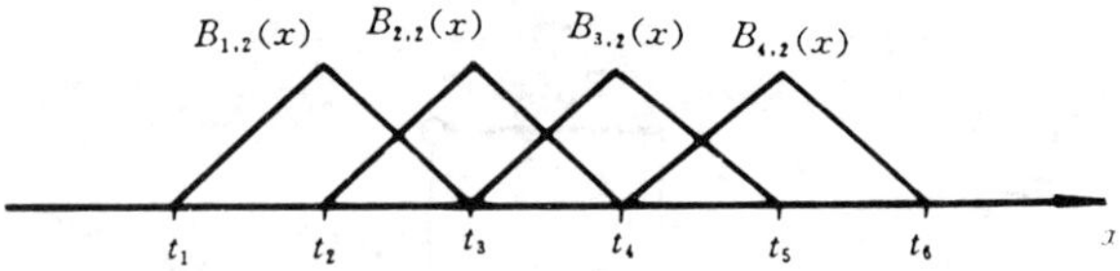

图 2-10

性质 1 B 样条正性与局部支撑性。即

$$B_{i,k}(x)\begin{cases}=0, 当\ x\overline{\in}[t_i,t_{i+k}]\\ >0, 当\ x\in(t_i,t_{i+k})\end{cases}$$

证明 首先证明 $B_{i,k}(x)=0$，当 $x\overline{\in}[t_i,t_{i+k}]$。由于

$$B_{i,k}(x)=(t_{i+k}-t_i)[t_i,t_{i+1},\cdots,t_{i+k}]f(t)$$

其中 $f(t)=(t-x)_+^{k-1}=\begin{cases}(t-x)^{k-1}, & 当\ t>x\\ 0, & t\leqslant x\end{cases}$

当 $x\overline{\in}[t_i,t_{i+k}]$ 时，则 $f(t)$ 在 $[t_i,t_{i+k}]$ 上是一个 $k-1$ 次多项式，故 k 阶差商 $[t_i,\cdots,t_{i+k}]f(t)=0$，所以

$B_{i,k}(x)=0$，当 $x\overline{\in}[t_i,t_{i+k}]$

性质 2 B 样条函数的递推公式

$$\begin{cases}B_{i,1}(x)=\begin{cases}1,当\ t_i\leqslant x<t_{i+1}\\ 0,其它\ x\end{cases}\\ B_{i,k}(x)=\dfrac{x-t_i}{t_{i+k-1}-t_i}B_{i,k-1}(x)+\dfrac{t_{i+k}-x}{t_{i+k}-t_{i+1}}B_{i+1,k-1}(x)\\ \qquad(k=2,3,\cdots)\end{cases}\tag{9.3}$$

证明 由于 $B_{i,k}(x)=(t_{i+k}-t_i)[t_i,t_{i+1}\cdots,t_{i+k}](t-x)_+^{k-1}$

其中 $f(t)=(t-x)_+^{k-1}=(t-x)(t-x)_+^{k-2}\equiv g(t)h(t)$

由第 2 章定理 8 有

$$[t_i,t_{i+1},\cdots,t_{i+k}](t-x)_+^{k-1}=(t_i-x)\cdot[t_i,\cdots,t_{i+k}](t-x)_+^{k-2}$$
$$+[t_i,t_{i+1}](t-x)\cdot[t_{i+1},\cdots,t_{i+k}](t-x)_+^{k-2}\tag{9.4}$$

又由差商定义有

$$[t_i,t_{i+1},\cdots,t_{i+k}](t-x)_+^{k-2}$$
$$=\frac{[t_{i+1},\cdots,t_{i+k}](t-x)_+^{k-2}-[t_i,\cdots,t_{i+k-1}](t-x)_+^{k-2}}{t_{i+k}-t_i}\tag{9.5}$$

将(9.5)式代入(9.4)得到

$$[t_i,t_{i+1},\cdots,t_{i+k}](t-x)_+^{k-1}=\frac{t_i-x}{t_{i+k}-t_i}[[t_{i+1},\cdots,t_{i+k}](t-x)_+^{k-2}$$
$$-[t_i,\cdots,t_{i+k-1}](t-x)_+^{k-2}]+[t_{i+1},\cdots,t_{i+k}](t-x)_+^{k-2}$$
$$=\frac{t_{i+k}-x}{t_{i+k}-t_i}[t_{i+1},\cdots,t_{i+k}](t-x)_+^{k-2}+$$
$$\frac{x-t_i}{t_{i+k}-t_i}[t_i,\cdots,t_{i+k-1}](t-x)_+^{k-2}$$

即

$$B_{i,k}(x)=(t_{i+k}-t_i)[t_i,\cdots,t_{i+k}](t-x)_+^{k-1}$$

$$= \frac{t_{i+k} - x}{t_{i+k} - t_{i+1}}(t_{i+k} - t_{i+1})[t_{i+1},\cdots,t_{i+k}](t-x)_+^{k-2}$$

$$+ \frac{x - t_i}{t_{i+k-1} - t_i}(t_{i+k-1} - t_i)[t_i,\cdots,t_{i+k-1}](t-x)_+^{k-2}$$

或

$$B_{i,k}(x) = \frac{t_{i+k} - x}{t_{i+k} - t_{i+1}} B_{i+1,k-1}(x) + \frac{x - t_i}{t_{i+k-1} - t_i} B_{i,k-1}(x)$$

$$(k = 2,3,\cdots)$$

证明性质 1 中：

$$B_{i,k}(x) > 0, \text{当 } x \in (t_i, t_{i+k}) \tag{9.6}$$

对 k 用归纳法，显然，当 $k=1$ 时有

$$B_{i,1}(x) > 0, \text{当 } t_i < x < t_{i+1}$$

现设(9.6)式对 $k-1$ 成立，即设 $B_{i,k-1}(x) > 0$，当 $x \in (t_i, t_{i+k-1})$(对所有 i)，求证(9.6)式对 k 亦成立。

设 $x \in (t_i, t_{i+k})$，则有

$$\frac{x - t_i}{t_{i+k-1} - t_i} > 0, \frac{t_{i+k} - x}{t_{i+k} - t_{i+1}} > 0, B_{i+1,k-1}(x) > 0$$

由 B 样条函数递推公式(9.3)，则有 $B_{i,k}(x) > 0$，当 $x \in (t_i, t_{i+k})$。

(1) 用 B 样条函数的递推公式，从一阶 B 样条 $B_{i,1}(x)$ 出发可递推产生所有高阶 B 样条，且(9.3)是正量的组合。

(2)3 阶 B 样条函数(2 次 B 样条)：

由 B 样条递推公式可知 $B_{i,3}(x)$ 是分段 2 次多项式且具有连续的一阶导数(见图 2-11)。

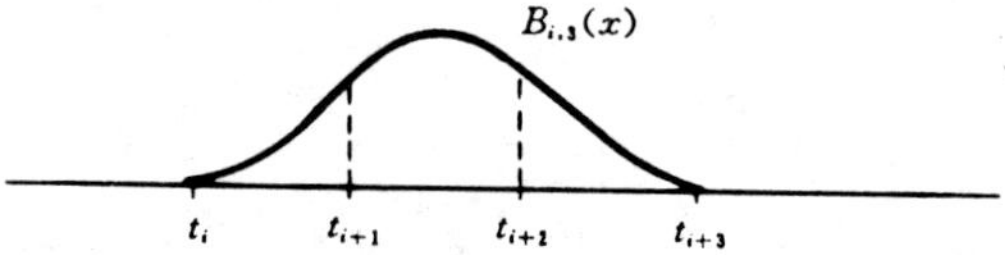

图 2-11

(3)4 阶 B 样条函数(3 次 B 样条)：

同样可说明 $B_{i,4}(x)$ 是分段 3 次多项式函数且具有连续的一阶，

二阶导数(见图 2-12)。

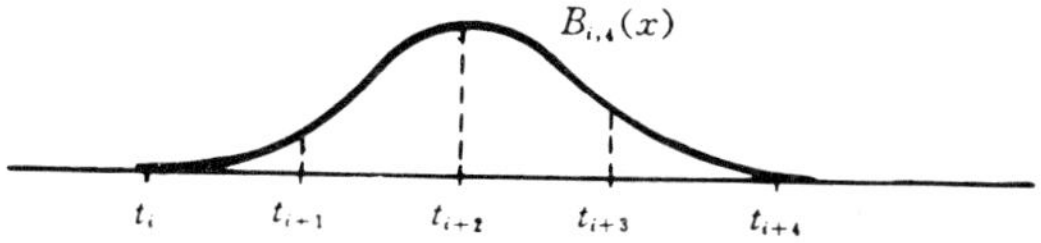

图 2-12

(4) 设 $x \in [t_i, t_{i+1}]$,(其中 $k \leqslant i \leqslant n$),则仅有 k 个 k 阶 B 样条函数非零需要计算,即仅需计算 k 个值

$$B_{i-k+1,k}(x), B_{i-k+2,k}(x), \cdots, B_{i,k}(x)$$

可用递推公式逐步计算:

$$\begin{cases} B_{i,1}(x) = \begin{cases} 1, \text{当 } t_i \leqslant x < t_{i+1} \\ 0, \text{其它 } x \end{cases} \\ \text{对于 } j = 1,2,\cdots,k-1 \\ B_{l,j+1}(x) = \dfrac{x - t_l}{t_{l+j} - t_l} B_{l,j}(x) + \dfrac{t_{l+j+1} - x}{t_{l+j+1} - t_{l+1}} B_{l+1,j}(x) \\ (l = i-j, i-j+1, \cdots, i \\ \text{或令 } l = i-j-1+r, r = 1,2,\cdots,j+1) \end{cases} \tag{9.7}$$

计算结果可存放在数组 $b(k)$ 内。计算 $B_{l,k}(x)(t_i \leqslant t < t_{i+1}, k \leqslant i \leqslant n)$ 的表格如表 2-12。

表 2-12

$b(k)$	$b(0)$	$b(1)$	$b(2)$	$b(3)$	$\cdots$	$b(k)$
初值	$B_{i-1,1}(x)=0$	$B_{i,1}(x)=1$	$B_{i+1,1}(x)=0$	0	$\cdots$	0
$B_{l,2}(x)$	0	$B_{i-1,2}(x)$	$B_{i,2}(x)$	0	$\cdots$	0
$B_{l,3}(x)$	0	$B_{i-2,3}(x)$	$B_{i-1,3}(x)$	$B_{i,3}(x)$	$0\cdots$	0
$\vdots$						
$B_{l,k}(x)$	0	$B_{i-k+1,k}(x)$		$\cdots$	$\cdots$	$B_{i,k}(x)$

性质 3　规范性

$$\sum_{l=i-k+1}^{i} B_{l,k}(x) = 1,(t_i \leqslant x < t_{i+1}, k \leqslant i)$$

证明　对 k 用归纳法证。

定理 17　（B 样条基）

（1）设对 $[a,b]$ 有一剖分 $\Delta: a = \xi_1 < \xi_2 < \cdots < \xi_l < \xi_{l+1} = b$

（2）S_Δ^k 为 k 阶样条函数空间，维数 $n = k + l - 1$

（3）设有序列 $\{t_i\}^{n+k}$，（由 $\{\xi_i\}$ 扩展得到）满足

$$t_1 < t_2 < \cdots < t_k = \xi_1, \text{及 } \xi_{l+1} = t_{n+1} < \cdots < t_{n+k}$$

且
$$t_{k+1} = \xi_2, t_{k+2} = \xi_3, \cdots, t_{k+l-1} = t_n = \xi_l$$

则 k 阶 B 样条 $\widetilde{\mathscr{L}}_2 = \{B_{1,k}(x), B_{2,k}(x), \cdots, B_{n,k}(x)\}$，$(x \in [a,b] = [\xi_1, \xi_{l+1}] = [t_k, t_{n+1}]$ 是 S_Δ^k 的一个基。

证明　（1）由于

$$B_{i,k}(x) = (t_{i+k} - t_i)[t_i, t_{i+1}, \cdots, t_{i+k}](t - x)_+^{k-1}$$

且由差商性质有

$$[t_i, t_{i+1}, \cdots, t_{i+k}](t - x)_+^{k-1} = \sum_{j=i}^{i+k} \frac{(t_j - x)_+^{k-1}}{\omega'_k(t_j)}$$

其中，

$$\omega_k(t) = \prod_{s=i}^{i+k}(t - t_s), \omega'_k(t_j) = \prod_{\substack{s=i \\ s \neq j}}^{i+k}(t_j - t_s)$$

于是，$B_{i,k}(x) = (t_{i+k} - t_i)\sum_{j=i}^{i+k} \dfrac{(t_j - x)_+^{k-1}}{\omega'_k(t_j)}$

说明，$B_{i,k}(x)(i = 1,2,\cdots,n)$ 都是 $[a,b]$ 上关于剖分 Δ 的 k 阶样条函数，即 $B_{i,k}(x) \in S_\Delta^k(i = 1,\cdots,n), x \in [a,b]$。

（2）证明 $\{B_{1,k}(x), B_{2,k}(x), \cdots, B_{n,k}(x)\}$ 于 $[t_1, t_{n+k}]$ 上线性无关。

设有

$$C_1B_{1,k}(x) + C_2B_{2,k}(x) + \cdots + C_nB_{n,k}(x) = 0, \forall\, x \in [t_1, t_{n+k}] \tag{9.8}$$

对于 $x \in [t_1, t_2]$，则（9.8）式为

$$C_1B_{1k}(x)=0, \text{故 } C_1=0$$

对于 $x\in[t_2,t_3]$，则(9.8)式为

$$C_2B_{2,k}(x)=0, \text{故 } C_2=0$$

同理，可得 $C_3=C_4=\cdots=C_n=0$。

我们指出，可证明 $\{B_{1,k}(x),B_{2,k}(x),\cdots,B_{n,k}(x)\}$ 于 $[a,b]=[t_k,t_{n+1}]$ 亦线性无关。

于是，$\{B_{1,k}(x),\cdots,B_{n,k}(x)\}$ 为 S_Δ^k 一个基。

由定理17可知，对任一 k 阶样条函数 $f(x)\in S_\Delta^k$，则

$$f(x)=\sum_{r=1}^{n}\alpha_rB_{r,k}(x),\quad x\in[a,b]=[t_k,t_{n+1}]$$

当 $t_i\leqslant x<t_{i+1}$，$(k\leqslant i\leqslant n)$，则

$$f(x)=\sum_{r=i-k+1}^{i}\alpha_rB_{r,k}(x)$$

设 $x\in[t_i,t_{i+1}](k\leqslant i\leqslant n)$。计算 k 个非零 k 阶 B 样条值 $B_{i-k+1,k}(x),\cdots,B_{i,k}(x)$ 的公式可整理为：

令 $\quad \alpha_r=x-t_{i+1-r}$

$\qquad \beta_r=t_{i+r}-x$

$$\begin{cases}B_{i,1}(x)=\begin{cases}1, \text{当 } t_i\leqslant x<t_{i+1}\\0, \text{其他 } x\end{cases}\\ j=1,2,\cdots,k-1\\ B_{i-j-1+r,j+1}(x)=\alpha_{j+1-(r-1)}\dfrac{B_{i-j+(r-1),j}(x)}{\beta_{r-1}+\alpha_{j+1-(r-1)}}+\beta_r\dfrac{B_{i-j+r,j}(x)}{\beta_r+\alpha_{j+1-r}}\\ (r=1,2,\cdots,j+1)\end{cases}$$

算法6 (计算 B 样条函数值)可编一个子程序，其调用语句为：

CALL　Bsplvb(T,k,x,i,b)

其中

$T(n+k)$：存放节点 $t_1,t_2,\cdots,t_k,\cdots,t_{n+k}$

k：计算 k 个 k 阶 B 样条的值，即计算 $B_{i-k+1,k}(x),\cdots,B_{i,k}(x)$

x：自变量

i：x 满足 $t(i) \leqslant x < t(i+1)$，要求 $k \leqslant i \leqslant n$

$b(k)$：$b(0), \cdots, b(k)$ 后 k 个单元存放计算 k 个 k 阶 B 样条的值

1. $b(i) \leftarrow 0.0, (i = 0, 1, \cdots, k)$

   $b(1) \leftarrow 1.0$

2. $j \leftarrow 1$

3. 如果$(j \geqslant k)$则转 12

4. $jp \leftarrow j + 1$

5. $Alfa(j) \leftarrow x - T(i + 1 - j)$

6. $Beta(j) \leftarrow T(i + j) - x$

7. $S = 0.0$

8. 对于 $iR = 1, 2, \cdots, j$

   (1) $TE \leftarrow b(iR)/(Beta(iR) + Alfa(jp - iR))$

   (2) $b(iR) \leftarrow S + Beta(iR) * TE$

   (3) $S \leftarrow Alfa(jp - iR) * TE$

9. $b(jp) \leftarrow S$

10. $j \leftarrow jp$

11. 如果$(j < k)$则转 4

12. Return

13. End

[注]$Alfa(Jmax)$，$Beta(Jmax)$，$(k \leqslant Jmax = 20)$ 为工作数组。

习　题　2

1. 已知 $y = f(x)$ 函数表

x	2.0	2.2	2.4	2.6	2.8
$f(x)$	0.5103757	0.5207843	0.5104147	0.4813306	0.4359160

试用 1 次,2 次,3 次 Lagrange 插值多项式计算 $f(2.5)$ 近似值。

2. 设 $f(x)=e^x, x\in[0,2]$ 且函数表为

x	0	0.5	1.0	2.0
$f(x)$	1.00000	1.64872	2.71828	7.38906

(a) 用 $x_0=0, x_1=0.5$ 作线性插值计算 $f(0.25)$ 近似值。

(b) 用 $x_0=0.5, x_1=1.0$ 作线性插值计算 $f(0.75)$ 近似值。

(c) 用 $x_0=0, x_1=1.0, x_2=2.0$ 作二次插值计算 $f(0.25), f(0.75)$ 近似值且比较计算结果误差。

3. 证明

$$\sum_{k=0}^{n} l_k(x)=1, \text{对所有 } x$$

其中,$l_k(x)$ 为 Lagrange 插值基函数。

4. 求出在 $x=0,1,2$,和 3 处函数 $f(x)=x^2+1$ 的插值多项式。

5. 设 $f(x)\in C^2[a,b]$ 且 $f(a)=f(b)=0$,求证

$$\max_{a\leqslant x\leqslant b}|f(x)|\leqslant\frac{1}{8}(b-a)^2\max_{a\leqslant x\leqslant b}|f''(x)|$$

6. 证明 $\Delta(f(x)g(x))=f(x)\cdot\Delta g(x)+\Delta f(x)\cdot g(x+h)$

7. 证明 n 阶差商有下列性质

(a) 如果 $F(x)=cf(x)$,则 $F[x_0,x_1,\cdots,x_n]=cf[x_0,x_1,\cdots,x_n]$

(b) 如果 $F(x)=f(x)+g(x)$,则

$F[x_0,x_1,\cdots,x_n]=f[x_0,x_1,\cdots,x_n]+g[x_0,x_1,\cdots,x_n]$

8. 设 $f(x)=3x^7+4x^4+3x+1$,求

$f[2^0,2^1,\cdots,2^7]$ 及 $f[2^0,2^1,\cdots,2^8]$

9. 求一个次数不高于 4 次的多项式 $P(x)$ 使它满足:$P(0)=P'(0)=0$,$P(1)=P'(1)=1$,$P(2)=1$。

10. 下述函数 $S(x)$ 在[1,3]是 3 次样条函数吗?

$$S(x)=\begin{cases}x^3-3x^2+2x+1, & 1\leqslant x\leqslant 2\\ -x^3+9x^2-22x+17, & 2\leqslant x\leqslant 3\end{cases}$$

11. 已知 $y=f(x)$ 函数表

x	1	2	3	4
$f(x)$	1	0.5	$\frac{1}{3}$	$\frac{1}{4}$

及边界条件，$S'(1)=-1$，$S'(4)=-\frac{1}{16}$，试求 $f(x)$ 的三次样条插值函数 $S(x)(1\leqslant x\leqslant 4)$(用公式(8.9))。

12.(二次样条插值函数)设 $y=f(x)\in C^1[a,b]$，已知函数表 $(x_i,f(x_i))(i=0,1,\cdots,n)$，$(x_0<x_1<\cdots<x_n)$ 及 y'_0，试寻求满足下述条件的分段二次多项式 $S(x)$：① $S(x)\in C^1[a,b]$，② $S(x)$ 在每个小区间 $[x_j,x_{j+1}]$ 上为 2 次多项式，③ 满足 $S(x_j)=f(x_j)$，$(j=0,1,\cdots,n)$ 及 $S'(x_0)=y'_0$。

第三章　函数与数据的逼近

§1　引言

在科学计算中有下述两类逼近问题。

1. 关于数学函数的逼近问题

由于电子计算机只能做算术运算，因此，在计算机上计算数学函数（例如 $f(x)=e^x$，$f(x)=\sin x$ 等在有限区间上计算）必须用其他简单的函数来逼近（例如用多项式或有理分式来逼近数学函数），且用它来代替原来精确的数学函数的计算。这种函数逼近的特点是：

(a) 要求是高精度逼近；

(b) 要快速计算（计算量越小越好）。

2. 建立实验数据的数学模型

给定函数的实验数据，需要用较简单和合适的函数来逼近（或拟合实验数据）。

例如，已知 $y=f(x)$ 实验数据

x	x_1	x_2	$\cdots$	x_m
$f(x)$	y_1	y_2	$\cdots$	y_m

希望建立 $y=f(x)$ 数学模型（近似表达式），这种逼近的特点是：

(a) 适度的精度是需要的；

(b) 实验数据有小的误差；

(c) 对于某些问题，可能有某些特殊的信息能够用来选择实验数据的数学模型。

事实上，我们已经学过一些用多项式逼近一个函数 $y=f(x)$ 的问题，例如

(1) 用在 $x=x_0$ 点 Taylor 多项式逼近函数

设 $y=f(x)$ 在$[a,b]$上各阶导数 $f^{(i)}(x)(i=0,1,\cdots,n+1)$ 存在且连续，$x_0\in[a,b]$，则有

$$f(x)=f(x_0)+f'(x_0)(x-x_0)+\cdots+\frac{f^{(n)}(x_0)}{n!}(x-x_0)^n+R_n(x)$$

$$\equiv P_n(x)+R_n(x)$$

其中 $R(x)=\dfrac{f^{(n+1)}(\xi)}{(n+1)!}(x-x_0)^{n+1}$，$x\in[a,b]$，$\xi$ 在 x_0 和 x 之间。

于是，可用 $P_n(x)$(n 次多项式) 来逼近 $f(x)$，即

$$f(x)\approx P_n(x),x\in[a,b]$$

且误差为：$R_n(x)=f(x)-P_n(x)$

且当 $|f^{(n+1)}(x)|\leqslant M_n$ 时，则有误差估计

$$|R_n(x)|\leqslant\frac{M_n}{(n+1)!}|x-x_0|^{n+1},a\leqslant x\leqslant b$$

显然有：$\begin{cases}f(x_0)=P_n(x_0)\\ f^{(k)}(x_0)=P_n^{(k)}(x_0),(k=1,2,\cdots,n)\end{cases}$

说明 $P_n(x)$ 是利用在 $x=x_0$ 处 $f(x)$ 函数值及各阶导数值来模拟 $f(x)$ 的性质，且当 x 越接近于 x_0，误差就越小，x 越偏离 x_0，误差就越大。由此，在$[a,b]$上要提高 $P_n(x)$ 逼近 $f(x)$ 的精度，就要提高 $P_n(x)$ 的次数，这就使得计算量增大。

(2) 用插值多项式逼近函数

设已知$(x_i,f(x_i))$，$(i=0,1,\cdots,n)$，则存在唯一 n 次插值多项式 $P_n(x)$ 使

$$P_n(x_i)=f(x_i),(i=0,1,\cdots,n)$$

其中 $x_i(i=0,1,\cdots,n)\in[a,b]$ 且互不相同。于是，$P_n(x)$ 可作为 $f(x)$ 近似函数，即

$$f(x) \approx P_n(x), x \in [a,b]$$

插值多项式逼近 $f(x)$ 也是利用 $n+1$ 个点上 $f(x)$ 的函数值来模拟 $f(x)$ 的性质，在 $n+1$ 个节点 x_i 上 $P_n(x)$ 逼近 $f(x)$ 无误差，当 $x \neq x_i$ 时，$f(x) \approx P_n(x)$，$P_n(x)$ 可能很好逼近 $f(x)$，也可能使误差 $|R_n(x)| = |f(x) - P_n(x)|$ 较大。如果实际问题要求：$|f(x) - P_n(x)| < \varepsilon$ 对 $x \in [a,b]$（其中 ε 是给定精度要求），用插值多项式 $P_n(x)$ 去逼近 $f(x)$ 就可能失败。

例 1 设 $f(x) = e^x, x \in [-1,1]$，试考查用 4 次 Taylor 多项式 $P_4(x)$ 逼近 $f(x)$ 的误差。

解 用在 $x = 0$ 展开的 4 次 Taylor 多项式逼近 $f(x)$：

$$\begin{cases} P_4(x) = 1 + x + \dfrac{1}{2}x^2 + \dfrac{1}{6}x^3 + \dfrac{1}{24}x^4 \\ R_4(x) = e^x - P_n(x) = \dfrac{x^5}{5\,!}f^{(5)}(\xi) = \dfrac{1}{120}x^5 \cdot e^{\xi}, x \in [-1,1] \end{cases}$$

其中 ξ 在 x 和 0 之间。

于是有误差估计：

$$\begin{cases} |R_4(x)| \leqslant \dfrac{1}{120}|x|^5 e \\ \max\limits_{-1 \leqslant x \leqslant 1} |R_4(x)| \leqslant \dfrac{e}{120} = 0.0226 \end{cases}$$

且有

$$\frac{1}{120}x^5 \leqslant R_4(x) \leqslant \frac{e}{120}x^5, \text{当 } 0 \leqslant x \leqslant 1$$

误差 $R_4(x)$ 随 x 增加（$0 \leqslant x \leqslant 1$）而增加（对 $x \in [-1,0]$ 同理可说明），说明误差 $R_4(x)$ 在整个区间 $[-1,1]$ 不是均匀分布，如图 3-1。

现提出下述函数逼近问题。

问题：设 $f(x)$ 为 $[a,b]$ 上连续函数，寻求一个近似函数 $P(x)$（多项式）使在 $[a,b]$ 上均匀逼近 $f(x)$。

下面给出最佳逼近的数学提法：

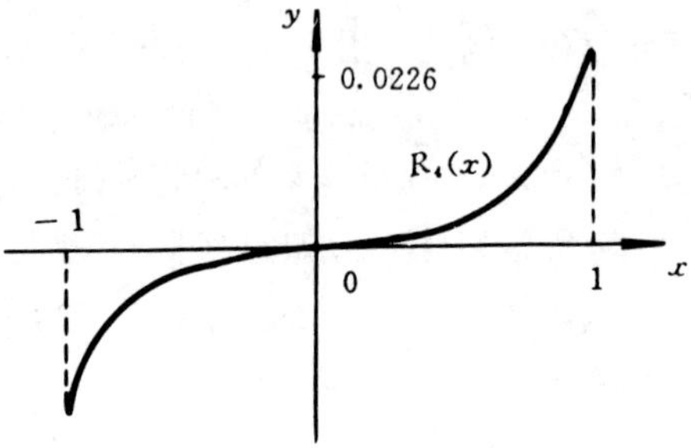

图 3-1 $P_4(x) \approx e^x$ 的误差曲线

$$C[a,b] = \{f(x) \mid f(x) \text{ 为}[a,b]\text{ 上实连续函数}\}$$

$$H_n = \{P_n(x) \mid P_n(x) = \sum_{i=0}^{n} a_i x^i, a_i \text{ 为实数}\}$$

B 为较简单且便于计算的函数类，例如为代数多项式或三角多项式或分式有理函数等。

设给定 $f(x) \in C[a,b]$，要求在 B 中寻求一个函数 $P(x)$ 使误差 $f(x) - P(x)$ 在某种度量意义下最小。

1. 最佳一致逼近

设给定 $f(x) \in C[a,b]$，以 $\max\limits_{a \leqslant x \leqslant b} |f(x) - P_n(x)|$，作为度量误差 $f(x) - P(x)$ 的"大小"标准，$P_n(x) \in H_n$。

寻求次数 $\leqslant n$ 的多项式 $P_n^*(x) \in H_n$ 使最大误差最小，即

$$\min_{P_n(x) \in H_n} \max_{a \leqslant x \leqslant b} |f(x) - P_n(x)| = \max_{a \leqslant x \leqslant b} |f(x) - P_n^*(x)|$$

如果这样多项式 $P_n^*(x)$ 存在，称 $P_n^*(x)$ 为 $f(x)$ 在$[a,b]$上 n 次最佳一致逼近多项式。这个逼近问题称为最佳一致逼近（或称为 Chebyshev 逼近，或称为极大极小逼近）。

在理论上可以证明，对任意的$[a,b]$上连续函数 $f(x)$，则 $f(x)$ 的 n 次最佳一致逼近多项式 $P_n^*(x)$ 存在且唯一。最佳一致逼近主要用于初等函数的计算。

2. 最佳平方逼近

以均方误差$\left[\int_a^b \omega(x)(f(x)-P_n(x))^2dx\right]^{1/2}$作为度量误差$f(x)-P_n(x)$的“大小”标准，$P_n(x)\in H_n$。

寻求$P_n^*(x)\in H_n$，使均方误差最小，即

$$\min_{P_n(x)\in H_n}\left[\int_a^b \omega(x)(f(x)-P_n(x))^2dx\right]^{1/2}$$
$$=\left[\int_a^b \omega(x)(f(x)-P_n^*(x))^2dx\right]^{1/2}$$

其中$\omega(x)\geqslant 0$为权函数。

如果这样的多项式$P_n^*(x)$存在，称$P_n^*(x)$为$f(x)$在H_n中的最佳平方逼近多项式。这种逼近问题称为最佳平方逼近。

对于离散数据的逼近问题有：

3. 最小二乘逼近

如果$y=f(x)$仅仅在有限个点上给定，即已知$y=f(x)$实验数据

x	x_1	x_2	$\cdots$	x_m
$f(x)$	y_1	y_2	$\cdots$	y_m

$(m>n)$

寻求次数$\leqslant n$多项式$P_n^*(x)\in H_n$使偏差平方(或带权)和最小，即

$$\min_{P_n(x)\in H_n}\sum_{i=1}^m \omega_i(f(x_i)-P_n(x_i))^2=\sum_{i=1}^m \omega_i(f(x_i)-P_n^*(x_i))^2$$

如果这样的多项式$P_n^*(x)\in H_n$存在，称$P_n^*(x)$为实验数据的最小二乘逼近函数或称为实验数据的最小二乘拟合多项式或称为$y=f(x)$的经验公式(数学模型)。

对于给定$f(x)\in C[a,b]$，需要研究的问题是：

(1) 在各种度量意义下最佳逼近多项式$P_n^*(x)\in H_n$是否存在，是否唯一。本章主要讨论最佳平方逼近，最小二乘逼近$P_n^*(x)\in H_n$存在性及唯一性。

(2) 如何具体寻找或构造各种最佳逼近意义下多项式 $P_n^*(x)$。

§2　连续函数空间,正交多项式理论

2.1 连续函数空间

$[a,b]$ 上所有实连续函数集合 $C[a,b]$,关于函数的加法及与数(实数)乘法运算为一线性空间,对于 $f(x)\in C[a,b]$ 称 f 为 $C[a,b]$ 中一个元素,下面将在 $C[a,b]$ 内引进内积,范数等概念。

1. 内积

设 $f,g\in C[a,b]$ 为任一对元素,定义

$$(f,g)=\int_a^b \omega(x)f(x)g(x)dx$$

为一实数(其中 $\omega(x)\geqslant 0, x\in[a,b]$ 且于 $[a,b]$ 为可积,和对 $[a,b]$ 任何子区间 $\omega(x)\not\equiv 0$,称为权函数)称为元素 $f,g\in C[a,b]$ 的内积。显然,连续函数空间 $C[a,b]$ 中元素的内积满足下述性质:

(a) $(f,g)=(g,f), \forall\ f,g\in C[a,b]$

(b) $(Cf,g)=C(f,g)$,C 为常数

(c) $(f_1+f_2,g)=(f_1,g)+(f_2,g)$

(d) $(f,f)\geqslant 0, f\in C[a,b]$ 且 $(f,f)=0$ 当且仅当 $f(x)\equiv 0$, $x\in[a,b]$

又称 $C[a,b]$ 为内积空间。

2. 范数

定义 1　关于函数 $f(x)\in C[a,b]$ 的某个实值非负函数 $N(f)\equiv\|f\|$,如果满足下述条件:

1° $\|f\|\geqslant 0$, $\|f\|=0$ 当且仅当 $f\equiv 0$

2° $\|cf\|=|c|\,\|f\|$ (c 为实数)

3° 三角不等式:对任意 $f,g\in C[a,b]$,有

$$\|f+g\|\leqslant\|f\|+\|g\|$$

称 $N(f) \equiv \| f \|$ 为 $f(x)$ 的范数或模。

定义 2 (1) 设 $f(x) \in C[a,b]$，称

$$N_{\infty}(f) \equiv \| f \|_{\infty} = \max_{a \leqslant x \leqslant b} |f(x)|$$

为 f 的“∞”范数(或 Chebyshev 范数)。

(2) 设 $f(x) \in C[a,b]$ 称

$$N_2(f) = \| f \|_2 = (f,f)^{1/2} = \left[\int_a^b \omega(x) f^2(x) dx\right]^{1/2}$$

为 f 的“2”范数(或模)。

可以验证 $N_{\infty}(f)$，$N_2(f)$ 满足范数的 3 个条件 1°—3°(见定理 1)。

定理 1 设 $f,g \in C[a,b]$，则有

(1) 哥西 - 许瓦兹(Cauchy-Schwarz) 不等式

$$|(f,g)| \leqslant \| f \|_2 \cdot \| g \|_2$$

(2) 三角不等式 $\| f + g \|_2 \leqslant \| f \|_2 + \| g \|_2$

证明 (1) 对任何 $f,g \in C[a,b]$(不妨设 $g \neq 0$) 及任何实数 t，则有

$$\begin{aligned} 0 &\leqslant (f - tg, f - tg) \\ &= (f,f) - 2t(f,g) + t^2(g,g) \\ &\equiv c + bt + at^2, \forall\, t \in R \end{aligned}$$

其中 $a = (g,g) > 0, b = -2(f,g), c = (f,f)$

则有 $b^2 - 4ac = 4(f,g)^2 - 4(g,g) \cdot (f,f) \leqslant 0$

即 $|(f,g)| \leqslant \| f \|_2 \| g \|_2$

(2) 考查

$$\| f + g \|_2^2 = (f + g, f + g) = (f,f) + 2(f,g) + (g,g)$$

由哥西 - 许瓦兹不等式，则有

$$\begin{aligned} \| f + g \|_2^2 &\leqslant \| f \|_2^2 + 2|(f,g)| + \| g \|_2^2 \\ &\leqslant \| f \|_2^2 + 2\| f \|_2 \| g \|_2 + \| g \|_2^2 \\ &= (\| f \|_2 + \| g \|_2)^2 \end{aligned}$$

3. 距离概念

定义 3 设 $f,g \in C[a,b]$，称

$$d(f,g) = \| f - g \|_{\alpha}$$

为 f,g 之间距离（其中 $\alpha = \infty$ 或 2）。

4. 正交函数组

定义 4 (1) 设 $f(x),g(x) \in C[a,b]$，如果

$$(f,g) = \int_a^b \omega(x)f(x)g(x)dx = 0$$

称 f 和 g 在 $[a,b]$ 上带权 $\omega(x)$ 为正交。

(2) 设有函数组 $\{\varphi_0(x),\varphi_1(x),\cdots,\varphi_n(x)\}$ 其中 $\varphi_i(x) \in C[a,b](i = 0,\cdots,n)$ 如果

$$(\varphi_i,\varphi_j) = \int_a^b \omega(x)\varphi_i(x)\varphi_j(x)dx = \begin{cases} 0, & \text{当 } i \neq j \\ A_i > 0, & \text{当 } i = j \end{cases}$$

称 $\{\varphi_i\}$ 为 $[a,b]$ 上带权正交函数组。

(3) 如果 $(\varphi_i,\varphi_j) = \begin{cases} 0, \text{当 } i \neq j \\ 1, \text{当 } i = j \end{cases}$

称 $\{\varphi_i\}$ 为 $[a,b]$ 上带权 $\omega(x)$ 标准正交组。

例 2 三角函数组 $\{1,\cos x,\sin x,\cdots,\cos nx,\sin nx\}$ 于 $[-\pi,\pi]$ 上组成一正交组。

解 显然有

$$(1)(\cos ix,\cos jx) = \int_{-\pi}^{\pi} \cos ix \cos jx \, dx = 0, \text{当 } i \neq j,$$

且 $i,j \geqslant 1$

$$(2)(\sin ix,\sin jx) = \begin{cases} 0, \text{当 } i \neq j \\ \pi, \text{当 } i = j \neq 0 \end{cases}$$

$$(3)(\cos ix,\cos ix) = \pi$$

$$(4)(1,1) = \int_{-\pi}^{\pi} dx = 2\pi$$

$$(1,\sin ix) = 0,(1,\cos ix) = 0, i = 1,\cdots,n$$

5. 函数组的线性无关

定义 5 设有函数组 $\{\varphi_0(x),\varphi_1(x),\cdots,\varphi_n(x)\}$，其中 $\varphi_i(x) \in C[a,b](i = 0,\cdots,n)$。

(1) 如果存在不全为零数 $a_0,a_1,\cdots,a_n$ 使

$$a_0\varphi_0(x)+a_1\varphi_1(x)+\cdots+a_n\varphi_n(x)=0,\text{对所有 } x\in[a,b]$$

称函数组 $\{\varphi_i\}_{i=0}^n$ 在 $[a,b]$ 上为线性相关。

(2) 如果

$$a_0\varphi_0(x)+a_1\varphi_1(x)+\cdots+a_n\varphi_n(x)=0,\text{对所有 } x\in[a,b]$$

则 $a_0=a_1=\cdots=a_n=0$，称 $\{\varphi_0,\varphi_1,\cdots,\varphi_n\}$ 在 $[a,b]$ 上是线性无关。

例 3 函数组 $\{1,x,\cdots,x^n\}$，其中 $x^i\in C[a,b](i=0,1,\cdots,n)$ 于 $[a,b]$ 为线性无关。

证明 反证法。设 $\{1,x,\cdots,x^n\}$ 于 $[a,b]$ 为线性相关，即存在不全为零的数 $c_0,c_1,\cdots,c_n$ 使

$$P_n(x)=c_0+c_1x+\cdots+c_nx^n=0 \tag{2.1}$$

对所有 $x\in[a,b]$(2.1) 式成立，而 $P_n(x)$ 为次数 $\leqslant n$ 多项式，最多有 n 个零点，而(2.1) 式说明 $P_n(x)$ 有无穷多零点，矛盾。

定理 2 $C[a,b]$ 内函数组 $\{\varphi_0(x),\varphi_1(x),\cdots,\varphi_n(x)\}$ 于 $[a,b]$ 线性无关充要条件是行列式

$$G(\varphi_0,\ \varphi_1,\cdots,\varphi_n)=\begin{vmatrix}(\varphi_0,\varphi_0) & (\varphi_0,\varphi_1) & \cdots & (\varphi_0,\varphi_n)\\ (\varphi_1,\varphi_0) & (\varphi_1,\varphi_1) & \cdots & (\varphi_1,\varphi_n)\\ \vdots & \vdots & & \vdots\\ (\varphi_n,\varphi_0) & (\varphi_n,\varphi_1) & \cdots & (\varphi_n,\varphi_n)\end{vmatrix}\neq 0$$

行列式 $G(\varphi_0,\cdots,\varphi_n)$ 称为函数组 $\{\varphi_i\}$ 的 Gram 行列式。

证明 必要性：设 $\{\varphi_0,\varphi_1,\cdots,\varphi_n\}$ 于 $[a,b]$ 线性无关，采用反证法。若行列式 $G(\varphi_0,\varphi_1,\cdots,\varphi_n)=0$，于是，齐次方程组

$$\sum_{j=0}^n(\varphi_i,\varphi_j)c_j=0,(i=0,1,\cdots,n)$$

有非零解 $\{c_0^*,c_1^*,\cdots,c_n^*\}$，即存在不全为零解 $\{c_j^*\}(j=0,\cdots,n)$ 使

$$\sum_{j=0}^n(\varphi_i,\varphi_j)c_j^*=0,(i=0,1,\cdots,n) \tag{2.2}$$

记

$$y = \sum_{j=0}^{n} c_j^* \varphi_j(x)$$

于是，由(2.2)式有

$$(y,\varphi_i) = (\sum_{j=0}^{n} c_j^* \varphi_j(x),\varphi_i) = \sum_{j=0}^{n} c_j^* (\varphi_j,\varphi_i) = 0$$

$$(i = 0,1,\cdots,n)$$

从而有，

$$(y,y) = (y,\sum_{j=0}^{n} c_j^* \varphi_j(x)) = \sum_{j=0}^{n} c_j^* (y,\varphi_j) = 0$$

故

$$y \equiv 0, \text{当 } x \in [a,b]$$

即存在不全为零数$\{c_j^*\}$使

$$y = \sum_{j=0}^{n} c_j^* \varphi_j(x) = 0 \text{ 当 } x \in [a,b]$$

说明$\{\varphi_0,\varphi_1,\cdots,\varphi_n\}$于$[a,b]$线性相关。与假设矛盾，故

$$G(\varphi_0,\varphi_1,\cdots,\varphi_n) \neq 0$$

充分性：设$G(\varphi_0,\varphi_1,\cdots,\varphi_n) \neq 0$，求证$\{\varphi_0,\varphi_1,\cdots,\varphi_n\}$于$[a,b]$线性无关。反证法：若$\{\varphi_0,\varphi_1,\cdots,\varphi_n\}$于$[a,b]$线性相关，于是，存在不全为零数$c_0,c_1,\cdots,c_n$，使

$$c_0\varphi_0(x) + c_1\varphi_1(x) + \cdots + c_n\varphi_n(x) = 0, x \in [a,b] \tag{2.3}$$

(2.3)式两边与φ_i作内积得到

$$\begin{cases} c_0(\varphi_i,\varphi_0) + c_1(\varphi_i,\varphi_1) + \cdots + c_n(\varphi_i,\varphi_n) = 0 \\ (i = 0,1,\cdots,n) \end{cases} \tag{2.4}$$

由于$\{c_i\}$不全为零，说明齐次方程组(2.4)有非零解$(c_0,c_1,\cdots,c_n)$，故系数矩阵的行列式为零，即

$$G(\varphi_0,\varphi_1,\cdots,\varphi_n) = 0$$

与假设矛盾。

2.2 正交多项式理论

定义 6　设$\{\varphi_0(x),\varphi_1(x),\cdots,\varphi_n(x)\}$为$C[a,b]$中线性无关组，

称集合

$$\mathrm{Span}\{\varphi_0,\cdots,\varphi_n\}=\{S(x)\,|\,S(x)=\sum_{i=0}^{n}a_i\varphi_i(x),a_i\ 为实数\}$$

为由$\{\varphi_0,\cdots,\varphi_n\}$生成的集合。

显然,$\mathrm{Span}\{\varphi_0,\cdots,\varphi_n\}$为$C[a,b]$的一个子空间。

下面讨论,对于给定$[a,b]$上权函数$\omega(x)$,如何由H_n中基$\{1,x,\cdots,x^n\}$构造H_n中正交基$\{\varphi_0(x),\varphi_1(x),\cdots,\varphi_n(x)\}$。

定理 3 (格兰姆 - 史密特(Gram-Schmidt) 正交化)

(1) 设$H_n=\mathrm{Span}\{1,x,\cdots,x^n\}$;

(2) $\omega(x)\geqslant 0$为给定的权函数(在$[a,b]$任何一个子区间不恒为零的可积函数)。则由基$\{1,x,\cdots,x^n\}$可构造于$[a,b]$以$\omega(x)$为权函数的正交多项式组$\{\varphi_0(x),\varphi_1(x),\cdots,\varphi_n(x)\}$:

$$\begin{cases}\varphi_0(x)=1\\ \varphi_k(x)=x^k+\displaystyle\sum_{j=0}^{k-1}c_{kj}\varphi_j(x)\\ 其中系数\ c_{kj}=-\dfrac{(x^k,\varphi_j)}{(\varphi_j,\varphi_j)},(j=0,\cdots,k-1)\\ \qquad(k=1,2,\cdots,n)\end{cases}$$

其中$\varphi_k(x)$为首项(即x^k项)系数为1的k次多项式,$\varphi_k(x)\in H_n(k=0,1,\cdots,n)$。

证明 (1) 令$\varphi_0(x)=1$。

(2) 构造$\varphi_1(x)=x+c_{10}\varphi_0(x)$,且选取$c_{10}$使

$$0=(\varphi_1,\varphi_0)=(x,\varphi_0)+c_{10}(\varphi_0,\varphi_0)$$

即选取

$$c_{10}=-\frac{(x,\varphi_0)}{(\varphi_0,\varphi_0)}$$

(3) 设已构造$\varphi_0(x),\varphi_1(x),\cdots,\varphi_{k-1}(x),(k\geqslant 1)$,且满足

$(a)\varphi_i(x)$是首项系数为1的i次多项式

$(b)(\varphi_i,\varphi_j)=0$,当$i\neq j(i,j=0,1,\cdots,k-1)$

现由 x^k 及$\{\varphi_0,\varphi_1,\cdots,\varphi_{k-1}\}$组合构造

$$\varphi_k(x)=x^k+\sum_{j=0}^{k-1}c_{kj}\varphi_j(x)$$

选择系数 c_{kj} 使$(\varphi_k,\varphi_i)=(x^k,\varphi_i)+c_{ki}(\varphi_i,\varphi_i)=0$

即选取

$$c_{ki}=-\frac{(x^k,\varphi_i)}{(\varphi_i,\varphi_i)},(i=0,1,\cdots,k-1)$$

于是,得到$\{\varphi_0(x),\varphi_1(x),\cdots,\varphi_n(x)\}$为$[a,b]$具有权函数 $\omega(x)$ 的正交多项式组,即

$$(\varphi_i,\varphi_j)=\int_a^b\omega(x)\varphi_i(x)\varphi_j(x)dx=0,\text{当 } i\neq j$$

推论 (1) 设$\{\varphi_0(x),\varphi_1(x),\cdots,\varphi_n(x)\}$为$[a,b]$带权 $\omega(x)$ 的正交多项式组。其中 $\varphi_i(x)$ 首项系数为 1 的 i 次多项式。

(2) 设 $P(x)\in H_n$ 为任一次数$\leqslant n$ 多项式,则

①$\{\varphi_0,\varphi_1,\cdots,\varphi_n\}$于$[a,b]$线性无关;

②$P(x)=\sum_{i=0}^{n}c_i\varphi_i(x)$,其中 $c_i=\frac{(P,\varphi_i)}{(\varphi_i,\varphi_i)}(i=0,1,\cdots,n)$

证 (2) 由设 $P(x)=a_0+a_1x+\cdots+a_nx^n$ (2.5)

且由 $x^k=\varphi_k(x)-\sum_{j=0}^{k-1}c_{kj}\varphi_j(x),(k=1,2,\cdots,n)$ (2.6)

将(2.6)代入(2.5)即得

$$P(x)=c_0\varphi_0(x)+c_1\varphi_1(x)+\cdots+c_n\varphi_n(x)$$

推论说明$\{\varphi_0(x),\varphi_1(x),\cdots,\varphi_n(x)\}$为 H_n 中一个正交基。

定理 4 (正交多项式的三项递推公式)

设$\{\varphi_0(x),\varphi_1(x),\cdots,\varphi_n(x)\}$为$[a,b]$具有权函数 $\omega(x)$ 的正交多项式组,其中 $\varphi_i(x)$ 首项系数为 1 的 i 次多项式,则$\{\varphi_k(x)\}$满足递推公式:

$$
\begin{cases}
\varphi_0(x) = 1 \\
\varphi_1(x) = x - \alpha_1 \\
\varphi_{k+1}(x) = (x - \alpha_{k+1})\varphi_k(x) - \beta_{k+1}\varphi_{k-1}(x), (k = 1,2,\cdots,n-1) \\
\text{其中 } \alpha_{k+1} = \dfrac{(x\varphi_k,\varphi_k)}{(\varphi_k,\varphi_k)} \\
\qquad \beta_{k+1} = \dfrac{(\varphi_k,\varphi_k)}{(\varphi_{k-1},\varphi_{k-1})}
\end{cases}
$$

且于$[a,b]$带权函数 $\omega(x)$ 为正交多项式组$\{\varphi_k(x)\}_{k=0}^{n}$($\varphi_k(x)$ 为首项系数为 1 的 k 次多项式)是唯一的。

证明　显然 $x\varphi_k(x) - \varphi_{k+1}(x)$ 为 k 次多项式,由推论,则有

$$
x\varphi_k(x) - \varphi_{k+1}(x) = \sum_{j=0}^{k} \alpha_j \varphi_j(x) \tag{2.7}
$$

用 $\varphi_s(x)(s = 0,1,\cdots,k)$ 与(2.7)两边作内积,则有

$$
(x\varphi_k,\varphi_s) - (\varphi_{k+1},\varphi_s) = \alpha_s(\varphi_s,\varphi_s)
$$

所以

$$
\alpha_s = \frac{(x\varphi_k,\varphi_s)}{(\varphi_s,\varphi_s)}, (s = 0,1,\cdots,k)
$$

(1) 考查 $\alpha_s(s = 0,1,\cdots,k-2)$

$$
\alpha_s = \frac{(x\varphi_k,\varphi_s)}{(\varphi_s,\varphi_s)}
$$

其中

$$
(x\varphi_k,\varphi_s) = \int_a^b \omega(x)x\varphi_k(x)\varphi_s(x)dx = (\varphi_k, x\varphi_s) = 0
$$

$$
(\because x\varphi_s(x) = \sum_{i=0}^{s+1} c_i\varphi_i(x))
$$

所以,$\alpha_s = 0, (s = 0,1,\cdots,k-2)$

(2) 考查 α_{k-1}

$$
\alpha_{k-1} = \frac{(x\varphi_k,\varphi_{k-1})}{(\varphi_{k-1},\varphi_{k-1})} = \frac{(\varphi_k, x\varphi_{k-1})}{(\varphi_{k-1},\varphi_{k-1})} = \frac{(\varphi_k,\varphi_k)}{(\varphi_{k-1},\varphi_{k-1})} \equiv \beta_{k+1}
$$

$$
(\because x\varphi_{k-1}(x) - \varphi_k(x) = \sum_{i=0}^{k-1} c_i\varphi_i(x),
$$

或 $\quad x\varphi_{k-1}(x) = \varphi_k(x) + \sum_{i=0}^{k-1} c_i\varphi_i(x))$

(3) $\alpha_k = \dfrac{(x\varphi_k,\varphi_k)}{(\varphi_k,\varphi_k)} \equiv \alpha_{k+1}$

于是，$x\varphi_k(x) - \varphi_{k+1}(x) = \beta_{k+1}\varphi_{k-1}(x) + \alpha_{k+1}\varphi_k(x)$

或 $\quad \varphi_{k+1}(x) = (x - \alpha_{k+1})\varphi_k(x) - \beta_{k+1}\varphi_{k-1}(x)$

$(k = 1,2,\cdots,n-1)$

定理5 设$\{\varphi_k\}$是$[a,b]$上带权$\omega(x)$的正交多项式序列，则n次多项式$\varphi_n(x)$在(a,b)内恰好有n个不同的实根。

证明 设$\varphi_n(x)(n \geqslant 1)$在$(a,b)$内有奇数重的根$x_j(j=1,2,\cdots,m)$，如果$m<n$，将推出矛盾。即

$a < x_1 < x_2 < \cdots < x_m < b$

$\varphi_n(x) = (x-x_1)^{r_1}(x-x_2)^{r_2}\cdots(x-x_m)^{r_m}h(x)$

其中，r_i为奇数，$h(x)$在(a,b)内不变号。令

$g(x) = (x-x_1)(x-x_2)\cdots(x-x_m)$

于是，

$\varphi_n(x)g(x) = (x-x_1)^{r_1+1}\cdots(x-x_m)^{r_m+1}h(x)$ 于(a,b)不变号，

则

$$(\varphi_n,g) = \int_a^b \omega(x)\varphi_n(x)g(x)dx \neq 0$$

另一方面，如果$m<n$，则有

$$(\varphi_n,g) = \int_a^b \omega(x)\varphi_n(x)g(x)dx = 0$$

这与$(\varphi_n,g)\neq 0$矛盾，故$m=n$。

1. 勒让德(Legendre)多项式

取$[a,b]=[-1,1]$，权函数$\omega(x)\equiv 1$，则由定理4可得于$[-1,1]$具有权函数$\omega(x)\equiv 1$的正交多项式组

$$
\begin{cases}
\tilde{P}_0(x) = 1 \\
\tilde{P}_1(x) = x \\
\tilde{P}_2(x) = x^2 - \dfrac{1}{3} \\
\tilde{P}_3(x) = x^3 - \dfrac{3}{5}x \\
\vdots
\end{cases}
$$

且有

$$(\tilde{P}_i, \tilde{P}_j) = 0, \text{当 } i \neq j$$

$\tilde{P}_k(x)$ 为首项系数为 1 的 k 次多项式。

定义 7 n 次多项式

$$P_n(x) = \frac{1}{2^n n!} \frac{d^n}{dx^n}(x^2 - 1)^n \qquad (n = 0,1,2,\cdots)$$

称为 Legendre 多项式。

显然有

$$
\begin{cases}
P_0(x) = 1 = \tilde{P}_0(x) \\
P_1(x) = x = \tilde{P}_1(x) \\
P_2(x) = \dfrac{3}{2}x^2 - \dfrac{1}{2} = \dfrac{3}{2}\tilde{P}_2(x) \\
P_3(x) = \dfrac{2}{5}x^3 - \dfrac{3}{2}x = \dfrac{5}{2}\tilde{P}_3(x) \\
\vdots
\end{cases}
\tag{2.8}
$$

(1) 求 $P_n(x)$ 的首项系数

即求 $\dfrac{d^n}{dx^n}(x^2 - 1)^n$ 首项系数，由于 $\varphi(x) = (x^2 - 1)^n$ 是 $2n$ 次多项式，即为求 x^{2n} 的 n 阶导数后的系数

$$\varphi'(x) = 2nx^{2n-1} + \cdots$$

$$\varphi''(x) = 2n(2n-1)x^{2n-2} + \cdots$$

$$\vdots$$

$$\varphi^{(n)}(x)=2n(2n-1)\cdots(2n-(n-1))x^{2n-n}+\cdots$$
$$=\frac{2n(2n-1)\cdots(n+1)n\cdots 2\cdot 1}{n\,!}x^n+\cdots$$
$$=\frac{(2n)!}{n\,!}x^n+\cdots$$

从而,$P_n(x)$ 首项系数

$$a_n=\frac{1}{2^n n\,!}\frac{(2n)\,!}{n\,!}$$

且

$$\frac{d^{2n}}{dx^{2n}}\varphi(x)=(2n)\,!$$

(2)$P_n(x)$ 具有简单性质

(a)$P_n(1)=1, P_n(-1)=(-1)^n$

(b) 令 $\varphi(x)=(x^2-1)^n=(x-1)^n(x+1)^n$,则

$$\left[\frac{d^k}{dx^k}\varphi(x)\right]_{x=\pm 1}=0,\text{当 } k<n \text{ 时}$$

(3)Legendre 多项式$\{P_i\}_{i=0}^n$为$[-1,1]$具有权函数$\omega(x)\equiv 1$的正交多项式,即

$$(P_n,P_m)=\int_{-1}^{1}P_n(x)P_m(x)dx=\begin{cases}0, & \text{当 } n\neq m\\ \dfrac{2}{2n+1}, & \text{当 } n=m\end{cases}$$

证明 (a) 设 $k<n$,且记 $\varphi(x)=(x^2-1)^n$ 及

$$P_n(x)=\frac{1}{2^n n\,!}\varphi^{(n)}(x)$$

于是,

$$(P_k,P_n)=\frac{1}{2^n n\,!}\int_{-1}^{1}P_k(x)\varphi^{(n)}(x)dx=\frac{1}{2^n n\,!}\int_{-1}^{1}P_k(x)d\varphi^{(n-1)}$$
$$=-\frac{1}{2^n n\,!}\int_{-1}^{1}\varphi^{(n-1)}(x)P'_k(x)dx$$
$$=\frac{1}{2^n n\,!}\int_{-1}^{1}\varphi^{(n-2)}(x)P''_k(x)dx$$
$$\vdots$$

$$= (-1)^{k+1}\frac{1}{2^n n!}\int_{-1}^{1}\varphi^{(n-k-1)}(x)P_k^{(k+1)}(x)dx = 0$$

(b) 当 $k = n$ 时，记 $a = \dfrac{1}{(2^n n!)^2}$

$$\begin{aligned}(P_n, P_n) &= a\int_{-1}^{1}\varphi^{(n)}(x)\varphi^{(n)}(x)dx = a\int_{-1}^{1}\varphi^{(n)}(x)d\varphi^{(n-1)} \\ &= -a\int_{-1}^{1}\varphi^{(n-1)}(x)\varphi^{(n+1)}(x)dx \\ &= a\int_{-1}^{1}\varphi^{(n-2)}(x)\varphi^{(n+2)}(x)dx \\ &= \cdots = (-1)^n a\int_{-1}^{1}\varphi(x)\varphi^{(2n)}(x)dx \\ &= (-1)^n a(2n)!\int_{-1}^{1}(x^2-1)^n dx \\ &= a(2n)!\int_{-1}^{1}(1-x^2)^n dx \\ &= 2a(2n)!\int_{0}^{\frac{\pi}{2}}\cos^{2n+1}\theta d\theta = \frac{2}{2n+1}\end{aligned}$$

（令 $x = \sin\theta$，且 $\int_0^{\frac{\pi}{2}}\cos^{2n+1}\theta d\theta = \dfrac{(2^n n!)^2}{(2n+1)!}$）

又由 $\tilde{P}_n(x)$ 唯一性，于是有

$$\widetilde{P}_n(x) = \frac{2^n(n!)^2}{(2n)!}P_n(x)$$

(4)Legendre 多项式奇偶性

$$P_n(-x) = (-1)^n P_n(x) = \begin{cases} P_n(x), & \text{当 } n \text{ 为偶数} \\ -P_n(x), & \text{当 } n \text{ 为奇数}\end{cases}$$

(5)Legendre 多项式的三项递推

$$\tilde{P}_{k+1}(x) = (x - \alpha_{k+1})\widetilde{P}_k(x) - \beta_{k+1}\tilde{P}_{k-1}(x)$$

其中

$$\alpha_{k+1} = \frac{(x\tilde{P}_k, \tilde{P}_k)}{(\widetilde{P}_k, \widetilde{P}_k)} = \frac{\int_{-1}^{1}x\tilde{P}_k^2(x)dx}{\int_{-1}^{1}\tilde{P}_k^2(x)dx} = 0$$

$$\beta_{k+1} = \frac{(\tilde{P}_k, \tilde{P}_k)}{(\tilde{P}_{k-1}, \tilde{P}_{k-1})} = \frac{k^2}{(2k+1)(2k-1)}$$

所以有三项递推：

$$\begin{cases} \tilde{P}_0(x) = 1 \\ \tilde{P}_1(x) = x \\ \tilde{P}_{k+1}(x) = x\tilde{P}_k(x) - \dfrac{k^2}{4k^2-1}\tilde{P}_{k-1}(x), (k = 1, 2, \cdots) \end{cases}$$

利用 $\tilde{P}_k(x)$ 与 $P_k(x)$ 关系式，则有 Legendre 多项式三项递推公式

$$\begin{cases} P_0(x) = 1 \\ P_1(x) = x \\ (k+1)P_{k+1}(x) = x(2k+1)P_k(x) - kP_{k-1}(x) \\ \qquad (k = 1, 2, \cdots), x \in [-1, 1] \end{cases}$$

2. 切比雪夫(Chebyshev) 多项式

取$[a,b] = [-1,1]$，权函数 $\omega(x) = \dfrac{1}{\sqrt{1-x^2}}$，则由定理 4 可得于$[-1,1]$具有权函数 $\omega(x) = \dfrac{1}{\sqrt{1-x^2}}$ 的正交多项式组

$$\begin{cases} \tilde{T}_0(x) = 1 \\ \tilde{T}_1(x) = x \\ \tilde{T}_2(x) = x^2 - \dfrac{1}{2} \\ \tilde{T}_3(x) = x^3 - \dfrac{3}{4}x \\ \vdots \end{cases}$$

且有$(\tilde{T}_i, \tilde{T}_j) = 0$，当 $i \neq j$。

$\tilde{T}_k(x)$ 为首项系数为 1 的 k 次多项式。

定义 8 n 次多项式

$$T_n(x) = \cos(n\arccos x)$$

称为 n 次 Chebyshev 多项式。

显然有：

$$\begin{cases} T_0(x) = 1 = \tilde{T}_0(x) \\ T_1(x) = x = \tilde{T}_1(x) \\ T_2(x) = 2x^2 - 1 = 2\tilde{T}_2(x) \\ T_3(x) = 4x^3 - 3x = 4\tilde{T}_3(x) \\ T_4(x) = 8x^4 - 8x^2 + 1 \\ T_5(x) = 16x^5 - 20x^3 + 5x \\ \vdots \end{cases} \tag{2.9}$$

显然，$T_k(x)$ 首项系数为 2^{k-1}。

(1)Chebyshev 多项式 $\{T_0(x), T_1(x), \cdots, T_n(x), \cdots\}$ 是 $[-1,1]$ 具有权函数 $\omega(x) = \dfrac{1}{\sqrt{1-x^2}}$ 的正交多项式组。即

$$(T_n, T_m) = \int_{-1}^{1} \frac{1}{\sqrt{1-x^2}} T_n(x) T_m(x) dx = \begin{cases} 0, & 当\ n \neq m \\ \pi/2, & 当\ m = n \neq 0 \\ \pi, & 当\ m = m = 0 \end{cases}$$

事实上，由直接计算可得，令 $x = \cos\theta$

$$\begin{aligned} (T_n, T_m) &= \int_{-1}^{1} \frac{1}{\sqrt{1-x^2}} \cos(n\cos^{-1}x)\cos(m\cos^{-1}x)dx \\ &= \int_0^{\pi} \cos(n\theta)\cos(m\theta)d\theta \\ &= \frac{1}{2}\int_0^{\pi}[\cos(n+m)\theta + \cos(n-m)\theta]d\theta \\ &= \frac{1}{2}[\frac{1}{n+m}\sin(n+m)\theta|_0^{\pi} \\ &\quad + \frac{1}{n-m}\sin(n-m)\theta|_0^{\pi}] = 0 \end{aligned}$$

当 $n \neq m$

当 $n = m$ 时，

$$(T_n,T_n)=\frac{1}{2}\left(\int_0^{\pi}d\theta+\int_0^{\pi}\cos(2n)\theta d\theta\right)=\begin{cases}\pi,当\ m=n=0\\ \dfrac{\pi}{2},当\ n\neq 0\end{cases}$$

(2)Chebyshev 三项递推公式

$$T_k(x)=\cos(k\arccos x)=\cos k\theta$$

其中

$$x=\cos\theta,\theta=\mathrm{arc}\ \cos x$$

由三角公式

$$\cos(k+1)\theta+\cos(k-1)\theta=2\cos\theta\cos k\theta$$

得到

$$T_{k+1}(x)+T_{k-1}(x)=2xT_k(x)$$

或

$$\begin{cases}T_0(x)=1\\ T_1(x)=x\\ T_{k+1}(x)=2xT_k(x)-T_{k-1}(x)\\ (k=1,2,\cdots),x\in[-1,1]\end{cases}$$

(3)Chebyshev 多项式零点

由 $T_n(x)=\cos(n\arccos x)=\cos n\theta$

其中　$x=\cos\theta,\theta=\arccos x$

于是，当 $n\theta=\dfrac{2k-1}{2}\pi$ 时$(k=1,2,\cdots,n)$，则 $T_n(x)=0$

或当

$$\theta_k=\frac{2k-1}{2n}\pi,(k=1,2,\cdots,n)$$

$$x_k=\cos\theta_k=\cos\frac{2k-1}{2n}\pi,(k=1,2,\cdots,n)\ 时，则\ T_n(x_k)=0$$

说明 n 次 Chebyshev 多项式 $T_n(x)$ 于$[-1,1]$内有 n 个不同的零点：

$$x_k=\cos\frac{2k-1}{2n}\pi,(k=1,2,\cdots,n)$$

(4)$|T_n(x)|=|\cos n\theta|\leqslant 1,x\in[-1,1]$

(5)$T_n(x)$ 于$[-1,1]$极值点，求使

$|T_n(x)| = |\cos n\theta| = 1$ 的 x 值

当　$n\theta = k\pi$ 时，则 $|T_n(x)| = 1$，即

$$\theta_k = \frac{k}{n}\pi,(k = 0,1,\cdots,n)$$

或当

$$x_k = \cos\theta_k = \cos\frac{k}{n}\pi,(k = 0,\cdots,n) \text{ 时，则 } |T_n(x_k)| = 1$$

说明 $T_n(x)$ 在$[-1,1]$上有 $n+1$ 个点 $x_k = \cos\frac{k}{n}\pi,(k=0,\cdots,n)$ 使 $T_n(x)$ 轮流取最大值和最小值，如图 3-2。

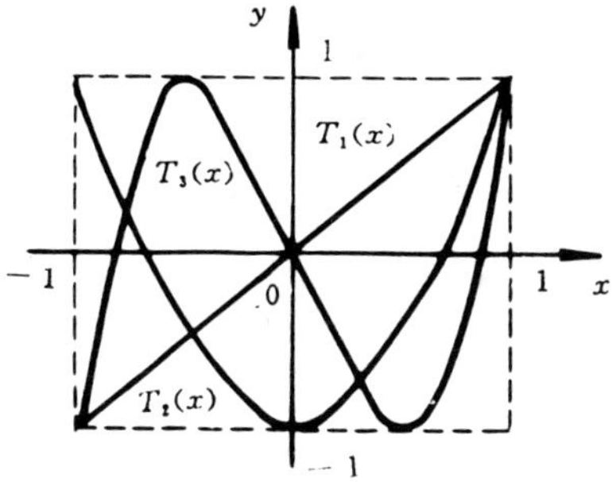

图 3-2

3. 拉盖尔(Leguerre) 多项式

$[a,b] = [0,\infty]$，权函数 $\omega(x) = e^{-x}$，多项式

$$L_n(x) = e^x \frac{d^n}{dx^n}(x^n e^{-x})$$

称为拉盖尔多项式。且有

$$(L_n,L_m) = \int_0^\infty e^{-x}L_n(x)L_m(x)dx = \begin{cases} 0, & \text{当 } n \neq m \\ (n!)^2, & \text{当 } n = m \end{cases}$$

递推公式：

$$\begin{cases} L_0(x) = 1 \\ L_1(x) = 1 - x \\ L_{n+1}(x) = (1 + 2n - x)L_n(x) - n^2 L_{n-1}(x) \\ \qquad (n = 1,2,\cdots) \end{cases}$$

$L_n(x)$ 首项系数为$(-1)^n$。

4. 埃尔米特(Hermite) 多项式

$(a,b) = (-\infty,\infty)$,权函数 $\omega(x) = e^{-x^2}$,多项式

$$H_n(x) = (-1)^n e^{x^2} \frac{d^n}{dx^n}(e^{-x^2})$$

称为埃尔米特多项式。且有

$$(H_n, H_m) = \int_{-\infty}^{\infty} e^{-x^2} H_n(x) H_m(x) dx$$

$$= \begin{cases} 0, & 当\ n \neq m \\ 2^n n!\sqrt{\pi}, & 当\ n = m \end{cases}$$

及递推公式

$$\begin{cases} H_0(x) = 1 \\ H_1(x) = 2x \\ H_{n+1}(x) = 2xH_n(x) - 2nH_{n-1}(x) \\ \qquad (n = 1,2,\cdots) \end{cases}$$

$H_n(x)$ 首项系数为 2^n。

§3　最佳平方逼近

3.1 法方程

设已知 $f(x) \in C[a,b]$,且选择一函数类 $S = \mathrm{Span}\{\varphi_0(x), \varphi_1(x), \cdots, \varphi_n(x)\}$,其中 $\varphi_i(x) \in C[a,b]$ 且设 $\{\varphi_0(x), \cdots, \varphi_n(x)\}$ 于 $[a, b]$ 线性无关(例如取 $S = H_n$ 或 $S = \{1, \sin x, \cos x, \cdots, \sin nx, \cos nx\}$ 等)。

研究最佳平方逼近问题:寻求 $P_n^*(x) \in S$ 使

$$\min_{P(x)\in S}\int_a^b \omega(x)(f(x)-P(x))^2dx = \int_a^b \omega(x)(f(x)-P_n^*(x))^2dx \tag{3.1}$$

或写为

$$\min_{P\in S}\| f-p\|_2^2 = \| f-p_n^*(x)\|_2^2$$

研究 $f(x)\in C[a,b]$ 最佳平方逼近函数 $P_n^*(x)$ 存在性,唯一性,计算等问题。

设有 $P_n^*(x)\in S$,即 $P_n^*(x)=\sum_{j=0}^n a_j^*\varphi_j(x)$ 使(3.1)式成立,来考查 $\{a_j^*\}$ 应满足什么条件。

对于任一 $P(x)\in S$,即有 $P(x)=\sum_{j=0}^n a_j\varphi_j(x)$,于是

$$\begin{aligned}\| f-P\|_2^2 &= \int_a^b \omega(x)(f(x)-P(x))^2dx\\ &= \int_a^b \omega(x)(f(x)-\sum_{j=0}^n a_j\varphi_j(x))^2dx\\ &= I(a_0,a_1,\cdots,a_n)\end{aligned} \tag{3.2}$$

$$\begin{aligned}\| f-P_n^*\|_2^2 &= \int_a^b \omega(x)(f(x)-P_n^*(x))^2dx\\ &= \int_a^b \omega(x)(f(x)-\sum_{j=0}^n a_j^*\varphi_j(x))^2dx\\ &= I(a_0^*,a_1^*,\cdots,a_n^*)\end{aligned}$$

(3.2)式说明均方误差是 $(a_0,a_1,\cdots,a_n)$ 多元函数(为二次函数),由设存在 $P_n^*(x)$ 是极值问题(3.1)解,即说明存在 $(a_0^*,a_1^*,\cdots,a_n^*)$ 使

$$\min_{a_i \text{实数}} I(a_0,a_1,\cdots,a_n) = I(a_0^*,a_1^*,\cdots,a_n^*)$$

由多元函数取极值的必要条件,则有

$$\begin{cases}[\dfrac{\partial I}{\partial a_k}]_{(a_0^*,\cdots,a_n^*)}=0\\(k=0,1,\cdots,n)\end{cases}\tag{3.3}$$

计算 $\dfrac{\partial I}{\partial a_k}=\dfrac{\partial}{\partial a_k}(\int_a^b\omega(x)(f(x)-\sum_{j=0}^n a_j\varphi_j(x))^2dx)$

$$=2\int_a^b\omega(x)(f(x)-\sum_{j=0}^n a_j\varphi_j(x))(-\varphi_k(x))dx$$

由(3.3)式,则有 $(a_0^*,a_1^*,\cdots,a_n^*)$ 应满足方程组

$$\begin{cases}\int_a^b\omega(x)\sum_{j=0}^n a_j\varphi_j(x)\varphi_k(x)dx=\int_a^b\omega(x)f(x)\varphi_k(x)dx\\(k=0,1,\cdots,n)\end{cases}$$

或

$$\begin{cases}\sum_{j=0}^n(\int_a^b\omega(x)\varphi_k(x)\varphi_j(x)dx)a_j^*=\int_a^h\omega(x)f(x)\varphi_k(x)dx\\(k=0,1,\cdots,n)\end{cases}$$

或

$$\begin{cases}\sum_{j=0}^n(\varphi_k,\varphi_j)a_j^*=(f,\varphi_k)\\(k=0,1,\cdots,n)\end{cases}\tag{3.4}$$

总结上述讨论有结论:

(1) 如果 $P_n^*(x)=\sum_{j=0}^n a_j^*\varphi_j(x)\in S$ 是 $f(x)\in C[a,b]$ 最佳平方逼近函数,则

(a) 系数 $(a_0^*,\cdots,a_n^*)$ 满足方程组

$$\begin{bmatrix}(\varphi_0,\varphi_0)&(\varphi_0,\varphi_1)&\cdots&(\varphi_0,\varphi_n)\\(\varphi_1,\varphi_0)&(\varphi_1,\varphi_1)&\cdots&(\varphi_1,\varphi_n)\\\vdots&&&\\(\varphi_n,\varphi_0)&(\varphi_n,\varphi_1)&\cdots&(\varphi_n,\varphi_n)\end{bmatrix}\begin{bmatrix}a_0\\a_1\\\vdots\\a_n\end{bmatrix}=\begin{bmatrix}(\varphi_0,f)\\(\varphi_1,f)\\\vdots\\(\varphi_n,f)\end{bmatrix}\text{或 }G\boldsymbol{a}=\boldsymbol{d}$$

其中系数矩阵 G 是由基函数作内积构成,方程组 $G\boldsymbol{a}=\boldsymbol{d}$ 称为法方程

组。

(*b*) 误差函数与基函数正交，即$(f-P_n^*,\varphi_k)=0(k=0,1,\cdots,n)$。

事实上，由(3.4)式有

$$(\varphi_k,\sum_{j=0}^{n}a_j^*\varphi_j(x))=(f,\varphi_k)$$

即

$$(P_n^*,\varphi_k)-(f,\varphi_k)=0$$

所以

$$(f-P_n^*,\varphi_k)=0,(k=0,1,\cdots,n)$$

(2) 由设$\{\varphi_0(x),\varphi_1(x),\cdots,\varphi_n(x)\}$于$[a,b]$线性无关，则法方程组$G\boldsymbol{a}=\boldsymbol{d}$有唯一解$\boldsymbol{a}=(a_0^*,\cdots,a_n^*)^T$。

(3) 设$(a_0^*,\cdots,a_n^*)$为法方程组$G\boldsymbol{a}=\boldsymbol{d}$解，则$P_n^*(x)=\sum_{j=0}^{n}a_j^*\varphi_j(x)\in S$为$f(x)\in C[a,b]$在$S$中最佳平方逼近函数。

事实上，由设有

$$\begin{cases}\sum_{j=0}^{n}(\varphi_k,\varphi_j)a_j^*=(f,\varphi_k)\\(k=0,1,\cdots,n)\end{cases}$$

即有

$$(f-P_n^*,\varphi_k)=0,(k=0,1,\cdots,n) \tag{3.5}$$

如果能证明，对任何$P(x)=\sum_{j=0}^{n}a_j\varphi_j(x)\in S$，则有

$$\|f-P\|_2^2\geqslant\|f-P_n^*\|_2^2$$

那么，$P_n^*(x)\in S$满足

$$\min_{P\in S}\|f-P\|_2^2=\|f-P_n^*\|_2^2$$

考查(记$P_n^*(x)=P^*(x)$)

$$\begin{aligned}\|f-P\|_2^2&=(f-P,f-P)\\&=(f-P^*+P^*-P,f-P^*+P^*-P)\end{aligned}$$

$$
\begin{aligned}
&= (f - P^*, f - P^*) + (P^* - P, P^* - P) \\
&\quad + 2(f - P^*, P^* - P) \\
&= \| f - P^* \|_2^2 + \| P^* - P \|_2^2 \\
&\geqslant \| f - P^* \|_2^2, \forall\, P(x) \in S
\end{aligned}
$$

(因为 $P^* - P = \sum_{i=0}^{n}(a_i^* - a_i)\varphi_i(x)$，及(3.5)式有 $(f - P^*, P^* - P = 0)$)

总结上述讨论有结论：

定理 6 （最佳平方逼近）

(1) 设 $f(x) \in C[a,b]$；

(2) 选择函数类 $S = \mathrm{Span}\{\varphi_0(x), \varphi_1(x), \cdots, \varphi_n(x)\}$，其中 $\varphi_i(x) \in C[a,b]$，$(i = 0,1,\cdots,n)$ 且 $\{\varphi_0(x),\cdots,\varphi_n(x)\}$ 于 $[a,b]$ 线性无关。则(a) $f(x) \in C[a,b]$ 在 S 中最佳平方逼近函数 $P_n^*(x) \in S$ 存在且唯一，即存在 $P_n^*(x) \in S$ 使

$$
\min_{P \in S} \int_a^b \omega(x)(f(x) - P(x))^2 dx = \int_a^b \omega(x)(f(x) - P_n^*(x))^2 dx
$$

(b) 且可由解法方程组

$$
\begin{cases}
\sum_{j=0}^{n} (\varphi_k, \varphi_j) a_j = (f, \varphi_k) \\
\qquad (k = 0,1,\cdots,n)
\end{cases}
$$

求得 $[a_0^*, \cdots, a_n^*]$，于是 $f(x) \in C[a,b]$ 的最佳平方逼近函数为

$$
P_n^*(x) = \sum_{j=0}^{n} a_j^* \varphi_j(x)
$$

(c) 均方误差 $(P^* = P_n^*)$

$$
\begin{aligned}
\| f - P^* \|_2^2 &= \int_a^b \omega(x)(f(x) - P^*(x))^2 dx \\
&= (f - P^*, f - P^*) \\
&= (f,f) + (P^*, P^*) - 2(f, P^*) \\
&= \| f \|_2^2 - (f, P^*)
\end{aligned}
$$

(因为 $(P^*, P^*) - (f, P^*) = (P^* - f, P^*) = 0$)

3.2 用多项式作最佳平方逼近

已知 $f(x) \in C[a,b]$。

(1) 选取 $S = H_n = \{1, x, \cdots, x^n\}$，$\omega(x) \equiv 1$ 寻求 $P_n^*(x) = \sum_{j=0}^{n} a_j^* x^j \in H_n$ 使

$$\min_{P \in H_n} \int_a^b (f(x) - P(x))^2 dx = \int_a^b (f(x) - P_n^*(x))^2 dx$$

显然，$\varphi_j(x) = x^j (j = 0, 1, \cdots, n)$，计算

$$(\varphi_k, \varphi_j) = \int_a^b x^{k+j} dx = \frac{1}{k+j+1}(b^{k+j+1} - a^{k+j+1})$$

$$(f, \varphi_k) = \int_a^b f(x) x^k dx = d_k$$

(2) 求解法方程组：$G\boldsymbol{a} = \boldsymbol{d}$　即得

$$P_n^*(x) = \sum_{j=0}^{n} a_j^* \varphi_j(x)$$

特别，设 $f(x) \in C[0,1]$，$\omega(x) \equiv 1$，则

$$(\varphi_k, \varphi_j) = \int_0^1 x^{k+j} dx = \frac{1}{k+j+1}$$

$$(\varphi_k, f) = \int_0^1 f(x) x^k dx \equiv d_k$$

法方程组为：

$$\begin{bmatrix} 1 & \frac{1}{2} & \cdots & \frac{1}{n+1} \\ \frac{1}{2} & \frac{1}{3} & \cdots & \frac{1}{n+2} \\ \vdots & & & \\ \frac{1}{n+1} & \frac{1}{n+2} & \cdots & \frac{1}{2n+1} \end{bmatrix} \begin{bmatrix} a_0 \\ a_1 \\ \vdots \\ a_n \end{bmatrix} = \begin{bmatrix} d_0 \\ d_1 \\ \vdots \\ d_n \end{bmatrix} \quad (\text{或 } G\boldsymbol{a} = \boldsymbol{d})$$

求解 $G\boldsymbol{a} = \boldsymbol{d}$，则可得

$$P_n^*(x) = \sum_{j=0}^{n} a_j^* x^j$$

矩阵 G 称为 Hilbert 矩阵，是一个著名病态矩阵（对解 $G\boldsymbol{a}=\boldsymbol{d}$ 而言），且随 n 增大，G 病态愈严重，求得 $G\boldsymbol{a}=\boldsymbol{d}$ 比较准确的计算解就愈困难。因此，取 H_n 中基 $\{1,x,\cdots,x^n\}$，求 $f(x)$ 最佳平方逼近多项式 $P_n^*(x)$，当 n 较大时用一般计算方法求得的计算解是不可靠的，当 n 增加时，这种方程组计算解精度由舍入误差影响而迅速恶化。一个补救的办法是取 H_n 中正交基。

3.3 用正交多项式作最佳平方逼近

设 $f(x)\in C[a,b]$。

(1) 选取 H_n 中正交基 $\{\varphi_0(x),\varphi_1(x),\cdots,\varphi_n(x)\}$，$x\in[a,b]$ 权函数 $\omega(x)$，寻求 $P_n^*(x)=\sum_{j=0}^{n}a_j^*\varphi_j(x)\in H_n$ 使

$$\min_{P(x)\in H_n}\int_a^b\omega(x)[f(x)-P(x)]^2dx=\int_a^b\omega(x)[f(x)-P_n^*(x)]^2dx$$

由设，$(\varphi_i,\varphi_j)=0$，当 $i\neq j$。

(2) 求解法方程组

$$\begin{bmatrix}(\varphi_0,\varphi_0) & & & \\ & (\varphi_1,\varphi_1) & & \\ & & \ddots & \\ & & & (\varphi_n,\varphi_n)\end{bmatrix}\begin{bmatrix}a_0\\a_1\\\vdots\\a_n\end{bmatrix}=\begin{bmatrix}(f,\varphi_0)\\(f,\varphi_1)\\\vdots\\(f,\varphi_n)\end{bmatrix}$$

于是，

$$a_j^*=\frac{(f,\varphi_j)}{(\varphi_j,\varphi_j)},(j=0,1,\cdots,n)$$

得到 $f(x)\in C[a,b]$ 在 H_n 最佳平方逼近多项式

$$P_n^*(x)=\sum_{j=0}^{n}a_j^*\varphi_j(x)$$

定理 7 （用正交多项式作最佳平方逼近）

(1) 设 $f(x)\in C[a,b]$；

(2) 选取 H_n 中正交基 $\{\varphi_0(x),\varphi_1(x),\cdots,\varphi_n(x)\}$，即

$$(\varphi_i,\varphi_j)=\int_a^b \omega(x)\varphi_i(x)\varphi_j(x)dx=0,\text{当 } i\neq j,$$

$\omega(x)$ 为权函数,则

(a) $f(x)\in C[a,b]$ 在 H_n 中最佳平方逼近多项式

$$P_n^*(x)=\sum_{j=0}^{n}a_j^*\varphi_j(x)$$

其中,

$$a_j^*=\frac{(f,\varphi_j)}{(\varphi_j,\varphi_j)}=\frac{\int_a^b \omega(x)f(x)\varphi_j(x)dx}{\int_a^b \omega(x)\varphi_j^2(x)dx},(j=0,1,\cdots,n)$$

(b) 均方误差

$$\begin{aligned}\|f-P_n^*\|_2^2&=\|f\|_2^2-(f,P_n^*)\\&=\|f\|_2^2-\sum_{j=0}^{n}(\varphi_j,\varphi_j)a_j^{*2}\end{aligned}$$

由此,用正交多项式求最佳平方逼近多项式,避免解法方程组。

例 4　求 $f(x)=e^x$ 在$[-1,1]$上 3 次最佳平方逼近多项式。

解　取 H_3 中正交基 $\{P_0,P_1,P_2,P_3\}$ 其中 $\{P_i\}_{i=0}^3$ 为 Legendre 多项式,$\omega(x)\equiv 1$,$f(x)=e^x$ 于$[-1,1]$在 H_3 中 3 次最佳逼近多项式为:

$$P_3^*(x)=a_0^*P_0(x)+a_1^*P_1(x)+a_2^*P_2(x)+a_3^*P_3(x)$$

其中

$$a_j^*=\frac{(f,P_j)}{(P_j,P_j)}=\frac{\int_{-1}^1 e^xP_j(x)dx}{\int_{-1}^1 P_j^2(x)dx}$$

且

$$(P_j,P_j)=\frac{2}{2j+1}\quad(j=0,1,2,3)$$

表 3-1

j	a_j^*
0	1.1752
1	1.1036
2	0.3578
3	0.07046

所以由表 3-1：

$$P_3^*(x) = 0.9963 + 0.9979x + 0.5367x^2 + 0.1761x^3$$
$$x \in [-1,1]$$

用 Chebyshev 多项式作最佳平方逼近。

设 $f(x) \in C[-1,1]$。

(a) 选取 H_n 中正交基 $\{T_0(x), T_1(x), \cdots, T_n(x)\}$，其中，$T_i(x)$ 为 Chebyshev 多项式。$[a,b]=[-1,1]$，权函数 $\omega(x)=\dfrac{1}{\sqrt{1-x^2}}$，寻求 $C_n^*(x)=\sum\limits_{k=0}^{n} a_k^* T_k(x) \in H_n$ 使

$$\min_{C_n(x)\in H_n} \int_{-1}^{1} \frac{1}{\sqrt{1-x^2}}[f(x)-C_n(x)]^2 dx$$
$$= \int_{-1}^{1} \frac{1}{\sqrt{1-x^2}}[f(x)-C_n^*(x)]^2 dx$$

(b) 由定理 7，$f(x) \in C[-1,1]$ 在 H_n 中最佳平方逼近多项式为

$$\begin{cases} C_n^*(x) = \sum\limits_{k=0}^{n} a_k^* T_k(x) \\ \text{其中} \\ \qquad a_0^* = \dfrac{(f,T_0)}{(T_0,T_0)} = \dfrac{1}{\pi}\displaystyle\int_{-1}^{1} \frac{1}{\sqrt{1-x^2}} f(x) dx \\ \qquad a_k^* = \dfrac{(f,T_k)}{(T_k,T_k)} = \dfrac{2}{\pi}\displaystyle\int_{-1}^{1} \frac{1}{\sqrt{1-x^2}} f(x) T_k(x) dx \end{cases}$$

或

$$\begin{cases} C_n^*(x) = \dfrac{a_0^*}{2} + \displaystyle\sum_{k=1}^{n} a_k^* T_k(x) \\ \text{其中} \\ a_k^* = \dfrac{2}{\pi}\displaystyle\int_{-1}^{1} \dfrac{1}{\sqrt{1-x^2}} f(x) T_k(x) dx \quad (k = 0,1,\cdots,n) \end{cases}$$

(c) 均方误差

$$\| f - C_n^* \|_2^2 = \| f \|_2^2 - \sum_{j=0}^{n} (T_j, T_j) a_j^{*2}$$

$$= \| f \|_2^2 - \pi a_0^* - \frac{\pi}{2} \sum_{k=1}^{n} a_k^{*2}$$

如果 $f(x) \in C[a,b]$，要求 $f(x)$ 在 $[a,b]$ 上最佳平方逼近多项式：

作变换 $x = \dfrac{b-a}{2} t + \dfrac{b+a}{2}, (-1 \leqslant t \leqslant 1)$

于是，

$$f(x) = f\left(\frac{b-a}{2} t + \frac{b+a}{2}\right) \equiv F(t)$$

且 $t \in [-1,1]$

可用 Legendre 多项式求 $F(t)$ 在 $[-1,1]$ 的最佳平方逼近 $P_n^*(t)$，其中

$H_n = \mathrm{Span}\{P_o(t), P_1(t), \cdots, P_n(t)\}$

最后，利用

$$t = \frac{2x}{b-a} - \frac{b+a}{b-a}$$

可得函数在 $[a,b]$ 上最佳平方逼近多项式

$$P_n^*(t) = P_n^*\left(\frac{2x}{b-a} - \frac{b+a}{b-a}\right)$$

例 5　用 Chebyshev 多项式求 $f(x) = e^x$ 在 $[-1,1]$ 上 3 次最佳平方逼近多项式。

解　3 次最佳逼近多项式为

$$C_3^*(x)=\frac{a_0}{2}+a_1T_1(x)+a_2T_2(x)+a_3T_3(x)$$

其中，

$$a_k=\frac{2}{\pi}\int_{-1}^{1}\frac{e^x}{\sqrt{1-x^2}}T_k(x)dx,(k=0,1,2,3)$$

令

$$x=\cos\theta$$

于是,可用数值积分计算积分(见表 3.2)

$$a_k=\frac{2}{\pi}\int_0^{\pi}e^{\cos\theta}\cos k\theta d\theta,(k=0,1,2,3)$$

表 3.2

k	a_k
0	2.53213176
1	1.13031821
2	0.27149534
3	0.04433685
4	0.00547424
5	0.00054293
6	0.000044977

$f(x)=e^x$ 在$[-1,1]$上 3 次最佳逼近多项式为：

$$C_3^*(x)=0.994571+0.997308x+0.542991x^2+0.177347x^3$$
$$(-1\leqslant x\leqslant 1)$$

且

$$f(x)-C_3^*(x)\approx a_4T_4(x)+a_5T_5(x)+a_6T_6(x)$$
$$|f(x)-C_3^*(x)|\leqslant a_4+a_5+a_6\approx 0.00607,x\in[-1,1]$$

或

$$\max_{-1\leqslant x\leqslant 1}|f(x)-C_3^*(x)|\leqslant 0.00607$$

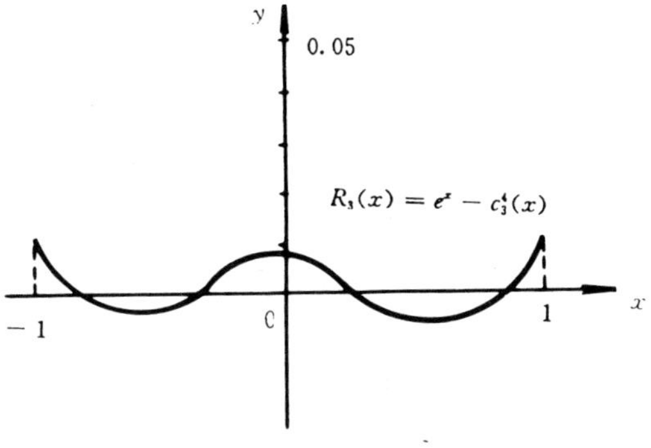

图 3-3

用 Chebyshev 多项式求得 $f(x) = e^x$ 的 3 次最佳平方逼近 $C_3^*(x)$ 的最大误差 $\max\limits_{-1 \leqslant x \leqslant 1} |f(x) - C_3^*(x)|$ 接近 3 次最佳一致逼近的误差(见图 3-3),且误差函数的分布与最佳一致逼近的误差分布很相似(见本章 §6)。

§4 最小二乘逼近

4.1 一般的最小二乘逼近

设已知 $y = f(x)$ 的实验数据

x	x_1	x_2	$\cdots$	x_m
$f(x)$	$f(x_1)$	$f(x_2)$	$\cdots$	$f(x_m)$

其中 $x_1 < x_2 < \cdots < x_m, a = x_1, b = x_m$。且选取 $C[a,b]$ 中一函数类

$$S = \text{Span}\{\varphi_0(x), \varphi_1(x), \cdots, \varphi_n(x)\}$$

记 $X = \{x_1, \cdots, x_m\}$,且 $m > n$。

最小二乘逼近问题：在 S 中寻求一函数 $P^*(x)=\sum_{j=0}^{n}a_j^*\varphi_j(x)$ 使

$$\min_{P(x)\in S}\sum_{i=1}^{m}\omega_i(f(x_i)-P(x_i))^2=\sum_{i=1}^{m}\omega_i(f(x_i)-P^*(x_i))^2 \qquad (4.1)$$

其中 $\omega_i>0$ 为权系数。

研究的问题：在 S 中 $P_n^*(x)$ 是否存在，是否唯一及计算 $P_n^*(x)$ 等问题。

定义 9　设已知 $f(x),g(x)$ 关于点集 $X=\{x_1,x_2,\cdots,x_m\}$ 上函数值，$\omega_i>0,(i=1\sim m)$ 为权系数。

(1) 离散函数的内积：

$$(f,g)=\sum_{i=1}^{m}\omega_i f(x_i)g(x_i)$$

(2) 范数：$\|f\|_2=(\sum_{i=1}^{m}\omega_i f^2(x_i))^{1/2}$

(对离散情况 $f(x)\neq 0$ 是指 $f(x)$ 在 $x_1,x_2,\cdots,x_m$ 上不全为零，于是，当 $f(x)\neq 0$ 时，则 $(f,f)>0$)

(3) 如果　$(f,g)=\sum_{i=1}^{m}\omega_i f(x_i)g(x_i)=0$

则称 $f(x)$ 与 $g(x)$ 关于权 $\{\omega_i\}$ 及点集 X 为正交。

(4) 设有连续函数组 $\{\varphi_0(x),\varphi_1(x),\cdots,\varphi_n(x)\}$，如果

$\sum_{j=0}^{n}a_j\varphi_j(x)=0$，当 $x=x_i(i=1,\cdots,m,m>n)$

时成立，则 $a_0=a_1=\cdots=a_n=0$，称 $\{\varphi_0(x),\cdots,\varphi_n(x)\}$ 在点集 X 上线性无关，否则称 $\{\varphi_0(x),\cdots,\varphi_n(x)\}$ 在 X 上线性相关。

若记

$\varphi_i=[\varphi_i(x_1),\varphi_i(x_2),\cdots,\varphi_i(x_m)]^T,(m>n)$

显然，函数组 $\{\varphi_0(x),\cdots,\varphi_n(x)\}$ 关于 X 线性无关，即是向量组 $\{\varphi_0,\varphi_1,\cdots,\varphi_n\}$ 线性无关。

类似于定理 2 可证明下述结论。

定理 2′　连续函数组 $\{\varphi_0(x),\cdots,\varphi_n(x)\}$ 在点集 $X=\{x_1,\cdots,$

$x_m\}$ 上线性无关 $\Leftrightarrow$ 是 $\det(G) \neq 0$。$(m > n)$ 其中

$$G = \begin{bmatrix} (\varphi_0,\varphi_0) & (\varphi_0,\varphi_1) & \cdots & (\varphi_0,\varphi_n) \\ (\varphi_1,\varphi_0) & (\varphi_1,\varphi_1) & \cdots & (\varphi_1,\varphi_n) \\ \vdots & & \ddots & \vdots \\ (\varphi_n,\varphi_0) & (\varphi_n,\varphi_1) & \cdots & (\varphi_n,\varphi_n) \end{bmatrix}$$

$$(\varphi_i,\varphi_j) = \sum_{k=1}^{m} \omega_k \varphi_i(x_k)\varphi_j(x_k)$$

显然，如选取 $\{\varphi_j(x)\}_{j=0}^{n} = \{x^j\}$，则 $\{x^j\}_{j=0}^{n}$ 关于 $X = \{x_1, x_2, \cdots, x_m\}(m > n)$ 是线性无关的。函数组

$$\{1, \sin x, \cos x, \cdots, \cos nx, \sin nx\}$$

在区间 $[0, 2\pi)$ 的任意点集 $X = \{x_1, x_2, \cdots, x_m\}$ 上 $(m > 2n)$ 是线性无关。

设连续函数组 $\{\varphi_0(x), \cdots, \varphi_n(x)\}$ 关于点集 X 线性无关。

设存在 $P_n^*(x) = \sum_{j=0}^{n} a_j^* \varphi_j(x) \in S$ 使(4.1)式成立，现考查系数 $\{a_j^*\}$ 应满足的条件。

对任何 $P(x) \in S$，于是有

$$P(x) = \sum_{j=0}^{n} a_j \varphi_j(x)$$

$$\begin{aligned} \| f - P \|_2^2 &= \sum_{i=1}^{m} \omega_i (f(x_i) - P(x_i))^2 \\ &= \sum_{i=1}^{m} \omega_i \Big(\sum_{j=0}^{n} a_j \varphi_j(x_i) - f(x_i)\Big)^2 \equiv I(a_0, a_1, \cdots, a_n) \end{aligned}$$

(4.1)式成立即说明，存在 $\{a_j^*\}(j = 0, 1, \cdots, n)$ 使

$$\min_{a_j \text{实数}} I(a_0, a_1, \cdots, a_n) = I(a_0^*, a_1^*, \cdots, a_n^*) \tag{4.2}$$

于是由多元函数取极值的必要条件，则有 $(a_0^*, \cdots, a_n^*)$ 满足

$$\begin{cases} \left[\dfrac{\partial I}{\partial a_k}\right]_{(a_0^*, \cdots, a_n^*)} = 2\sum_{i=1}^{m} \omega_i \Big(\sum_{j=0}^{n} a_j \varphi_j(x_i) - f(x_i)\Big)\varphi_k(x_i) = 0 \\ \qquad (k = 0, 1, \cdots, n) \end{cases}$$

即$(a_0^*,\cdots,a_n^*)$应满足方程组：

$$\sum_{j=0}^{n}\left(\sum_{i=1}^{m}\omega_i\varphi_k(x_i)\varphi_j(x_i)\right)a_j=\sum_{i=1}^{m}\omega_i f(x_i)\varphi_k(x_i)$$

$$(k=0,1,\cdots,n)$$

或

$$\begin{cases}\sum_{j=0}^{n}(\varphi_k,\varphi_j)a_j^*=(f,\varphi_k)\\ (k=0,1,\cdots,n),\text{记 } G\boldsymbol{a}=\boldsymbol{d}\end{cases}\tag{4.3}$$

其中，

$$(\varphi_k,\varphi_j)=\sum_{i=1}^{m}\omega_i\varphi_k(x_i)\varphi_j(x_i),(f,\varphi_k)=\sum_{i=1}^{m}\omega_i f(x_i)\varphi_k(x_i)$$

(4.3) 式即说明$P_n^*(x)$应满足

$$\begin{cases}(f-P_n^*,\varphi_k)=0\\ (k=0,1,\cdots,n)\end{cases}\tag{4.4}$$

反之，如果$\{a_j^*\}(j=0,1,\cdots,n)$为$G\boldsymbol{a}=\boldsymbol{d}$解，则$P_n^*(x)=\sum_{j=0}^{n}a_j^*\varphi_j(x)$为$y=f(x)$的最小二乘逼近函数，即$P^*(x)$满足(4.1)式。

总结上述讨论，有下述结论。

定理 8 设有$y=f(x)$实验数据$(x_i,f(x_i))(i=1,\cdots,m)$且$S=\text{Span}\{\varphi_0(x),\varphi_1(x),\cdots,\varphi_n(x)\}$，其中$\{\varphi_j(x)\}(j=0,1,\cdots,n)$关于点集$X=\{x_1,\cdots,x_m\}$线性无关$(m>n)$，则

$P^*(x)=\sum_{j=0}^{n}a_j^*\varphi_j(x)\in S$是$y=f(x)$在$S$中最小二乘逼近函数$\Leftrightarrow$是$\{a_j^*\}$满足法方程组$G\boldsymbol{a}=\boldsymbol{d}$或误差函数$f-P^*$满足正交条件

$$(f-P^*,\varphi_j)=0,(j=0,1,\cdots,n)$$

由定理 2′ 可知，当假设连续函数组$\{\varphi_j(x)\}(j=0,\cdots,n)$在点集$X=\{x_1,x_2,\cdots,x_m\}(m>n)$线性无关时，则法方程组$G\boldsymbol{a}=\boldsymbol{d}$有唯一

解。

定理 9 （最小二乘逼近）

(1) 设已知 $y=f(x)$ 实验数据 $(x_i,f(x_i))(i=1,\cdots,m)(a=x_1<x_2<\cdots<x_m=b)$。

(2) 设 H_n 中函数组 $\{\varphi_j(x)\}(j=0,1,\cdots,n)$ 关于点集 $X=\{x_1,x_2,\cdots,x_m\}$ 线性无关 $(m>n)$，则有

(a) $y=f(x)$ 在 H_n 中最小二乘逼近函数 $P_n^*(x)=\sum_{j=0}^{n}a_j^*\varphi_j(x)\in H_n$ 存在且唯一。即存在 $P_n^*(x)\in H_n$ 使

$$\min_{P_n(x)\in H_n}\sum_{i=1}^{m}\omega_i(f(x_i)-P_n(x_i))^2=\sum_{i=1}^{m}\omega_i(f(x_i)-P_n(x_i))^2$$

(b) 且最小二乘逼近多项式 $P_n^*(x)=\sum_{j=0}^{n}a_j^*\varphi_j(x)$ 的系数 $\{a_j^*\}(j=0,\cdots,n)$ 可由解法方程组求得

$$\begin{bmatrix}(\varphi_0,\varphi_0) & (\varphi_0,\varphi_1) & \cdots & (\varphi_0,\varphi_n)\\(\varphi_1,\varphi_0) & (\varphi_1,\varphi_1) & \cdots & (\varphi_1,\varphi_n)\\ \vdots & & & \\(\varphi_n,\varphi_0) & (\varphi_n,\varphi_1) & \cdots & (\varphi_n,\varphi_n)\end{bmatrix}\begin{bmatrix}a_0\\a_1\\ \vdots\\a_n\end{bmatrix}=\begin{bmatrix}(f,\varphi_0)\\(f,\varphi_1)\\ \vdots\\(f,\varphi_n)\end{bmatrix},\text{或 } G\boldsymbol{a}=\boldsymbol{d}$$

其中，

$$(\varphi_k,\varphi_j)=\sum_{i=1}^{m}\omega_i\varphi_k(x_i)\varphi_j(x_i)$$

(c) 最小平方误差

$$\delta_1=\|f-P_n^*\|_2=(\sum_{i=1}^{m}\omega_i[f(x_i)-P_n^*(x_i)]^2)^{1/2}$$

最大偏差

$$\delta_2=\max_{1\leqslant i\leqslant m}|f(x_i)-P_n^*(x_i)|$$

注意下列问题：

(1) 权系数 ω_i 的选取：

特别可取权系数 $\omega_i=1(i=1,\cdots,m)$ 或选取 $\{\omega_i\}$ 为下面的(4.

5)式。

即选取权系数为：

$$\begin{cases}\omega_1 = (x_2 - x_1)/2 \\ \omega_i = (x_{i+1} - x_{i-1})/2, (i = 2, \cdots, m-1) \\ \omega_m = (x_m - x_{m-1})/2\end{cases} \tag{4.5}$$

则$(f,g) = \int_a^b f(x)g(x)dx \approx \sum_{i=1}^{m} \omega_i f(x_i) g(x_i)$

即离散内积近似于连续内积。事实上

$$(f,g) = \int_a^b f(x)g(x)dx = \sum_{i=2}^{m} \int_{x_{i-1}}^{x_i} f(x)g(x)dx \tag{4.6}$$

当利用梯形公式计算积分，即有

$$\int_{x_{i-1}}^{x_i} f(x)g(x)dx \approx \frac{x_i - x_{i-1}}{2}(f(x_i)g(x_i) + f(x_{i-1})g(x_{i-1})) \tag{4.7}$$

将(4.7)代入(4.6)式，即得

$$(f,g) = \int_a^b f(x)g(x)dx \approx \sum_{i=1}^{m} \omega_i f(x_i) g(x_i)$$

其中 $\omega_i (i = 1, \cdots, m)$ 为(4.5)式(当 m 较大时)。

权系数还可根据实验数据 y_i 的准确程度来选取，当 y_i 较准确时，就分配较大的权系数 ω_i。

(2) 设权系数 $\omega_i = 1 (i = 1, \cdots, m)$，将第 j 个基函数在 x_i 处值记为：$a_{ij} = \varphi_j(x_i), (j = 0, 1, \cdots, n; i = 1, \cdots, m)$，可生成矩阵

$$A = \begin{bmatrix} a_{10} & a_{11} & \cdots & a_{1n} \\ a_{20} & a_{21} & \cdots & a_{2n} \\ \vdots & \vdots & \ddots & \vdots \\ a_{m0} & a_{m1} & \cdots & a_{mn} \end{bmatrix}, A \in R^{m \times (n+1)}$$

$$\boldsymbol{f} = [f(x_1), f(x_2), \cdots, f(x_m)]^T$$

则 $G = A^T A, \boldsymbol{d} = A^T \boldsymbol{f}$，即法方程组为 $A^T A \boldsymbol{a} = A^T \boldsymbol{f}$，且 $G = A^T A$ 为对称正定阵(当 $\{\varphi_0(x), \cdots, \varphi_n(x)\}$ 在 $X = \{x_1, \cdots, x_m\}$ 线性无关时)。

(3) 设已知 $y = f(x)$ 的实验数据

x	x_1	x_2	$\cdots$	x_m
$f(x)$	$f(x_1)$	$f(x_2)$	$\cdots$	$f(x_m)$

(4.8)

$(a = x_1 < x_2 < \cdots < x_m = b, m > n)$

(a) 选取 H_n 中基$\{1, x, \cdots, x^n\}$，权系数 $\omega_i (i = 1, \cdots, m)$

$\varphi_j(x) = x^j (j = 0, 1, \cdots, n)$

计算

$$(\varphi_k, \varphi_j) = \sum_{i=1}^{m} \omega_i x_i^{k+j}, (k = 0, 1, \cdots, n; j = 0, 1, \cdots, n)$$

(b) 求解法方程：

$$\begin{bmatrix} \sum_{i=1}^{m} \omega_i & \sum_{i=1}^{m} \omega_i x_i & \cdots & \sum_{i=1}^{m} \omega_i x_i^n \\ \sum_{i=1}^{m} \omega_i x_i & \sum_{i=1}^{m} \omega_i x_i^2 & \cdots & \sum_{i=1}^{m} \omega_i x_i^{n+1} \\ \vdots & & & \\ \sum_{i=1}^{m} \omega_i x_i^n & \sum_{i=1}^{m} \omega_i x_i^{n+1} & \cdots & \sum_{i=1}^{m} \omega_i x_i^{2n} \end{bmatrix} \begin{bmatrix} a_0 \\ a_1 \\ \vdots \\ a_n \end{bmatrix} = \begin{bmatrix} \sum_{i=1}^{m} \omega_i f(x_i) \\ \sum_{i=1}^{m} \omega_i x_i f(x_i) \\ \vdots \\ \sum_{i=1}^{m} \omega_i x_i^n f(x_i) \end{bmatrix}$$

得到 $y = f(x)$ 的最小二乘逼近多项式

$$P_n^*(x) = \sum_{j=0}^{n} a_j^* x^j$$

实际计算表明，当 $n \geqslant 7$ 时，法方程组 $G\boldsymbol{a} = \boldsymbol{d}$ 是病态方程组，用一般方法求解时误差较大，一般选取 H_n 中正交基作曲线拟合比较适合，可避免解病态方程组。

(4) 设有 $y = f(x)$ 实验数据(4.8)式。

(a) 选取 H_n 中正交基$\{\varphi_0(x), \varphi_1(x), \cdots, \varphi_n(x)\}$(在连续内积意义下正交，即$(\varphi_k, \varphi_j) = \int_a^b \omega(x)\varphi_k(x)\varphi_j(x)dx = 0$，当 $k \neq j$ 时)，计算

$$(\varphi_k,\varphi_j)=\sum_{i=1}^{m}\omega_i\varphi_k(x_i)\varphi_j(x_i),(k=0,1,\cdots,n;j=0,1,\cdots,n)$$

(b) 求解法方程组

$$\begin{bmatrix}(\varphi_0,\varphi_0) & (\varphi_0,\varphi_1) & \cdots & (\varphi_0,\varphi_n)\\(\varphi_1,\varphi_0) & (\varphi_1,\varphi_1) & \cdots & (\varphi_1,\varphi_n)\\ \vdots & & & \\(\varphi_n,\varphi_0) & (\varphi_n,\varphi_1) & \cdots & (\varphi_n,\varphi_n)\end{bmatrix}\begin{bmatrix}a_0\\a_1\\ \vdots\\a_n\end{bmatrix}=\begin{bmatrix}(f,\varphi_0)\\(f,\varphi_1)\\ \vdots\\(f,\varphi_n)\end{bmatrix}$$

其中，$(f,\varphi_j)=\sum_{i=1}^{m}\omega_if(x_i)\varphi_j(x_i)$。可求得 $y=f(x)$ 在 H_n 中最小二乘逼近多项式

$$P_n^*(x)=\sum_{j=0}^{n}a_j^*\varphi_j(x)$$

即有

$$\min_{P_n(x)\in H_n}\sum_{i=1}^{m}\omega_i(f(x_i)-P_n(x_i))^2=\sum_{i=1}^{m}\omega_i(f(x_i)-P_n^*(x_i))^2$$

$\{\varphi_0(x),\varphi_1(x),\cdots,\varphi_n(x)\}$ 可选取为 Chebyshev 正交多项式基 $\{T_0(x),T_1(x),\cdots,T_n(x)\}$ 或 Legendre 正交多项式基 $\{P_0(x),P_1(x),\cdots,P_n(x)\}$ 当 $x\in[a,b]=[-1,1]$。

由此，可设计一个选基的最小二乘逼近的软件。若选基 $\{\varphi_1(x),\varphi_2(x),\cdots,\varphi_n(x)\}(n<m)$ 就需要编制一个计算第 k 个基函数在 x 处值的函数子程序 $(F(k,x)=\varphi_k(x))$。

4.2 算法与例子

算法 1 （最小二乘法）

设已知 $y=f(x)$ 的实验数据 $(x_i,y_i),(i=1,2,\cdots,m)$ 权系数 $\omega(i),(i=1,2,\cdots,m)$，且选取基函数 $\{\varphi_1(x),\varphi_2(x),\cdots,\varphi_n(x)\}(m>n)$（设已编有一个计算第 k 个基函数在 x 处函数值的函数子程序 Real Function $F(k,x)$），本算法求 $y=f(x)$ 在 $H_{n-1}=\text{Span}\{\varphi_1(x),\cdots,\varphi_n(x)\}$ 中最小二乘逼近函数

$$P^*(x) = \sum_{j=1}^{n} \alpha_j^* \varphi_j(x)$$

1. 输入:$x(i), y(i), (i = 1,2,\cdots,m), \omega(i), (i = 1,2,\cdots,m), m, n$;

2. 产生法方程组的系数阵及常数项:$G\boldsymbol{x} = \boldsymbol{d}$(系数阵 G 用一维数组 $G(n*(n+1)/2)$ 存贮)。

(1)$i_0 \leftarrow 0$

(2) 对于 $i = 1,2,\cdots,n$

1) 对于 $j = 1,2,\cdots,i$

(a) $i_0 \leftarrow i_0 + 1$

(b) $G(i_0) \leftarrow (\varphi_i, \varphi_j) = \sum_{r=1}^{m} \omega(r)\varphi_i(x_r)\varphi_j(x_r)$

(c) Continue

2) Continue

(3) 对于 $i = 1,2,\cdots,n$

$$d(i) \leftarrow (f, \varphi_i) = \sum_{r=1}^{m} \omega(r) y(r) \varphi_i(x_r)$$

3. 用改进平方根法求解 $G\boldsymbol{x} = \boldsymbol{d}$。

(解$\{\alpha_j^*\}$存放在 $A(n)$ 内)

4. 输出:最小平方误差

$$\delta_1 = \left(\sum_{i=1}^{m} \omega(i)(f(x_i) - P^*(x_i))^2\right)^{1/2}$$

及最大偏差:

$$\delta_2 = \max_{1 \leqslant i \leqslant m} |f(x_i) - P^*(x_i)|$$

选基的最小二乘法可编一个子程序,其调用语句为:

CALL Lesqap($F, x, y, M, N, A, d, W, G, wk$) 其中 wk 为 $N \cdot (N+3)$ 维工作单元,F 为求基函数值的实函数子程序名,F 必须在调用程序的外部语句中出现。关于选基编制计算基函数值子程序举例如下:

(a) 选取 H_{n-1} 中基$\{1, x, \cdots, x^{n-1}\}$，$\varphi_k(x) = x^{k-1}$

```
Real Function F1(k,x)
Integer  k
Real  x
F1←1.0
If(k.EQ.1) Go To 5
F1←x * * (k − 1)
5 Return
End
```

(b) 选取 H_{n-1} 中基$\{P_0(t), P_1(t), \cdots, P_{n-1}(t)\}$(Legendre 多项式)，$\varphi_k(x) = P_{k-1}(t)$，$t = \dfrac{2x - b_0 - a_0}{b_0 - a_0}$，$-1 \leqslant t \leqslant 1$，$a_0 = x(1)$，$b_0 = x(m)$，$a_0 \leqslant x \leqslant b_0$。

```
Real Function F2(k,x)
Integer k,I
Real x,t,t0,t1,t2
t←(2.0 * x − a0 − b0)/(b0 − a0)
F2←1.0
If(k.EQ.1) Return
F2←t
If(k.EQ.2) Return
t0←1.0
t1←t
DO  5  I = 1,k − 2
RI = I
t2←((2.0 * RI + 1.0) * t * t1 − RI * t0)/(RI + 1.0)
t0←t1
t1←t2
5 Continue
```

$F2 \leftarrow t_2$

Return

End

例 6　已知 $y=f(x)$ 的实验数据如下表，试用最小二乘法求 $y=f(x)$ 的 3 次拟合多项式。即选取 H_3 中基 $\{1,x,x^2,x^3\}$，及基 $\{T_0(t),T_1(t),T_2(t),T_3(t)\}$（Chebyshev 多项式），其中，$m=21$，$n=4$。

I	$X(I)$	$Y(I)$
1	0.000	0.4860
2	0.050	0.8660
3	0.100	0.9440
4	0.150	1.1440
5	0.200	1.1030
6	0.250	1.2020
7	0.300	1.1660
8	0.350	1.1910
9	0.400	1.1240
10	0.450	1.0950
11	0.500	1.1220
12	0.550	1.1020
13	0.600	1.0990
14	0.650	1.0170
15	0.700	1.1110
16	0.750	1.1170
17	0.800	1.1520
18	0.850	1.2650
19	0.900	1.3800
20	0.950	1.5750
21	1.000	1.8570

解　(*a*) 选取 H_3 中基 $\{1,x,x^2,x^3\}$，求实验数据的拟合多项式（在 PC 机上计算结果）

$$P^*(x) = \sum_{j=1}^{4} \alpha_j^* x^{j-1}$$

法方程组系数矩阵：

$$G = \begin{bmatrix} 21 & & & \text{对称} \\ 10.5 & 7.175 & & \\ 7.175 & 5.5125 & 4.516663 & \\ 5.5125 & 4.516663 & 3.854156 & 3.382122 \end{bmatrix}$$

常数项：

$\boldsymbol{d} = [24.118, 13.2345, 9.468365, 7.55944]^T$

系数$\{\alpha_j^*\}$：

$[0.5746909, 4.725488, -11.12734, 7.668118]^T$

[注] 法方程组 $G\boldsymbol{x} = \boldsymbol{d}$ 是一个病态方程组，用一般方法要求得 $G\boldsymbol{x} = \boldsymbol{d}$ 较精确的解可能是困难的(参见第五章 §9)。

(b) 选取 H_3 中基$\{T_0(t), T_1(t), T_2(t), T_3(t)\}$(Chebyshev 多项式) 求实验数据的拟合多项式

$$P^*(x) = \sum_{j=1}^{4} \alpha_j^* T_{j-1}(t)$$

法方程组系数矩阵：

$$G = \begin{bmatrix} 21 & & & \text{对称} \\ 0 & 7.7 & & \\ -5.6 & 0 & 10.4664 & \\ 0 & -2.8336 & 0 & 11.01056 \end{bmatrix}$$

常数项：

$\boldsymbol{d} = [24.118, 2.351, -6.01108, 1.523576]^T$

系数$\{\alpha_j^*\}$：

$[1.160969, 0.3935144, 0.04684986, 0.2396463]^T$

最小平方误差：0.1927446

最大偏差：0.08865869

[注] 法方程 $G\boldsymbol{x} = \boldsymbol{d}$ 为良态方程组。

4.3 用正交多项式作曲线拟合算法

设已知 $y=f(x)$ 的实验数据

x	x_1	x_2	$\cdots$	x_m
$f(x)$	$f(x_1)$	$f(x_2)$	$\cdots$	$f(x_m)$

(且 $x_1<x_2<\cdots<x_m$)
记 $X=\{x_1,x_2,\cdots,x_m\}$。

(a) 选取 H_n 中关于点集 X 及权系数 $\{\omega_i\}(i=1,\cdots,m)$ 为正交多项式组 $\{\varphi_0(x),\varphi_1(x),\cdots,\varphi_n(x)\}(m>n)$ 即

$$(\varphi_i,\varphi_j)=\sum_{k=1}^{m}\omega_k\varphi_i(x_k)\varphi_j(x_k)=\begin{cases}\neq 0, & 当\ i=j\\ 0, & 当\ i\neq j\end{cases}$$

则有唯一 $P_n^*(x)\in H_n$ 使

$$\min_{P_n(x)\in H_n}\sum_{i=1}^{m}\omega_i(f(x_i)-P_n(x_i))^2=\sum_{i=1}^{m}\omega_i(f(x_i)-P_n^*(x_i))^2$$

(b) 最小二乘逼近多项式

$$P_n^*(x)=\sum_{k=0}^{n}a_k^*\varphi_k(x)$$

其中,

$$a_k^*=\frac{(f,\varphi_k)}{(\varphi_k,\varphi_k)}=\frac{\sum_{i=1}^{m}\omega_i f(x_i)\varphi_k(x_i)}{\sum_{i=1}^{m}\omega_i\varphi_k^2(x_i)},(k=0,1,\cdots,n)$$

计算 a_k^* 需要计算 $\varphi_k(x_i)$ 值$(i=1,2,\cdots,m)$。

(c) 当增加 n 时,可用递推公式计算最小平方误差。记 $\sigma_n^2=\sum_{i=1}^{m}\omega_i(P_n^*(x_i)-f(x_i))^2$,则有

$$\sigma_{n+1}^2=\sigma_n^2-\frac{(f,\varphi_{n+1})^2}{(\varphi_{n+1},\varphi_{n+1})}=\sigma_n^2-a_{n+1}^*(f,\varphi_{n+1})<\sigma_n^2$$

问题:对于给定点集 $X=\{x_1,x_2,\cdots,x_m\}$ 及权系数 $\{\omega_1,\omega_2,\cdots,$

$\omega_m\}$，能否构造关于 X 及 $\{\omega_i\}$ 为正交的多项式 $\{P_0(x),P_1(x),\cdots,P_n(x)\}(m>n)$！类似本章 §2 定理 3、定理 4 有下述结果。

定理 10　设已知点集 $X=\{x_1,x_2,\cdots,x_m\}$ 及权系数 $\{\omega_1,\omega_2,\cdots,\omega_m\}$，则有关于 X 及 $\{\omega_i\}$ 为正交多项式组 $\{P_0(x),P_1(x),\cdots,P_n(x)\}$，$(m>n)$ 且可由下述三项递推公式产生

$$\begin{cases} P_0(x)=1 \\ P_1(x)=x-\alpha_1 \\ P_{k+1}(x)=(x-\alpha_{k+1})P_k(x)-\beta_{k+1}P_{k-1}(x) \\ \alpha_{k+1}=\dfrac{(xP_k,P_k)}{(P_k,P_k)}=\dfrac{\sum\limits_{i=1}^{m}\omega_i x_i P_k^2(x_i)}{\sum\limits_{i=1}^{m}\omega_i P_k^2(x_i)},(k=0,1,\cdots,n-1) \\ \beta_{k+1}=\dfrac{(P_k,P_k)}{(P_{k-1},P_{k-1})}=\dfrac{\sum\limits_{i=1}^{m}\omega_i P_k^2(x_i)}{\sum\limits_{i=1}^{m}\omega_i P_{k-1}^2(x_i)},(k=1,\cdots,n-1) \\ \quad (\text{令 } \beta_1=0)k=1,2,\cdots,n-1 \end{cases} \tag{4.9}$$

其中(1)$P_k(x)$ 首项系数为 1 的 k 次多项式。

$$(2)(P_i,P_j)=\sum_{k=1}^{m}\omega_k P_i(x_k)P_j(x_k)=\begin{cases}\neq 0, & \text{当 } i=j \\ 0, & \text{当 } i\neq j\end{cases}$$

利用正交多项式(关于点集及权系数为正交)作曲线拟合，其优点是不用解法方程组，且关于 $\{\alpha_k\}\{\beta_k\}$，$\{a_j^*\}$ 计算公式中与 n 无关。如要增加 n，只需再计算系数 a_{n+1}^* 即可，已经计算的 $\{a_0^*,\cdots,a_n^*\}$ 不变，但要计算三组系数 $\{\alpha_k\}$，$\{\beta_k\}$，$\{a_j^*\}$，这种方法是用多项式作曲线拟合的最好的计算方法。

算法 2　(用关于点集及权为正交的多项式作曲线拟合)

设已知 $y=f(x)$ 的实验数据 (x_i,y_i)，$(i=1,2,\cdots,m)$ 及权系数 $\omega(i)$，$(i=1,\cdots,m)$，且按(4.9)构造关于点集 $X=\{x_1,\cdots,x_m\}$ 及权

$\omega_i(i=1,\cdots,m)$ 为正交的多项式组$\{P_0(x),P_1(x),\cdots,P_n(x)\}(m>n)$，本算法求 $y=f(x)$ 在 H_n 中的最小二乘逼近函数

$$S_n^*(x)=\sum_{k=0}^{n}a_k^*P_k(x)$$

1. 输入：$x(i),y(i),(i=1,\cdots,m),w(i),(i=1,\cdots,m),m,n$
2. 计算 $P_0(x_i)$：$P(i)\leftarrow 1.0,T(i)\leftarrow 1.0,(i=1,\cdots,m)$
3. $C(1)\leftarrow 0.0$
4. 计算$e\leftarrow(P_0,P_0)=\sum_{i=1}^{m}\omega_i$，

$$g\leftarrow(f,P_0)=\sum_{i=1}^{m}\omega_iy(x_i),$$

$$f_0\leftarrow(f,f)=\sum_{i=1}^{m}\omega_iy^2(i)$$

5. 计算 $A(0)\leftarrow a_0^*=g/e$
6. 计算 σ_0^2：$de\leftarrow f_0-A(0)*g$
7. 对于 $k=0,1,\cdots,n-1$

   (1) 计算 α_{k+1}：$b(k+1)\leftarrow\alpha_{k+1}=(\sum_{i=1}^{m}\omega_ix(i)P^2(i))/e$

   (2) 对于 $i=1,2,\cdots,m$(计算 $P_{k+1}(x_i),i=1,\cdots,m$)

   $P(i)\leftarrow(x(i)-b(k+1))*T(i)-C(k+1)*S(i)$

   (3) 计算 $d\leftarrow\sum_{i=1}^{m}\omega_iP^2(i),g\leftarrow(f,P_{k+1})=\sum_{i=1}^{m}\omega_iy(i)P(i)$

   (4) 计算 β_{k+2}：$C(k+2)\leftarrow d/e$

   (5) 计算 a_{k+1}^*：$A(k+1)\leftarrow g/d$

   (6)$e\leftarrow d$

   (7)$S(i)\leftarrow T(i),T(i)\leftarrow P(i),(i=1,\cdots,m)$

   (8) 计算 σ_{k+1}^2：$de\leftarrow de-A(k+1)*g$
8. 输出：$A(i),(i=0,1,\cdots,n)$

   $b(i),(i=1,\cdots,n),c(i),(i=1,\cdots,n)$ 及 de

[注](1) 本算法中系数$\{a_k^*\}$存放在数组 $A(n)$，$\{\alpha_k\}$存放在数组

$b(n)$，$\{\beta_k\}$ 存放在数组 $C(n+1)$。

(2) 为了减少舍入误差的影响，可作变换

$$t=\frac{4x-2(x_1+x_m)}{x_m-x_1},(-2\leqslant t\leqslant 2)$$

把区间$[x_1,x_m]$变换到$[-2,2]$进行计算，且

$$S_n^*(t)=\sum_{k=0}^{n}a_k^*P_k(t)$$

例7 已知 $y=f(x)$ 数据

x	-2	-1	0	1	2
$f(x)$	-1	-1	0	1	1

(取 $\omega_i=1,(i=1,\cdots,5)$)

试利用关于点集及权系数为正交多项式构造一、二和三次最小二乘逼近多项式。

解 应用算法2可得计算结果：取 $n=3$

(1) 最小平方误差：$\sigma_0^2=4,\sigma_1^2=0.4,\sigma_2^2=0.4,\sigma_3^2=0.0$

(2) $\{\alpha_{k+1}\}$：0.0，0.0，0.0；$\{\beta_{k+1}\}$：0.0，2.0，1.4

(3) 系数$\{a_k^*\}$：0.0，0.6，0.0，-0.166666667

$$S_n^*(x)=\sum_{k=0}^{n}a_k^*P_k(x)$$

于是得到数据的拟合多项式：

$S_1^*(x)=0.6x$

$S_2^*(x)=0.6x$

$S_3^*(x)=-0.166666667x^3+1.16666667$

[附注] 切比雪夫多项式关于点集的正交性：

设 $\bar{x}=\cos\frac{(2i-1)}{2n}\pi,(i=1,2,\cdots,n)$

为 $T_n(x)$ 的 n 个零点，则切比雪夫多项式组$\{T_0(x),T_1(x),\cdots,T_{n-1}(x)\}$关于点集 $X=\{\bar{x}_1,\cdots,\bar{x}_n\}$ 为正交组，即

$$(T_k,T_l)=\sum_{i=1}^{n}T_k(\bar{x}_i)(T_l(\bar{x}_i)=\begin{cases}0,\text{当 } k\neq l\\ n,\text{当 } k=l=0\\ \dfrac{n}{2},\text{当 } k=l\neq 0\end{cases}$$

$$0\leqslant k,l\leqslant n-1$$

事实上，由

$$\bar{x}_i=\cos\frac{(2i-1)}{2n}\pi,\text{arc }\cos\bar{x}_i=\frac{(2i-1)}{2n}\pi$$

$$T_k(\bar{x}_i)=\cos(k\text{arc }\cos\bar{x}_i)=\cos\frac{k(2i-1)}{2n}\pi$$

于是，利用积化和差三角公式有

$$\begin{aligned}(T_k,T_l)&=\sum_{i=1}^{n}T_k(\bar{x}_i)T_l(\bar{x}_i)\\&=\sum_{i=1}^{n}\cos\frac{k(2i-1)}{2n}\pi\cos\frac{l(2i-1)}{2n}\pi\\&=\frac{1}{2}\sum_{i=1}^{n}(\cos(2i-1)\frac{(k+l)\pi}{2n}+\cos(2i-1)\frac{(k-l)\pi}{2n})\end{aligned}$$

记 $\varphi=\dfrac{(k-l)\pi}{2n},\psi=\dfrac{(k+l)\pi}{2n}$

于是，$(T_k,T_l)=\dfrac{1}{2}(\cos\varphi+\cos3\varphi+\cdots+\cos(2n-1)\varphi)$

$$+\frac{1}{2}(\cos\psi+\cos3\psi+\cdots+\cos(2n-1)\psi)$$

利用三角公式

$$\cos k\varphi=\frac{\sin(k+1)\varphi-\sin(k-1)\varphi}{2\sin\varphi}$$

则有

$$\cos\varphi+\cos3\varphi+\cdots+\cos(2n-1)\varphi=\frac{\sin2n\varphi}{2\sin\varphi}$$

从而有

(1) 当 $k\neq l$ 时

$$(T_k,T_l)=\frac{1}{2}\frac{\sin2n\varphi}{2\sin\varphi}+\frac{1}{2}\frac{\sin2n\psi}{2\sin\psi}$$

$$= \frac{1}{2}\frac{\sin(k-l)\pi}{2\sin\varphi} + \frac{1}{2}\frac{\sin(k+l)\pi}{2\sin\psi} = 0$$

(2) 当 $k = l \neq 0$ 时，$\varphi = 0, \psi = \frac{k\pi}{n}$，则

$$(T_k, T_k) = \frac{1}{2}n + \frac{1}{2}\frac{\sin 2k\pi}{2\sin\psi} = \frac{1}{2}n$$

(3) 当 $k = l = 0$ 时，$\varphi = 0, \psi = 0$，则

$$(T_0, T_0) = \frac{1}{2}n + \frac{1}{2}n = n$$

4.4 非线性模型举例

设已知 $y = f(x)$ 实验数据 $(x_i, f(x_i))$，$(i = 1, 2, \cdots, m)$，在前面讨论了建立实验数据的多项式模型，即设 $\{\varphi_0(x), \varphi_1(x), \cdots, \varphi_n(x)\}(m > n)$ 为 H_n 中一个基，用多项式来拟合实验数据，即求

$$\{a_j^*\}, P_n^*(x) = \sum_{j=0}^{n} a_j^* \varphi_j(x) \in H_n$$

使

$$\min_{P_n \in H_n} \sum_{i=1}^{m} \omega_i (f(x_i) - P_n(x_i))^2 = \sum_{i=0}^{m} \omega_i (f(x_i) - P_n^*(x_i))^2 \tag{4.10}$$

且 $\{a_j^*\}$ 由求解法方程组 $G\boldsymbol{a} = \boldsymbol{d}$ 得到。数学模型 $P_n^*(x) = \sum_{j=0}^{n} a_j \varphi_j(x)$，关于参数 $\{a_j\}$ 是线性模型。

对于给定 $y = f(x)$ 实验数据 $(x_i, f(x_i))$，$(i = 1, \cdots, m)$，应根据数据的走向、趋势选择合适的数学模型。例如，当实验数据 $(x_i, f(x_i))(i = 1, \cdots, m)$ 具有单调性凸性（凹向上或凹向下）时，可选择下述适当的数学模型 $y = f(x)$ 来拟合实验数据

$$g_1(x) = ae^{bx}, g_2(x) = ae^{b/x}, g_3(x) = ax^b, g_4(x) = a + \frac{b}{x}$$

等，其中 a、b 为参数，如图 3-4。

例 8　在某化学反应里，根据实验所得生成物的浓度与时间关

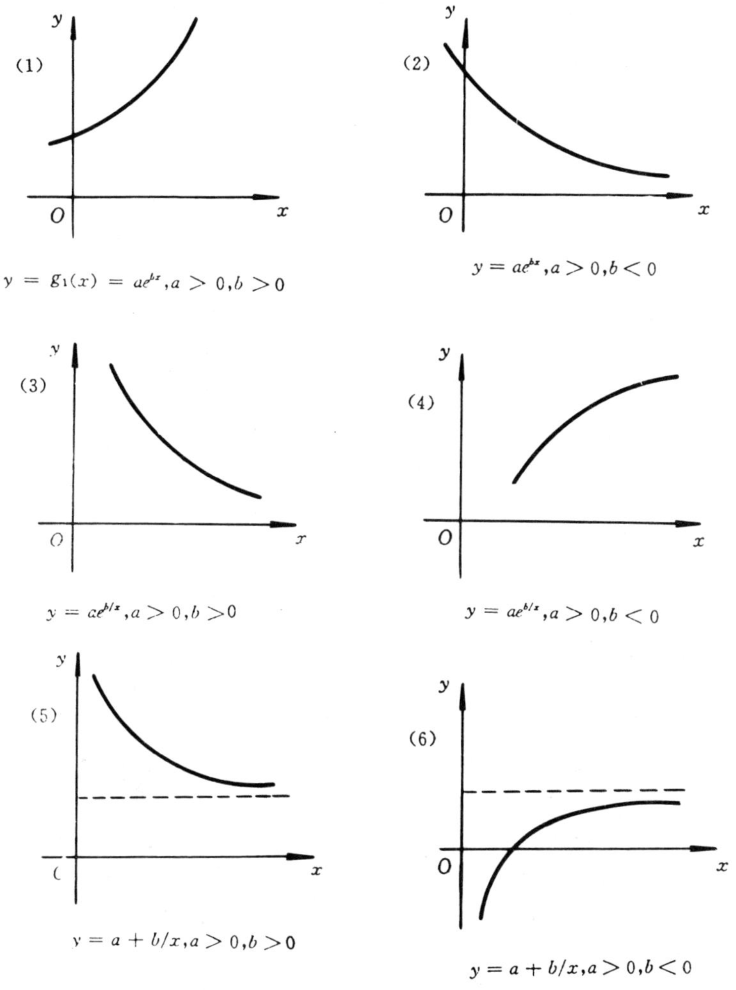
(1)
y
O
x
$y = g_1(x) = ae^{bx}, a > 0, b > 0$
(2)
y
O
x
$y = ae^{bx}, a > 0, b < 0$
(3)
y
O
x
$y = ae^{b/x}, a > 0, b > 0$
(4)
y
O
x
$y = ae^{b/x}, a > 0, b < 0$
(5)
y
x
$y = a + b/x, a > 0, b > 0$
(6)
y
O
x
$y = a + b/x, a > 0, b < 0$

图 3-4

系如下，求浓度 y 与时间 t 的拟合曲线 $y = f(t)$。

t(分)	$f(t) \cdot 10^{-3}$
1	4.00
2	6.40
3	8.00
4	8.80
5	9.22
6	9.50
7	9.70
8	9.86
9	10.00
10	10.20
11	10.32
12	10.42
13	10.50
14	10.55
15	10.58
16	10.60

解　从数据表略可看出，浓度随 t 增加而增加。开始浓度增加较快，后来逐渐减弱，到一定时间就基本稳定在一个数值上，即当 $t \to \infty$ 时，y 趋向于某个常数，故有一水平渐近线。

(1) 选取数学模型为指数函数 $y = ae^{b/t}$ 是关于参数 a,b 的非线性模型，求 a,b 使

$$I(a,b) = \sum_{i=1}^{m} [f(t_i) - ae^{b/t_i})^2 = \min \qquad (4.11)$$

且极小点满足法方程。

于是非线性最小二乘问题化为非线性方程组的求解问题，即求解法方程

$$
\left.\begin{aligned}
0 &= \frac{\partial I}{\partial a} = -2\sum_{i=1}^{m}(f(t_i) - ae^{b/t_i})e^{b/t_i} \\
0 &= \frac{\partial I}{\partial b} = -2\sum_{i=1}^{m}(f(t_i) - ae^{b/t_i})e^{b/t_i}\frac{a}{t_i}
\end{aligned}\right\} \tag{4.12}
$$

(4.12) 为关于参数 a,b 的非线性方程组。消去 a 得

$$
\varphi(b) = \frac{\sum f(t_i)e^{b/t_i}}{\sum e^{2b/t_i}} - \frac{\sum f(t_i)e^{b/t_i}\frac{1}{t_i}}{\sum e^{2b/t_i}\frac{1}{t_i}} = 0 \tag{4.13}
$$

再用弦位法求解 $\varphi(b) = 0$。得到(4.12) 近似解：

$$
\begin{cases}
a^* = 0.01135728 \\
b^* = -1.0728187
\end{cases}
$$

注：注意对一般非线性最小二乘问题，法方程解是 $I(b_1,b_2,\cdots,b_n)$ 的驻点，不一定是 $I(b_1,b_2,\cdots,b_n)$ 的极小点。也可直接解 $I(b_1,b_2,\cdots,b_n)$ 极小化问题。

于是，得到数学模型

$$\hat{g}_1(t) = 0.01135728e^{-1.0728187/t}$$

且最大偏差：

$$\delta^{(1)} = \max_i |\delta_i^{(1)}| \approx 2.422 \times 10^{-4}, \delta_i^{(1)} = f(t_i) - a^* e^{b^*/t_i}$$

最小平方误差：

$$S^{(1)} = (\sum_{i=1}^{16}|\delta_i^{(1)}|^2)^{1/2} = 3.314 \times 10^{-4}$$

(2) 选取数学模型 $y = ae^{b/t}$，作变换，将此模型转化为线性模型求解较简单。

$$\text{求导}: \ln y = \ln a + \frac{b}{t} \tag{4.14}$$

作变换：令

$$
\begin{cases}
\hat{y} = \ln y, A \overset{\text{记}}{=} \ln a \\
\hat{t} = \dfrac{1}{t}, B = b
\end{cases} \tag{4.15}
$$

则(4.14)式变为：$\hat{y}=A+B\hat{t}$。

于是，问题化为由已知数据

$\hat{t}$	$\hat{t}_1$	$\hat{t}_2$	$\cdots$	$\hat{t}_m$
$\hat{y}$	$\hat{y}_1$	$\hat{y}_2$	$\cdots$	$\hat{y}_m$

(由$(t_i,f(t_i))$及(4.15)式求得)

求参数 A,B 使

$$\sum_{i=1}^{m}(\hat{y}_i-(A+B\hat{t}_i))^2=\min \tag{4.16}$$

其中，模型 $\hat{y}=A+B\hat{t}$ 为线性模型，可求得

$$A^*=-4.48072, B^*=-1.0567$$

从而

$$a=11.3253\times10^{-3}, b=-1.0567$$

于是得到模型

$$y=\hat{g}_2(t)=11.3253\times10^{-3}e^{-1.0567/t}$$

且最大偏差：

$$\delta^{(2)}=\max_i|\delta_i^{(2)}|\approx0.277\times10^{-3}, \delta_i^{(2)}=f(t_i)-\hat{g}_2(t_i)$$

及最小平方误差：

$$S^{(2)}=(\sum_{i=1}^{16}(\delta_i^{(2)})^2)^{1/2}=3.4\times10^{-4}$$

注：解(4.16)与解(4.11)是有差别的，对于解(4.16)求出(a,b)，一般而言已不是关于(4.11)的最小二乘解，但是在某些应用问题中这种方法还是令人满意的。

(3) 选取数学模型为双曲函数

$$y=g_3(x)=\frac{t}{at+b}$$

其中 a,b 待定参数。显然，

$$\frac{1}{y}=a+\frac{b}{t}$$

作变换，令

$$\hat{y} = \frac{1}{y}, \hat{t} = \frac{1}{t}, \hat{y} = a + b\hat{t}$$

于是问题化为，已知数据$(\hat{t}_i, \hat{y}_i)$$(i = 1, \cdots, m)$（由数据$(t_i, f(t_i))$$(i = 1, \cdots, m)$ 及变换求得），寻求 a, b 使

$$\sum_{i=1}^{m} (\hat{y}_i - (a + b\hat{t}_i))^2 = \min$$

其中 $\hat{y} = a + b\hat{t}$ 为线性模型，取 H_1 基$\{1, \hat{t}\}$。

求解法方程

$$\begin{bmatrix} 16 & \sum_{i=1}^{16} \hat{t}_i \\ \sum_{i=1}^{16} \hat{t}_i & \sum_{i=1}^{16} \hat{t}_i^2 \end{bmatrix} \begin{bmatrix} a \\ b \end{bmatrix} = \begin{bmatrix} \sum_{i=1}^{16} \hat{y}_i \\ \sum_{i=1}^{16} \hat{t}_i \hat{y}_i \end{bmatrix}$$

得到

$$a = 80.6621, b = 161.6822$$

得到数学模型

$$y = \hat{g}_3(t) = \frac{t}{80.6621t + 161.6822}$$

最大偏差：

$$\delta^{(3)} = \max_i |\delta_i^{(3)}| \approx 0.568 \times 10^{-3}, \text{其中 } \delta_i^{(3)} = f(t_i) - \hat{g}_3(t_i)$$

最小平方误差：

$$S^{(3)} = (\sum_{i=1}^{16} (\delta_i^{(3)})^2)^{1/2} = 1.19 \times 10^{-3}$$

由此可知，选取指数模型 $y = \hat{g}_1(x)$（或 $y = \hat{g}_2(x)$）时 $\delta^{(1)}$、$S^{(1)}$（或 $\delta^{(2)}$、$S^{(2)}$）都比较小，所以用 $\hat{g}_1(x)$（或 $\hat{g}_2(x)$）作拟合曲线要比双曲模型要好（对此例）。

§5* 用 B 样条作最小二乘逼近

在许多应用问题中的长序列的数据拟合问题，用多项式拟合效果较差，用近代发展起来的 B 样条作数据的拟合则具有较好的灵活性和稳定性，能较好的拟合长序列的实验数据。

(1) 设已知 $y = f(x)$ 实验数据（输入）

x	x_1	x_2	$\cdots$	x_{Nx}
$f(x)$	y_1	y_2	$\cdots$	y_{Nx}

(5.1)

（其中 Nx 较大，数据本身含有许多波动起伏、转折）

(2) 设 n（输入）为 S_Δ^k（k 阶样条函数空间）维数，要求 $n \leqslant Nx$，k（输入）— 用 k 阶 B 样条函数作曲线性拟合。要求 $1 < k \leqslant n$。

(3) 选取结点序列 $\{t_i\}_1^{n+k}$（输入）使满足 $t_1 < t_2 < \cdots < t_k = x(1) < t_{k+1} < \cdots < t_n < t_{n+1} = x(Nx) < t_{n+2} < \cdots < t_{n+k}$，其中，$x(i)$ 位于 $[t_k, t_{n+1}]$ 内。

（注：$[t_k, t_{n+1}]$ 两边扩充的节点可取 $t_1 \leqslant t_2 \leqslant \cdots \leqslant t_k = x(1) < t_{k+1} < \cdots < t_n < t_{n+1} = x(Nx) \leqslant t_{n+2} \leqslant \cdots \leqslant t_{n+k}$）

(4) $S_\Delta^k = \{S(x) \mid S(x) = \sum_{i=1}^{n} \alpha_i B_{i,k}(x), \alpha_i \text{ 实数}, x \in [a,b]\}$，$a = x(1)$，$b = x(Nx)$。引进内积及"模"

$$(g,h) = \sum_{i=1}^{Nx} \omega_i g(x_i) h(x_i),$$

$$\| g \|_2 = (g,g)^{1/2} = \left(\sum_{i=1}^{Nx} \omega_i g^2(x_i)\right)^{1/2}$$

寻求 $S^* \in S_\Delta^k$ 使

$$\min_{S(x) \in S_\Delta^k} \sum_{i=1}^{Nx} \omega_i (y_i - S(x_i))^2 = \sum_{i=1}^{Nx} \omega_i (y_i - S^*(x_i))^2 \qquad (5.2)$$

其中，$S^*(x)=\sum_{i=1}^{n}\alpha_i^* B_{i,k}(x)$。

定理 11 函数

$$S^*(x)=\sum_{i=1}^{n}\alpha_i^* B_{i,k}(x)\in S_{\Delta}^{k}$$

是(5.2)最小二乘解充分必要条件是

$$(a)(f-S^*,B_{ik}(x))=0,(i=1,2,\cdots,n) \tag{5.3}$$

或 $(b)\{\alpha_i^*\}_1^n$ 满足法方程组

$$\begin{cases}\sum_{j=1}^{n}(B_{i,k}B_{j,k})\alpha_j=(f,B_{i,k})\\(i=1,2,\cdots,n)\end{cases} \tag{5.4}$$

其中，

$$(B_{i,k},B_{j,k})=\sum_{r=1}^{Nx}\omega_r B_{i,k}(x_r)B_{j,k}(x_r)$$

$$(f,B_{i,k})=\sum_{r=1}^{Nx}\omega_r B_{i,k}(x_r)f(x_r)$$

定理 12 对于 $k<n$，则法方程组(5.4)系数阵 G 为对称带状阵，即 $g_{ij}=(B_i,B_j)=0$，当 $|i-j|\geqslant k$ 时。

证明 显然，G 为对称阵

$$g_{ij}=(B_i,B_j)=\sum_{r=1}^{Nx}\omega_r B_{i,k}(x_r)B_{j,k}(x_r)$$

当 $i-j\geqslant k$ 时，则有 $g_{ij}=0$。

事实上，(1) 当 $i>j+k$ 时，则有 $B_{i,k}(x)B_{j,k}(x)=0$，对任何 x，即当 $x\overline{\in}[t_j,t_{j+k}]$ 时，则 $B_{j,k}(x)=0$，当 $x\in[t_j,t_{j+k}]$ 时，于是，$x\overline{\in}[t_i,t_{i+k}]$，则 $B_{i,k}(x)=0$，故 $g_{ij}=0$。

(2) 当 $i=j+k$ 时，同理可证 $g_{ij}=0$。

于是，法方程组简记为：($G\boldsymbol{a}=\boldsymbol{d}$)

$B_{i,k}(x)=B_i(x)$

$$
G=\begin{bmatrix}
(B_1,B_1) & (B_1,B_2) & \cdots & (B_1,B_k) & & & & \\
(B_2,B_1) & (B_2,B_2) & \cdots & & (B_2,B_{k+1}) & & & \\
\vdots & & & & & & & \\
(B_k,B_1) & (B_k,B_2) & \cdots & (B_k,B_k) & \cdots & & (B_k,B_{2k-1}) & \\
 & \ddots & & & \ddots & & & \ddots \\
 & & (B_i,B_{i-k+1}) & & \cdots & (B_i,B_i) & & \vdots \\
 & & & \ddots & & \ddots & & \vdots \\
 & & & & (B_n,B_{n-k+1}) & & \cdots & (B_n,B_n)
\end{bmatrix}
$$

$$a=[\alpha_1,\alpha_2,\cdots,\alpha_n]^T$$

$$d=[(f,B_1),(f,B_2),\cdots,(f,B_n)]^T$$

G 为半带宽为 k-1 等带宽矩阵。

$$(B_i,B_j)=\sum_{r=1}^{Nx}\omega_r B_{i,k}(x_r)B_{j,k}(x_r)$$

$$(f,B_i)=\sum_{r=1}^{Nx}\omega_r f(x_r)B_{i,k}(x_r)$$

法方程组 $Ga=d$ 的系数阵 G 是对称半正定阵。例如，当节点序列 $\{t_i\}_{i=1}^{n+k}$ 用下述方法选取时，则 G 是非奇异矩阵。

(1) 当 k 为偶数时，取

$$t_{k+j}=x(j+2),(j=1,2,\cdots,n-k)$$

$$\underbrace{t_1<t_2<\cdots<}_{\text{任取}}t_k=x(1)<t_{k+1}<\cdots<t_n<t_{n+1}$$

$$=x(Nx)<\underbrace{t_{n+2}<\cdots<t_{n+k}}_{\text{任取}}$$

(2) 当 k 为奇数时，取

$$t_{k+j}=\frac{1}{2}(x(j+1)+x(j+2)),(j=1,2,\cdots,n-k)$$

$$\underbrace{t_1<t_2<\cdots<}_{\text{任取}}t_k=x(1)<t_{k+1}<\cdots<t_n<t_{n+1}$$

$$=x(Nx)<\underbrace{t_{n+2}<\cdots<t_{n+k}}_{\text{任取}}$$

用 B 样条作最小二乘逼近需要编子程序：

(1) 计算 B 样条函数值子程序(即第二章算法 6)，利用此算法可

产生法方程 $G\boldsymbol{a} = \boldsymbol{d}$ 系数阵 G 及 $\boldsymbol{d}$。

(2) 解等带宽方程组的改进平方根方法子程序。求出系数 $\{\alpha_j^*\}_{j=1}^n$ 且在 z 处的逼近值为：

$$S^*(z) = \sum_{i=1}^{n} \alpha_i^* B_{i,k}(z)$$

例 9 金属钛的一种性质可作为温度的函数 $y = f(x)$，其实验数据为：

$x_i = 585 + 10 \times i (i = 1, 2, \cdots, 49)$

$y_i =$ 0.644, 0.622, 0.638, 0.649, 0.652, 0.639, 0.646, 0.657,
0.652, 0.655, 0.664, 0.663, 0.633, 0.668, 0.676, 0.676,
0.686, 0.679, 0.678, 0.683, 0.694, 0.699, 0.710, 0.730,
0.763, 0.812, 0.907, 1.044, 1.336, 1.881, 2.169, 2.075,
1.598, 1.211, 0.916, 0.746, 0.672, 0.627, 0.615, 0.607,
0.606, 0.609, 0.603, 0.601, 0.603, 0.601, 0.611, 0.601,
0.608

试用 B 样条作曲线拟合。

解 $Nx = 49$，取 $n = 20$，$k = 4$，选取节点 $\{t_i\}_1^{24}$，其中内节点为 16 个，即用具有 16 个内节点的 4 阶 B 样条作曲线拟合。

最大偏差为 0.0377；

最小平方误差为 0.0669。

拟合效果较好。而用多项式拟合效果较差。可参考[13]。

§6* 近似最佳一致逼近多项式

设 $f(x) \in C[a, b]$。

问题：寻求 $P_n^*(x) \in H_n$ 使得最大误差最小，即

$$\min_{P_n \in H_n} \max_{x \in [a,b]} |f(x) - P_n(x)| = \max_{a \leqslant x \leqslant b} |f(x) - P_n^*(x)|$$

这种逼近问题就是最佳一致逼近。关于最佳一致逼近我们不加证明

的给出下述结果。

定理 13 (最佳一致逼近)

对任何 $f(x) \in C[a,b]$，则在 H_n 中存在唯一多项式 $P_n^*(x)$ 使

$$\min_{P_n \in H_n} \max_{x \in [a,b]} |f(x) - P_n(x)| = \max_{a \leqslant x \leqslant b} |f(x) - P_n^*(x)| \equiv E_n$$

且

$$|f(x) - P_n^*(x)| \leqslant E_n, \forall\ x \in [a,b]$$

定理 14 (Chebyshev 基本定理)

设 $f(x) \in C[a,b]$，H_n 中多项式 $P_n^*(x)$ 是 $f(x)$ 的 n 次最佳一致逼近多项式的充分必要条件是：在$[a,b]$上至少存在 $n+2$ 个点使 $P_n^*(x) - f(x)$ 在这 $n+2$ 个点上正负相间取值 $\max\limits_{a \leqslant x \leqslant b} |f(x) - P_n^*(x)|$，即存在有 $n+2$ 个点

$$a \leqslant x_1 < x_2 < \cdots < x_{n+2} \leqslant b$$

使

$$P_n^*(x_k) - f(x_k) = (-1)^k \sigma \max_{a \leqslant x \leqslant b} |f(x) - P_n^*(x)|$$

$$(\sigma = 1 \text{ 或 } \sigma = -1, k = 1,2,\cdots,n+2)$$

这样的点组 $\{x_i\}_{i=1}^{n+2}$ 称为 Chebyshev 交错点组。

基本定理暗示了作 $f(x) \in C[a,b]$ 最佳一致逼近多项式的途径，即要作 $f(x) \in C[a,b]$ n 次最佳一致逼近多项式，也就是要作在$[a,b]$上具有 $n+2$ 个交错点组的多项式 $P_n^*(x)$。对于 $n=0,1$ 情况构造比较容易，但在一般情况下，要寻求具体 n 次最佳一致逼近多项式 $P_n^*(x)$ 是很困难的。

本节介绍几种求近似最佳一致逼近多项式方法。

$f(x) \in C[a,b]$ 的 n 次最佳一致逼近多项式 $P_n^*(x)$ 几何意义：$P_n^*(x)$ 在曲线 $f(x) + E_n$ 及 $f(x) - E_n$ 之间，围绕 $f(x)$ 上下摆动，且在 $n+2$ 个点 $\{x_i\}$ 上恰好达到 $f(x) + E_n$ 或 $f(x) - E_n$，如图 3-5。

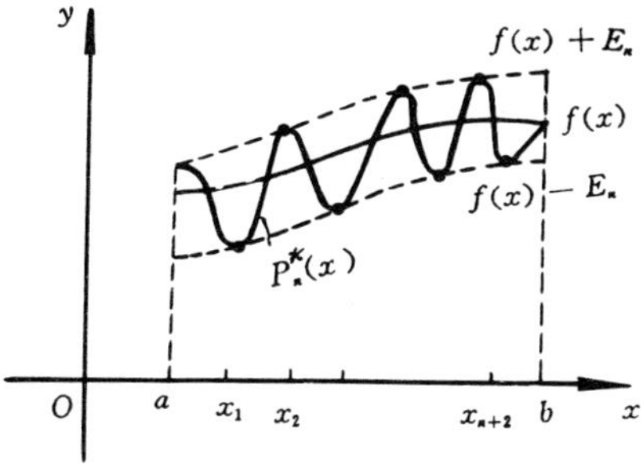

图 3-5

6.1 函数展开为 Chebyshev 级数

设 $f(x)$ 于 $[-\pi,\pi]$ 为连续的偶函数，且 $f'(x)$ 于 $[-\pi,\pi]$ 分段连续，则 $f(x)$ 于 $[0,\pi]$ 可展开为一致收敛的余弦级数，即

$$f(x)=\frac{a_0}{2}+\sum_{k=1}^{\infty}a_k\cos kx$$

其中

$$a_k=\frac{2}{\pi}\int_0^{\pi}f(x)\cos kx\,dx$$

设 $f(x)\in C[-1,1]$ 且 $f'(x)$ 分段连续，作变换

$$x=\cos\theta$$

则

$$f(x)=f(\cos\theta)\equiv\varphi(\theta),\theta\in[0,\pi]$$

于是，$\varphi(\theta)$ 是一个偶函数，因此 $\varphi(\theta)$ 可展开为余弦级数

$$\varphi(\theta)=\frac{a_0}{2}+\sum_{k=1}^{\infty}a_k\cos k\theta,\theta\in[0,\pi]$$

其中

$$a_k=\frac{2}{\pi}\int_0^{\pi}\varphi(\theta)\cos k\theta\,d\theta$$

或

$$\begin{cases} f(x) = \dfrac{a_0}{2} + \sum\limits_{k=1}^{\infty} a_k \cos k(\arccos x), x \in [-1,1] \\ 其中, a_k = \dfrac{2}{\pi}\int_{-1}^{1} \dfrac{f(x)}{\sqrt{1-x^2}} T_k(x) dx \\ \qquad (k = 0,1,\cdots) \end{cases}$$

总结上述讨论得到下述结果。

定理 15 （函数展开为 Chebyshev 级数）

(1) 设 $f(x)$ 于 $[-1,1]$ 连续。

(2) 且 $f'(x)$ 于 $[-1,1]$ 分段连续，则 $f(x)$ 于 $[-1,1]$ 可展开为一致收敛的 Chebyshev 级数

$$\begin{cases} f(x) = \dfrac{a_0}{2} + \sum\limits_{k=1}^{\infty} a_k T_k(x), \quad x \in [-1,1] & (6.1) \\ 其中, a_k = \dfrac{2}{\pi}\int_{-1}^{1} \dfrac{1}{\sqrt{1-x^2}} f(x) T_k(x) dx, (k = 0,1,\cdots) & (6.2) \end{cases}$$

由此

(1) $f(x)$ 的 Chebyshev 级数的部分和

$$S_n = \frac{a_0}{2} + \sum_{k=1}^{n} a_k T_k(x)$$

就是 $f(x)$ 在 $H_n = \{T_0(x), T_1(x), \cdots, T_n(x)\}$ 中 n 次最佳平方逼近函数，即 $S_n = C_n^*(x)$。

(2) 有许多函数 $f(x)$ 其Chebyshev级数中系数 a_k 较块的趋向于零。即有

$$f(x) - C_n^*(x) = \sum_{k=n+1}^{\infty} a_k T_k(x) \approx a_{n+1} T_{n+1}(x), x \in [-1,1]$$

又由于 $T_{n+1}(x)$ 在 $[-1,1]$ 有 $n+2$ 点

$$x_k = \cos \frac{k}{n+1}\pi, (k = 0,1,\cdots,n+1)$$

交错取到 1 或 -1，即存在 $n+2$ 个点 $\{x_k\}$ 使 $f(x) - C_n^*(x)$ 交错取到 $\max\limits_{-1\leqslant x\leqslant 1} |f(x) - C_n^*(x)| \approx |a_{n+1}|$，所以 $C_n^*(x)$ 为 $f(x)$ 于 $[-1,1]$

近似 n 次最佳一致逼近多项式，且有估计

$$|f(x)-C_n^*(x)|\leqslant|a_{n+1}|, x\in[-1,1]$$

所以，当 $f(x)$ 的Chebyshev级数中 a_k 较快的趋于零时，，$C_n^*(x)$ 就可看成 $f(x)$ 较好的近似 n 次最佳一致逼近多项式。

例 10　将函数 $f(x)=\sin ax$ 在$[-1,1]$展开为Chebyshev级数(a 为常数)。

解　由于 $f(x)$ 是奇函数，故在(6.2)中有 $a_{2k}=0$，即

$$f(x)=\sum_{k=0}^{\infty}a_{2k+1}T_{2k+1}(x)$$

其中，

$$a_{2k+1}=\frac{2}{\pi}\int_{-1}^{1}\frac{f(x)T_{2k+1}(x)}{\sqrt{1-x^2}}dx$$

令

$$x=\sin\theta$$

于是，

$$a_{2k+1}=\frac{2}{\pi}\int_{-\frac{\pi}{2}}^{\frac{\pi}{2}}\sin(a\sin\theta)\cos(2k+1)(\frac{\pi}{2}-\theta)d\theta$$

$$=\frac{(-1)^k4}{\pi}\int_0^{\frac{\pi}{2}}\sin(a\sin\theta)\sin(2k+1)\theta d\theta$$

而贝塞尔函数

$$J_{2k+1}(a)=\frac{2}{\pi}\int_0^{\frac{\pi}{2}}\sin(a\sin\theta)\sin(2k+1)\theta d\theta$$

所以，

$$a_{2k+1}=2(-1)^kJ_{2k+1}(a)$$

$$\sin ax=2\sum_{k=0}^{\infty}(-1)^kJ_{2k+1}(a)T_{2k+1}(x)$$

其中，$-1\leqslant x\leqslant 1, T_n(x)=\cos(n\arccos x)$

其它一些初等函数的Chebyshev展开式

$$(a)\sin ax=2\sum_{k=0}^{\infty}(-1)^kJ_{2k+1}(a)T_{2k+1}(x)$$

$$(b)\cos ax = J_0(a) + 2\sum_{k=1}^{\infty}(-1)^k J_{2k}(a)T_{2k}(x)$$

$$(c)e^{ax} = I_0(a) + 2\sum_{k=1}^{\infty} I_k(a)T_k(x)$$

$$(d)\mathrm{arctg}(ax) = 2\sum_{k=0}^{\infty}(-1)^k \frac{\mathrm{tg}^{2k+1}\alpha}{2k+1}T_{2k+1}(x),(\text{其中 } a = \mathrm{tg}2\alpha)$$

$$(e)\mathrm{arc\ sin}x = \frac{2}{\pi}\sum_{k=1}^{\infty}(-1)^k \frac{1}{n^2}T_k(x)$$

其中 $-1 \leqslant x \leqslant 1$，$a$ 为常数，$J_k(x)$ 为第 1 类贝塞尔函数，$I_k(x)$ 为第 1 类变形贝塞尔函数。

用 Chebyshev 展开式在整个区间逼近函数是很有效的。

例 11　设 $f(x) = \sin\frac{\pi}{2}x, x \in [-1,1]$，求 $f(x)$ 在 $[-1,1]$ 近似最佳一致逼近多项式(9 次)。

表 3-3

k	$J_k(\frac{\pi}{2})$
1	0.566824088906
3	0.069035888294
5	0.002245357123
7	0.000033850638
9	0.000000294565
11	0.000000001669

解

$$\sin\frac{\pi}{2}x \approx C_9^*(x) = a_1T_1(x) + a_3T_3(x) + a_5T_5(x) + a_7T_7(x) + a_9T_9(x) \qquad (6.3)$$

其中，$a_{2k+1} = 2(-1)^k J_{2k+1}(\frac{\pi}{2})$，且

$$\max_{-1\leqslant x\leqslant 1}|f(x)-C_9^*(x)|\approx|a_{11}|=|2J_{11}(\frac{\pi}{2})|\approx 3.3\times 10^{-9}$$

(6.3) 式中 $T_{2k+1}(x)$ 用 §2 中(2.9) 式代入即得：

$$\sin\frac{\pi}{2}x\approx C_9^*(x)=b_0x-b_1x^3+b_2x^5-b_3x^7+b_4x^9$$

表 3-4

k	b_k
0	1.57079628990
1	0.64596335827
2	0.07968847480
3	0.00467222026
4	0.00015081716

且

$$\max_{-1\leqslant x\leqslant 1}|\sin\frac{\pi}{2}x-C_9^*(x)|\approx 3.3\times 10^{-9}$$

如果用 $f(x)=\sin\frac{\pi}{2}x$ 的泰勒展开，达到此精度要求，则需要取13次多项式。

6.2 拉格朗日插值余项的极小化

定理 16 (Chebyshev 极性)

(1) 设 $\tilde{H}_n=\{P_n(x)\,|\,P_n(x)=x^n+a_{n-1}x^{n-1}+\cdots+a_0,a_i$ 实数$\}$

(2) $\tilde{T}_n(x)=\frac{1}{2^{n-1}}T_n(x)$(首项系数为 1 的 n 次 Chebyshev 多项式)，则

$$\min_{P_n\in\tilde{H}_n}\max_{-1\leqslant x\leqslant 1}|P_n(x)-0|=\max_{-1\leqslant x\leqslant 1}|\tilde{T}_n(x)|=\frac{1}{2^{n-1}}$$

即在首项系数为 1 的一切 n 次多项式 $P_n(x)$ 中，首项系数为 1 的 n 次

Chebyshev 多项式 $\tilde{T}_n(x)$ 与零偏差最小(在$[-1,1]$上)。

证明 (1) 在$\widetilde{H}_n$中求与零偏差最小问题,即是在H_{n-1}中求$f(x)=x^n$的$n-1$次最佳一致逼近问题,即

$$\min_{P_n\in\widetilde{H}_n}\max_{-1\leqslant x\leqslant 1}|P_n(x)-0|=\min_{P_{n-1}\in H_{n-1}}\max_{-1\leqslant x\leqslant 1}|x^n-P_{n-1}(x)|$$

(2) 若能寻求$P_{n-1}^*(x)$使$x^n-P_{n-1}^*(x)$在$[-1,1]$有$n+1$个点组成的交错点组,则$P_{n-1}^*(x)$就是$f(x)=x^n$的$n-1$次最佳一致逼近多项式。显然,当

$$\frac{1}{2^{n-1}}T_n(x)=x^n-P_{n-1}^*(x)$$

时,$x^n-P_{n-1}^*(x)$在$[-1,1]$有$n+1$个点组成的交错点组,即当$x=x_k=\cos\frac{k}{n}x,(k=0,1,\cdots,n)$时,有

$$\begin{aligned}\frac{1}{2^{n-1}}T_n(x_k)=x_k^n-P_{n-1}^*(x_k)&=(-1)^k\frac{1}{2^{n-1}}\\&=(-1)^k\max_{-1\leqslant x\leqslant 1}\left|\frac{1}{2^{n-1}}T_n(x)\right|\\&=(-1)^k\max_{-1\leqslant x\leqslant 1}|x^n-P_{n-1}^*(x)|\\&(k=0,1,\cdots,n)\end{aligned}$$

所以,

$$\begin{aligned}\min_{P_n\in\widetilde{H}_n}\max_{-1\leqslant x\leqslant 1}|P_n(x)|&=\min_{P_{n-1}\in H_{n-1}}\max_{-1\leqslant x\leqslant 1}|x^n-P_{n-1}(x)|\\&=\max_{-1\leqslant x\leqslant 1}|x^n-P_{n-1}^*(x)|\\&=\max_{-1\leqslant x\leqslant 1}\left|\frac{1}{2^{n-1}}T_n(x)\right|=\frac{1}{2^{n-1}}\end{aligned}$$

推论 设$\hat{H}_n=\{q_n(x)\,|\,q_n(x)=c_nx^n+a_{n-1}x^{n-1}+\cdots+a_0,c_n\neq 0,a_i$实数,$c_n$为固定数$\}$(首项系数为$c_n$的所有多项式集合),则

$$\min_{q_n\in\hat{H}_n}\max_{-1\leqslant x\leqslant 1}|q_n(x)-0|=\max_{-1\leqslant x\leqslant 1}\left|\frac{c_n}{2^{n-1}}T_n(x)\right|=\frac{|c_n|}{2^{n-1}}$$

例 12 求 $f(x)=2x^3+x^2+2x-1$ 在 $[-1,1]$ 上 2 次最佳一致逼近多项式。

解 求 $P_2^*(x)\in H_2$ 使

$$\min_{P_2\in H_2}\max_{-1\leqslant x\leqslant 1}|f(x)-P_2(x)|=\max_{-1\leqslant x\leqslant 1}|f(x)-P_2^*(x)| \quad (6.4)$$

显然，

$$\min_{P_2\in H_2}\max_{-1\leqslant x\leqslant 1}|2x^3+x^2+2x-1-P_2(x)|$$

$$=\min_{q_3(x)\in \tilde{H}_3}\max_{-1\leqslant x\leqslant 1}|2x^3+\cdots|$$

其中 $q_3(x)=2x^3+\cdots, c_3=2$

由推论，当 $f(x)-P_2^*(x)=\dfrac{2}{2^2}T_3(x)$ 时与零偏差最小，即(6.4)成立，于是

$$P_2^*(x)=f(x)-\frac{1}{2}T_3(x)=x^2+\frac{7}{2}x-1$$

为 $f(x)$ 在 $[-1,1]$ 上 2 次最佳一致逼近多项式。

设 $f(x)\in C^{n+1}[-1,1]$ 且已知 $f(x)$ 函数表 $(x_i,f(x_i))(i=0,1,\cdots,n)$ 则有拉格朗日插值多项式

$$\begin{cases} f(x)=L_n(x)+R_n(x), x\in[-1,1] \\ R_n(x)=f(x)-L_n(x) \\ \qquad =\dfrac{f^{(n+1)}(\xi)}{(n+1)!}(x-x_0)(x-x_1)\cdots(x-x_n) \\ L_n(x)=\displaystyle\sum_{i=0}^{n}f(x_i)l_i(x), \quad \xi\in(-1,1) \end{cases}$$

于是

$$|R_n(x)|\leqslant\frac{M_{n+1}}{(n+1)!}\max_{-1\leqslant x\leqslant 1}|(x-x_0)(x-x_1)\cdots(x-x_n)|$$

或 $$\max_{-1\leqslant x\leqslant 1}|R_n(x)|\leqslant\frac{M_{n+1}}{(n+1)!}\max_{-1\leqslant x\leqslant 1}|(x-x_0)(x-x_1)\cdots(x-x_n)|$$

问题：怎样选取插值节点 $x_k(k=0,1,\cdots,n)$ 使

$$\max_{-1\leqslant x\leqslant 1}|(x-x_0)(x-x_1)\cdots(x-x_n)|=\min$$

记 $P_{n+1}(x)=(x-x_0)(x-x_1)\cdots(x-x_n)$ 且 $P_{n+1}(x)\in\widetilde{H}_{n+1}$

这个问题就是寻求 $P_{n+1}^*(x)\in\widetilde{H}_{n+1}$ 使

$$\min_{P_{n+1}\in\widetilde{H}_{n+1}}\max_{-1\leqslant x\leqslant 1}|P_{n+1}(x)-0|=\max_{-1\leqslant x\leqslant 1}|P_{n+1}^*(x)|$$

由定理 16,当

$$P_{n+1}^*(x)=(x-x_0)(x-x_1)\cdots(x-x_n)=\frac{1}{2^n}T_{n+1}(x)$$

时,即

$x_k=\cos\dfrac{2k+1}{2(n+1)}\pi,(k=0,1,\cdots,n)$ 为 $T_{n+1}(x)$ 零点,则

$$\min_{x_k}\max_{-1\leqslant x\leqslant 1}|(x-x_0)(x-x_1)\cdots(x-x_n)|$$

$$=\max_{-1\leqslant x\leqslant 1}\left|\frac{1}{2^n}T_{n+1}(x)\right|=\frac{1}{2^n}$$

选取 $T_{n+1}(x)$ 零点 $x_k(k=0,1,\cdots,n)$ 作为插值节点,由 (x_k,y_k),$(k=0,1,\cdots,n)$ 作拉格朗日插值多项式 $L_n(x)$ 且

$$\max_{-1\leqslant x\leqslant 1}|R_n(x)|\leqslant\frac{M_{n+1}}{(n+1)!}\frac{1}{2^n}$$

定理 17 (拉格朗日插值余项极小化)

(1) 设 $f(x)\in C^{n+1}[-1,1]$。

(2) 且 $|f^{(n+1)}(x)|\leqslant M_{n+1},x\in[-1,1]$。

(3) 选取 $T_{n+1}(x)$ 零点 $x_k=\cos\dfrac{2k+1}{2(n+1)}\pi,(k=0,1,\cdots,n)$ 作为插值节点,则

(a) $\max\limits_{-1\leqslant x\leqslant 1}1(x-x_0)(x-x_1)\cdots(x-x_n)|=\min$

(b) 用函数表 (x_k,y_k),$(k=0,1,\cdots,n)$ 作拉氏插值多项式 $L_n(x)$,其余项

$$\max_{-1\leqslant x\leqslant 1}|R_n(x)|\leqslant\frac{M_{n+1}}{(n+1)!}\frac{1}{2^n}$$

这时，$L_n(x)$ 可看成 $f(x)$ 于$[-1,1]$上近似 n 次最佳一致逼近多项式。

如果插值区间为$[a,b]$，可作变换。令

$$\begin{cases} x=\dfrac{b-a}{2}t+\dfrac{b+a}{2}, -1\leqslant t\leqslant 1 \\ t=\dfrac{2x-a-b}{b-a} \end{cases}$$

于是

$$\begin{aligned}\omega(x) &= (x-x_0)(x-x_1)\cdots(x-x_n) \\ &= \left(\frac{b-a}{2}\right)^{n+1}(t-t_0)(t-t_1)\cdots(t-t_n)\end{aligned}$$

逼近问题

$$\begin{aligned}&\min_{x_k}\max_{a\leqslant x\leqslant b}|(x-x_0)(x-x_1)\cdots(x-x_n)| \\ &= \left(\frac{b-a}{2}\right)^{n+1}\min_{t_k}\max_{-1\leqslant t\leqslant 1}|(t-t_0)(t-t_1)\cdots(t-t_n)| \\ &= \left(\frac{b-a}{2}\right)^{n+1}\max_{-1\leqslant t\leqslant 1}\left|\frac{1}{2^n}T_{n+1}(t)\right|\end{aligned}$$

选取

$$t_k=\cos\frac{2k+1}{2(n+1)}\pi, (k=0,1,\cdots,n)$$

或

$$x_k=\frac{b-a}{2}t_k+\frac{b+a}{2}, (k=0,1,\cdots,n)$$

用数据(x_k, y_k)，$(k=0,1,\cdots,n)$ 作拉氏插值多项式 $L_n(x)$ 且有误差估计

$$\max_{a\leqslant x\leqslant b}|R_n(x)|\leqslant\frac{M_{n+1}}{(n+1)!}\frac{(b-a)^{n+1}}{2^{2n+1}}$$

例 13 求 $f(x)=e^x$ 在$[0,1]$上近似最佳逼近多项式，使其误差

$$\max_{0\leqslant x\leqslant 1}|f(x)-L_n(x)|\leqslant\frac{1}{2}\times 10^{-4}$$

解

(1) $f(x)=e^x, f^{(n)}(x)=e^x$，故

$$|f^{n+1}(\zeta)|=e^{\zeta}\leqslant e<2.72=M_{k+1}$$

(2) 欲使 $\max\limits_{0\leqslant x\leqslant 1}|R_n(x)|\leqslant\dfrac{e}{(n+1)!}\dfrac{1}{2^{2n+1}}\leqslant\dfrac{1}{2}10^{-4}$，取 $n=4$ 时上式成立。

(3) 求插值节点

$$x_k=\frac{1}{2}\cos\frac{2k+1}{10}\pi+\frac{1}{2},(k=0,1,2,3,4)$$

及求 $f(x_k)=e^{x_k}$ 值得到表 3-5。

表 3-5

x_k	y_k
0.97553	2.6525727
0.79390	2.2120064
0.5	1.6487213
0.20611	1.2288884
0.02447	1.0247718

(4) 作 4 次 $L_4(x)$ 插值多项式

$$e^x\approx L_4(x)=1.00002274+0.99886233x+0.50902251x^2+0.14184105x^3+0.06849435x^4, x\in[0,1]$$

且

$$\max_{0\leqslant x\leqslant 1}|R_4(x)|\leqslant\frac{1}{2}\times 10^{-4}$$

6.3 泰勒级数的缩减

设 $f(x)$ 为定义在 $[-1,1]$ 函数且 $f(x)$ 具有收敛的泰勒级数，给定容许误差 $\varepsilon>0$。

(1) 选取 n 次泰勒多项式 $P_n(x)$ 使满足

$$|f(x)-P_n(x)|<\varepsilon_1<\varepsilon, x\in[-1,1]$$

其中，

$$P_n(x) = a_0 + a_1 x + \cdots + a_n x^n$$

(2) 将 $P_n(x)$ 缩减到低次多项式 $P_{n,m}(x)$，$(m \leqslant n-1)$ 使满足

$$|P_n(x) - P_{n,m}(x)| \leqslant \varepsilon_2, x \in [-1,1] \tag{6.5}$$

且

$$\begin{aligned}|f(x) - P_{n,m}(x)| &\leqslant |f(x) - P_n(x)| + |P_n(x) - P_{n,m}(x)| \\ &\leqslant \varepsilon_1 + \varepsilon_2 \leqslant \varepsilon, x \in [-1,1]\end{aligned} \tag{6.6}$$

(3) 将 $P_n(x)$ 降为 m 次多项式，一般是每步降低一次。如求 $P_n(x)$ 于$[-1,1]$ $n-1$ 次最佳逼近多项式，即求 $P_{n,n-1}(x)$ 使

$$\begin{aligned}&\min_{P_{n-1}\in H_{n-1}} \max_{-1\leqslant x\leqslant 1} |P_n(x) - P_{n-1}(x)| \\ &= \max_{-1\leqslant x\leqslant 1} |P_n(x) - P_{n,n-1}(x)|\end{aligned} \tag{6.7}$$

当

$$P_n(x) - P_{n,n-1}(x) = \frac{a_n}{2^{n-1}} T_n(x)$$

时，(6.7) 式成立。于是

$$P_{n,n-1}(x) = P_n(x) - \frac{a_n}{2^{n-1}} T_n(x)$$

且

$$\max_{-1\leqslant x\leqslant 1} |P_n(x) - P_{n,n-1}(x)| \leqslant \frac{|a_n|}{2^{n-1}} = \varepsilon_2$$

如果 $\varepsilon_1 + \varepsilon_2 < \varepsilon$，重复上述过程，即求 $P_{n,n-1}(x)$ 的在$[-1,1]$上 $n-2$ 次最佳逼近多项式等直到缩减到满足(6.5)，(6.6) 的 m 次多项式 $P_{n,m}(x)$。

例 14　设 $f(x) = e^x, x \in [-1,1]$，求 $f(x)$ 泰勒展开在$[-1,1]$上 3 次缩减多项式。

解

(1)$f(x) = e^x$ 在 $x = 0$ 泰勒展开为

$$e^x = 1 + x + \frac{x^2}{2!} + \cdots + \frac{x^n}{n!} + R_n(x)$$

取 5 次多项式

$$P_5(x) = 1 + x + \frac{1}{2}x^2 + \frac{1}{6}x^3 + \frac{1}{24}x^4 + \frac{1}{120}x^5$$

且有

$$|f(x) - P_5(x)| \leqslant 0.1615163 \times 10^{-2}, x \in [-1,1]$$

(2) 求 $P_5(x)$ 的 4 次最佳一致逼近多项式 $P_{5,4}(x)$。由

$$P_5(x) - P_{5,4}(x) = \frac{1}{120}\frac{1}{2^4}T_5(x)$$

可求出 $P_{5,4}(x)$:

$$P_{5,4}(x) = \frac{1}{24}x^4 + (\frac{1}{6} + \frac{1}{6 \times 16})x^3 + \frac{1}{2}x^2 + (1 - \frac{1}{24 \times 16})x + 1$$

且

$$|P_5(x) - P_{5,4}(x)| \leqslant \frac{1}{120 \times 16}$$
$$\approx 0.520833 \times 10^{-3}, x \in [-1,1]$$

(3) 求 $P_{5,4}(x)$ 的 3 次最佳一致逼近多项式

由

$$P_{5,4}(x) - P_{5,3}(x) = \frac{1}{24 \cdot 2^3}T_4(x)$$

求出

$$P_{5,3}(x) = 0.177083x^3 + 0.541667x^2 + 0.997396x + 0.994792$$

且

$$|P_{5,4}(x) - P_{5,3}(x)| \leqslant \frac{1}{24 \times 8} = 0.520833 \times 10^{-2}, x \in [-1,1]$$

误差 $|e^x - P_{5,3}(x)| \leqslant |e^x - P_5(x)|$

$$+ |P_5(x) - P_{5,4}(x)| + |P_{5,4}(x) - P_{5,3}(x)|$$
$$\leqslant 0.00734(-1 \leqslant x \leqslant 1)$$

例 15　设 $f(x) = e^x, x \in [-1,1]$,用本章介绍的各种逼近方法作 3 次逼近多项式,试比较最大误差:

$$\max_{-1\leqslant x\leqslant 1} |f(x) - P_3(x)|$$

解　最大误差如表 3-6。

表 3.6

逼近方法	最大误差
Taylor 多项式 $P_3(x)$	0.0516
Taylor 多项式缩减 $P_{5,3}(x)$	0.00734
勒让德最佳平方逼近 $P_3^*(x)$	0.0112
切比雪夫级数部分和 $C_3^*(x)$	0.00607
切比雪夫多项式零点插值 $L_3(x)$	0.00666
最佳一致逼近多项式 $P_3^*(x)$	0.00553

习　题　3

1. 设 $\{\varphi_k(x)\}_{k=0}^n$ 为 $[a,b]$ 上具有权函数 $\omega(x)\geqslant 0$ 的正交多项式组且 $\varphi_k(x)$ 为首项系数为 1 的 k 次多项式，则 $\{\varphi_k(x)\}_{k=0}^n$ 于 $[a,b]$ 线性无关。

2. 选择 α，使下述积分取得最小值

$$(a)\quad \int_{-1}^{1}[x-\alpha x^2]^2dx,\quad (b)\quad \int_0^1(e^x-\alpha x)^2dx$$

3. 设 $f(x)=\dfrac{1}{x}$，$x\in[1,3]$，试用 $H_1\{1,x\}$ 求 $f(x)$ 一次最佳平方逼近多项式。

4. 设 $f(x)=\dfrac{1}{x}$，$x\in[1,3]$，试用 Chebyshev 多项式 $\{T_0,T_1(t)\}$ 求 $f(x)$ 一次最佳平方逼近多项式。

5. 设 $f(x)\in C[-\pi,\pi]$，且周期为 2π，取三角函数正交基 $S=\mathrm{Span}\{1,\cos x,\sin x,\cdots,\cos nx,\sin nx\}$，试求 $f(x)$ 于 $[-\pi,\pi]$ 在 S 中最佳平方逼近函数。

6. 设已知 $y=f(x)$ 函数表

x	1	2	4	5	10	16
$f(x)$	6	1	2	3	4	5

(a) 取 $H_2 = \{1, x, x^2\}$，求 $f(x)$ 在 H_2 中最小二乘逼近多项式(取权系数 $\omega_i = 1$)。

(b) 用数学模型

$$g(x) = a_1 + \frac{a_2}{x} + \frac{a_3}{x^2}$$

求 a_1, a_2, a_3 使

$$\min_{a_1, a_2, a_3} \sum_{i=1}^{6} (f(x_i) - g(x_i))^2 = \sum_{i=1}^{6} (f(x_i) - g^*(x_i))^2$$

且比较(a)，(b) 两种模型，哪一种更符合数据表的趋势。

7. 已知 $y = f(x)$ 函数表

x	1.00	1.25	1.50	1.75	2.00
$f(x)$	5.10	5.79	6.53	7.45	8.46

试用最小二乘法确定经验公式 $y = be^{ax}$ 中参数 a, b。

8. 什么常数 C 能使得以下表达式最小？

$$\sum_{i=1}^{n} (f(x_i) - Ce^{x_i})^2$$

9. 如何选取 r 使 $P(x) = x^2 + r$ 在$[-1,1]$上与零偏差最小？

10. 设 $f(x) = 3x^4 + 3x^3 - 2$，在$[0,1]$上求 3 次最佳一致逼近多项式。

11. 在$[-1,1]$上利用幂级数项数缩减求 $f(x) = \sin x$ 的 3 次逼近多项式。使误差不超过 0.005。

12. 将下述函数在$[-1,1]$展开为切比雪夫级数

(a)$f(x) = \arcsin x$，　(b)$f(x) = \sqrt{1 - x^2}$

13. 设 $S(x) = \frac{1}{2}c_0 + c_1 T_1(x) + \cdots + c_n T_n(x), x \in [-1, 1]$，

其中 $c_k = \frac{2}{\pi}\int_{-1}^{1} \frac{f(x)T_k(x)}{\sqrt{1 - x^2}} dx, (k = 0, 1, \cdots, n)$

当已计算出系数 $\{c_k\}$ 及已知 x 时可由下述递推公式计算数列 $\{b_n, b_{n-1}, \cdots, b_1, b_0\}$，即

$$\begin{cases} b_{n+1} = b_{n+2} = 0 \\ b_i = c_i + 2xb_{i+1} - b_{i+2}, (i = n, n-1, \cdots, 1, 0) \end{cases}$$

则 $S(x) = \frac{1}{2}(b_0 - b_2)$。

14. 用最小二乘法求解矛盾方程组

$$\begin{cases} 2x + 3y = 1 \\ x - 4y = -9 \\ 2x - y = -1 \end{cases}$$

第四章　数值积分与数值微分

在科学和工程技术问题中,经常要计算一些定积分或微分,它们的 精确值无法算出或计算量太大,只能用数值方法给出具有指定误差限的近似值。对列表函数的积分和微分就是一个典型例子。本章重点介绍一些实用的数值积分和数值微分方法,外推方法等。

§1　插值型数值求积公式

1.1 一般求积公式及其代数精度

设 $\rho(x)$ 是(a,b) 上的权函数,$f(x)$ 是$[a,b]$ 上具有一定光滑度的函数。用数值方法求定积分

$$\int_a^b \rho(x)f(x)dx \tag{1.1}$$

的最一般方法是用 $f(x)$ 在节点 $a \leqslant x_0 \leqslant x_1 < \cdots < x_n \leqslant b$ 上函数值的某种线性组合来近似

$$\int_a^b \rho(x)f(x)dx \approx \sum_{i=0}^{n} A_i f(x_i) \tag{1.2}$$

其中 $A_i, i = 0,\cdots,n$ 是独立于函数 $f(x)$ 的常数,称为积分系数,而节点 $x_i, i = 0,1,\cdots,n$ 称为求积节点。

我们也可将(1.2) 写成带余项的形式

$$\int_a^b \rho(x)f(x)dx = \sum_{i=0}^{n} A_i f(x_i) + R[f] \tag{1.3}$$

(1.2) 和(1.3) 都称之为数值求积公式或机械求积公式。更一般些的求积公式还可以包含函数 $f(x)$ 在某些点的低阶导数值。

在(1.3) 中余项 $R[f]$ 也称为求积公式的截断误差。

一个很自然的想法是数值求积公式要对低次多项式精确成立。这就导出了求积公式代数精度的概念。

定义 1 若求积公式(1.2)对任意不高于 m 次的代数多项式都精确成立，而对 x^{m+1} 不能精确成立，则称该求积公式具有 m 次代数精度。

一个求积公式的代数精度越高，就会对越多的代数多项式精确成立。

例 1 确定求积公式

$$\int_{-1}^{1} f(x)dx \approx \frac{1}{3}[f(-1) + 4f(0) + f(1)]$$

的代数精度。

解 $$I_k = \int_{-1}^{1} x^k dx = \frac{1-(-1)^{k+1}}{k+1} = \begin{cases} 0, & k \text{ 为奇数} \\ \dfrac{2}{k+1}, & k \text{ 为偶数} \end{cases}$$

$$f(x) = 1, \quad \frac{1}{3}(1 + 4 \times 1 + 1) = 2 = I_0;$$

$$f(x) = x, \quad \frac{1}{3}(-1 + 4 \times 0 + 1) = 0 = I_1;$$

$$f(x) = x^2, \quad \frac{1}{3}(1 + 0 + 1) = \frac{2}{3} = I_2;$$

$$f(x) = x^3, \quad \frac{1}{3}(-1 + 0 + 1) = 0 = I_3;$$

$$f(x) = x^4, \quad \frac{1}{3}(1 + 0 + 1) = \frac{2}{3} \neq \frac{2}{5} = I_4。$$

从而该求积公式的代数精度为 $m = 3$。

对给定节点，$a \leqslant x_0 < x_1 < \cdots < x_n \leqslant b$，如何选择求积系数 $A_0, \cdots, A_n$，使求积公式代数精度尽可能高，对此可用插值型求积公式来实现。

1.2 插值型求积公式

对给定求积节点 $a \leqslant x_0 < \cdots < x_n \leqslant b$，构造求积公式的一种简单方法是利用插值多项式的准确积分来作为数值积分值。

设 $L_n(x)$ 是 $f(x)$ 关于 $x_0,x_1,\cdots,x_n$ 的 Lagrange 插值多项式

$$L_n(x)=\sum_{k=0}^{n}f(x_k)l_k(x)$$

其中

$$l_k(x)=\prod_{\substack{l=0\\l\neq k}}^{n}\frac{x-x_l}{x_k-x_l},\quad k=0,1,\cdots,n。$$

为 Lagrange 基函数。取

$$\int_a^b\rho(x)f(x)dx\approx\int_a^b\rho(x)L_n(x)dx=\sum_{k=0}^{n}f(x_k)\int_a^b\rho(x)l_k(x)dx$$
$$=\sum_{i=0}^{n}A_if(x_i)$$

其中

$$A_i=\int_a^b\rho(x)l_i(x)dx,\quad i=0,1,\cdots,n。\tag{1.4}$$

定义 2　对给定互异求积节点 $a\leqslant x_0<\cdots<x_n\leqslant b$，若求积系数 $A_i,i=0,1,\cdots,n$ 是由(1.4)给出的，则称该求积公式是插值型的。

定理 1　数值求积公式(1.2)或(1.3)是插值型的当且仅当它的代数精度 $m\geqslant n$。

证明　假设求积公式(1.2)是插值型的，则

$$\int_a^b\rho(x)f(x)dx-\sum_{i=0}^{n}A_if(x_i)=\int_a^b\rho(x)[f(x)-L_n(x)]dx$$
$$=\int_a^b\rho(x)\frac{f^{(n+1)}(\xi(x))}{(n+1)!}(x-x_0)(x-x_1)\cdots(x-x_n)dx$$

上面我们假设了 $f(x)\in C^{(n+1)}[a,b]$。从而当 $f(x)$ 为次数 $\leqslant n$ 的代数多项式时必精确成立，故有 $m\geqslant n$。

假设 $m\geqslant n$。注意到多项式 $l_k(x)(k=0,\cdots,n)$ 的次数为 n，对 $f(x)=l_k(x)$ 数值求积精确成立，从而

$$\int_a^b\rho(x)l_k(x)dx=\sum_{i=0}^{n}A_il_k(x_i)=A_k\quad(k=0,\cdots,n)$$

即其求积系数由(1.4)给出。

推论 1　对给定求积节点 $a \leqslant x_0 < x_1 < \cdots < x_n \leqslant b$，代数精度最高的求积公式是插值型求积公式。

例 2　求插值型求积公式

$$\int_{-1}^{1} f(x)dx \approx A_0 f(\frac{-1}{2}) + A_1 f(\frac{1}{2})$$

并确定其代数精度。

解　$x_0 = \frac{-1}{2}, x_1 = \frac{1}{2}, l_0(x) = \frac{1}{2} - x, l_1(x) = x + \frac{1}{2}$。

$$A_0 = \int_{-1}^{1}(-x + \frac{1}{2})dx = 1, A_1 = \int_{-1}^{1}(x + \frac{1}{2})dx = 1$$

从而求积公式为

$$\int_{-1}^{1} f(x)dx \approx f(\frac{-1}{2}) + f(\frac{1}{2})$$

且 $m \geqslant 1$。

对 $f(x) = x^2$，$f(\frac{-1}{2}) + f(\frac{1}{2}) = \frac{1}{2} \neq \int_{-1}^{1} x^2 dx = \frac{2}{3}$

从而 $m = 1$。

若我们利用 Hermite 插值多项式的准确积分作为数值积分值，我们可以类似地建立带有函数在某些节点导数值的插值型求积公式。

推论 2　若 $f \in C^{(n+1)}[a,b]$，(1.3) 是插值型求积公式，则有余项公式

$$R[f] = \int_a^b \rho(x) \frac{f^{(n+1)}(\xi(x))}{(n+1)!} \omega_{n+1}(x)dx \tag{1.5}$$

其中 $\omega_{n+1}(x) = (x - x_0)(x - x_1)\cdots(x - x_n)$。

1.3 Newton-Cotes 求积公式

在 $[a,b]$ 上 $\rho(x) \equiv 1, x_i = a + i\frac{b-a}{n}, i = 0,1,\cdots,n$ 的插值型求积公式应用最方便、最广泛，称之为 Newton-Cotes 求积公式。

设 $h = \frac{b-a}{n}$，令 $x = a + th$，则求积系数为

$$A_k = \int_a^b l_k(x)dx = h\int_0^n (\prod_{\substack{i=0 \\ i\neq k}}^{n} \frac{t-i}{k-i})dt$$
$$= (b-a)C_k^{(n)}$$

其中

$$C_k^{(n)} = \frac{1}{n}\frac{(-1)^k}{k!(n-k)!}\int_0^n (\prod_{\substack{i=0 \\ i\neq k}}^{n}(t-i))dt, \quad k=0,\cdots,n \tag{1.6}$$

因此,Newton-Cotes 公式为

$$\int_a^b f(x)dx \approx (b-a)\sum_{k=0}^{n} C_k^{(n)} f(x_k) \tag{1.7}$$

其中 $x_k = a + k\dfrac{b-a}{n}, k = 0,1,\cdots,n, C_k^{(n)}$ 由(1.6)给出。

求积系数 $C_k^{(n)}$ 独立于区间$[a,b]$,称之为 Cotes 系数。Cotes 系数可以用(1.6)计算或查表(见表 4-1)给出。

$n=1,2$ 的 Newton-Cotes 求积公式是常用公式。$n=1$ 的公式称为梯形公式,其几何意义是用直边梯形的面积$\frac{1}{2}(b-a)[f(a)+f(b)]$来近似曲边梯形面积$\int_a^b f(x)dx$(图 4-1)。即

表 4-1

n	$C_k^{(n)}$								
1	$\frac{1}{2}$	$\frac{1}{2}$							
2	$\frac{1}{6}$	$\frac{4}{6}$	$\frac{1}{6}$						
3	$\frac{1}{8}$	$\frac{3}{8}$	$\frac{3}{8}$	$\frac{1}{8}$					
4	$\frac{7}{90}$	$\frac{16}{45}$	$\frac{2}{15}$	$\frac{16}{45}$	$\frac{7}{90}$				
5	$\frac{19}{288}$	$\frac{25}{96}$	$\frac{25}{144}$	$\frac{25}{144}$	$\frac{25}{96}$	$\frac{19}{288}$			
6	$\frac{41}{840}$	$\frac{9}{35}$	$\frac{9}{280}$	$\frac{34}{105}$	$\frac{9}{280}$	$\frac{9}{35}$	$\frac{41}{840}$		
7	$\frac{751}{17280}$	$\frac{3577}{17280}$	$\frac{1323}{17280}$	$\frac{2989}{17280}$	$\frac{2989}{17280}$	$\frac{1323}{17280}$	$\frac{3577}{17280}$	$\frac{751}{17280}$	
8	$\frac{989}{28350}$	$\frac{5888}{28350}$	$\frac{-928}{28350}$	$\frac{10496}{28350}$	$\frac{-4540}{28350}$	$\frac{10496}{28350}$	$\frac{-928}{28350}$	$\frac{5888}{28350}$	$\frac{989}{28350}$

$$\int_a^b f(x)dx \approx \frac{b-a}{2}[f(a)+f(b)] \tag{1.8}$$

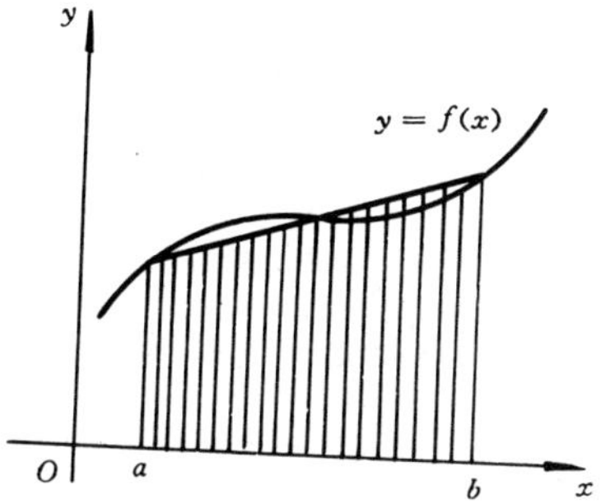

图 4-1

$n=2$ 的 Newton-Cotes 公式称为 Simpson 公式：

$$\int_a^b f(x)dx \approx \frac{b-a}{6}[f(a)+4f(\frac{a+b}{2})+f(b)] \tag{1.9}$$

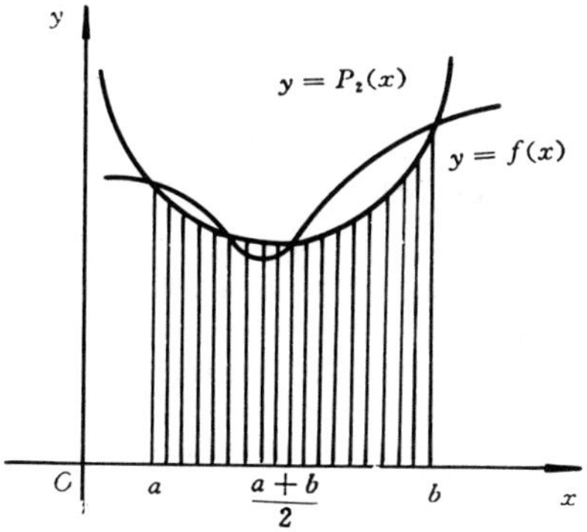

图 4-2

Simpson 公式的几何意义是用以插值抛物线 $y=P_2(x)(P_2(x_i)=f(x_i),i=0,1,2)$ 为曲边的曲边梯形面积来近似以 $y=f(x)$ 为曲边的曲边梯形面积(如图 4-2)，因此 Simpson 求积公式也称为抛物线公式。

$n=3,4$ 的 Newton-Cotes 公式分别称为 Simpson $\frac{3}{8}$ 法则(公式)和 Cotes 公式。

1.4 Newton-Cotes 求积公式的余项

定理 2 若 $f(x)\in C^2[a,b]$,则梯形公式(1.8)的余项为

$$R_1[f]=-\frac{(b-a)^3}{12}f''(\xi),\xi\in[a,b] \qquad (1.10)$$

证明 由插值型求积公式的余项得

$$R_1[f]=\int_a^b\frac{f''(\xi(x))}{2!}(x-a)(x-b)dx$$

利用 $\omega_2(x)=(x-a)(x-b)$ 在 (a,b) 上不变号,由积分中值定理得

$$R_1[f]=\frac{f''(\xi)}{2!}\int_a^b(x-a)(x-b)dx$$

$$=\frac{-(b-a)^3}{12}f''(\xi),\qquad a<\xi<b$$

定理 3 若 $f(x)\in C^4[[a,b]$,则 Simpson 公式(1.9)的余项为

$$R_2[f]=\frac{-1}{90}(\frac{b-a}{2})^5f^{(4)}(\xi),a<\xi<b \qquad (1.11)$$

证明 由例 1 知 Simpson 公式的代数精度为 $m=3$。令 $H(x)$ 为 $f(x)$ 的三次 Hermite 插值多项式,满足插值条件:

$$H(a)=f(a),H(\frac{a+b}{2})=f(\frac{a+b}{2}),$$

$$H'(\frac{a+b}{2})=f'(\frac{a+b}{2}),H(b)=f(b)$$

对多项式 $H(x)$,Simpson 公式精确成立,即:

$$\int_a^bH(x)dx=\frac{b-a}{6}[H(a)+4H(\frac{a+b}{2})+H(b)]$$

$$=\frac{b-a}{6}[f(a)+4f(\frac{a+b}{2})+f(b)]$$

从而

$$R_2[f]=\int_a^b[f(x)-H(x)]dx$$

$$= \int_a^b \frac{f^{(4)}(\xi(x))}{4\,!}(x-a)(x-\frac{a+b}{2})^2(x-b)dx$$

利用 $\omega(x) = (x-a)(x-\frac{a+b}{2})^2(x-b)$ 在$[a,b]$上小于等于零，由积分中值定理给出

$$R_2[f] = \frac{f^{(4)}(\xi)}{4\,!}\int_a^b (x-a)(x-\frac{a+b}{2})^2(x-b)dx$$

$$= \frac{-1}{90}(\frac{b-a}{2})^5 f^{(4)}(\xi), \qquad a<\xi<b$$

可以证明,对一般的 n,只要 $f(x)$ 充分光滑,Newton-Cotes 公式的余项为

$$R_n[f] = \begin{cases} \dfrac{f^{(n+1)}(\xi)}{(n+1)\,!}\displaystyle\int_a^b \omega_{n+1}(x)dx & (n \text{ 为奇数}) \\ \dfrac{f^{(n+2)}(\xi)}{(n+2)\,!}\displaystyle\int_a^b (x-\frac{a+b}{2})\omega_{n+1}(x)dx & (n \text{ 为偶数}) \end{cases} \tag{1.12}$$

其中 $\omega_{n+1}(x) = (x-x_0)(x-x_1)\cdots(x-x_n)$， $\xi \in (a,b)$。

例 3　用 $n = 1,2,3,4,5$ 相应的 Newton-Cotes 公式计算积分 $\int_0^1 \frac{\sin x}{x}dx$

解　$n=1$、2、3、4、5 相应 Newton-Cotes 公式所得积分近似值见表 4-2。

表 4-2

n	积分近似值
1	0.9207354
2	0.9461459
3	0.9461109
4	0.9460830
5	0.9460830

积分的准确值是 0.9460831。容易发现 $n=2$ 的结果比 $n=1$ 有显著改进，但 $n=3$ 与 $n=2$ 相比较没有实质性的进展。对充分光滑的被积函数，为了既保证精度又节约时间，应尽量选用 n 是偶数的情形。

1.5 Newton-Cotes 公式的数值稳定性和收敛性

求积公式(1.2) 的数值稳定性是指 $f(x_k)$ 的误差对数值积分结果的影响。若影响很大，就称该数值求积公式不稳定。

设 $f(x_k)$ 的近似值为 $\overline{f}_k = f(x_k) + \varepsilon_k$, $|\varepsilon_k| \leqslant \varepsilon$, $k = 0, \cdots, n$。由近似值 $\overline{f}_k$, $k = 0, \cdots, n$ 所得数值积分值为

$$\sum_{k=0}^{n} A_k \overline{f}_k = \sum_{k=0}^{n} A_k f(x_k) + \sum_{k=0}^{n} A_k \varepsilon_k$$

其误差为 $E = \sum\limits_{k=0}^{n} A_k \varepsilon_k$。在 $|\varepsilon_k| \leqslant \varepsilon$ 的前提下，$|E|$ 最大可达

$$|E|_{\max} = \max_{|\varepsilon_k| \leqslant \varepsilon} \left| \sum_{k=0}^{n} A_k \varepsilon_k \right| = \varepsilon \sum_{k=0}^{n} |A_k| \tag{1.13}$$

一般求积公式对 $f(x) \equiv 1$ 准确成立。因此有

$$|E|_{\max} \geqslant \varepsilon \left| \sum_{k=0}^{n} A_k \right| = \varepsilon \int_a^b \rho(x) dx$$

对 Newton-Cotes 公式来说，$\sum\limits_{k=0}^{n} C_k^{(n)} = 1$，从而

$$|E|_{\max} = \varepsilon (b-a) \sum_{k=0}^{n} |C_k^{(n)}| \geqslant \varepsilon (b-a)$$

当 $n \leqslant 7$ 时，$C_k^{(n)} > 0$，$|E| \leqslant \varepsilon (b-a)$ 是数值稳定的。当 $n \geqslant 8$ 时，$C_k^{(n)}$, $k = 0, 1, \cdots, n$ 有正有负，而且有

$$\lim_{n \to \infty} \sum_{k=0}^{n} |C_k^{(n)}| = +\infty$$

从而高阶 Newton-Cotes 公式是数值不稳定的。

我们可以证明，存在 $[a,b]$ 上的连续函数 $f(x)$，对

Newton-Cotes 公式来说,不成立$\lim\limits_{n\to\infty}R_n[f]=0$。即 Newton-Cotes 公式当 $n\to\infty$ 时,对连续函数的数值积分不能保证收敛。

基于上述稳定性、收敛性原因,在实际计算中,很少采用高阶 Newton-Cotes 求积公式,而是采用 Gauss 型求积公式或复化求积公式来提高数值积分的精度。

§2 Gauss 型求积公式

2.1 最高代数精度求积公式

由推论 1 知,插值型求积公式的代数精度完全由求积节点的分布所决定。节点数目固定后,节点分布不同,所达到的代数精度也不同。

例 4 求节点 x_0、x_1 使插值型求积公式

$$\int_{-1}^{1}f(x)dx\approx A_0f(x_0)+A_1f(x_1) \tag{2.1}$$

具有尽可能高的代数精度。

解 首先有

$$A_0=\int_{-1}^{1}\frac{x-x_1}{x_0-x_1}dx=\frac{2x_1}{x_1-x_0},$$

$$A_1=\int_{-1}^{1}\frac{x-x_0}{x_1-x_0}dx=-\frac{2x_0}{x_1-x_0}$$

由于是插值型的,其代数精度 $m\geqslant 1$。令 $f(x)=x^2$,有 $\int_{-1}^{1}x^2dx=\frac{2}{3}$,及

$$A_0x_0^2+A_1x_1^2=-2x_1x_0$$

故只要有 $x_0x_1=-1/3$,就有 $m\geqslant 2$。进一步取 $f(x)=x^3$,有 $\int_{-1}^{1}x^3dx=0$,及 $A_0x_0^3+A_1x_1^3=-2x_0x_1(x_0+x_1)=\frac{2}{3}(x_0+x_1)$

故只要 x_0, x_1 满足

$$\begin{cases} x_0 x_1 = \dfrac{-1}{3} \\ x_0 + x_1 = 0 \end{cases}$$

就有 $m \geqslant 3$。上述方程组的解为 $x_0 = -\sqrt{3}/3, x_1 = \sqrt{3}/3$,对应的求积公式为

$$\int_{-1}^{1} f(x)dx \approx f(\frac{-\sqrt{3}}{3}) + f(\frac{\sqrt{3}}{3})$$

对于 $f(x) = x^4, f(\frac{-\sqrt{3}}{3}) + f(\frac{\sqrt{3}}{3}) = \frac{2}{9} \neq \int_{-1}^{1} x^4 dx = \frac{2}{5}$。因此二个节点的求积公式,代数精度最高为 $m = 3$。

对于任意求积节点 $a \leqslant x_0 < x_1 < \cdots < x_n \leqslant b$,任意求积系数,求积公式

$$\int_a^b \rho(x) f(x) dx \approx \sum_{k=0}^{n} A_k f(x_k)$$

的代数精度 m 必小于 $2n+2$。这是因为对于

$$f(x) = [(x - x_0)(x - x_1)\cdots(x - x_n)]^2$$

有 $$\int_a^b \rho(x) f(x) dx > 0$$

而 $$\sum_{k=0}^{n} A_k f(x_k) = 0$$

$f(x)$ 是 $2n+2$ 次代数多项式,从而 $m < 2n+2$。在例 4 中 $m = 3 = 2 \times 1 + 1 = 2n + 1$,这是最高能达到的代数精度了。下面我们利用正交多项式的根来构造代数精度能达到最高的求积公式。

引理 1 若 $a < x_0 < x_1 < \cdots < x_n < b$ 是 $[a,b]$ 上关于权函数 $\rho(x)$ 的 $n+1$ 次正交多项式 $P_{n+1}(x)$ 的根,则插值型求积公式

$$\int_a^b \rho(x) f(x) dx \approx \sum_{k=0}^{n} A_k f(x_k) \tag{2.2}$$

具有代数精度 $m = 2n + 1$。

证明 设 $f(x)$ 为任一次数 $\leqslant 2n+1$ 的代数多项式,则有

$$f(x) = P_{n+1}(x)q(x) + r(x)$$

其中 $q(x)$ 和 $r(x)$ 为次数 $\leqslant n$ 的多项式。于是

$$\int_a^b \rho(x)f(x)dx = \int_a^b \rho(x)P_{n+1}(x)q(x)dx + \int_a^b \rho(x)r(x)dx$$

$$= (P_{n+1},q) + \int_a^b \rho(x)r(x)dx$$

其中(P_{n+1},q)表示 $P_{n+1}(x)$ 与 $q(x)$ 在$[a,b]$上带权 $\rho(x)$ 的内积，由于 $P_{n+1}(x)$ 是 $n+1$ 次正交多项式，$q(x)$ 次数小于等于 n，它们的内积为 0，而 $r(x)$ 次数不高于 n。对于插值型求积公式(2.2)有

$$\int_a^b \rho(x)r(x)dx = \sum_{k=0}^{n} A_k r(x_k) = \sum_{k=0}^{n} A_k f(x_k)$$

从而

$$\int_a^b \rho(x)f(x)dx = \sum_{k=0}^{n} A_k f(x_k)$$

对所有次数 $\leqslant 2n+1$ 的代数多项式 $f(x)$ 成立。

定义 3　$n+1$个节点的求积公式(2.2)称为Gauss型求积公式，若其代数精度达 $m = 2n+1$，即达最高。并称其节点为 Gauss 点。

2.2 Gauss 点与正交多项式的联系

利用正交多项式零点作插值型求积公式，可使其代数精度达到最高。下面我们给出 Gauss 点与正交多项式零点的联系。

定理 4　求积公式(2.2)是Gauss型的，当且仅当Gauss点 $a < x_0 < x_1 < \cdots < x_n < b$ 是$[a,b]$上关于权 $\rho(x)$ 的 $n+1$ 次正交多项式的根。

证明　充分性即引理1的结论。下证必要性。置 $\omega_{n+1}(x) = (x - x_0)(x - x_1)\cdots(x - x_n)$。任取次数 $\leqslant n$ 的多项式 $q(x)$ 有

$$\int_a^b \rho(x)\ \omega_{n+1}(x)q(x)dx = \sum_{k=0}^{n} A_k \omega_{n+1}(x_k)q(x_k) = 0$$

用内积术语来描述，即$(\omega_{n+1},q) = 0$对一切次数不高于n的代数多项式q成立，从而$\omega_{n+1}(x)$是$[a,b]$上关于权$\rho(x)$的$n+1$次正交多项

式。Gauss 点 $x_k,k=0,1,\cdots,n$ 是 $n+1$ 次正交多项式 $\omega_{n+1}(x)$ 的根。

2.3 Gauss 求积公式的余项

定理 5 若 $f(x)\in C^{(2n+2)}[a,b]$，则 Gauss 求积公式(2.2)的余项为

$$R_{n+1}[f]=\frac{f^{(2n+2)}(\xi)}{(2n+2)!}\int_a^b\rho(x)\cdot[(x-x_0)(x-x_1)\cdots(x-x_n)]^2dx,\quad \xi\in(a,b) \tag{2.3}$$

证明 取 $f(x)$ 的 Hermite 插值多项式 $H_{2n+1}(x)$，满足插值条件

$$H_{2n+1}(x_k)=f(x_k),H'_{2n+1}(x_k)=f'(x_k),\quad k=0,1,\cdots,n.$$

由

$$\int_a^b\rho(x)H_{2n+1}(x)dx=\sum_{k=0}^{n}A_kH(x_k)=\sum_{k=0}^{n}A_kf(x_k)$$

得

$$\begin{aligned}R_{n+1}[f]&=\int_a^b\rho(x)[f(x)-H_{2n+1}(x)]dx\\&=\int_a^b\frac{f^{(2n+2)}(\xi)}{(2n+2)!}[(x-x_0)(x-x_1)\cdots(x-x_n)]^2dx\end{aligned}$$

利用 $[(x-x_0)(x-x_1)\cdots(x-x_n)]^2\geqslant 0$，由积分中值定理即得式(2.3)。

2.4 Gauss 求积公式的数值稳定性和收敛性

设 $l_k(x),k=0,1,\cdots,n$ 为 Lagrange 基函数。$l_k^2(x)\geqslant 0$ 为 $2n$ 次代数多项式。于是

$$0<\int_a^b\rho(x)l_k^2(x)dx=\sum_{i=0}^{n}A_il_k^2(x_i)=A_k,\quad k=0,1,\cdots,n$$

由

$$\sum_{k=0}^{n}|A_k|=\sum_{k=0}^{n}A_k=\int_a^b\rho(x)dx$$

知，Gauss 型求积公式是数值稳定的。

设$[a,b]$上关于权$\rho(x)$的$n+1$次正交多项式的根为$a < x_0^{(n+1)} < x_1^{(n+1)} < \cdots < x_n^{(n+1)} < b$，对应的 Gauss 求积公式为

$$\int_a^b \rho(x)f(x)dx \approx \sum_{k=0}^{n} A_k^{(n+1)} f(x_k^{(n+1)}) \equiv G_{n+1}[f]$$

引理 2 对于有限闭区间$[a,b]$上的任何连续函数$f(x)$有

$$\lim_{n\to\infty} G_{n+1}[f] = \int_a^b \rho(x)f(x)dx \tag{2.4}$$

证明 $[a,b]$上的连续函数$f(x)$可以用代数多项式一致逼近。对任意给定的$\varepsilon > 0$，存在某个多项式$q_m(x)$，有

$$\max_{a\leqslant x\leqslant b} |f(x) - q_m(x)| < \frac{\varepsilon}{2\int_a^b \rho(x)dx}$$

当$n \geqslant \frac{m}{2}$时，有

$$\int_a^b \rho(x)q_m(x)dx = \sum_{k=0}^{n} A_k^{(n+1)} q_m(x_k^{(n+1)})$$

从而

$$\left|\int_a^b \rho(x)f(x)dx - \sum_{k=0}^{n} A_k^{(n+1)} f(x_k^{(n+1)})\right|$$

$$= \left|\int_a^b \rho(x)[f(x) - q_m(x)]dx - \sum_{k=0}^{n} A_k^{(n+1)}[f(x_k^{(n+1)}) - q_m(x_k^{(n+1)})]\right|$$

$$\leqslant \int_a^b \rho(x)\left(\frac{\varepsilon}{2\int_a^b \rho(t)dt}\right)dx + \frac{\varepsilon}{2\int_a^b \rho(t)dt}\sum_{k=0}^{n} A_k^{(n+1)} = \varepsilon$$

上面应用了

$$|f(x_k^{(n+1)}) - q_m(x_k^{(n+1)})]| \leqslant \frac{\varepsilon}{2\int_a^b \rho(t)dt}$$

及 $$\sum_{k=0}^{n} A_k^{(n+1)} = \int_a^b \rho(t)dt$$

由 $\varepsilon > 0$ 的任意性得(2.4)。证毕。

定理 6 Gauss 型求积公式是数值稳定的;且对(有限闭区间上的)连续函数,Gauss 求积的数值随节点数目的增加而收敛到准确积分值。

Gauss 型求积公式有很多优点,但对一般的权函数 $\rho(x)$,Gauss 节点不容易求。Gauss 点及 Gauss 求积系数多为无理数,因此不如 Newton-Cotes 求积公式的等距节点和 Cotes 系数。当函数 $f(x)$ 赋值计算量大或计算的积分多,这时 Gauss 型求积公式常被优先选取。

2.5 几个常用的 Gauss 型求积公式

常用 Gauss 型求积公式有 Gauss-Legendre 求积公式,Gauss-Chebyshev 求积公式,Gauss-Laguerre 求积公式和 Gauss-Hermite 求积公式等。

Gauss-Legendre 求积公式:

$[-1,1]$ 上关于权 $\rho(x) \equiv 1$ 的 Gauss 型求积公式对应的 Gauss 点和求积系数列在表 4-3 中。

表 4-3

n	x_k	A_k	n	x_k	A_k
1	0	2	5	± 0.9061798459	0.2369268851
2	± 0.5773502692	1		± 0.5384693101	0.4786286705
				0	0.5688888889
3	± 0.7745966692	0.5555555556	6	± 0.9324695142	0.1713244924
	0	0.8888888889		± 0.6612093865	0.3607615730
4	± 0.8611363116	0.3478548451		± 0.2386191861	0.4679139346
	± 0.3399810436	0.6521451549			

对于一般区间$[a,b]$上带权 $\rho(x) \equiv 1$ 的 Gauss 型求积公式,可通过变量变换,由 Gauss-Legendre 求积公式得到:

$$\int_a^b f(x)dx \xlongequal{x=\frac{a+b}{2}+\frac{b-a}{2}t} \frac{b-a}{2}\int_{-1}^{1} f(\frac{a+b}{2}+\frac{b-a}{2}t)dt$$

$$\approx \sum_{k=0}^{n} A_k f(x_k)$$

其中

$$A_k = \frac{b-a}{2} A_k^{(n+1)}, \quad k = 0,1,\cdots,n$$

$$x_k = \frac{a+b}{2} + \frac{b-a}{2} t_k^{(n+1)}, \quad k = 0,1,\cdots,n$$

$t_k^{(n+1)}, A_k^{(n+1)}, k = 0,1,\cdots,n$ 为 Gauss-Legendre 求积公式的 Gauss 点及求积系数。

例 5 用二点、三点 Gauss 型求积公式计算

$$I = \int_0^1 \frac{\sin x}{x} dx$$

解 令 $x = \frac{1}{2} + \frac{1}{2}t, I = \frac{1}{2}\int_{-1}^{1} \frac{\sin(\frac{1}{2} + \frac{t}{2})}{\frac{1}{2} + \frac{1}{2}t} dt$

用二节点、三节点计算结果列在表 4-4 中。

表 4-4

节点数	积分近似值
2	0.946041136
3	0.946083133

与 Newton-Cotes 公式相比较，近似值要精确得多。

Gauss-Chebyshev 求积公式：

$[-1,1]$ 上关于权函数 $\rho(x) = 1/\sqrt{1-x^2}$ $(-1 < x < 1)$ 的 Gauss 型求积公式。n 节点 Gauss-Chebyshev 求积公式为

$$\int_{-1}^{1} \frac{f(x)}{\sqrt{1-x^2}} dx \approx \frac{\pi}{n} \sum_{k=1}^{n} f(\cos \frac{2k-1}{2n}\pi)$$

Gauss-Laguerre 求积公式：

$[0,\infty)$ 上关于权函数 $\rho(x) = e^{-x}$ 的 Gauss 公式。对应的 Gauss 点和求积系数列在表 4-5。

表 4-5

n	x_k	A_k	n	x_k	A_k
1	1	1		6.2899450829	0.0103892565
2	0.5857864376	0.8535533906	4	0.3225476896	0.6031541043
	3.4142135624	0.1464466094		1.7457611012	0.3574186924
3	0.4157745568	0.7110930099		4.5366202969	0.0388879085
	2.2942803603	0.2785177336		9.3950709123	0.0005392947

Gauss-Hermite 求积公式：

$(-\infty,\infty)$ 上关于权函数 $\rho(x)=e^{-x^2}$ 的 Gauss 型求积公式。对应的 Gauss 点和求积系数列在表 4-6 中。

表 4-6

n	x_k	A_k	n	x_k	A_k
1	0	1.7724538509	5	±2.0201828705	0.01995324206
2	±0.707167812	0.8862269255		±0.9585724646	0.3936193232
3	±1.2247448714	0.2954089752		0	0.9453087205
	0	1.1816359006	6	±2.3506049737	0.0045300099
4	±1.6506801239	0.08131283545		±1.3358490740	0.1570673203
	±0.5246476233	0.8049140900		±0.4360774119	0.7246295952

2.6* 低阶 Gauss 型求积公式构造方法

有时需要对一些不常用到的权函数 $\rho(x)$ 构造 Gauss 型求积公式

$$\int_a^b \rho(x)f(x)dx \approx \sum_{k=1}^{n} A_k f(x_k)$$

当 n 较小时可用下述方法构造。

(1) 设 n 次标准正交多项式为

$$\omega_n(x)=x^n+a_1x^{n-1}+\cdots+a_n \qquad (2.5)$$

利用$(\omega_n(x), x^k) = 0, k = 0,1,\cdots,n-1$建立线性方程组

$$B\begin{bmatrix} a_n \\ a_{n-1} \\ \vdots \\ a_1 \end{bmatrix} = \begin{bmatrix} c_1 \\ c_2 \\ \vdots \\ c_n \end{bmatrix} \tag{2.6}$$

其中

$$\begin{cases} b_{ij} = \int_a^b \rho(x) x^{i+j-2} dx, 1 \leqslant i, j \leqslant n \\ c_i = -\int_a^b \rho(x) x^{n+i-1} dx, 1 \leqslant i \leqslant n \end{cases} \tag{2.7}$$

(2) 解线性方程组(2.6)得$a_1, a_2, \cdots, a_n$;

(3) 解$\omega_n(x) = 0$得 Gauss 节点$x_1 < x_2 < \cdots < x_n$;

(4) 计算$A_k = \int_a^b \rho(x)\left[\prod_{\substack{i=1\\i\neq k}}^{n} \frac{x - x_i}{x_k - x_i}\right]dx, k = 1,2,\cdots,n$

例 6 求 Gauss 求积公式

$$\int_0^1 \sqrt{x} f(x) dx \approx A_1 f(x_1) + A_2 f(x_2)$$

解 设$\omega_2(x) = x^2 + ax + b$。利用$(\omega_2(x), 1) = (\omega_2(x), x) = 0$得线性方程组

$$\begin{pmatrix} \frac{2}{3} & \frac{2}{5} \\ \frac{2}{5} & \frac{2}{7} \end{pmatrix}\begin{bmatrix} b \\ a \end{bmatrix} = -\begin{bmatrix} \frac{2}{7} \\ \frac{2}{9} \end{bmatrix}$$

解线性方程组得

$$a = -\frac{10}{9}, b = \frac{5}{21}, \omega_2(x) = x^2 - \frac{10}{9}x + \frac{5}{21}, \omega_2(x)\text{ 的两个根为}$$

$$x_1 = 0.289949197, x_2 = 0.821161913$$

对应的求积系数为

$$A_1 = \int_0^1 \sqrt{x} \frac{x - x_2}{x_1 - x_2} dx = \frac{2}{3}\frac{x_2}{x_2 - x_1} - \frac{2}{5}\frac{1}{x_2 - x_1}$$
$$\approx 0.277555998$$

$$A_2 = \int_0^1 \sqrt{x}\ \frac{x - x_1}{x_1 - x_2} dx = -\frac{2}{3}\frac{x_1}{x_2 - x_1} + \frac{2}{5}\frac{1}{x_2 - x_1} \approx 0.389110668$$

从而所求 Gauss 求积公式为

$$\int_0^1 \sqrt{x} f(x) dx \approx 0.277555998 f(0.289949197) + 0.389110668 f(0.821161913)$$

当节点数n较大时,Gauss 节点可以用求对称三对角阵特征值方法得到,相应的求积系数可用公式计算。

§3　复化数值求积公式

3.1 复化数值求积法

无论用 Newton-Cotes 求积公式或 Gauss 型求积公式,提高数值积分精度的一个途径是增加求积节点数目。当 n 增大时,Newton-Cotes 公式的数值稳定性变差,也不能保证能提高精度。而 Gauss 型求积公式的 Gauss 点、求积系数通常是无理数,查找、计算都不方便。当 $f(x)$ 的赋值不太复杂时,提高数值积分精度的另一个途径是利用复化求积公式。

复化求积公式的原则是把求积区间$[a,b]$进行等距细分:

$$x_i = a + i\frac{b-a}{n}, i = 0,1,\cdots,n$$

在每个小区间$[x_{i-1},x_i]$上用相同的"基本"求积公式计算出 $\int_{x_{i-1}}^{x_i} f(x)dx$ 的近似值 $S_i, i = 1,2,\cdots,n$。并取

$$\int_a^b f(x)dx \approx S_1 + S_2 + \cdots + S_n$$

当权函数 $\rho(x) \neq 1$ 时,不易构造复化求积公式。下面讨论一些常用复化求积公式。

3.2 复化梯形公式

记 $h=\dfrac{b-a}{n}$,在$[x_{i-1},x_i]$上采用梯形公式

$$\int_{x_{i-1}}^{x_i} f(x)dx \approx \frac{h}{2}[f(x_{i-1})+f(x_i)]$$

得

$$\int_a^b f(x)dx = \sum_{i=1}^{n}\int_{x_{i-1}}^{x_i} f(x)dx \approx \sum_{i=1}^{n}\frac{h}{2}[f(x_{x-1})+f(x_i)]$$

$$= h\{\frac{1}{2}f(a)+\sum_{i=1}^{n-1}f(x_i)+\frac{1}{2}f(b)\} \triangleq T_n$$

即复化梯形求积公式为

$$\int_a^b f(x)dx \approx T_n = \frac{b-a}{n}\{\frac{1}{2}f(a)+ \sum_{i=1}^{n-1}f(a+i\frac{b-a}{n})+\frac{1}{2}f(b)\} \tag{3.1}$$

设 $f(x)\in C^2[a,b]$,由

$$\int_{x_{i-1}}^{x_i} f(x)dx - \frac{h}{2}[f(x_{i-1})+f(x_i)] = \frac{-h^3}{12}f''(\xi_i), x_{i-1}<\xi_i<x_i$$

得

$$\int_a^b f(x)dx - T_n = \frac{-h^3}{12}\sum_{i=1}^{n}f''(\xi_i)$$

定理 7 若 $f(x)\in C^2[a,b]$,则复化梯形公式的余项为

$$\int_a^b f(x)dx - T_n = \frac{-(b-a)h^2}{12}f''(\xi), a<\xi<b \tag{3.2}$$

及渐近估计式

$$\frac{\int_a^b f(x)xdx - T_n}{h^2} \to \frac{1}{12}(f'(a)-f'(b)), h\to 0 \tag{3.3}$$

当区间细分节点加密一倍时,得

$$T_{2n} = \frac{b-a}{2n}\{\frac{1}{2}f(a) + \frac{1}{2}f(b) + \sum_{i=1}^{2n-1} f(a + i\frac{b-a}{2n})\}$$
$$= \frac{1}{2}(T_n + H_n)$$

其中

$$H_n = \frac{b-a}{n}\sum_{i=1}^{n} f(a + (i - \frac{1}{2})\frac{b-a}{n})$$

为复化中矩求积公式。

3.3 复化 Simpson 公式

在每个小区间$[x_{i-1}, x_i]$上采用 simpson 公式，得复化 Simpson 求积公式

$$\int_a^b f(x)dx \approx S_n = \frac{h}{6}[f(a) + f(b) + 2\sum_{k=1}^{n-1} f(x_{k-1}) + 4\sum_{k=1}^{n} f(x_{k-\frac{1}{2}})] \tag{3.4}$$

利用复化梯形公式 T_n 和复化中矩公式 H_n 有

$$S_n = \frac{1}{3}T_n + \frac{2}{3}H_n = \frac{1}{3}(4T_{2n} - T_n)$$

其中 $h = \dfrac{b-a}{n}, x_k = a + kh, x_{k-\frac{1}{2}} = a + (k - \dfrac{1}{2})h$。

对应于复化 Simpson 公式有如下余项定理。

定理 8　当 $f(x) \in C^4[a,b]$ 时，复化 Simpson 公式的余项有表达式

$$\int_a^b f(x)dx - S_n = \frac{-(b-a)}{2880}h^4 f^{(4)}(\xi),\ a < \xi < b \tag{3.5}$$

及渐近估计式

$$\frac{\int_a^b f(x)dx - S_n}{h^4} \to \frac{1}{2880}(f^{(3)}(a) - f^{(3)}(b)), h \to 0 \tag{3.6}$$

类似地我们可以建立复化 Cotes 公式，复化 Causs-Legendre 求积公式等，同时给出相应的余项估计。

例7 利用9点函数值，用复化梯形公式和复化Simpson公式计算

$$\int_0^1 \frac{\sin x}{x}dx$$

解 $x_i = i/8, i = 0,1,\cdots,8$，经计算得

$T_8 = 0.9456909$,

$S_4 = 0.9460832$,

$C_2 = 0.9460829$

三种方法所用函数值个数一样多，与积分准确值 $0.9460831\cdots$ 相比较，复化 Simpson 公式的结果与复化梯形公式的结果相比，复化 Simpson 公式的结果要准确得多。故在实际使用中，复化 Simpson 公式应用较广泛。

3.4 复化求积公式的收敛阶

对$[a,b]$上的任何连续函数 $f(x)$，都有

$$\lim_{n\to\infty} T_n = \int_a^b f(x)dx$$

但对代数多项式 $f(x) = x^2$

$$\int_a^b f(x)dx - T_n \neq 0, \quad n = 1,2,\cdots$$

因此复化求积公式不能用代数精度来决定其优劣。对复化求积公式我们用收敛阶来刻划其收敛性。

定义4 设 I_n 是将$[a,b]$$n$ 等分，$h = \dfrac{b-a}{n}$，用某一基本求积公式生成的复化求积公式，我们称该复化求积公式具有收敛阶 p，若对充分光滑的被积函数 $f(x)$，有

$$\frac{\int_a^b f(x)dx - I_n}{h^p} \to C_p \quad (|C_p| < \infty), \quad h \to 0 \tag{3.7}$$

其中 C_p 独立于 n，依赖于 $f(x)$。

根据定义，复化梯形公式的收敛阶是 2（当 $f'(a) = f'(b)$ 时收

敛阶大于 2)；复化 Simpson 公式的收敛阶是 4(当 $f'''(a)=f'''(b)$ 时大于 4)；复化 m 节点 Gauss-Legendre 求积公式的收敛阶为 $2m$。

收敛阶越高，当区间划分加密时，积分近似值就越精确。

§4 外推方法

在用复化梯形求积公式时，记 T_n 为 $T(h)$，其中 $h=\frac{b-a}{n}$。利用定积分定义有

$$\lim_{h\to 0_+} T(h)=\int_a^b f(x)dx \triangleq T(0)$$

在数值计算中，经常会遇到类似情况：精确值 $f(0)$ 是所要求的，但不能用有限计算量算出来，而对某些 $h>0$，$f(h)$ 却可以很方便地计算出来。如何从已知的 $f(h_i)$，$i=1,2,\cdots,n$，$h_i>0$ 推出 $f(0)$ 的近似值，为此介绍数值计算中的重要方法：外推方法。

4.1 外推原理

定理 9 若 $f(h)$ 逼近 $f(0)$ 有下述余项展开

$$f(h)=f(0)+\alpha_1 h^{p_1}+\alpha_2 h^{p_2}+\cdots+\alpha_n h^{p_n}+O(h^{p_{n+1}}) \tag{4.1}$$

其中 $0<p_1<p_2<\cdots<p_{n+1}$，$\alpha_i\neq 0$，$i=1,2,\cdots,n$，设 $h_1,\cdots,h_{n+1}$ 为相近的互异正数。则 $f(0)$ 可用

$$\tilde{f}=\sum_{k=1}^{n+1}\lambda_k f(h_k) \tag{4.2}$$

来近似，其中 $\lambda_1,\lambda_2,\cdots,\lambda_n$ 满足

$$\begin{cases}\lambda_1+\lambda_2+\cdots+\lambda_{n+1}=1\\ \lambda_1 h_1^{p_j}+\lambda_2 h_2^{p_j}+\cdots+\lambda_{n+1}h_{n+1}^{p_j}=0\\ \qquad j=1,2,\cdots,n\end{cases} \tag{4.3}$$

而且 $f(0)-\tilde{f}=O(h^{p_{n+1}})$，$h=\max(h_1,h_2,\cdots,h_{n+1})$。

对于 $h_{i+1}=qh_i$，$i=1,2,\cdots$，$|q|\neq 1$ 的情况，我们有：

定理 10　若 $f(h)$ 逼近 $f(0)$ 的余项能写成渐近形式

$$f(h) - f(0) = \sum_{k \geqslant 1} \alpha_k h^{p_k}, \quad 0 < p_1 < p_2 < \cdots \tag{4.4}$$

$\alpha_k \neq 0, k = 1,2,\cdots$ 及 p_k 是独立于 h 的常数，则由

$$\begin{cases} f_1(h) = f(h) \\ f_{m+1}(h) = [f_m(qh) - f_m(h) \cdot q^{p_m}]/[1 - q^{p_m}] \\ \qquad m = 1,2,\cdots \end{cases} \tag{4.5}$$

定义的序列 $\{f_m(h)\}$ 随 m 增大以更快的速度收敛于 $f(0)$：

$$f_m(h) - f(0) = \sum_{k \geqslant 0} \alpha_{m+k}^{(m)} h^{p_{m+k}} \tag{4.6}$$

其中

$$\begin{cases} \alpha_i^{(1)} = \alpha_i, i \geqslant 1 \\ \alpha_i^{(m+1)} = \alpha_i^{(m)} \dfrac{q^{p_i} - q_{p_m}}{1 - q^{p_m}}, i \geqslant m + 1 \end{cases} \tag{4.7}$$

定理 10 也称 Richardson 外推法。

4.2 复化梯形公式余项的渐近展开

利用 Euler-Maclaurin 求和公式，可以证明复化梯形公式的余项具有渐近展开。

定理 11　若 $f(x) \in C^{(2m+2)}[a,b]$，则有

$$\int_a^b f(x)dx - T(h) = \sum_{l=1}^{m} \frac{B_{2l}}{(2l)!}[f^{(2l-1)}(a) - f^{(2l-1)}(b)]h^{2l} + r_{m+1} \tag{4.8}$$

其中 $B_2 = \dfrac{1}{6}, B_4 = -\dfrac{1}{30}, B_6 = \dfrac{1}{42}, \cdots$ 为 Bernoulli 数，而

$$r_{m+1} = -\frac{B_{2m+2}}{(2m+2)!} f^{(2m+2)}(\xi)(b-a)h^{2m+2}, a < \xi < b \tag{4.9}$$

若记

$$C_l = \frac{B_{2l}}{(2l)!}[f^{(2l-1)}(a) - f^{(2l-1)}(b)], l = 1,2,\cdots,m$$

则有

$$\int_a^b f(x)dx - T(h) = \sum_{l=1}^{m} C_l h^{2l} + O(h^{2m+2})$$

从而可用 Richardson 外推法提高精度。

4.3 Romberg 算法

在复化梯形公式中，选取 $h_0 = b - a, h_i = h_{i-1}/2, i = 1,2,\cdots$。记 $T(h_k) = T_{k,0}, k = 0,1,\cdots$。注意到 $p_l = 2l, l = 1,2,\cdots, q = \frac{1}{2}$，得

$$T_{i,k} = \frac{1}{4^k - 1}[4^k T_{i,k-1} - T_{i-1,k-1}] \tag{4.10}$$

计算顺序如表 4-7 所示。

表 4-7

$i \backslash k$	0	1	2	3	…
0	T_{00}①				
1	T_{10}②	T_{11}③			
2	T_{20}④	T_{21}⑤	T_{22}⑥		
3	T_{30}⑦	T_{31}⑧	T_{32}⑨	T_{33}⑩	…
	⋮	⋮	⋮	⋮	

Romberg 算法：

1. 输入外推次数 k_0（一般取为 3），控制精度 $\varepsilon(>0)$；
2. 置 $i := 1, jj := 1, h := b - a$，计算 $T_0 = \frac{h}{2}[f(a) + f(b)]$，取 $T := T_0$；
3. 计算 $\tilde{T}_0 = \frac{1}{2}[T_0 + h\sum_{j=1}^{jj} f(a + (j - \frac{1}{2})h)]$；
4. 对 $k = 1,2,\cdots,i$ 进行外推计算

$$\tilde{T}_k = (4^k \tilde{T}_{k-1} - T_{k-1})/(4^k - 1);$$

5. 若 $|\tilde{T}_i - T| < \varepsilon$，输出数值积分值 $\tilde{T}_i$，停机；
6. 置 $h := h/2, jj = jj + jj$，

$$T_k := \tilde{T}_k, \quad k = 0,1,\cdots,i,$$

$$i := \min(k_0, i+1), \quad T := T_i;$$

7. 转 3。

在 Romberg 算法中，第一列对应于复化梯形序列，第二列对应于复化 Simpson 序列，第三列对应于 Cotes 序列，第四列称为 Romberg 序列。在实际使用中常常只计算到第 4 列（即取 $k_0 = 3$），更高的列较少用。Romberg 算法中止准则，一般取同列或同行相邻两个数值的误差绝对值小于事先给定的精度要求。

Romberg 算法是数值稳定的，且对任意连续函数，都能保证数值积分收敛到准确值。Romberg 算法程序简单，当 $f(x)$ 函数求值不太复杂时，Romberg 算法是常用的实用方法。

4.4* 外推法的进一步讨论

外推法用于 $\int_a^b f(x)dx$，除了 Romberg 方法外，还有别的选择序列 $\{h_i\}$ 的方法，例如 $h_0 = b - a, h_1 = h_0/2, h_2 = h_0/3, h_i = h_{i-2}/2, i = 3,4,\cdots$。在同样精度要求下，这种选择 h_i 的方法要求计算的函数值次数比 Romberg 方法少。若取 $h_i = h_0/i, i = 1,2,\cdots$，则计算的数值稳定性不好。

当 $f(x)$ 充分光滑，对 Romberg 方法可以证明

$$T_{ik} - \int_a^b f(x)dx$$

$$= (b-a)h_{i-k}^2 h_{i-k+1}^2 \cdots h_i^2 \frac{B_{2k+2}}{(2k+2)!} f^{(2k+2)}(\xi), a < \xi < b$$

外推法是重要的数值计算方法，在数值积分以外也有广泛应用，在数值微分中就要用到。这里我们给出外推法的一个应用实例。

例 8 单位圆面积为 π，单位圆内接正 n 边形的面积为 $S_n = \frac{n}{2}\sin\frac{2\pi}{n}$。利用单位圆正内接 4,6,8,12,16 边形的面积，计算 π 的近似值。

解 记 $h = \frac{2}{n}$，S_n 为 $S(h)$，有

$$S(h) = \pi - \frac{\pi^3}{3!}h^2 + \frac{\pi^3}{5\,!}h^4 - \frac{\pi^7}{7\,!}h^6 + \frac{\pi^9 h^8}{9\,!} + O(h^{10})$$

现在 $h_0 = \frac{1}{2}, h_1 = \frac{1}{3}, h_2 = \frac{1}{4}, h_3 = \frac{1}{6}, h_4 = \frac{1}{8}$。$S(h_i)$ 列在表 4-8 中。

表 4-8

h	h^2	$S(h)$
$\frac{1}{2}$	$\frac{1}{4}$	2.000000000
$\frac{1}{3}$	$\frac{1}{9}$	2.598076211
$\frac{1}{4}$	$\frac{1}{16}$	2.828427125
$\frac{1}{6}$	$\frac{1}{36}$	3.000000000
$\frac{1}{8}$	$\frac{1}{64}$	3.061467459

令 $t_i = h_i^2, i = 0,1,2,3,4$ 作插值多项式 $P_4(t)$，使 $P_4(t_i) = S(h_i), i = 0,1,\cdots,4$，取 $\pi \approx P_4(0)$ 得

$$\pi \approx 3.141592648$$

而 π 的准确值为 3.141592653…，精度度是很高的。

在上例中

$$S(h_i) = \pi + \alpha_1 h^2 + \alpha_2 h_i^4 + \alpha_3 h_i^6 + \alpha_4 h_i^8 + O(h_i^{10})$$

我们用插值多项式来外推。对一般的 $0 < p_1 < p_2\cdots$，我们只能用定理 9 来进行计算。

§5　自适应求积方法

5.1 自适应计算问题

若要计算 $\int_a^b f(x)dx$ 要求误差不超过 ε，我们可以用 Newton-Cotes 公式，Gauss 型求积公式，复化求积公式，Romberg 算法等来实现。当 $f(x)$ 充分光滑时，利用余项公式可以确定 n 或区间等分数。这儿有些不足之处，首先高阶导数不易估计，即使给出了估计，估计式也把误差放大到一个误差限；其次上述求积方法全是把被积函数在整个区间上作整体处理的。函数 $f(x)$ 在 $[a,b]$ 上性质可能差异很大。例如在不等长分划 $a = x_0 < x_1 < \cdots < x_n = b$ 下，若每个小区间 $[x_{i-1}, x_i]$ 上用 Simpson 公式求积，有

$$\int_{x_{i-1}}^{x_i} f(x)dx - \frac{x_i - x_{i-1}}{6}\left[f(x_{i-1}) + 4f\left(\frac{x_{i-1} + x_i}{2}\right) + f(x_i)\right]$$

$$= \frac{-1}{90}\left(\frac{x_i - x_{i-1}}{2}\right)^5 f^{(4)}(\xi_i),\ x_{i-1} < \xi_i < x_i$$

一个明显的启示是在 $|f^{(4)}(x)|$ 取值小的区域，步长 $h_i = x_i - x_{i-1}$ 可以取大些，而在 $|f^{(4)}(x)|$ 取值大的区域，步长 h_i 应当取小些。

本节介绍的自适应算法，就是根据 f 在不同子区间的性质作不同的处理，使在较少的函数计算前提下达到误差要求。在上面我们对每个小区间采用 Simpson 公式为基本求积公式，也可用其它的基本求积公式来实现。

5.2 自适应算法

将要计算的积分记为

$$I[a,b] = \int_a^b f(x)dx \tag{5.1}$$

同理，$[\alpha, \alpha + h]$ 上积分记为

$$I[\alpha,\alpha+h]=\int_{\alpha}^{\alpha+h}f(x)dx \tag{5.2}$$

在$[\alpha,\alpha+h]$上某一基本求积公式记为

$$\sum\nolimits_1[\alpha,\alpha+h]=h\sum_{i=0}^{n}A_if(\alpha+ht_i),$$

$$0\leqslant t_0<t_1<\cdots<t_n\leqslant 1 \tag{5.3}$$

设基本求积公式的代数精度为 m，则有

$$I[\alpha,\alpha+h]-\sum\nolimits_1[\alpha,\alpha+h]=C_1f^{(m+1)}(\alpha)h^{m+2}+O(h^{m+3}) \tag{5.4}$$

其中 C_1 是独立于 h 和具体 f 的常数。将$[\alpha,\alpha+h]$等分成两个小区间，每个小区间上用上述同一基本求积公式，得$\sum_2[\alpha,\alpha+h]$。其余项为

$$I[\alpha,\alpha+h]-\sum\nolimits_2[\alpha,\alpha+h]=2^{-m-1}C_1f^{(m+1)}(\alpha)h^{m+2}+O(h^{m+3}) \tag{5.5}$$

综合(5.4)，(5.5)得

$$\begin{aligned}&\left|I[\alpha,\alpha+h]-\sum\nolimits_2[\alpha,\alpha+h]\right|\\&\qquad\approx\frac{1}{2^{m+1}-1}\left|\sum\nolimits_2[\alpha,\alpha+h]-\sum\nolimits_1[\alpha,\alpha+h]\right|\end{aligned} \tag{5.6}$$

记 $b-a=H$，设预先规定误差 ε。m 阶代数精度基本求积公式的自适应算法从$[a,b]$开始计算，分别计算出$\sum_1[a,a+H]$和$\sum_2[a,a+H]$，若$\left|\sum_2[a,a+H]-\sum_1[a,a+H]\right|<(2^{m+1}-1)\varepsilon$，则取 $I[a,b]$ 的近似值为$\sum_2[a,a+H]$，计算结束。

若$\left|\sum_2[a,a+H]-\sum_1[a,a+H]\right|\geqslant(2^{m-1}-1)\varepsilon$，再作$[a,a+H]$左右两个区间分别计算，对于此长度为 $H/2$ 的区间，要求误差小于 $\varepsilon/2$，以左半区间$[a,a+\frac{H}{2}]$为例，即检验

$$\left|\sum\nolimits_2[a,a+\frac{H}{2}]-\sum\nolimits_1[a,a+\frac{H}{2}]\right|<(2^{m+1}-1)\frac{\varepsilon}{2}$$

是否成立？若成立，则$[a,a+\frac{H}{2}]$区间计算通过，否则再将$[a,a+\frac{H}{2}]$分成二个长度$H/4$的二级子区间，重复上述过程。最后会得到一组划分

$$a=a_0<a_1<\cdots<a_n=b$$

在每个小区间$[a_{i-1},a_i]$上都满足

$$\left|\sum\nolimits_2[a_{i-1},a_i]-\sum\nolimits_1[a_{i-1},a_i]\right|<(2^{m+1}-1)\frac{a_i-a_{i-1}}{b-a}\varepsilon \tag{5.7}$$

我们取

$$\int_a^b f(x)dx\approx\sum\nolimits_2[a_0,a_1]+\sum\nolimits_2[a_1,a_2]+\cdots+\sum\nolimits_2[a_{n-1},a_n] \tag{5.8}$$

为所求数值积分值。若取

$$\begin{aligned}I[a,b]=&\frac{2^{m+1}}{2^{m+1}-1}\left\{\sum\nolimits_2[a_0,a_1]+\cdots+\sum\nolimits_2[a_{n-1},a_n]\right\}\\&-\frac{1}{2^{m+1}-1}\left\{\sum\nolimits_1[a_0,a_1]+\cdots+\sum\nolimits_1[a_{n-1},a_n]\right\}\end{aligned}$$

结果更准确些。

§6* 奇异积分和振荡函数积分的数值方法

6.1 奇异积分计算

奇异积分指被积函数无界或积分区间无限的积分。我们以例子介绍几种常用方法。

方法一：变量变换法。

在积分$\int_a^b f(x)dx$中，令$x=\varphi(t)$，$\varphi(t)$单调可导，$a=\varphi(\alpha)$，$b=\varphi(\beta)$，则

$$\int_a^b f(x)dx = \int_\alpha^\beta f(\varphi(t))\varphi'(t)dt \tag{6.1}$$

在一定情况下,积分$\int_\alpha^\beta f(\varphi(t))\varphi'(t)dt$是正常积分,可用前几节介绍的数值方法求积。

例 9　计算积分$\int_0^\infty \frac{dx}{\sqrt{x}+x^2}$。

解　$$\int_0^\infty \frac{dx}{\sqrt{x}+x^2} = \int_0^1 \frac{dx}{\sqrt{x}+x^2} + \int_1^\infty \frac{dx}{\sqrt{x}+x^2} = I_1 + I_2$$

在I_1中令$x = t^2$,得

$$\int_0^1 \frac{dx}{\sqrt{x}+x^2} = \int_0^1 \frac{2}{1+t^3}dt$$

在I_2中令$x = \frac{1}{t^2}$得

$$\int_1^\infty \frac{dx}{\sqrt{x}+x^2} = \int_0^1 \frac{2t}{1+t^3}dt$$

因此,

$$\int_0^\infty \frac{dx}{\sqrt{x}+x^2} = 2\int_0^1 \frac{1+t}{1+t^3}dt = \int_0^1 \frac{2dt}{1-t+t^2}$$

后者是一个正常积分,可用前几节方法求积。

方法二:区间截去法。

广义积分是由区间极限来定义的,例如在例9中

$$\int_0^\infty \frac{dx}{\sqrt{x}+x^2} = \lim_{\substack{\delta\to 0_+ \\ A\to+\infty}} \int_\delta^A \frac{dx}{\sqrt{x}+x^2}$$

选择适当的$\delta > 0$及$A > 0$,取

$$\int_0^\infty \frac{dx}{\sqrt{x}+x^2} \approx \int_\delta^A \frac{dx}{\sqrt{x}+x^2}$$

后者是一个正常积分。在区间截去法中,依给定误差要求$\varepsilon > 0$来决定截去区间。在例9中

$$0 < \int_0^\delta \frac{dx}{\sqrt{x}+x^2} \leqslant \int_0^\delta x^{-\frac{1}{2}}dx = 2\sqrt{\delta}$$

$$0 < \int_A^{\infty} \frac{dx}{\sqrt{x} + x^2} \leqslant \int_A^{\infty} \frac{1}{x^2} dx = \frac{1}{A}$$

当 $2\sqrt{\delta} + \frac{1}{A} < \varepsilon$ 时，用误差不超过 $\varepsilon' = \varepsilon - 2\sqrt{\delta} - \frac{1}{A}$ 的数值积分来近似 $\int_{\delta}^{A} \frac{dx}{\sqrt{x} + x^2}$，则该数值积分达到误差要求。

方法三：用 Gauss 型公式求积。

对无限积分 $\int_0^{\infty} e^{-x} f(x) dx$ 和 $\int_{-\infty}^{\infty} e^{-x^2} f(x) dx$ 可以用 Gauss-Laguerre 求积公式和 Gauss-Hermite 求积公式。在一些情况下可以自己建立 Gauss 型求积公式。

例 10 设 $f(x) \in C[0,1]$，$f(0) \neq 0$ 求 $\int_0^1 f(x) \ln x dx$。

解 取 $\rho(x) = -\ln x$，则可验证 $\rho(x) = -\ln x$ 是 $(0,1]$ 上的权函数。在 $[0,1]$ 上对 $\rho(x) = -\ln x$ 建立 Gauss 求积公式

$$\int_0^1 (-\ln x) f(x) dx \approx \sum_{k=0}^{n} A_k f(x_k)$$

则

$$\int_0^1 \ln x f(x) dx \approx -\sum_{k=0}^{n} A_k f(x_k)$$

6.2 振荡函数积分的计算

在工程物理问题中，常常要计算积分

$$\int_a^b f(x) \cos(mx + \alpha) dx \tag{6.2}$$

其中 $f(x)$ 是光滑函数，变化不厉害。常数 m 较大，从而被积函数 $f(x)\cos(mx + \alpha)$ 振荡很激烈。无论是 Gauss 型求积法，还是 Romberg 方法，自适应方法，都需要计算大量的函数值才可能使数值结果达到给定的误差要求。本小节介绍利用 $f(x)$ 的三次插值样条函数逼近来建立有效的数值方法。

当 $P_n(x)$ 是 n 次多项式时，利用分部积分可以得到精确积分：

$$\int_a^b P_n(x)\cos(mx+\alpha)dx$$

$$= \sum_{l=0}^{n} \frac{P_n^{(l)}(x)}{m^{l+1}}\sin(mx+\alpha+\frac{l}{2}\pi)\Big|_a^b \tag{6.3}$$

我们将区间$[a,b]N$等分，$h=\dfrac{b-a}{N}$，$x_i=a+ih$，$i=0,\cdots,N$。作 $f(x)$ 关于节点$\{x_i\}_{i=0}^N$的第一型或第二型三次插值样条函数 $S(x)$。取$\int_a^b S(x)\cos(mx+\alpha)dx$ 的精确积分为$\int_a^b f(x)\cos(mx+\alpha)dx$ 的近似值。

记 $S'(x_i)=m_i$，$S''(x_i)=M_i$。因为 $S''(x)$ 是折线函数，故

$$S'''(x)=\frac{M_i-M_{i-1}}{h}, x\in[x_{i-1},x_i]$$

$S(x)$ 在$[x_{i-1},x_i]$上是三次多项式，因此有

$$\int_{x_{i-1}}^{x_i} S(x)\cos(mx+\alpha)dx$$

$$=[\frac{S(x)}{m}\sin(mx+\alpha)+\frac{S'(x)}{m^2}\sin(mx+\alpha+\frac{\pi}{2})$$

$$+(\frac{S''(x)}{m^3}\sin(mx+\alpha+\pi)$$

$$+\frac{1}{m^4}\frac{M_i-M_{i-1}}{h}\sin(mx+\alpha+\frac{3}{2}\pi)]\Big|_{x_{i-1}}^{x_i}$$

而

$$\int_a^b S(x)\cos(mx+\alpha)dx=\sum_{i=1}^{N}\int_{x_{i-1}}^{x_i} S(x)\cos(mx+\alpha)dx$$

$$=[\frac{S(x)}{m}\sin(mx+\alpha)+\frac{S'(x)}{m^2}\sin(mx+\alpha+\frac{\pi}{2})+$$

$$\frac{S''(x)}{m^3}\sin(mx+\alpha+\pi)]\Big|_a^b+\frac{1}{m^4h}\sum_{i=1}^{N}(M_i-M_{i-1})$$

$$[\sin(mx_i+\alpha+\frac{3}{2}\pi)-\sin(mx_{i-1}+\alpha+\frac{3}{2}\pi)]$$

$$=[(\frac{S(x)}{m}-\frac{S''(x)}{m^3})\sin(mx+\alpha)+\frac{S'(x)}{m^2}\cos(mx+\alpha)]\Big|_a^b$$

$$-\frac{2\sin\frac{mh}{2}}{m^4h}\sum_{i=1}^{N}(M_i-M_{i-1})\sin(mx_{i-\frac{1}{2}}+\alpha)$$

我们取

$$\int_a^b f(x)\cos(mx+\alpha)dx$$

$$\approx(\frac{f(b)}{m}-\frac{M_N}{m^3})\sin(mb+\alpha)+\frac{m_N}{m^2}\cos(mb+\alpha)$$

$$-(\frac{f(a)}{m}-\frac{M_0}{m^3})\sin(mb+\alpha)-\frac{m_0}{m^2}\cos(ma+\alpha)$$

$$-\frac{2\sin\frac{mh}{2}}{m^4h}\sum_{i=1}^{N}(M_i-M_{i-1})\sin(mx_{i-\frac{1}{2}}+\alpha)\triangleq I \quad (6.4)$$

当 $f(x)\in C^4[a,b]$ 时，利用三次样条插值函数的余项估计式

$$\|f(x)-S(x)\|_\infty\leqslant\frac{5}{384}\|f^{(4)}(x)\|_\infty h^4$$

得数值积分公式(6.4)的余项估计式

$$\left|\int_a^b f(x)\cos(mx+\alpha)dx-I\right|\leqslant\frac{5(b-a)}{384}\|f^{(4)}\|_\infty h^4 \quad (6.5)$$

该估计式完全独立于常数 m。对给定误差要求 $\varepsilon>0$，区间等分数 N，由

$$\frac{5}{384}\|f^{(4)}\|_\infty(b-a)^5\frac{1}{N^4}\leqslant\varepsilon$$

来确定。

类似地，我们可以用其它的分段多项式来近似 $f(x)$，建立有效的数值求积公式。

§7* 二元函数数值积分

二元函数积分在有限元计算中要用到，在这一节我们介绍矩形域上乘积型求积公式和三角形域上面积坐标求积公式。

7.1 矩形域上乘积型求积公式

设 $f(x,y)$ 是矩形域 $D=[a,b]\times[c,d]$ 上的连续函数，要计算二重积分

$$I=\iint_D f(x,y)dxdy \tag{7.1}$$

假设 $[a,b]$ 上有求积公式

$$\int_a^b \varphi(x)dx \approx \sum_{i=0}^{n} A_i\varphi(x_i), a\leqslant x_0<\cdots<x_n\leqslant b$$

$[c,d]$ 上有求积公式

$$\int_c^d \psi(y)dy \approx \sum_{j=1}^{m} B_j\psi(y_j), c\leqslant y_0<\cdots<y_m\leqslant d$$

将二重积分(7.1)化成逐次积分

$$I=\int_c^d\{\int_a^b f(x,y)dx\}dy$$

将 y 视作参数，利用 $[a,b]$ 上求积公式得

$$I\approx\int_c^d(\sum_{i=0}^{n}A_i f(x_i,y))dy=\sum_{i=0}^{n}A_i\int_c^d f(x_i,y)dy$$

将 x_i 视作参数，利用 $[c,d]$ 上求积公式得

$$\begin{aligned} I &\approx \sum_{i=0}^{n}A_i[\sum_{j=0}^{m}B_j f(x_i,y_j)] \\ &= \sum_{i=0}^{n}\sum_{j=0}^{m}A_iB_j f(x_i,y_j) \end{aligned} \tag{7.2}$$

(7.2) 称为矩形域 D 上的乘积型求积公式。

例 11 建立矩形域上乘积型复化梯形公式。

解 将 $[a,b]$ n 等分，$h=(b-a)/n, x_i=a+ih, i=0,1,\cdots,n$；将 $[c,d]$ m 等分，$\tau=(d-c)/m, y_j=c+j\tau, j=0,1,\cdots,m$。由 $A_0=A_n=h/2, A_i=h, a<i<n, B_0=B_m=\frac{\tau}{2}, B_j=\tau, 0<j<m$ 得乘积型复化梯形公式

$$\iint_{[a,b]\times[c,d]} f(x,y)dxdy$$
$$\approx h\tau\{\frac{1}{4}[f(a,c)+f(a,d)+f(b,c)+f(b,d)]$$
$$+\frac{1}{2}\sum_{i=1}^{n-1}[f(x_i,c)+f(x_i,d)]$$
$$+\frac{1}{2}\sum_{j=1}^{m-1}[f(a,y_j)+f(b,y_i)]$$
$$+\sum_{i=1}^{n-1}\sum_{j=1}^{m-1}f(x_i,y_j)\}$$

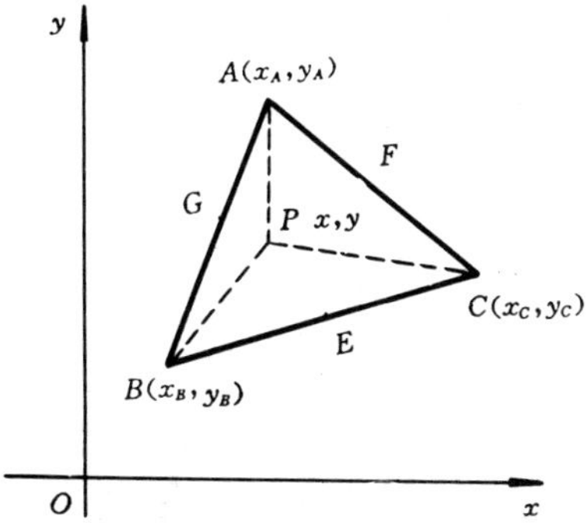

图 4-3

7.2　三角形域上面积坐标积分法

设 ΔABC 是 $O\text{-}xy$ 平面上的一个一般三角形如图 4-3。$f(x,y)$ 是一个二元代数多项式。要计算积分

$$I=\iint_{\Delta ABC} f(x,y)dxdy \tag{7.3}$$

对点 $P(x,y)$ 引进面积坐标 λ,μ:

$$\begin{cases}\lambda = S_{\Delta PBC}/S_{\Delta ABC} \\ \mu = S_{\Delta PCA}/S_{\Delta ABC}\end{cases} \tag{7.4}$$

其中 $S_{\Delta ABC}$ 表示 ΔABC 的面积,其它的类似。

当 P 在 ΔABC 内部时,$\lambda > 0, \mu > 0, \lambda + \mu < 1$。点 P 的面积坐标(λ, μ) 是点 P 坐标(x, y) 的线性函数。P 点的坐标(x, y) 通过面积坐标(λ, μ) 可表示为:

$$(x, y) = \lambda(x_A, y_A) + \mu(x_B, y_B) + (1 - \lambda - \mu)(x_C, y_C) \tag{7.5}$$

利用(7.5) 可把代数多项式 $f(x, y)$ 化成 λ, μ 的代数多项式 $\tilde{f}(\lambda, \mu)$,把变量 x, y 化成变量 $\lambda. \mu$ 可得

$$\begin{aligned} I &= \iint_{\Delta ABC} f(x, y) dx dy \\ &= \iint_{\substack{\lambda, \mu \geqslant 0 \\ \lambda + \mu \leqslant 1}} \tilde{f}(\lambda, \mu) \begin{vmatrix} \frac{\partial x}{\partial \lambda} & \frac{\partial x}{\partial \mu} \\ \frac{\partial y}{\partial \lambda} & \frac{\partial y}{\partial \mu} \end{vmatrix} d\lambda d\mu \\ &= 2S_{\Delta ABC} \iint_{\substack{\lambda, \mu \geqslant 0 \\ \lambda + \mu \leqslant 1}} \tilde{f}(\lambda, \mu) d\lambda d\mu \end{aligned}$$

而对于非负整数 α, β 有

$$\iint_{\substack{\lambda, \mu \geqslant 0 \\ \lambda + \mu \leqslant 1}} \lambda^{\alpha} \mu^{\beta} d\lambda d\mu = \frac{\alpha ! \beta !}{(\alpha + \beta + 2) !} \tag{7.6}$$

利用(7.4),(7.5),(7.6) 我们可以把三角形域上的二元多项式函数 $f(x, y)$ 精确计算出来。结合三角形域上的代数多项式插值,可以建立各种三角形域上的数值求积公式。

例 12　利用二元函数 $f(x, y)$ 在 ΔABC 顶点及边中点上函数值 $f_A, f_B, f_C, f_E, f_F, f_G$ 建立数值求积公式。

解　设 $p(x, y)$ 是满足插值条件的二次多项式,则 $\tilde{p}(\lambda, \mu)$ 是 λ, μ 的二次多项式,利用点 A、B、C, E、F、G 的面积坐标(1,0),(0,1),

$(0,0),(0,\frac{1}{2}),(\frac{1}{2},0),(\frac{1}{2},\frac{1}{2})$ 可以推得

$$\begin{aligned}\tilde{p}(\lambda,\mu) &= 2(\lambda-\frac{1}{2})\lambda f_A + 2\mu(\mu-\frac{1}{2})f_B \\ &\quad + 2(1-\lambda-\mu)(\frac{1}{2}-\lambda-\mu)f_C \\ &\quad + 4\mu(1-\lambda-\mu)f_E + 4\lambda(1-\lambda-\mu)f_F + 4\lambda\mu f_G\end{aligned}$$

取

$$\begin{aligned}\iint_{\Delta ABC} f(x,y)dxdy &\approx \iint_{\Delta ABC} p(x,y)dxdy \\ &= 2S_{\Delta ABC}\iint_{\substack{\lambda,\mu\geqslant 0\\ \lambda+\mu\leqslant 1}}\tilde{p}(\lambda,\mu)d\lambda d\mu \\ &= \frac{1}{3}S_{\Delta ABC}(f_E+f_F+f_G)\end{aligned}$$

这是一个二元二次插值型求积公式。

§8 数值微分

列表函数的数值微分多取插值函数微分；非列表函数的数值微分多取差分近似。数值微分的数值稳定性差，经常利用外推法来提高精度。当同时计算等距节点上的导数时，隐式方法具有较高的精度。

8.1 插值函数法

设 $P_n(x)$ 是 $f(x)$ 的 Lagrange 插值多项式或 Hermite 插值多项式，在插值区间$[a,b]$内，一种很直观的数值微分公式是取

$$f^{(\upsilon)}(x) \approx P_n^{(\upsilon)}(x),1\leqslant \upsilon\leqslant n,a\leqslant x\leqslant b \tag{8.1}$$

1. 二点公式

设 $x_0<x_1,P_1(x)=f(x_0)\dfrac{x_1-x}{x_1-x_0}+f(x_1)\dfrac{x-x_0}{x_1-x_0}$

于是

$$f'(x) \approx \frac{f(x_1) - f(x_0)}{h}, x_0 \leqslant x \leqslant x_1 \tag{8.2}$$

其中 $h = x_1 - x_0$。利用广义均差微分公式

$$\frac{d}{dx}[x_0, \cdots, x_n, \underbrace{x, \cdots, x}_{S个}]f = S[x_0, \cdots, x_n, \underbrace{x, \cdots, x}_{S+1个}]f$$

(证明从略)我们有

$$\begin{aligned} f'(x) - \frac{f(x_1) - f(x_0)}{h} &= [x_0, x_1, x]f \cdot (2x - x_0 - x_1) + \\ &\quad [x_0, x_1, x, x]f \cdot (x - x_0)(x - x_1) \end{aligned}$$

当 $f \in C^3[x_0, x_1]$ 时,有

$$\begin{aligned} f'(x) - \frac{f(x_1) - f(x_0)}{h} &= \frac{f''(\xi(x))}{2!}(2x - x_0 - x_1) + \frac{f'''(\eta(x))}{3!}(x - x_0)(x - x_1) \end{aligned}$$

特别地

$$\begin{cases} f'(x_0) = \dfrac{f(x_1) - f(x_0)}{h} - \dfrac{h}{2}f''(\xi_0), \xi_0 \in [x_0, x_1] \\ f'(\dfrac{x_0 + x_1}{2}) = \dfrac{f(x_1) - f(x_0)}{h} - \dfrac{h^2}{24}f'''(\xi_{\frac{1}{2}}), \xi_{\frac{1}{2}} \in [x_0, x_1] \\ f'(x_1) = \dfrac{f(x_1) - f(x_0)}{h} + \dfrac{h}{2}f''(\xi_1), \xi_1 \in [x_0, x_1] \end{cases} \tag{8.3}$$

2. 三点公式

设 $f(x)$ 充分光滑,利用 $f(x)$ 关于 $x_0 < x_1 < x_2$ 三点的 Lagrange 插值多项式 $L_2(x)$,我们可建立数值微分公式

$$\begin{aligned} f'(x) \approx f(x_0) &\frac{2x - x_1 - x_2}{(x_0 - x_1)(x_0 - x_2)} \\ &+ f(x_1) \frac{2x - x_0 - x_2}{(x_1 - x_0)(x_1 - x_2)} \\ &+ f(x_2) \frac{2x - x_0 - x_2}{(x_2 - x_0)(x_2 - x_1)} \end{aligned} \tag{8.4}$$

$$f''(x) \approx 2\left\{\frac{f(x_0)}{(x_0-x_1)(x_0-x_2)} + \frac{f(x_1)}{(x_1-x_0)(x_1-x_2)} + \frac{f(x_2)}{(x_2-x_0)(x_2-x_1)}\right\} \tag{8.5}$$

当 $x_i = x_0 + ih, i = 0,1,2$ 时：

$$\begin{cases} f'(x_0) = \dfrac{1}{2h}\{-3f(x_0) + 4f(x_1) - f(x_2)\} + \dfrac{f'''(\xi_0)}{3}h^2 \\ f'(x_1) = \dfrac{1}{2h}\{-f(x_0) + f(x_2)\} - \dfrac{h^2}{6}f'''(\xi_1) \\ f'(x_2) = \dfrac{1}{2h}\{f(x_0) - 4f(x_1) + 3f(x_2)\} + \dfrac{h^2}{3}f'''(\xi_2) \end{cases} \tag{8.6}$$

及

$$\begin{cases} f''(x_0) = \dfrac{f(x_0) - 2f(x_1) + f(x_2)}{h^2} - f^{(3)}(\eta_0)h + \dfrac{h^2}{6}f^{(4)}(\bar{\eta}_0) \\ f''(x_1) = \dfrac{f(x_0) - 2f(x_1) + f(x_2)}{h^2} - \dfrac{h^2}{24}f^{(4)}(\bar{\eta}_1) \\ f''(x_2) = \dfrac{f(x_0) - 2f(x_1) + f(x_2)}{h^2} + hf^{(3)}(\eta_2) + \dfrac{h^2}{6}f^{(4)}(\bar{\eta}_2) \end{cases} \tag{8.7}$$

从(8.3)，(8.7)可以看出二点公式中 $f'(\frac{x_0+x_1}{2})$ 和三点公式中 $f''(x_1)$ 具有较高的精度，这二个节点(指 $\frac{x_0+x_1}{2}, x_1$)，处在插值节点的“中心”位置。

利用函数 $f(x)$ 的三次样条插值函数 $S(x)$，我们也可以建立数值微分公式

$$f^{(v)} \approx S^{(v)}(x), v = 1,2,3, x \in [a,b] \tag{8.8}$$

若记 $S'(x_i) = m_i, i = 0,1,\cdots,n, h_i = x_i - x_{i-1}$。当 $x \in [x_{i-1}, x_i]$ 时，具体微分公式为

$$
\begin{cases}
f'(x) \approx m_{i-1} + 2\,\dfrac{x - x_{i-1}}{h_i}\left(\dfrac{y_i - y_{i-1}}{h_i} - m_{i-1}\right) \\
\qquad + \dfrac{(x - x_{i-1})(3x - x_{i-1} - x_i)}{h_i^2}\left(m_{i-1} - 2\,\dfrac{y_i - y_{i-1}}{h_i} + m_i\right) \\
f''(x) \approx \dfrac{2}{h_i}\left(\dfrac{y_i - y_{i-1}}{h_i} - m_{i-1}\right) \\
\qquad + \dfrac{6x - 5x_{i-1} - x_i}{h_i^2}\left(m_{i-1} - 2\,\dfrac{y_i - y_{i-1}}{h_i} + m_i\right) \\
f'''(x) \approx \dfrac{6}{h_i^2}\left(m_{i-1} - 2\,\dfrac{y_i - y_{i-1}}{h_i} + m_i\right)
\end{cases}
$$

由于 $S(x) \in C^2[a,b]$，$f'''(x_{i+})$ 与 $f'''(x_{i-})$ 可能不一样，但相差不大。

对于数值微分公式(8.8)的余项有：

定理12 若 $f(x) \in C^4[a,b]$，$S(x)$ 是 $f(x)$ 的一型或二型边值插值三次样条函数，则成立

$$
\| f^{(\upsilon)}(x) - S^{(\upsilon)}(x) \|_\infty \leqslant C_\upsilon \| f^{(4)} \|_\infty h^{(4-\upsilon)},\ \upsilon = 1,2,3 \quad (8.9)
$$

其中 $h = \max\limits_{1 \leqslant i \leqslant n} h_i$，$C_0 = \dfrac{5}{384}$，$C_1 = \dfrac{1}{24}$，$C_2 = \dfrac{3}{8}$，$C_3 = \dfrac{1}{2}(\beta + \beta^{-1})$，$\beta = h / \min\limits_{1 \leqslant i \leqslant n} h_i$)。

8.2 差分算子近似微分算子法

求解微分方程的一种主要方法是差分法。差分法就是利用函数的差分逼近函数的微分或偏微分。利用向前差分算子 $\dfrac{1}{h}\Delta_h$，向后差分算子 $\dfrac{1}{h}\nabla_h$ 或中心差分算子 $\dfrac{1}{h}\delta_h$ 来近似微分算子 $D = \dfrac{d}{dx}$，可以很方便地建立数值微分公式。例如对函数 $f(x)$ 的一阶微分有

$$
\begin{cases}
f'(x) \approx \dfrac{1}{h}\Delta_h f(x) = \dfrac{f(x+h)-f(x)}{h} \\
f'(x) \approx \dfrac{1}{h}\nabla_h f(x) = \dfrac{f(x)-f(x-h)}{h} \\
f'(x) \approx \dfrac{1}{h}\delta_h f(x) = \dfrac{f(x+\frac{h}{2})-f(x-\frac{h}{2})}{h}
\end{cases}
\tag{8.10}
$$

例如对$\frac{d}{dx}(p(x)\frac{dy}{dx})$将所有微分$\frac{d}{dx}$用中心差分代替，可建立数值微分公式

$$
\begin{aligned}
\frac{d}{dx}(p(x)\frac{dy}{dx}) &\approx \frac{1}{h}\delta_h(p(x)\frac{1}{h}\delta_h y(x)) \\
&= \frac{1}{h}\delta_h(\frac{p(x)y(x+\frac{h}{2})-p(x)y(x-\frac{h}{2})}{h}) \\
&= \frac{1}{h^2}[p(x+\frac{h}{2})y(x+h)-(p(x+\frac{h}{2})+p(x-\frac{h}{2}))y(x) \\
&\quad + p(x-\frac{h}{2})y(x-h)]
\end{aligned}
$$

特别地当 $p(x)\equiv 1$ 时，

$$
\frac{d^2}{dx^2}y \approx \frac{1}{h^2}[y(x+h)-2y(x)+y(x-h)] \tag{8.11}
$$

若用$(\frac{1}{h}\Delta_h)^2$逼近$D^2=\frac{d^2}{dx}$，也可建立公式

$$
\frac{d^2y}{dx^2} \approx \frac{1}{h^2}[(y(x+2h)-2y(x+h)+y(x)]
$$

由(8.3)和(8.7)可以看出，利用中心差分逼近微分所得数值微分公式具有较高的精度。在实际应用中，多利用中心差分公式。

用差分导出的数值微分公式，实质上就是用插值多项式导出的微分公式，但是节点不再是固定的，因点而异，从而其余项分析可以利用插值函数微分法的分析。但对差分法来说更方便的分析法是 Taylor 展开法给出余项的主部。

例如中心差分公式

$$f''(x) \approx \frac{1}{h^2}[f(x-h) - 2f(x) + f(x+h)]$$

中,将函数 $f(x \mp h)$ 全在 x 点进行 Taylor 展开,得

$$\begin{aligned} f''(x) - \frac{f(x-h) - 2f(x) + f(x+h)}{h^2} &= -2\sum_{k=2}^{\infty} \frac{f^{(2k)}(x)}{(2k)!}(h)^{2k} \cdot h^{-2} \\ &= \frac{-1}{12} f^{(4)}(x)h^2 + O(h^4) \end{aligned} \quad (8.12)$$

余项主部为$\frac{-1}{12}f^{(4)}(x)h^2$。

类似地

$$\begin{aligned} f'(x) - \frac{f(x+\frac{h}{2}) - f(x-\frac{h}{2})}{h} &= -2\sum_{k=1}^{\infty} \frac{f^{(2k+1)}(x)}{(2k+1)!}(\frac{h}{2})^{2k+1} \cdot h^{-1} \\ &= \frac{-1}{24} f^{(3)}(x)h^2 + O(h^4) \end{aligned} \quad (8.13)$$

用差分算子建立数值微分公式,其余项表明,步长 h 越小,余项越小,精度越高。但在数值微分中出现相近数相减同时又用很小的步长 h 去除,数值极不稳定。提高数值微分精度的一个途径是利用数值微分的余项展开,利用几个不同的步长 h 进行外推。

例如数值微分

$$\frac{d}{dx}f(x) \approx \frac{f(x+\frac{h}{2}) - f(x-\frac{h}{2})}{h} \triangleq D(x,h)$$

有

$$f'(x) - D(x,h) = \frac{-f'''(x)}{3!\,4}h^2 - \frac{f^{(5)}(x)}{5!\,16}h^4 + O(h^4)$$

当 $h_1 \neq h_2$ 时,可以由外推得

$$f'(x) - \frac{h_1^2 D(x,h_2) - h_2^2 D(x,h_1)}{h_1^2 - h_2^2} = -\frac{f^{(5)}(x)}{5!\,4^2}h_1^2 h_2^2 + O(h_1^2 h_2^2)$$

用

$$\frac{h_1^2 D(x,h_2) - h_2^2 D(x,h_1)}{h_1^2 - h_2^2}$$

来近似 $f'(x)$，当 h_1,h_2 充分小时比 $D(x,h_i), i=1,2$ 哪一个都要准确些。

8.3* 隐式方法

我们以具体例子来介绍隐式方法。设 $f(x)$ 为 $[a,b]$ 上光滑函数，$h=\frac{b-a}{n+1}$，$x_i=a+ih, i=0,\cdots,n+1$ 我们要计算 $f'(x_i), i=0,1,\cdots,n+1$ 的近似植。

利用 Simpson 求积公式

$$f(x_{i+1}) - f(x_{i-1}) = \int_{x_{i-1}}^{x_{i+1}} f'(x)dx$$

$$\approx \frac{h}{3}[f'(x_{i-1}) + 4f'(x_i) + f'(x_{i+1})] - \frac{h^5}{90}f^{(5)}(\xi_i), x_{i-1} \leqslant \xi_i \leqslant x_{i+1} \tag{8.14}$$

忽略余项，并记 $f'(x_i)$ 的近似值为 f'_i，得线性方程组

$$f'_{i-1} + 4f'_i + f'_{i+1} = \frac{3}{h}[f(x_{i+1}) - f(x_{i-1})], i=1,\cdots,n \tag{8.15}$$

当取 $f'_0 = f'(a), f'_{n+1} = f'(b)$ 时，$f'_1,\cdots,f'_n$ 可由(8.15)用追赶法求解出来。

利用(8.14)及 $f'_0 = f'(a), f'_{n+1} = f'(b)$ 可以证明：

$$\max_{0\leqslant i\leqslant n+1} |f'(x_i) - f'_i| \leqslant \frac{\| f^{(5)} \|_\infty}{60} h^4 \tag{8.16}$$

对于 $f''(x_i), i=0,1,\cdots,n+1$，我们可用下述隐式方法计算：

$$
\begin{cases}
f''_0 = f''(a) \\
f''_{i-1} + 10f''_i + f''_{i+1} = 12\,\dfrac{f(x_{i-1}) - 2f(x_i) + f(x_{i+1})}{h^2} \\
\qquad\qquad i = 1,\cdots,n \\
f''_{n+1} = f''(b)
\end{cases}
\tag{8.17}
$$

方程(8.17)可用追赶法求解。对其余项我们可以证明

$$
\max_{0\leqslant i\leqslant n+1} |f''(x_i) - f''_i| = O(h^4)
$$

对于其它阶导数及更高的精度要求，都可以建立相应的隐式算法。隐式算法具有较好的数值稳定性和较高的精度。

总结以上算法：常用数值积分公式及数值微分公式大多基于多项式插值或分段多项式插值。余项与插值多项式的余项密切有关。

数值积分中Newton-Cotes公式最简单。主要的数值求积方法是Gauss型求积公式、Romberg算法和自适应算法。这三种方法数值稳定，可以达到任何误差要求。当函数赋值计算量大时，Gauss求积公式值得采用；当赋值计算量小时，Romberg算法较方便；当函数计算量大，在整个区间上性态变化很大时，自适应方法最好。Romberg算法和自适应算法可以根据误差要求，自动判断计算是否完成，在这一点上Gauss求积公式不如它们。

各种数值微分法都有数值稳定性困难的问题。改善数值稳定性困难的途径是利用余项展开进行外推。隐式方法也是一种途径，但不适于一般情况。主要数值微分法是用差分近似微分，特别是用中心差分近似微分。提高逼近精度的主要途径是利用外推及插值多项式微分近似法。

数值积分、数值微分的余项有多种表现形式。在本章中我们采用了微分形式和级数形式。当函数光滑性差时，余项的Peano积分形式能对余项进行精细分析。

习　题　4

1. 确定下列求积公式中的参数，使其代数精度尽量高，并指明所得公式的代数精度。

(1) $\int_{-1}^{1} f(x)dx \approx c[f(x_1) + f(x_2) + f(x_3)]$；

(2) $\int_{-2h}^{2h} f(x)dx \approx A_{-1}f(-h) + A_0 f(0) + A_1 f(h)$；

(3) $\int_{-1}^{1} f(x)dx \approx \frac{1}{3}[f(-1) + 2f(x_1) + 3f(x_2)]$；

(4) $\int_{0}^{h} f(x)dx \approx \frac{h}{2}[f(0) + f(h)] + Ch^2[f'(0) - f'(h)]$

2. 用复化梯形公式、复化 Simpson 公式计算积分(9 点函数值)

$$\int_0^{\frac{\pi}{2}} \frac{\sin x}{x} dx$$

并估计其余项。(提示：$\frac{\sin x}{x} = \int_0^1 \cos xt dt$，$(\frac{\sin x}{x})^{(n)} = \int_0^1 t^n \cos(xt - \frac{n}{2}\pi)dt$)。

3. 用九个点 Romberg 算法计算

$$\int_0^{\frac{\pi}{2}} \frac{\sin x}{x} dx$$

4. 证明对$[a,b]$上的任何连续函数 $f(x)$，成立

$$\lim_{n\to\infty} T_n = \lim_{n\to\infty} S_n = \int_a^b f(x)dx$$

5. 用三个求积节点、四个求积节点的 Gauss 求积公式计算$\int_0^{\pi/2} \frac{\sin x}{x} dx$。

6. 求 Gauss 型求积公式

$$\int_{-1}^{1} |x| f(x)dx \approx A_0 f(x_0) + A_1 f(x_1)$$

并给出其余项估计。

7. 对列表函数

x	1	2	4	8	10
$f(x)$	0	1	5	21	27

求 $f'(5), f''(5)$。

8. 导出数值微分公式

$$f^{(3)}(x) \approx \frac{1}{h^3}[f(x+\frac{3}{2}h) - 3f(x+\frac{h}{2}) + 3f(x-\frac{h}{2}) - f(x-\frac{3}{2}h)]$$

并给出余项级数展开的主部。

9. 编制用 Romberg 算法计算 $\int_a^b f(x)dx$ 的程序框图。

第五章　解线性方程组的直接法

§1　引言

许多科学和工程技术问题，都归结为求解线性方程组。例如，电学中网络问题，实验数据的曲线拟合、曲面拟合问题，用差分法解微分方程边值问题，用有限元法解结构力学问题，解非线性方程组等都导致求解线性方程组。

例 1　设有一个电池电源和一些电阻组成的简单电网络(图 5-1)，试求各环路电流。

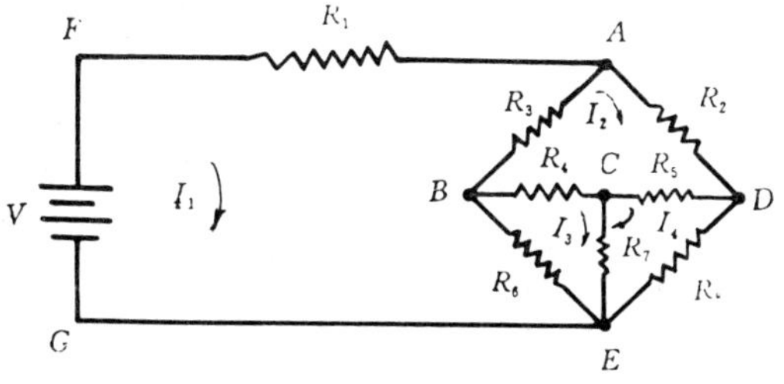

图 5-1

解　记 I_1,I_2,I_3,I_4 为图示的环路电流。对每一个环路，利用克希霍夫(kirchhoff) 定律，即回路电压定律：任何一个闭合回路中，各电动势的代数和等于各电阻上电压降的代数和，即 $\sum E = \sum IR$。可列出方程组：

$$\left.\begin{aligned}&\text{环路}\quad FABEF:\ v_{AB}+v_{BE}+v_{FA}=V\\&\text{环路}\quad ADCB:\ v_{AD}-v_{CD}-v_{BC}-v_{AB}=0\\&\text{环路}\quad BCE:\ v_{BC}+v_{CE}-v_{BE}=0\\&\text{环路}\quad CDE:\ v_{CD}+v_{DE}-v_{CE}=0\end{aligned}\right\}\tag{1.1}$$

利用欧姆定律,(1.1) 式即为:

$$\left.\begin{aligned}&R_3I_{AB}+R_6I_{BE}+R_1I_{FA}=V\\&R_2I_{AD}-R_5I_{CD}-R_4I_{BC}-R_3I_{AB}=0\\&R_4I_{BC}+R_7I_{CE}-R_6I_{BE}=0\\&R_5I_{CD}+R_8I_{DE}-R_7I_{CE}=0\end{aligned}\right\}\tag{1.2}$$

可用环路电流代替支路电流,即有

$$\begin{cases}I_{AB}=I_1-I_2,I_{BC}=I_3-I_2\\I_{AD}=I_2,I_{CD}=I_4-I_2\\I_{BE}=I_1-I_3,I_{CE}=I_3-I_4\\I_{DE}=I_4,I_{FA}=I_1\end{cases}\tag{1.3}$$

将(1.3) 式代入(1.2) 就得到确定环路电流的线性方程组:

$$\begin{bmatrix}(R_3+R_6+R_1) & -R_3 & -R_6 & 0\\ -R_3 & (R_2+R_5+R_4+R_3) & -R_4 & -R_5\\ -R_6 & -R_4 & (R_4+R_6+R_7) & -R_7\\ 0 & -R_5 & -R_7 & (R_5+R_7+R_8)\end{bmatrix}$$

$$\cdot\begin{bmatrix}I_1\\I_2\\I_3\\I_4\end{bmatrix}=\begin{bmatrix}V\\0\\0\\0\end{bmatrix}\tag{1.4}$$

求解方程组(1.4),就可求得环路电流

I_1,I_2,I_3,I_4

方程组(1.4) 系数矩阵称为网络的环路电阻矩阵,一般它是对称的,可用本章介绍的方法,求解此类方程组。

在工程实际问题中产生的线性方程组,其系数矩阵大致有两种。一种是低阶稠密矩阵(阶数大约 $n\leqslant 150$,这种矩阵元素全部存放在计算机内存内)，另一种是大型稀疏矩阵(此类矩阵阶数高且零元素较多，见第6章)。

本章介绍解线性方程组的直接法(主要是高斯消去法及其各种变形)，即如果计算过程中没有舍入误差，经过有限步算术运算可求得方程组的精确解，但在实际计算中由于舍入误差的存在和影响，这类方法也只能求得方程组的近似解。其中选主元消去法，三角分解法是解低阶稠密矩阵方程组的有效方法。

§2 初等矩阵

介绍一种形式十分简单的矩阵，它是由单位阵减去一个秩最多为1的矩阵而得到，称为初等矩阵。这种矩阵在解方程组，求矩阵特征值等问题中起着主要作用。

定义1 设$\boldsymbol{u}=(u_1,u_2,\cdots,u_n)^T\in R^n,\boldsymbol{v}=(v_1,v_2,\cdots,v_n)^T\in R^n$，$\sigma$为数，称矩阵 $E(\boldsymbol{u},\boldsymbol{v},\sigma)=I-\sigma\boldsymbol{u}\boldsymbol{v}^T$ 为初等矩阵。即

$$E(\boldsymbol{u},\boldsymbol{v},\sigma)=\begin{bmatrix}1-\sigma u_1v_1 & -\sigma u_1v_2 & \cdots & -\sigma u_1v_n\\ -\sigma u_2v_1 & 1-\sigma u_2v_2 & \cdots & -\sigma u_2v_n\\ \vdots & & \ddots & \\ -\sigma u_nv_1 & -\sigma u_nv_2 & \cdots & 1-\sigma u_nv_n\end{bmatrix}$$

初等矩阵容易求逆。事实上设有初等矩阵

$E(\boldsymbol{u},\boldsymbol{v},\sigma)=I-\sigma\boldsymbol{u}\boldsymbol{v}^T$，求$E^{-1}(\boldsymbol{u},\boldsymbol{v},\sigma)$

考查
$$\begin{aligned}E(\boldsymbol{u},\boldsymbol{v},\sigma)E(\boldsymbol{u},\boldsymbol{v},\alpha)&=(\mathrm{I}-\sigma\boldsymbol{u}\boldsymbol{v}^T)(I-\alpha\boldsymbol{u}\boldsymbol{v}^T)\\&=I-((\sigma+\alpha)-\sigma\alpha\boldsymbol{v}^T\boldsymbol{u})\boldsymbol{u}\boldsymbol{v}^T\end{aligned}$$

选取α使 $\sigma+\alpha-\sigma\alpha\boldsymbol{v}^T\boldsymbol{u}=0$

或选取 $\alpha=\sigma/(\sigma\boldsymbol{v}^T\boldsymbol{u}-1)$ (当$\sigma\boldsymbol{v}^T\boldsymbol{u}\neq1$)

$$\therefore E^{-1}(\boldsymbol{u},\boldsymbol{v},\sigma)=E(\boldsymbol{u},\boldsymbol{v},\alpha)=I-\alpha\boldsymbol{u}\boldsymbol{v}^T$$

其中 $\alpha=\sigma/(\sigma\boldsymbol{v}^T\boldsymbol{u}-1)$

2.1 初等下三角阵(高斯变换)

定义 2 取 $u = l_k = \begin{bmatrix} 0 \\ \vdots \\ 0 \\ m_{k+1} \\ \vdots \\ m_n \end{bmatrix}$（前 k 个分量为 0）$, v = e_k = \begin{bmatrix} 0 \\ \vdots \\ 1 \\ 0 \\ \vdots \\ 0 \end{bmatrix} k, \sigma = 1$

称 $E(l_k, e_k, 1) = I - l_k e_k^T \equiv L_k(l_k)$ 指标为 k 初等下三角阵

$$\text{显然}, L_k = \begin{bmatrix} 1 & & & & & \\ & \ddots & & & & \\ & & 1 & & & \\ & & -m_{k+1} & 1 & & \\ & & \vdots & & \ddots & \\ & & -m_n & & & 1 \end{bmatrix} k$$

初等下三角阵在解方程组直接法中起着重要作用。

显然

$$L_k^{-1} = \begin{bmatrix} 1 & & & & & \\ & \ddots & & & & \\ & & 1 & & & \\ & & m_{k+1} & 1 & & \\ & & \vdots & & \ddots & \\ & & m_n & & & 1 \end{bmatrix} = I + l_k e_k^T$$

2.2 初等置换阵

定义 3 取 $u = v = e_i - e_j, \sigma = 1$，称

$$E(e_i - e_j, e_i - e_j, 1) = I - (e_i - e_j)(e_i - e_j)^T \equiv I_{i,j}$$

为初等置换阵。

$$
\text{显然},I_{ij}=\begin{array}{c} \\ \\ \\ i \\ \\ j \\ \\ \\ \end{array}\begin{bmatrix} 1 & & \vdots & & \vdots & & \\ & \ddots & & & & & \\ \cdots & \cdots & 0 & & 1 & \cdots & \cdots \\ & & & \ddots & & & \\ \cdots & \cdots & 1 & & 0 & \cdots & \cdots \\ & & & & & \ddots & \\ & & \vdots & & \vdots & & 1 \end{bmatrix}
$$

（列标记：第 i 列、第 j 列）

也就是说 I_{ij} 是单位阵交换第 i 行与第 j 行（或交换第 i 列与第 j 列）得到的矩阵。

定理 1　设 $I_{ij}=I-(\boldsymbol{e}_i-\boldsymbol{e}_j)(\boldsymbol{e}_i-\boldsymbol{e}_j)^T$，则

（1）I_{ij} 是正交阵，即 $I_{ij}^{-1}=I_{ij}^T$，I_{ij} 是对称阵，即 $I_{ij}^T=I_{ij}$；

（2）$\det(I_{ij})=-1$；

（3）$I_{ij}A$　用 I_{ij} 左乘于 A，相当于交换 A 第 i 行与第 j 行元素；

　　AI_{ij}　用 I_{ij} 右乘于 A，相当于交换 A 第 i 列与第 j 列元素。

2.3　初等反射阵（Householder 变换）

定义 4　设向量 $\boldsymbol{w}\in R^n$ 且 $\boldsymbol{w}^T\boldsymbol{w}=1,\sigma=2$，称矩阵

$$E(\boldsymbol{w},\boldsymbol{w},2)=I-2\boldsymbol{w}\boldsymbol{w}^T\equiv H(\boldsymbol{w})$$

为初等反射阵（或称为 Householder 变换）。

初等反射阵在解方程组，求矩阵特征值问题中起着重要作用。

例 2　设 $\boldsymbol{w}=\begin{bmatrix}\frac{1}{3}\\ \frac{2}{3}\\ \frac{2}{3}\end{bmatrix}$ 且有 $\boldsymbol{w}^T\boldsymbol{w}=1$

于是可产生一初等反射阵

$$H=\frac{1}{9}\begin{bmatrix}7 & -4 & -4\\ -4 & 1 & -8\\ -4 & -8 & 1\end{bmatrix}$$

定理 2 设 $H(\boldsymbol{w}) = I - 2\boldsymbol{w}\boldsymbol{w}^T$，其中 $\boldsymbol{w}^T\boldsymbol{w} = 1$ 为初等反射阵，则

(1) H 是对称阵，即 $H^T = H$；

(2) H 是正交阵，即 $H^{-1} = H^T$；

(3) 设 A 为对称矩阵，那末 $A_1 = H^{-1}AH = HAH$ 亦是对称阵。

证明 只证(2)

考查 $H^TH = H^2 = (I - 2\boldsymbol{w}\boldsymbol{w}^T)(I - 2\boldsymbol{w}\boldsymbol{w}^T)$

$$= I - 4\boldsymbol{w}\boldsymbol{w}^T + 4\boldsymbol{w}\boldsymbol{w}^T = I$$

所以 $H^{-T} = H^T = H$

初等反射阵几何意义：

设 $H = I - 2\boldsymbol{w}\boldsymbol{w}^T$，其中 $\|\boldsymbol{w}\|_2^2 = \boldsymbol{w}^T\boldsymbol{w} = 1$

过原点以 $\boldsymbol{w}$ 为法向量的超平面方程为

$$S:(\boldsymbol{w},\boldsymbol{x}) = 0$$

下面来说明 Householder 变换在几何上是关于超平面 S 的镜面反射变换。

设 $\boldsymbol{v} \in R^n$ 为任意向量，于是由线性代数理论可知

$$\boldsymbol{v} = \boldsymbol{x} + \boldsymbol{y}$$

其中 $\boldsymbol{x} \in S, \boldsymbol{y} \in S^{\perp}$ ($S^{\perp}$ 为 S 的正交补空间)，下面考查

$$H\boldsymbol{v} = H\boldsymbol{x} + H\boldsymbol{y}$$

(a) $H\boldsymbol{x} = (I - 2\boldsymbol{w}\boldsymbol{w}^T)\boldsymbol{x} = \boldsymbol{x} - 2\boldsymbol{w}(\boldsymbol{w}^T\boldsymbol{x}) = \boldsymbol{x}$

($\because$ $\boldsymbol{x} \in S$，则 $\boldsymbol{w}^T\boldsymbol{x} = 0$)

(b) $Hy = (I - 2ww^T)y = y - 2w(w^Ty) = c\boldsymbol{w} - 2c\boldsymbol{w}(\boldsymbol{w}^T\boldsymbol{w})$

$$= - c\boldsymbol{w} = - \boldsymbol{y}$$

($\because \boldsymbol{y} \leftarrow S^{\perp}$ $\therefore y = c\boldsymbol{w}$)

于是， $H\boldsymbol{v} = \boldsymbol{x} - \boldsymbol{y} = \boldsymbol{v}'$

其中 $\boldsymbol{v}'$ 为 $\boldsymbol{v}$ 关于平面 S 的镜面反射(图 5-2)。

初等反射阵在计算上的意义，是因为它能把矩阵或向量中指定元素化为零(即可用初等反射阵来约化矩阵或向量为简单形式)，例如，设 $\boldsymbol{x} \in R^n(\boldsymbol{x} \neq 0)$，则可选取 H 变换使 $H\boldsymbol{x} = \sigma\boldsymbol{e}_1$($\sigma$ 为某个数)。

定理 3 (1) 设 $\boldsymbol{x},\boldsymbol{y}$ 为两个不相等的 R^n 中向量；

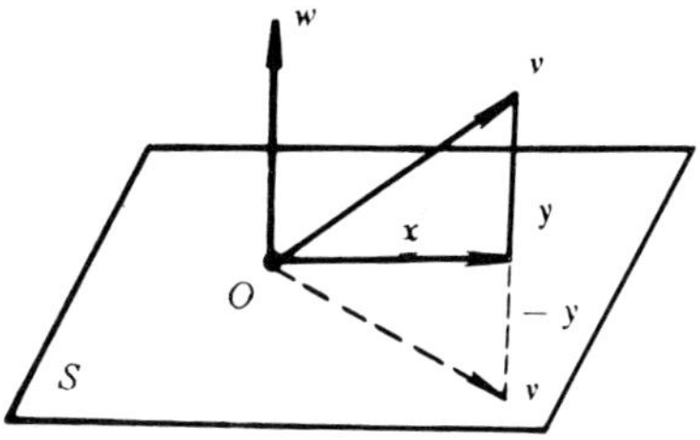

图 5-2

(2) 且设等长，即 $\|x\|_2 = \|y\|_2$，则存在一个初等反射阵 H 使 $Hx = y$，其中 $H = I - 2ww^T$，且 $\|w\|_2 = 1$。

证明 对于给定 $x, y \in R^n$，由 H － 变换的几何意义，可知需要确定平面 S 位置（即确定 w）使得 x, y 关于 S 为对称，即选取

$$w \parallel (x - y)$$

$$w = \frac{x - y}{\|x - y\|_2}$$

于是 $$H = I - 2\frac{(x - y)(x^T - y^T)}{\|x - y\|_2^2}$$

下面验证 $Hx = y$，事实上，

$$Hx = x - 2\frac{(x - y)(x^T x - y^T x)}{\|x - y\|_2^2} = x - (x - y) = y$$

因为，$$\begin{aligned}\|x - y\|_2^2 &= (x - y, x - y) \\ &= (x, x) + (y, y) - 2(x, y) \\ &= 2(x^T x - y^T x)\end{aligned}$$

定理 4 （约化定理）

设 $$x = \begin{bmatrix} \alpha_1 \\ \alpha_2 \\ \vdots \\ \alpha_n \end{bmatrix} \neq 0,$$则存在初等反射阵 H 使 $Hx = -\sigma e_1$

其中

$$\begin{cases} H = I - \beta^{-1}\boldsymbol{u}\boldsymbol{u}^T \\ \sigma = \text{sign}(\alpha_1)\,\|\boldsymbol{x}\|_2 \\ \boldsymbol{u} = \boldsymbol{x} + \sigma\boldsymbol{e}_1 \\ \beta = \dfrac{1}{2}\|\boldsymbol{u}\|_2^2 = \sigma(\sigma + \alpha_1) \end{cases}$$

证明　记 $\boldsymbol{y} = -\sigma\boldsymbol{e}_1$，设 $\boldsymbol{x} \neq \boldsymbol{y}$，取 $\sigma = \pm\|\boldsymbol{x}\|_2$，则有

$$\|\boldsymbol{x}\|_2 = \|\boldsymbol{y}\|_2$$

于是由定理 3 存在 H 变换：

$$\begin{cases} H = I - 2\boldsymbol{w}\boldsymbol{w}^T \\ \text{其中 } \boldsymbol{w} = \dfrac{\boldsymbol{x} + \sigma\boldsymbol{e}_1}{\|\boldsymbol{x} + \sigma\boldsymbol{e}_1\|_2} \end{cases} \tag{2.1}$$

使　$H\boldsymbol{x} = \boldsymbol{y} = -\sigma\boldsymbol{e}_1$

记　$\boldsymbol{u} = \boldsymbol{x} + \sigma\boldsymbol{e}_1 \equiv (u_1, u_2, \cdots, u_n)^T$

于是

$$\begin{cases} H = I - 2\dfrac{\boldsymbol{u}\boldsymbol{u}^T}{\|\boldsymbol{u}\|_2^2} = I - \beta^{-1}\boldsymbol{u}\boldsymbol{u}^T \\ \text{其中}\quad \beta = \dfrac{1}{2}\|\boldsymbol{u}\|_2^2 \end{cases}$$

计算 H 变换的公式$(\boldsymbol{u}, \sigma, \beta)$：

$$\boldsymbol{u} = [\alpha_1 + \sigma, \alpha_2, \cdots, \alpha_n]^T$$

$$\begin{aligned} \beta = \frac{1}{2}\|\boldsymbol{u}\|_2^2 &= \frac{1}{2}((\alpha_1 + \sigma)^2 + \alpha_2^2 + \cdots + \alpha_n^2) \\ &= \frac{1}{2}(\alpha_1^2 + 2\alpha_1\sigma + \sigma^2 + \alpha_2^2 + \cdots + \alpha_n^2) \\ &= \frac{1}{2}(2\sigma^2 + 2\alpha_1\sigma) = \sigma(\sigma + \alpha_1) \end{aligned}$$

计算 $\alpha_1 + \sigma$ 时，为了避免有效数字损失，取

$$\begin{aligned} \sigma &= \text{sign}(\alpha_1)\,\|\boldsymbol{x}\|_2 \\ &= \text{sign}(\alpha_1)\sqrt{\sum_{i=1}^{n}\alpha_i^2} \qquad (\text{显然 } \boldsymbol{x} \neq \boldsymbol{y}) \end{aligned}$$

算法 1　（计算初等反射阵）　设 $\boldsymbol{x} = (\alpha_1, \alpha_2, \cdots, \alpha_n)^T \neq 0$，本算

法计算 σ,β,及 $\boldsymbol{u}$ 使 $H\boldsymbol{x}=-\sigma\boldsymbol{e}_1$,其中 $H=I-\beta^{-1}\boldsymbol{u}\boldsymbol{u}^T$。

(1) 计算 σ:$\sigma=\text{sign}(\alpha_1)\sqrt{\sum_{i=1}^{n}\alpha_i^2}$;

(2) 计算 $\boldsymbol{u}$:$\alpha_1\leftarrow u_1=\alpha_1+\sigma$;

(3) 计算 β:$\beta=\sigma*u_1$。

在计算 σ 时,可能发生上溢或下溢,为了避免溢出,将 $\boldsymbol{x}$ 规范化。

设　$\boldsymbol{x}=(\alpha_1,\alpha_2,\cdots,\alpha_n)^T\neq 0$,则 $H\boldsymbol{x}=-\sigma\boldsymbol{e}_1$,其中

$$H=I-\beta^{-1}\boldsymbol{u}\boldsymbol{u}^T$$

令　$\boldsymbol{x}'=\boldsymbol{x}/d$,其中 $d=\max|\alpha_i|$,则有 H' 使 $H'\boldsymbol{x}'=-\sigma'\boldsymbol{e}_1$。其中

$$\begin{cases}H'=I-(\beta')^{-1}\boldsymbol{u}'\boldsymbol{u}'^T\\ \sigma'=\dfrac{1}{d}\sigma\\ \boldsymbol{u}'=\dfrac{1}{d}\boldsymbol{u}\\ \beta'=\dfrac{1}{d^2}\beta\\ H'=H\end{cases}$$

算法2　设 $\boldsymbol{x}=(\alpha_1,\alpha_2,\cdots,\alpha_n)^T\neq 0$,本算法计算 H' 及 σ 使 $H'\boldsymbol{x}=-\sigma\boldsymbol{e}_1$。

(1) 计算 d:$d=\max|\alpha_i|$;

(2) 计算 x':$\alpha_i\leftarrow u_i=\alpha_i/d(i=1,2,\cdots,n)$;

(3) 计算 σ':$\sigma=\text{sign}(u_1)\sqrt{u_i^2}$;

(4) 计算 $\boldsymbol{u}'$:$u_1\leftarrow u_1+\sigma$;

(5) 计算 β':$\beta=\sigma*u_1$;

(6) 计算 σ:$\sigma\leftarrow d*\sigma$。

下面考虑用初等反射阵 H 与 $A\in R^{m\times n}$ 乘法计算:

设　$A=(\boldsymbol{a}_1,\boldsymbol{a}_2,\cdots,\boldsymbol{a}_n)$(按列分块)

$$H=I-\beta^{-1}\boldsymbol{u}\boldsymbol{u}^T$$

作 HA 不必明显给出 H，只要提供 $\sigma,\beta,\boldsymbol{u}$ 即可。

于是　$HA=(H\boldsymbol{a}_1,\cdots,H\boldsymbol{a}_j,\cdots,H\boldsymbol{a}_n)$

即计算　$H\boldsymbol{a}_j(j=1,2,\cdots,n)$

$$H\boldsymbol{a}_j=\boldsymbol{a}_j-\beta^{-1}\boldsymbol{u}\boldsymbol{u}^T\boldsymbol{a}_j$$
$$=\boldsymbol{a}_j-(\beta^{-1}\boldsymbol{u}^T\boldsymbol{a}_j)\boldsymbol{u}$$

说明计算 $H\boldsymbol{a}_j$ 只要计算两向量数量积 $\boldsymbol{u}^T\boldsymbol{a}_j$ 及向量的减法。

算法 3　（计算 HA）设 $A=(\boldsymbol{a}_1,\boldsymbol{a}_2,\cdots,\boldsymbol{a}_n)\in R^{m\times n}$ 及 $H=I-\beta^{-1}\boldsymbol{u}\boldsymbol{u}^T$。

计算 $HA=(\cdots H\boldsymbol{a}_j\cdots)$ 且冲掉 A。

对于 $j=1,\cdots,n$

(1) 计算：$t=(\sum_{i=1}^{m}u_i*a_{ij})/\beta$

(2) 计算：$a_{ij}\leftarrow a_{ij}-t*u_i\quad(i=1,2,\cdots,m)$

本算法共需作 $2nm$ 次乘法运算。

2.4　平面旋转矩阵(Givens 变换)

在许多计算中需要有选择地消去一些元素，Givens 变换是解决这个问题的工具。

设　$\boldsymbol{x},\boldsymbol{y}\in R^2$，则变换

$$\begin{pmatrix}\cos\theta & \sin\theta\\ -\sin\theta & \cos\theta\end{pmatrix}\begin{pmatrix}x_1\\ x_2\end{pmatrix}=\begin{pmatrix}y_1\\ y_2\end{pmatrix}$$

或　$P\boldsymbol{x}=\boldsymbol{y}$ 是平面上向量的一个旋转变换，其中

$$P=\begin{pmatrix}\cos\theta & \sin\theta\\ -\sin\theta & \cos\theta\end{pmatrix}\text{为正交矩阵}$$

R^3 中绕轴的旋转变换

$$\begin{pmatrix}\cos\theta & \sin\theta & 0\\ -\sin\theta & \cos\theta & 0\\ 0 & 0 & 1\end{pmatrix}\begin{pmatrix}x_1\\ x_2\\ x_3\end{pmatrix}=\begin{pmatrix}y_1\\ y_2\\ y_3\end{pmatrix}\text{或 }P\boldsymbol{x}=\boldsymbol{y}$$

R^n 中变换

$$
\begin{array}{c}
\\ i \\ \\ \\ j \\ \\
\end{array}
\begin{bmatrix}
1 & & & & & & & & \\
& \ddots & \vdots & & & \vdots & & & \\
& & 1 & & & & & & \\
& \cdots & \cos\theta & & & \sin\theta & \cdots & & \\
& & & \ddots & & & & & \\
& & & & 1 & & & & \\
& & & & & \ddots & & & \\
& \cdots & -\sin\theta & & & \cos\theta & \cdots & & \\
& & & & & & 1 & & \\
& & \vdots & & & \vdots & & \ddots & \\
& & & & & & & & 1
\end{bmatrix}
\begin{bmatrix} x_1 \\ \vdots \\ x_i \\ \vdots \\ x_j \\ \vdots \\ x_n \end{bmatrix}
=
\begin{bmatrix} y_1 \\ \vdots \\ y_i \\ \vdots \\ y_j \\ \vdots \\ y_n \end{bmatrix}
$$

（列标：第 i 列、第 j 列）

或 $P\boldsymbol{x}=\boldsymbol{y}$ 称为平面 $\{x_i,x_j\}$ 上平面旋转变换(或称为 Givens 变换)，$P\equiv P(i,j,\theta)\equiv P(i,j)$ 称为平面旋转矩阵。

显然:P 与单位阵 I 只是在 $(i,i)(i,j)(j,i)$，(j,j) 位置元素不一样，其他相同，且 P 为正交矩阵(即 $P^{-1}=P^T$)。利用 Givens 变换，可使向量 $\boldsymbol{x}$ 中的指定元素变成为零。

定理 5 （约化定理）设 $\boldsymbol{x}=(\alpha_1,\alpha_2,\cdots,\alpha_i,\cdots,\alpha_j,\cdots,\alpha_n)^T$ 其中 α_i，α_j 不全为零，则可选择平面旋转阵 $P(i,j)$ 使

$$
P(i,j)\boldsymbol{x}=\begin{bmatrix} \alpha_1 \\ \vdots \\ \alpha'_i \\ \vdots \\ 0 \\ \alpha_{j+1} \\ \vdots \\ \alpha_n \end{bmatrix}
\begin{array}{c} \\ \\ i \\ \\ j \\ \\ \\ \\ \end{array}
$$

其中　$\alpha'_i=\sqrt{\alpha_i^2+\alpha_j^2}$，$\alpha'_j=0$；

$c=\cos\theta=\alpha_i/\alpha'_i$，$s=\sin\theta=\alpha_j/\alpha'_i$。

证明 事实上,由

$P(i,j)\boldsymbol{x}=$

$$\begin{bmatrix}1 & & & & & & & \\ & \ddots & & & & & & \\ & & c & & s & & & \\ & & & \ddots & & & & \\ & & -s & & c & & & \\ & & & & & 1 & & \\ & & & & & & \ddots & \\ & & & & & & & 1\end{bmatrix}\begin{bmatrix}\alpha_1\\ \vdots\\ \alpha_i\\ \vdots\\ \alpha_j\\ \vdots\\ \alpha_n\end{bmatrix}=\begin{bmatrix}\alpha'_1\\ \vdots\\ \alpha'_i\\ \vdots\\ \alpha'_j\\ \vdots\\ \alpha'_n\end{bmatrix}$$

显然有

$$\begin{cases}\alpha'_i = c\alpha_i + s\alpha_j \\ \alpha'_j = -s\alpha_i + c\alpha_j \\ \alpha'_k = \alpha_k(\text{当 } k \neq i,j)\end{cases}$$

于是,可选择 $P(i,j)$ 使

$$\alpha'_j = -s\alpha_i + c\alpha_j = 0$$

即选取 $c=\cos\theta=\alpha_i/\sqrt{\alpha_i^2+\alpha_j^2}, s=\sin\theta=\alpha_j/\sqrt{\alpha_i^2+\alpha_j^2}$

算法 4 (计算 Givens 变换) 给定

$$\boldsymbol{x}=(x_1,x_2,\cdots,x_i,\cdots,x_j,\cdots,x_n)^T\in R^n$$

本算法计算 $c=\cos\theta, s=\sin\theta$ 及 v 使

$$\begin{pmatrix}c & s\\ -s & c\end{pmatrix}\begin{pmatrix}x_i\\ x_j\end{pmatrix}=\begin{pmatrix}v\\ 0\end{pmatrix}(\text{或 } P(i,j)\boldsymbol{x}=\boldsymbol{y})$$

(1) 计算 $d=\max(|x_i|,|x_j|)$

(2) 如果 $d=0$ 则 $c\leftarrow 1, s=0, v\leftarrow 0$,转(7)

(3) $\alpha\leftarrow x_i/d$

$\beta\leftarrow y_j/d$

(4) $v_0\leftarrow v'=(\alpha^2+\beta^2)^{1/2}$

(5) $c\leftarrow \alpha/v_0$

$s \leftarrow \beta / v_0$

(6) 计算 v：$v \leftarrow v_0 * d$

(7)End

本算法可编一个子程序，其调用语句为

CALL Rot(x_i, x_j, c, s, v)

算法 5 （计算 PA） 设 $A \in R^{m \times n}$，$P(i,j,\theta)$ 是 Givens 变换。$c = \cos\theta, s = \sin\theta$)，本算法计算 PA 且冲掉 A。

对于 $l = 1, 2, \cdots, n$

(1) $u \leftarrow a_{il}$；

(2) $v \leftarrow a_{jl}$；

(3) $\begin{pmatrix} a_{il} \\ a_{jl} \end{pmatrix} \leftarrow \begin{pmatrix} c & s \\ -s & c \end{pmatrix} \begin{pmatrix} u \\ v \end{pmatrix}$。

本算法需要 $4n$ 次乘法运算，每计算一对元素需要 4 次乘法运算。

§3 高斯消去法

高斯消去法是一个古老的求解线性方程组的方法(早在公元前 250 年我国就掌握了解方程组的消去法)，但由它改进和变形得到的高斯选主元消去法及三角分解法，仍然是目前计算机上常用的解低阶稠密矩阵的线性方程组的有效方法。

例 3 用消去法解方程组

$$\begin{cases} x_1 + 4x_2 + 7x_3 = 1 & (E_1) \\ 2x_1 + 5x_2 + 8x_3 = 1 & (E_2) \\ 3x_1 + 6x_2 + 11x_3 = 1 & (E_3) \end{cases} \tag{3.1}$$

解 第 1 步：利用行的初等变换消去 E_2, E_3 中未知数 x_1，即用 (-2) 乘方程 E_1 加到方程 E_2(记为 $E_2 - 2E_1 \to E_2$)，用 (-3) 乘方程 E_1 加到方程 E_3(即 $E_3 - 3E_1 \to E_3$)，于是得到与原方程组等价的方程组

$$\begin{cases}x_1+4x_2+7x_3=1\\ \quad -3x_2-6x_3=-1\\ \quad -6x_2-10x_3=-2\end{cases} \tag{3.2}$$

第 2 步:对方程组中第 2 个方程利用行的初等变换消去第 3 个方程中未知数 x_2,即 $E_3-2E_2\rightarrow E_3$,得到与(3.1)等价的方程组

$$\begin{cases}x_1+4x_2+7x_3=1\\ \quad -3x_2-6x_3=-1\\ \qquad\quad 2x_3=0\end{cases} \tag{3.3}$$

对方程组(3.3)用回代方法,即求得方程组(3.1)解

$$\boldsymbol{x}=\left(-\frac{1}{3},\frac{1}{3},0\right)^T$$

用矩阵来描述上述消去法(约化过程)为:

$(A,\boldsymbol{b})$

$$\xrightarrow{\text{第 1 步}}\left[\begin{array}{ccc:c}1&4&7&1\\0&-3&-6&-1\\0&-6&-10&-2\end{array}\right]\xrightarrow{\text{第 2 步}}\left[\begin{array}{ccc:c}1&4&7&1\\0&-3&-6&-1\\0&0&2&0\end{array}\right]$$

这种求解过程称为具有回代的高斯消去法。

从这个例子看出,高斯消去法解 $A\boldsymbol{x}=\boldsymbol{b}$ 的基本思想是用矩阵行的初等变换将方程组系数矩阵 A 约化为简单的三角形矩阵,然后求解。

下面讨论求解一般线性方程组的高斯消去法。

设有 m 个方程,n 个未知数的线性方程组

$$\begin{cases}a_{11}x_1+a_{12}x_2+\cdots+a_{1n}x_n=b_1\\ a_{21}x_1+a_{22}x_2+\cdots+a_{2n}x_n=b_2\\ \vdots \qquad \vdots \qquad \vdots \qquad \vdots\\ a_{m1}x_1+a_{m2}x_2+\cdots+a_{mn}x_n=b_m\end{cases} \tag{3.4}$$

引进记号

$$A=\begin{bmatrix}a_{11} & a_{12} & \cdots & a_{1n}\\ a_{21} & a_{22} & \cdots & a_{2n}\\ \vdots & \ddots & \ddots & \vdots\\ a_{m1} & a_{m2} & \cdots & a_{mn}\end{bmatrix},\boldsymbol{x}=\begin{bmatrix}x_1\\ x_2\\ \vdots\\ x_n\end{bmatrix},\boldsymbol{b}=\begin{bmatrix}b_1\\ b_2\\ \vdots\\ b_m\end{bmatrix}$$

于是,方程组(3.4)可简写矩阵形式

$$A\boldsymbol{x}=\boldsymbol{b} \tag{3.5}$$

用 $R^{m\times n}=\{A|A$ 为 $m\times n$ 矩阵,且 a_{ij} 为实数$\}$;

$R^n=\{\boldsymbol{x}|\boldsymbol{x}$ 为 n 维列向量,且 x_i 为实数$\}$;

方程组 $A\boldsymbol{x}=\boldsymbol{b}$ 记为 $A^{(1)}\boldsymbol{x}=\boldsymbol{b}^{(1)}$,记 $A^{(1)}=(a_{ij}^{(1)})$。

(1) 第1步($k=1$),设 $a_{11}^{(1)}\neq 0$,计算乘数

$m_{i1}=a_{i1}{}^{(1)}/a_{11}{}^{(1)}\quad (i=2,\cdots,n)$

用 $-m_{i1}$ 乘上(3.4)中第一个方程式,再加到第 i 个方程上去($i=2,\cdots,m$)消去第 i 个方程($i=2,\cdots,m$)未知数 x_1,即对增广阵(A,$\boldsymbol{b}$)施行行的初等变换:$r_i-m_{i1}r_1\rightarrow r_i(i=2,3,\cdots,m)$,得到与原方程组等价方程组

$$\begin{bmatrix}a_{11}^{(1)} & a_{12}^{(1)} & \cdots & a_{1n}^{(1)}\\ & a_{22}^{(2)} & \cdots & a_{2n}^{(2)}\\ & \vdots & & \vdots\\ & a_{m2}^{(2)} & \cdots & a_{mn}^{(2)}\end{bmatrix}\begin{bmatrix}x_1\\ x_2\\ \vdots\\ x_n\end{bmatrix}=\begin{bmatrix}b_1^{(1)}\\ b_2^{(2)}\\ \vdots\\ b_m^{(2)}\end{bmatrix}$$

简记为 $A^{(2)}\boldsymbol{x}=\boldsymbol{b}^{(2)}$,其中 $A^{(2)}$,$\boldsymbol{b}^{(2)}$ 元素计算公式为

$$a_{ij}^{(2)}=a_{ij}^{(1)}-m_{i1}a_{1j}^{(1)}\quad\begin{pmatrix}i=2,\cdots,m\\ j=2,\cdots,n\end{pmatrix}$$

$$b_i^{(2)}=b_i^{(1)}-m_{i1}b_1^{(1)}\quad (i=2,\cdots,m)$$

(2) 第 k 步($k=1,2,\cdots,s=\min(m-1,n)$)

设已完成上述消元过程第1步,…,第 $k-1$ 步,(设 $a_{11}{}^{(11)}\neq 0$,$\cdots,a_{k-1,k-1}^{(k-1)}\neq 0$)得到与原方程组等价的方程组 $A^{(k)}\boldsymbol{x}=\boldsymbol{b}^{(k)}$。

其中 $A^{(k)} = \begin{bmatrix} a_{11}^{(1)} & a_{12}^{(1)} & \cdots & \cdots & a_{1n}^{(1)} \\ & a_{22}^{(2)} & \cdots & \cdots & a_{2n}^{(2)} \\ & & \ddots & & \\ & & a_{kk}^{(k)} & \cdots & a_{kn}^{(k)} \\ & & \vdots & \ddots & \vdots \\ & & a_{mk}^{(k)} & \cdots & a_{mn}^{(k)} \end{bmatrix}$ (3.6)

$\boldsymbol{b}^{(k)} = (b_1^{(1)}, b_2^{(2)}, \cdots, b_k^{(k)}, \cdots, b_m^{(k)})^T$

第 k 步计算:

设 $a_{kk}^{(k)} \neq 0$,计算乘数

$$m_{ik} = -a_{ik}^{(k)}/a_{kk}^{(k)} \quad (i = k+1, \cdots, m)$$

对$(A^{(k)}, \boldsymbol{b}^{(k)})$施行行初等变换,使 $A^{(k)}$ 第 k 列 $a_{kk}^{(k)}$ 以下元素约化为零,即 $r_i - m_{ik}r_k \to r_i(i = k+1, \cdots, m)$,得到与原方程组等价的方程组

$$A^{(k+1)}\boldsymbol{x} = \boldsymbol{b}^{(k+1)}$$

其中 $A^{(k+1)}, \boldsymbol{b}^{(k+1)}$ 元素计算公式为

$$a_{ij}^{(k+1)} = a_{ij}^{(k)} - m_{ik}a_{kj}^{(k)} \quad \begin{pmatrix} i = k+1, \cdots, m \\ j = k+1, \cdots, n \end{pmatrix}$$

$$b_i^{(k+1)} = b_i^{(k)} - m_{ik}b_k^{(k)} \quad (i = k+1, \cdots, m)$$

且 $A^{(k+1)}$ 与 $A^{(k)}$ 前 k 行元素相同,$A^{(k+1)}$ 左上角 k 阶阵

$$A_{11}^{(k)} = \begin{bmatrix} a_{11}^{(1)} & \cdots & a_{1k}^{(k)} \\ & \ddots & \vdots \\ & & a_{kk}^{(k)} \end{bmatrix}$$

为上三角阵,由乘数 m_{ik} 构成初等下三角阵

$$L_k = \begin{bmatrix} 1 & & & & \\ & \ddots & & & \\ & & 1 & & \\ & & -m_{k+1,k} & 1 & \\ & & \vdots & & \ddots & \\ & & -m_{mk} & & & 1 \end{bmatrix} \tag{3.7}$$

显然，第 k 步约化计算用矩阵表示为

$$\begin{cases} L_k A^{(k)} = A^{(k+1)} \\ L_k \boldsymbol{b}^{(k)} = \boldsymbol{b}^{(k+1)} \end{cases} \tag{3.8}$$

(3) 继续上述约化过程，且假设 $a_{kk}^{(k)} \neq 0(k=1,2,\cdots,s)$，直到完成第 s 步计算，得到与原方程等价的方程组 $A^{(s+1)}\boldsymbol{x} = \boldsymbol{b}^{(s)}$，其中 $A^{(s+1)}$ 为上梯形，情况如下：

(1) 当 $m > n$ 时，$s = n$，且设 $a_{kk}^{(k)} \neq 0(k=1,2,\cdots,n)$，则

$$A^{(s+1)} = \begin{bmatrix} a_{11}^{(1)} & a_{12}^{(1)} & \cdots & a_{1n}^{(1)} \\ & a_{22}^{(2)} & \cdots & a_{2n}^{(2)} \\ & & \ddots & \\ & & & a_{nn}^{(n)} \\ & 0 & & \end{bmatrix}_{m \times n} \equiv U$$

(2) 当 $m = n$ 时，$s = n-1$ 且设 $a_{kk}^{(k)} \neq 0(k=1,2,\cdots,n-1)$，则

$$A^{(n)} = \begin{bmatrix} a_{11}^{(1)} & a_{12}^{(1)} & \cdots & a_{1n}^{(1)} \\ & a_{22}^{(2)} & \cdots & a_{2n}^{(2)} \\ & & \ddots & \vdots \\ & & & a_{nn}^{(n)} \end{bmatrix} \equiv U$$

(3) 当 $m < n$ 时，$s = m-1$，且设 $a_{kk}^{(k)} \neq 0(k=1,2,\cdots,m-1)$，则

$$A^{(m)} = \begin{bmatrix} a_{11}^{(1)} & a_{12}^{(1)} & \cdots & a_{1m}^{(1)} & \cdots & a_{1n}^{(1)} \\ & a_{22}^{(2)} & & a_{2m}^{(2)} & & \vdots \\ & & \ddots & \vdots & & \vdots \\ & & & a_{mm}^{(m)} & \cdots & a_{mn}^{(m)} \end{bmatrix} \equiv U$$

由此可得

(1) 上述约化过程，利用(3.8)式，可用矩阵变换来叙述，即

$$L_s \cdots L_2 L_1 A = U(\text{上梯形})$$

其中 $L_1, L_2, \cdots L_s$ 为高斯变换，即给定 $A\boldsymbol{x} = \boldsymbol{b}$ 在 $a_{kk}^{(k)} \neq 0(k=1,\cdots,$

s) 条件下存在高斯变换 $L_k(k=1,\cdots,s)$ 使将 A 约化为上梯形。

(2) 元素 $a_{kk}^{(k)}$ 称为约化的主元素，且原方程组约化为等价方程组 $A^{(s+1)}\boldsymbol{x}=\boldsymbol{b}^{(s+1)}$ 过程称为消元过程，特别当 $A\in R^{n\times n}$ 为非奇异阵，且 $a_{kk}{}^{(k)}\neq 0(k=1,\cdots,n-1)$ 时

$a_{22}^{(2)}$

$$A\boldsymbol{x}=\boldsymbol{b}\Longleftrightarrow\begin{bmatrix}a_{11}^{(1)} & a_{12}^{(1)} & \cdots & a_{1n}^{(1)}\\ & & \ddots & \\ & & & a_{nn}^{(n)}\end{bmatrix}\begin{bmatrix}x_1\\ \vdots\\ \vdots\\ x_2\end{bmatrix}=\begin{bmatrix}b_1^{(1)}\\ b_2^{(2)}\\ \vdots\\ b_n^{(n)}\end{bmatrix}\tag{3.9}$$

解三角形方程组(3.9) 有递推公式：

$$\begin{cases}x_n=b_n^{(n)}/a_{nn}^{(n)}\\ x_i=(b_i^{(i)}-\sum\limits_{j=i+1}^{n}a_{ij}^{(i)}x_j)/a_{ii}^{(i)}\end{cases}\tag{3.10}$$

$(i=n-1,n-2,\cdots,2,1)$

(3.9) 求解过程(3.10) 称为回代过程，由消元过程和回代过程构成了高斯消去法。

(3) 设 $A\boldsymbol{x}=\boldsymbol{b}$，其中 $A\in R^{n\times n}$ 为非奇异矩阵，这时 $a_{11}^{(1)}$ 可能为零。但是，因为 $\det(A)\neq 0$，所以 A 第 1 列一定存在元素 $a_{i_1,1}\neq 0$，可引进行交换。即交换$(A,\boldsymbol{b})$ 第 1 行与第 i_1 行元素(即 $r_1\longleftrightarrow r_{i_1}$)，则得到 $a_{11}\neq 0$ 等价方程组，然后进行消元计算。于是，$A^{(1)}\rightarrow A^{(2)}$，且 $A^{(2)}$ 右下角矩阵为 $n-1$ 阶非奇异矩阵。当 $a_{kk}^{(k)}=0$ 时，可采用上述方法同样处理等。

总结上述讨论，得到下述一些结果。

定理 6 (用高斯变换约化) 设 $A\in R^{m\times n}$，$s=\min(m-1,n)$。设 $a_{kk}^{(k)}\neq 0(k=1,2,\cdots,s)$，则存在初等下三角阵 $L_1,L_2,\cdots,L_s$，使 $L_s\cdots L_2L_1A=U$(上梯形)。

算法 6 (高斯算法) 设 $A\in R^{m\times n}(m>1)$，$s=\min(m-1,n)$，如果 $a_{kk}^{(k)}\neq 0(k=1,2,\cdots,s)$，本算法用高斯变换将 A 约化(左变换)为上梯形，即 $L_s\cdots L_1A=U$(上梯形) 且 U 覆盖 A，乘数 m_{ik} 覆盖 a_{ik}。

对于 $k=1,2,\cdots,s$

(1) 如果 $a_{kk}=0$ 则计算停止；

(2) 对于 $i=k+1,\cdots,m$

$$\begin{cases}1) & a_{ik}\leftarrow m_{ik}=a_{ik}/a_{kk}\\ 2) & \text{对于 } j=k+1,\cdots,n\end{cases}$$

$$a_{ij}\leftarrow a_{ij}-m_{ik}*a_{kj}$$

显然，算法 6，第 k 步需要作 $m-k$ 次除法，$(m-k)(n-k)$ 次乘法运算，因此，本算法大约需要 $s^3/3-(m+n)s^2/2+mns$ 次乘法运算，当 $m=n$ 时，总共大约 $n^3/3$ 次乘法。

定理 7 设 $A\boldsymbol{x}=\boldsymbol{b}$，其中 $A\in R^{n\times n}$

(1) 如果 $a_{kk}^{(k)}\neq 0\quad(k=1,2,\cdots,n)$，则通过高斯消去法（不进行交换两行的初等变换）将 $A\boldsymbol{x}=\boldsymbol{b}$ 化为等价的三角方程组

$$\begin{bmatrix}a_{11}^{(1)} & a_{12}^{(1)} & \cdots & a_{1n}^{(1)}\\ & a_{22}^{(2)} & \cdots & a_{2n}^{(2)}\\ & & \ddots & \\ & & & a_{nn}^{(n)}\end{bmatrix}=\begin{bmatrix}x_1\\ x_2\\ \vdots\\ x_n\end{bmatrix}=\begin{bmatrix}b_1^{(1)}\\ b_2^{(2)}\\ \vdots\\ b_n^{(n)}\end{bmatrix}\tag{3.12}$$

消元计算：$k=1,2,\cdots,n-1$

$$\begin{cases}m_{ik}=a_{ik}^{(k)}/a_{kk}^{(k)}(i=k+1,\cdots,n)\\ a_{ij}^{(k+1)}=a_{ij}^{(k)}-m_{ik}a_{kj}^{(k)} & \begin{pmatrix}i=k+1,\cdots,n\\ j=k+1,\cdots,n\end{pmatrix}\\ b_i^{(k+1)}=b_i^{(k)}-m_{ik}b_k^{(k)} & (i=k+1,\cdots,n)\end{cases}$$

回代计算：

$$\begin{cases}x_n=b_n^{(n)}/a_{nn}^{(n)}\\ x_i=(b_i^{(i)}-\sum\limits_{j=i+1}^{n}a_{ij}{}^{(i)}x_j)/a_{ii}^{(i)}\end{cases}$$

$$(i=n-1,\cdots,2,1)$$

(2) 如果 A 为非奇异矩阵，则可通过带行交换的高斯消去法，将 $A\boldsymbol{x}=\boldsymbol{b}$ 化为等价的三角形方程组(3.12)。

算法 7 （回代算法）设 $U\boldsymbol{x}=\boldsymbol{b}$，其中 U 为 $n\times n$ 非奇异上三角阵，本算法计算 $U\boldsymbol{x}=\boldsymbol{b}$ 的解 $\boldsymbol{x}$。

对于　$i=n,\cdots,2,1$

(1) $x_i \leftarrow b_i$

(2) 对于 $j=i+1,\cdots,n$

$x_i \leftarrow x_i - u_{ij} * x_j$

(3) $x_i \leftarrow x_i / u_{ii}$

这个算法需要 $n(n+1)/2$ 次乘除法。

矩阵 A 在什么条件下，才能保证约化主元素 $a_{kk}^{(k)} \neq 0(k=1,2,\cdots,n)$，下面定理给出了这个条件。

定理 8　(1) 如果 $A \in R^{n\times n}$ 顺序主子式 $D_k \neq 0(i=1,2,\cdots,k)$，则

$$a_{ii}^{(i)} \neq 0(i=1,2,\cdots,k)，其中$$

$$D_k = \begin{vmatrix} a_{11} & \cdots & a_{1k} \\ \vdots & \ddots & \vdots \\ a_{k1} & \cdots & a_{kk} \end{vmatrix}，\quad(反之亦对)$$

(2) 设 $D_k \neq 0(k=1,2,\cdots,n-1)$，则 $a_{kk}^{(k)} \neq 0(k=1,2,\cdots,n-1)$ 且

$$\begin{cases} a_{11}^{(1)} = D_1 \\ a_{kk}^{(k)} = D_k / D_{k-1}(k=2,\cdots,n) \end{cases}$$

证明　用归纳法证明(1)。

显然，定理对 $k=1$ 是成立的，即　$D_1 = a_{11}^{(1)} \neq 0$，现设定理对 $k-1$ 是成立，求证定理对 k 亦成立。设 $D_i \neq 0(i=1,2,\cdots,k)$，于是由归纳法假定有 $a_{ii}^{(i)} \neq 0(i=1,\cdots,k-1)$，应用高斯消去法，则有

$$A \to A^{(k)} = \begin{bmatrix} a_{11}^{(1)} & a_{12}^{(1)} & & \cdots & \cdots & & a_{1n}^{(1)} \\ & a_{22}^{(2)} & & \cdots & \cdots & & a_{2n}^{(2)} \\ & & \ddots & & & & \\ & & & a_{k-1,k-1}^{(k-1)} & \cdots & & a_{k-1,n}^{(k-1)} \\ & & & & a_{kk}^{(k)} & \cdots & a_{kn}^{(k)} \\ & & & & \vdots & \ddots & \vdots \\ & & & & a_{nk}^{(k)} & \cdots & a_{nn}^{(k)} \end{bmatrix}$$

由行列式性质，则有

$$D_1 = a_{11}^{(1)}$$

$$D_2 = \begin{vmatrix} a_{11}^{(1)} & a_{12}^{(1)} \\ & a_{22}^{(2)} \end{vmatrix} = a_{11}^{(1)} a_{22}^{(2)}$$

$$D_k = \begin{vmatrix} a_{11}^{(1)} & \cdots & a_{1k}^{(1)} \\ & \ddots & \vdots \\ & & a_{kk}^{(k)} \end{vmatrix} = a_{11}^{(1)} a_{22}^{(2)} \cdots a_{kk}^{(k)} \tag{3.13}$$

由假设 $D_k \neq 0$，于是 $a_{kk}^{(k)} \neq 0$，即定理对 k 亦成立。反之，如果 $a_{ii}^{(i)} \neq 0(i = 1,\cdots,k)$，于是由(3.13) 可推出 $D_i \neq 0(i = 1,2,\cdots,k)$。

(2) 由设 $D_k \neq 0(k = 1,2,\cdots,n-1)$，于是，对 $k = 1,2,\cdots,n$ 时，(3.13) 成立，则

$$a_{11}^{(1)} = D_1$$

$$a_{kk}^{(k)} = D_k/D_{k-1}(k = 2,3,\cdots,n)$$

§4　高斯选主元素消去法

设　$Ax = \boldsymbol{b}$，其中 $A \in R^{n\times n}$ 为非奇异矩阵。当应用高斯消去法解 $Ax = \boldsymbol{b}$ 时，在消元过程中可能出现 $a_{kk}^{(k)} = 0$ 情况，计算中断，这时必须引进行交换。在实际计算中，有时即使 $a_{kk}^{(k)} \neq 0$，但 $a_{kk}^{(k)}$ 绝对值很小，用其作除数会导致计算中间结果数量级严重增长和舍入误差的累积和扩大，最后使得计算解不可靠。

例 4　用高斯消去法解方程组

$$\begin{cases} 0.3 \times 10^{-11} x_1 + x_2 = 0.7 \\ x_1 + \quad x_2 = 0.9 \end{cases}$$

(要求用具有舍入的 10 位浮点数进行计算)

精确到 10 位真解：

$\boldsymbol{x}^* = (0.2000000000, 0.70000\ 00000)^T$

解法 1　(高斯消去法)

$$(A,\boldsymbol{b})=\left[\begin{array}{cc:c}0.3\times10^{-11} & 1 & 0.7\\ 1 & 1 & 0.9\end{array}\right], m_{21}=0.3333333333\times10^{12}$$

$$\rightarrow\left[\begin{array}{cc:c}0.3\times10^{-11} & 1 & 0.7\\ 0 & -0.3333333333\times10^{12} & -0.23333\ 33333\times10^{12}\end{array}\right]$$

计算解 $\begin{cases}x_2=0.70000\ 00000\\ x_1=0.00000\ 00000\end{cases}$

显然，这个计算解与真解相差太大，计算失败，其原因是用绝对值很小的数 $a_{11}^{(1)}$ 作除数，使得计算中间结果数量级大大增长，再舍入就使得计算不可靠。

解法 2　用行变换的高斯消去法

$$\begin{cases}x_1+x_2=0.9\\ 0.3\times10^{-11}x_1+x_2=0.7\end{cases}$$

（避免用绝对值小的元素作除数）

$$(A,\boldsymbol{b})\Rightarrow\left[\begin{array}{cc:c}1 & 1 & 0.9\\ 0.3\times10^{-11} & 1 & 0.7\end{array}\right], m_{21}=0.3\times10^{-11}$$

$$\rightarrow\left[\begin{array}{cc:c}1 & 1 & 0.9\\ 0 & 1 & 0.7\end{array}\right]$$

计算解 $\begin{cases}x_2=0.7000000000\\ x_1=0.20000\ 00000\end{cases}$

这是一个较好的计算结果，这个例子表明，在采用高斯消去法解方程组时，应避免采用绝对值很小主元素 $a_{kk}^{(k)}$。对一般系数矩阵，最好保持乘数 m_{ik} 的绝对值小于或等于 1，因此，在高斯消去法中应该引进选主元技巧，以便减少计算过程中舍入误差对求解的影响。

4.1　完全主元素消去法

设 $A\boldsymbol{x}=\boldsymbol{b}$，　$A\in R^{n\times n}$　　(4.1)

为非奇异矩阵，方程组(4.1) 增广阵为

$$
[A,\boldsymbol{b}]=\left[\begin{array}{cccc:c}
a^{11} & a_{12} & \cdots & a_{1n} & b_1 \\
a_{21} & a_{22} & \cdots & a_{2n} & b_2 \\
\vdots & & a_{i_1,j_1} & \vdots & \vdots \\
a_{n1} & a_{n2} & \cdots & a_{nn} & b_n
\end{array}\right]
$$

第一步：在 A 中选取绝对值最大的元素作为主元素，即确定 i_1，j_1，使

$$
|a_{i_1,j_1}|=\max_{\substack{1\leqslant i\leqslant n\\1\leqslant j\leqslant n}}|a_{ij}|\neq 0
$$

然后，交换$[A,\boldsymbol{b}]$第 1 行与第 i_1 行元素，交换 A 第 1 列与第 j_1 列元素（相当于调换未知数 x_1 与 x_{j_1} 且 $A,\boldsymbol{b}$ 元素仍记为 a_{ij}，b_i，再进行消元计算。

第 k 步：重复上述过程，设已完成第 1 步 ~ 第 $k-1$ 的选主元，交换行及交换列，消元计算，使$[A,\boldsymbol{b}]$约化为

$$
[A,\boldsymbol{b}]\rightarrow[A^{(k)},\boldsymbol{b}^{(k)}]=\left[\begin{array}{ccccc:c}
a_{11} & a_{12} & & \cdots & a_{1n} & b_1 \\
 & a_{22} & & \cdots & a_{2n} & b_2 \\
 & & \ddots & & & \\
 & & & \boxed{a_{kk}} & \cdots\ a_{kn} & b_k \\
 & & & \vdots & \vdots & \vdots \\
 & & & a_{nk} & \cdots\ a_{nn} & b_n
\end{array}\right]
$$

上式右边矩阵中的方框表示第 k 步选主元区域，$k=1,2,\cdots,n-1$。

（1）选主元：确定 i_k，j_k，使

$$
|a_{i_k,j_k}|=\max_{\substack{k\leqslant i\leqslant n\\k\leqslant j\leqslant n}}|a_{ij}|\neq 0
$$

（2）当 $i_k\neq k$ 时，交换$[A^{(k)},\boldsymbol{b}^{(k)}]$第 k 行与第 i_k 行元素，当 $j_k\neq k$ 时，交换 $A^{(k)}$ 的第 k 列与第 j_k 列元素。

（3）消元计算

$$
m_{ik}=\frac{a_{ik}}{a_{kk}}\quad(i=k+1,\cdots,n)
$$

$$
a_{ij}\leftarrow a_{ij}-m_{ik}a_{kj}\quad(i,j=k+1,\cdots,n)
$$

$$b_i \leftarrow b_i - m_{ik}b_k \quad (i = k+1,\cdots,n)$$

回代求解:经过上述过程,最后方程组约化为

$$\begin{bmatrix} a_{11} & a_{12} & \cdots & a_{1n} \\ & a_{22} & \cdots & a_{2n} \\ & & \ddots & \\ & & & a_{nn} \end{bmatrix} \begin{bmatrix} y_1 \\ y_2 \\ \vdots \\ y_n \end{bmatrix} = \begin{bmatrix} b_1 \\ b_2 \\ \vdots \\ b_n \end{bmatrix}$$

其中 $y_1,y_2,\cdots,y_n$ 为未知数 $x_1,x_2,\cdots,x_n$ 调换后的次序。回代求解

$$\begin{cases} y_n = b_n/a_{nn} \\ y_i = (b_i - \sum\limits_{j=i+1}^{n} a_{ij}x_j)/a_{ii},(i = n-1,\cdots,2,1) \end{cases}$$

算法 8 (完全主元素消去法)设 $A\boldsymbol{x} = \boldsymbol{b}, A \in R^{n\times n}$。本算法用完全主元素消去法解方程组,消元结果覆盖 A,乘数 m_{ij} 覆盖 a_{ij},计算解存放在 $x(n)$,用一整型数组 $IZ(n)$ 开始记录未知数 $x_1,x_2,\cdots,x_n$,足标 $1,2,\cdots,n$,最后记录调换后未知数的足标。

1. 对于 $i = 1,2,\cdots,n$

$IZ(i) \leftarrow i$

2. 对于 $k = 1,2,\cdots,n-1$

(1) 选主元

$$|a_{i_k,j_k}| = \max_{\substack{k\leqslant i\leqslant n \\ k\leqslant j\leqslant n}} |a_{ij}|$$

(2) 如果 $a_{i_k,j_k} = 0$ 则计算停止,$\det(A) = 0$

(3) (a) 如果 $i_k = k$,则转(b)

换行:$a_{kj} \leftarrow\rightarrow a_{i_k,j} (j = k,\cdots,n)$

$b_k \leftarrow\rightarrow b_{i_k}$

(b) 如果 $j_k = k$ 则转(4)

换列:$a_{ik} \leftarrow\rightarrow a_{i,j_k} (i = 1,2,\cdots,n)$

$IZ(k) \leftarrow\rightarrow IZ(j_k)$

(4) 消元计算

对于 $i = k+1,\cdots,n$ 做到(c)

(a) $a_{ik} \leftarrow m_{ik} = a_{ik}/a_{kk}$

(b) 对于 $j = k+1, \cdots, n$

$a_{ij} \leftarrow a_{ij} - m_{ik} * a_{kj}$

(c) $b_i \leftarrow b_i - m_{ik} * b_k$

3. 回代求解

(1) 如果 $a_{nn} = 0$,则计算停止($\det(A) = 0$)

(2) $b_n \leftarrow b_n / a_{nn}$

(3) 对于 $i = n-1, \cdots, 2, 1$

$$b_i \leftarrow (b_i - \sum_{j=i+1}^{n} a_{ij} * b_j)/a_{ii}$$

4. 调整未知数的次序

对于 $i = 1, 2, \cdots, n$

$x(IZ(i)) \leftarrow b_i$

完全选主元素消去法是一个数值稳定的方法,且有 $|m_{ik}| \leqslant 1$。

4.2 列主元素消去法

用完全选主元消去法解 $A\boldsymbol{x} = \boldsymbol{b}$,在选主元素时要化费较多的机器时间。下面介绍一种常用的列主元消去法,它仅考虑依次按列选取绝对值最大的元素作为主元素,然后换行使之换到主元素位置上,再进行消元计算,且 $|m_{ik}| \leqslant 1$。

设用列主元消去法,已完成第 1 步 ~ 第 $k-1$ 步计算,得到与原方程组等价的方程组 $A^{(k)}\boldsymbol{x} = \boldsymbol{b}^{(k)}$,其中

$$[A^{(k)}, \boldsymbol{b}^{(k)}] = \left[\begin{array}{cccccc:c} a_{11}^{(1)} & a_{12}^{(1)} & & & \cdots & a_{1n}^{(1)} & b_1^{(1)} \\ & a_{22}^{(2)} & & & \cdots & a_{2n}^{(2)} & b_2^{(2)} \\ & & \ddots & & & & \\ & & & \boxed{a_{kk}^{(k)}} & \cdots & a_{kn}^{(k)} & b_k^{(k)} \\ & & & \vdots & & \vdots & \vdots \\ & & & a_{nk}^{(k)} & \cdots & a_{nn}^{(k)} & b_n^{(n)} \end{array}\right]$$

上式右边矩阵中方框为第 k 步选主元素区域。

算法9 （列主元素消去法） 设 $Ax=\boldsymbol{b}$，其中 $A\in R^{n\times n}$，本算法采用具有行交换的列主元消去法解方程组，消元结果覆盖 A，乘数 m_{ik} 覆盖 a_{ik}，解 $\boldsymbol{x}$ 存放在 $\boldsymbol{b}$ 内（当有唯一解时），行列式存放在 det。

1. $\det \leftarrow 1$

2. 对于 $k=1,2,\cdots,n-1$

(1) 按列选主元素：确定 i_k 使

$$|a_{i_k,k}| = \max_{k\leqslant i\leqslant n}|a_{ik}|$$

(2) 如果 $a_{i_k,k}=0$，则计算停止（$\det(A)=0$）

(3) 如果 $i_k=k$ 则转(4)

换行：$a_{kj}\leftarrow\rightarrow a_{i_k,j}(j=k,\cdots,n)$

$b_k\leftarrow\rightarrow b_{i_k}$

$\det\leftarrow -\det$

(4) 消元计算

对于 $i=k+1,\cdots,n$

(a) $a_{ik}\leftarrow m_{ik}=a_{ik}/a_{kk}$

(b) $j=k+1,\cdots,n$

$a_{ij}\leftarrow a_{ij}-m_{ik}*a_{kj}$

(c) $b_i\leftarrow b_i-m_{ik}*b_k$

(5) $\det\leftarrow a_{kk}*\det$

3. 如果 $a_{nn}=0$，则计算停止（$\det(A)=0$）

4. 回代求解

$b_n\leftarrow b_n/a_{nn}$

$$b_i\leftarrow(b_i-\sum_{j=i+1}^{n}a_{ij}b_j)/a_{ii}\quad(i=n-1,\cdots,2,1)$$

5. $\det\leftarrow a_{nn}*\det$

6. 输出：计算解（$b(i)$，($i=1,\cdots,n$)）及 det

例 5 用列主元消去法解方程组

$$\begin{cases} 6x_1 + 2x_2 + 3x_3 = -2 \\ 2x_1 + \dfrac{2}{3}x_2 + \dfrac{1}{3}x_3 = 1 \\ \quad x_1 + 2x_2 - x_3 = 0 \end{cases}$$

（精确解 $\boldsymbol{x} = (2.6, -3.8, -5.0)^T$

解　用 4 位浮点数进行计算

$$[A, \boldsymbol{b}] = \left[\begin{array}{ccc:c} \boxed{6} & 2 & 2 & -2 \\ 2 & 0.6667 & 0.3333 & 1 \\ 1 & 2 & -1 & 0 \end{array}\right]$$

$$m_{21} = 0.3333, m_{31} = 0.1667$$

$$\to \left[\begin{array}{ccc:c} 6 & 2 & 2 & -2 \\ 0 & 0.0001 & -0.3333 & 1.667 \\ 0 & \boxed{1.667} & -1.333 & 0.3334 \end{array}\right]$$

$$\xrightarrow[r_2 \leftarrow\rightarrow r_3]{} \left[\begin{array}{ccc:c} 6 & 2 & 2 & -2 \\ 0 & 1.667 & -1.333 & 0.3334 \\ 0 & 0.0001 & -0.3333 & 1.667 \end{array}\right]$$

$$m_{32} = 0.0000\,5999$$

$$\to \left[\begin{array}{ccc:c} 6 & 2 & 2 & -2 \\ 0 & 1.667 & -1.333 & 0.3334 \\ 0 & 0 & -0.3332 & 1.667 \end{array}\right]$$

计算解为　$\begin{cases} x_3 = -5.003 \\ x_2 = -3.801 \\ x_1 = 2.602 \end{cases}$

4.3　列主元高斯-约当消去法

设有方程组

$$A\boldsymbol{x} = \boldsymbol{b} \tag{4.2}$$

其中　$A \in R^{n \times n}$，设为非奇异矩阵。

高斯消去法解方程组(4.2)自始至终仅仅是对 $A^{(k)}$ 的第 k 行下

面的元素进行消元计算。现考虑一个修正方法，即消元计算对 $A^{(k)}$ 的第 k 行上面，下面的元素都进行消元计算，最后不需要回代即可求得方程组的解。这就是高斯-约当(Gauss-Jordam)消去法，再引进按列选主元，就是列主元 G-J 消去法，列主元高斯-约当消去法第 k 步计算($k=1,2,\cdots,n$)。

设 G-J 消去法已完成第 1 步 ～ 第 $k-1$ 步，得到与原方程组等价的方程组 $A^{(k)}\boldsymbol{x}=\boldsymbol{b}^{(k)}$，其中

$$A^{(k)}=\begin{bmatrix} 1 & & & a_{1k}^{(k)} & \cdots & a_{1n}^{(k)} \\ & \ddots & & \vdots & & \vdots \\ & & 1 & a_{k-1,k}^{(k)} & \cdots & a_{k-1,k}^{(k)} \\ & & & a_{kk}^{(k)} & \cdots & a_{kn}^{(k)} \\ & & & \vdots & & \vdots \\ & & & a_{nk}^{(k)} & \cdots & a_{nn}^{(k)} \end{bmatrix}$$

$$\boldsymbol{b}^{(k)}=(b_1^{(k)},\cdots,b_k^{(k)},\cdots,b_n^{(k)})^T$$

第 k 步计算：不妨设 $a_{kk}^{(k)}\neq 0$(否则作行交换)

(1) 按列选主元，即确定 i_k 使

$$|a_{i_k,k}|=\max_{k\leqslant i\leqslant n}|a_{ik}|$$

(2) 当 $i_k\neq k$ 时，交换($A,\boldsymbol{b}$) 第 k 行与第 i_k 行元素

(3) 消元计算

$$a_{ik}\leftarrow m_{ik}=-a_{ik}/a_{kk}(i=1,2,\cdots,n \text{ 且 } i\neq k)$$

$$m_{kk}=1/a_{kk}$$

$$a_{ij}\leftarrow a_{ij}+m_{ik}a_{kj}\quad\begin{pmatrix} i=1,2,\cdots,n \text{ 且 } i\neq k) \\ j=k+1,\cdots,n \end{pmatrix}$$

$$b_i\leftarrow b_i+m_{ik}b_k\qquad(i=1,2,\cdots,n \text{ 且 } i\neq k)$$

(4) 计算主行

$$a_{kj}\leftarrow a_{kj}\cdot m_{kk}\quad(j=k,k+1,\cdots,n)$$

$$b_k\leftarrow b_k\cdot m_{kk}$$

上述过程完成后($k=1,2,\cdots,n$)，则有

$$[A,\boldsymbol{b}] \to [A^{(n+1)},\boldsymbol{b}^{(n+1)}] = \left[\begin{array}{cccc:c} 1 & & & & \bar{b}_1 \\ & 1 & & & \bar{b}_2 \\ & & \ddots & & \vdots \\ & & & 1 & \bar{b}_n \end{array}\right]$$

∴ 计算解　$x_i = \bar{b}_i (i = 1,2,\cdots,n)$

说明 G-J 消去法(列主元) 将 A 化为单位矩阵,计算解就在常数项位置得到。因此,G-J 消去法不用回代求解,用 G-J 消去法(列主元)计算量大约为 $n^3/2$ 次乘除法,比高斯消去法计算量要大,但用 G-J 消去法(列主元) 求一个非奇异矩阵的逆矩阵是比较适合的。

设 $A \in R^{n\times n}$ 为非奇异矩阵,求 A^{-1},即求解方程组 $A\boldsymbol{x} = I$(单位矩阵),其中 $\boldsymbol{x} = (\boldsymbol{x}_1,\boldsymbol{x}_2,\cdots,\boldsymbol{x}_n)$(按列分块),于是,求解　$A\boldsymbol{x} = I \Longleftrightarrow$ 求解 n 个方程组 $A\boldsymbol{x}_j = \boldsymbol{e}_j (j = 1,2,\cdots,n)$。

定理 9　(列主元高斯 - 约当法求逆阵)

设 $A \in R^{n\times n}$ 为非奇异矩阵,如果用列主元 G-J 消去法将 (A,I) 化为 (I,T),则 $A^{-1} = T$。

例 6　用列主元 G-J 消去法求

$$A = \begin{bmatrix} 1 & 2 & 3 \\ 2 & 4 & 5 \\ 3 & 5 & 6 \end{bmatrix}$$ 逆矩阵 A^{-1}

解　$$(A,I) = \left[\begin{array}{ccc:ccc} 1 & 2 & 3 & 1 & 0 & 0 \\ 2 & 4 & 5 & 0 & 1 & 0 \\ \boxed{3} & 5 & 6 & 0 & 0 & 1 \end{array}\right]$$

$$\xrightarrow[r_1 \leftrightarrow r_3]{} \left[\begin{array}{ccc:ccc} 3 & 5 & 6 & 0 & 0 & 1 \\ 2 & 4 & 5 & 0 & 1 & 0 \\ 1 & 2 & 3 & 1 & 0 & 0 \end{array}\right]$$

$$\rightarrow \left[\begin{array}{ccc:ccc} 1 & 5/3 & 2 & 0 & 0 & 1/3 \\ 0 & 2/3 & 1 & 0 & 1 & -2/3 \\ 0 & 1/3 & 1 & 1 & 0 & -1/3 \end{array}\right]$$
$$\boldsymbol{c}_3$$

$$\rightarrow \left[\begin{array}{ccc:ccc} 1 & 0 & -1/2 & 0 & -5/2 & 2 \\ 0 & 1 & 3/2 & 0 & 3/2 & -1 \\ 0 & 0 & \boxed{1/2} & 1 & -1/2 & 0 \end{array}\right]$$
$$\boldsymbol{c}_2$$

$$\rightarrow \left[\begin{array}{ccc:ccc} 1 & 0 & 0 & 1 & -3 & 2 \\ 0 & 1 & 0 & -3 & 3 & -1 \\ 0 & 0 & 1 & 2 & -1 & 0 \end{array}\right] = [I, A^{-1}]$$
$$\boldsymbol{c}_1$$

其中 $\boldsymbol{m}_1 = \begin{bmatrix} 1/3 \\ -2/3 \\ -1/3 \end{bmatrix} = \boldsymbol{c}_3, \boldsymbol{m}_2 = \begin{bmatrix} -5/2 \\ 3/2 \\ -1/2 \end{bmatrix} = \boldsymbol{c}_2,$

$$\boldsymbol{m}_3 = \begin{bmatrix} 1 \\ -3 \\ 2 \end{bmatrix} = \boldsymbol{c}_1$$

为了节省内存单元,可以不存贮单位矩阵 I,计算时 $\boldsymbol{c}_3$ 就存放在 A 的第 1 列位置,$\boldsymbol{c}_2$ 就存放在 A 第 2 列位置,$\boldsymbol{c}_1$ 存放在 A 的第 3 列位置,再经消元计算,最后再调整一下列(交换 A 第 1 列与第 3 列)就可在 A 的位置得到 A^{-1}。

注意第 k 步消元计算时,由 A 的第 k 列

$$\boldsymbol{a}_k = (a_{1k}, \cdots, a_{kk}, \cdots, a_{nk})^T$$

计算 $$\boldsymbol{m}_k = \left(-\frac{a_{1k}}{a_{kk}}, \cdots, \frac{1}{a_{kk}}, \cdots, -\frac{a_{nk}}{a_{kk}}\right)^T$$

且覆盖 $\boldsymbol{a}_k$。

算法 10 (列主元 G-J 消去法求逆) 设 $A \in R^{n \times n}$ 为非奇异矩阵,本算法用列主元 G-J 消去法求 A^{-1},计算结果存放在原矩阵 A 的数组中,用数组 $IP(n)$ 记录主行,A 的行列式存放在 det。

1. det←1

2. 对于 $k=1,2,\cdots,n$

(1) 按列选主元,确定 i_k 使

$$|a_{i_k,k}|=\max_{k\leqslant i\leqslant n}|a_{ik}|$$

$$c_0\leftarrow a_{i_k,k},IP(k)\leftarrow i_k$$

(2) 如果 $c_0=0$ 则计算停止($\det=0$)

(3) 如果 $i_k=k$ 则转(4)

换行:$a_{kj}\leftarrow\rightarrow a_{i_k,j}(j=1,2,\cdots,n)$

$\det\leftarrow-\det$

(4) $\det\leftarrow\det*c_0$

(5) $h\leftarrow a_{kk}\leftarrow 1/c_0$

(6) 消元计算

对于 $i=1,2,\cdots,n$

(a) 如果 $i=k$ 则转(d)

(b) $a_{ik}\leftarrow m_{ik}=-a_{ik}*h$

(c) 对于 $j=1,2,\cdots,n$

$$\begin{cases}\text{如果 } j=k \text{ 则转 } L\\ a_{ij}\leftarrow a_{ij}+m_{ik}*a_{kj}\\ L\quad \text{Continue}\quad j\end{cases}$$

(d) Continue i

(7) 计算主行

$a_{kj}\leftarrow a_{kj}*h\quad(j=1,2,\cdots,n$ 且 $j\neq k)$

3. 交换列

对于 $k=n-1,\cdots,2,1$

(1) $t\leftarrow IP(k)$

(2) 如果 $t=k$ 则转(3)

换列:$a_{ik}\leftarrow\rightarrow a_{i,t}\quad(i=1,2,\cdots,n)$

(3) Continue k

§5 用直接三角分解法解线性方程组

5.1 矩阵的三角分解

当用矩阵初等变换来分析高斯消去法,可得到下述重要的定理,即矩阵的三角分解。或者说高斯消去法实质上是将矩阵 A 分解为两个三角矩阵相乘,矩阵三角分解在解方程组的直接法中起着重要作用。

定理10 (矩阵的三解分解)设 $A \in R^{n\times n}$,如果 A 顺序主子式 $D_k \neq 0(k = 1,2,\cdots,n-1)$,则 A 可唯一分解为两个三角矩阵相乘,即

$$A = LU$$

其中 L 为单位下三角阵,U 为上三角矩阵。

证明 存在性:由高斯消去法定理6及定理8,则存在初等下三角阵 $L_1, L_2, \cdots, L_{n-1}$ 使

$$L_{n-1}\cdots L_2 L_1 A = U(\text{上三角阵})$$

其中

$$L_k = \begin{bmatrix} 1 & & & & & \\ & \ddots & & & & \\ & & 1 & & & \\ & & -m_{k+1,k} & 1 & & \\ & & \vdots & & \ddots & \\ & & -m_{nk} & & & 1 \end{bmatrix} \quad (\text{第 } k \text{ 列})$$

$$L_k^{-1} = \begin{bmatrix} 1 & & & & & \\ & \ddots & & & & \\ & & 1 & & & \\ & & m_{k+1,k} & 1 & & \\ & & \vdots & & \ddots & \\ & & m_{n,k} & & & 1 \end{bmatrix}$$

于是，$A=(L_1^{-1}L_2^{-1}\cdots L_{n-1}^{-1})U\equiv LU$

其中，$L=\begin{bmatrix}1 & & & \\ m_{21} & 1 & & \\ m_{31} & m_{32} & 1 & \\ \vdots & \vdots & & \ddots & \\ m_{n1} & m_{n2} & \cdots & & 1\end{bmatrix}$，$U=\begin{bmatrix}a_{11}^{(1)} & a_{12}^{(2)} & \cdots & a_{1n}^{(1)} \\ & a_{22}^{(2)} & \cdots & a_{2n}^{(2)} \\ & & \ddots & \vdots \\ & & & a_{nn}^{(n)}\end{bmatrix}$

说明，当 A 满足 $D_k\neq 0(k=1,\cdots,n-1)$，则 A 可分解为一个单位下三角阵 L 与一个上三角阵 U 的乘积，即 $A=LU$。

唯一性(只就 A 为非奇异矩阵时证明)。

如果 A 有两个三角分解，即 $A=L_1U_1=LU$，其中 L_1,L 为单位下三角阵，U_1,U 为非奇异上三角阵，于是，

$$L^{-1}L_1=UU_1^{-1}$$

显然，上式左边为单位下三角阵，右边为上三角阵，则有

$$L^{-1}L_1=UU_1^{-1}=I$$

即　$L_1=L,U_1=U$

例 7　设 $A=\begin{bmatrix}1 & 2 & -1 \\ 3 & 7 & 1 \\ 1 & 1 & -3\end{bmatrix}$，试将 A 进行三角分解。

解　由高斯消去法得到

$$L_1=\begin{bmatrix}1 & & \\ -3 & 1 & \\ -1 & & 1\end{bmatrix},L_2=\begin{bmatrix}1 & & \\ & 1 & \\ & 1 & 1\end{bmatrix}$$

且有　　$L_2L_1A=U=\begin{bmatrix}1 & 2 & -1 \\ & 1 & 4 \\ & & 2\end{bmatrix}$

即　$A=\begin{bmatrix}1 & & \\ 3 & 1 & \\ 1 & -1 & 1\end{bmatrix}\begin{bmatrix}1 & 2 & -1 \\ & 1 & 4 \\ & & 2\end{bmatrix}$

(1) 设 $A\in R^{n\times n}$ 满足定理 10 条件时，则有唯一三角分解

$$A = LDR$$

其中 L,R 分别为单位下三角阵及单位上三角阵，D 为对角阵，事实上，由

$$A = LU$$

其中
$$U = \begin{bmatrix} u_{11} & u_{12} & \cdots & u_{1n} \\ & u_{22} & \cdots & u_{2n} \\ & & \ddots & \\ & & & u_{nn} \end{bmatrix}$$

$$= \begin{bmatrix} u_{11} & & \\ & \ddots & \\ & & u_{nn} \end{bmatrix} \begin{bmatrix} 1 & \frac{u_{12}}{u_{11}} & \cdots & \frac{u_{1n}}{u_{11}} \\ & 1 & \cdots & \frac{u_{2n}}{u_{22}} \\ & & \ddots & \vdots \\ & & & 1 \end{bmatrix}$$

$$= DR (\text{唯一分解})$$

所以 $A = LU = LDR$

(2) 对矩阵的三角分解，有三种重要的变形。

设 A 满足定理 10 条件，于是 $A = LDR = L(DR) \equiv LU$，即 $A = LU$，其中 L 为单位下三角阵，U 为上三角阵，矩阵的这种分解称为矩阵的杜里特尔(Doolittle) 分解。

如果 $A = LDR = (LD)R = L'R$，其中 L' 为下三角阵，R 为单位上三角阵(重新记为 $A = LU$) 这种分解称为矩阵的克劳特(Crout)分解。

定理 11　设 $A \in R^{n\times n}$ 为非奇异矩阵，则存在置换阵 P 使

$$PA = LU$$

其中 L 为单位下三角阵，U 为上三角阵。

证明　事实上，由列主元消去有：

$$L_1 P_1 A = A^{(2)} \qquad (\text{第 1 步})$$

$$L_kP_kA^{(k)} = A^{(k+1)} \quad (\text{第 } k \text{ 步})$$

$$(k = 1,2,\cdots,n\text{-}1, P_k = I_{k,i_k})$$

于是 $$L_{n-1}P_{n-1}\cdots L_2P_2L_1P_1A = U(\text{上三角阵}) \tag{5.1}$$

为简单起见，考查 $n = 4$ 情况，这时(5.1)式为

$$\begin{aligned} U &= L_3P_3L_2P_2L_1P_1A \\ &= L_3P_3L_2(P_3P_3)P_2L_1(P_2P_3P_3P_2)P_1A \\ &= L_3(P_3L_2P_3)(P_3P_2L_1P_2P_3)(P_3P_2P_1)A \\ &\equiv L_3\widetilde{L}_2\widetilde{L}_1PA \end{aligned} \tag{5.2}$$

其中 $\widetilde{L}_2$ 为指标 2 初等下三角阵，$\widetilde{L}_1$ 为指标为 1 初等下三角阵，$P = P_3P_2P_1$ 为置换阵，(5.2)式即

$$PA = \widetilde{L}_1^{-1}\widetilde{L}_2^{-1}L_3^{-1}U = LU$$

其中 L 为单位下三角阵，U 为上三角阵，P 为置换阵。

5.2 不选主元三角分解法

现在建立实现矩阵分解计算：$A = LU$ 或 $PA = LU$ 的算法，一旦实现矩阵的三角分解，则求解

$$A\boldsymbol{x} = \boldsymbol{b} \Longleftrightarrow \text{求解 } LU\boldsymbol{x} = \boldsymbol{b} \quad (\text{令 } U\boldsymbol{x} = \boldsymbol{y})$$

即求解两个三角方程组：

(1) $L\boldsymbol{y} = \boldsymbol{b}$，求 $\boldsymbol{y}$

(2) $U\boldsymbol{x} = \boldsymbol{y}$，求 $\boldsymbol{x}$

设 $A \in R^{n\times n}$ 为非奇异阵，且 A 有分解式

$$A = \begin{bmatrix} 1 & & & \\ l_{21} & 1 & & \\ \vdots & \vdots & \ddots & \\ l_{n1} & l_{n2} & \cdots & 1 \end{bmatrix} \begin{bmatrix} u_{11} & u_{12} & \cdots & u_{1n} \\ & u_{22} & \cdots & u_{2n} \\ & & \ddots & \vdots \\ & & & u_{nn} \end{bmatrix} = LU \tag{5.3}$$

其中 L 为单位下三角阵，U 为上三角阵。

下面说明 L, U 元素可由 A 元素，经 n 步直接计算确定。

显然，由(5.3)式有

$$u_{1i} = a_{1i}(i = 1,2,\cdots,n) \quad \text{即得 } U \text{ 第一行元素}$$

$l_{i1} = a_{i1}/u_{11} (i = 2, \cdots, n)$　即得 L 第一列元素

假设已定出 U 第 1 行到第 $r-1$ 行元素及 L 第 1 列到第 $r-1$ 列元素，现在确定计算 U 第 r 行元素，L 第 r 列元素计算公式。

由(5.3)式利用矩阵乘法有

$$a_{ri} = \sum_{k=1}^{n} l_{rk} u_{ki} = \sum_{k=1}^{r-1} l_{rk} u_{ki} + u_{ri}$$

(注意，当 $r < k$ 时，则 $l_{rk} = 0$)

于是，$u_{ri} = a_{ri} - \sum_{k=1}^{r-1} l_{rk} u_{ki} \quad (i = r, r+1, \cdots, n)$

又由(5.3)式，可得计算 $l_{ir} (i = r+1, \cdots, n)$ 公式：

$$a_{ir} = \sum_{k=1}^{n} l_{ik} u_{kr} = \sum_{k=1}^{r-1} l_{ik} u_{kr} + l_{ir} u_{rr}$$

$(i = k+1, \cdots, n)$，(当 $k > r$ 时，则 $u_{kr} = 0$)

当 A 所有顺序主子式都不为零时，得到用直接分解法解 $A\boldsymbol{x} = \boldsymbol{b}$ 计算公式。

1. 分解计算：$A = LU$(Doolittle 分解)

(1) $u_{1i} = a_{1i} (i = 1, 2, \cdots, n)$

$$l_{i1} = a_{i1}/u_{11} (i = 2, \cdots, n) \tag{5.4}$$

(2) $r = 2, 3, \cdots, n$

1) 计算 U 第 r 行：

$$u_{ri} = a_{ri} - \sum_{k=1}^{r-1} l_{rk} u_{ki} \quad (i = r, r+1, \cdots, n) \tag{5.5}$$

2) 计算 L 第 r 列：

$$l_{ir} = (a_{ir} - \sum_{k=1}^{r-1} l_{ik} u_{kr})/u_{rr} \quad (i = r+1, \cdots, n \text{ 且 } r \neq n) \tag{5.6}$$

2. 求解计算：$L\boldsymbol{y} = \boldsymbol{b}, U\boldsymbol{x} = \boldsymbol{y}$

$$
(1)\begin{cases} y_1 = b_1 \\ y_i = b_i - \sum_{k=1}^{i-1} l_{ik} y_k, (i = 2, \cdots, n) \end{cases} \tag{5.7}
$$

$$
(2)\begin{cases} x_n = y_n / u_{nn} \\ x_i = (y_i - \sum_{k=i+1}^{n} u_{ik} x_k) / u_{ii} (i = n-1, \cdots, 2, 1) \end{cases} \tag{5.8}
$$

例 8　用直接三角分解法解方程组

$$
\begin{bmatrix} 1 & 4 & 7 \\ 2 & 5 & 8 \\ 3 & 6 & 11 \end{bmatrix} \begin{bmatrix} x_1 \\ x_2 \\ x_3 \end{bmatrix} = \begin{bmatrix} 1 \\ 1 \\ 1 \end{bmatrix} \text{或 } A\boldsymbol{x} = \boldsymbol{b}
$$

解　实现分解计算：$A = LU$

(1) $r = 1$，利用公式(5.4)计算

$u_{11} = 1, u_{12} = 4, u_{13} = 7$

$l_{21} = 2, l_{31} = 3$

(2) $r = 2, u_{2i} = a_{2i} - l_{21} u_{1i}, (i = 2, 3)$

$u_{22} = -3, u_{23} = -6$

$l_{32} = (a_{32} - l_{31} u_{12}) / u_{22} = 2$

(3) $r = 3, u_{33} = a_{33} - (l_{31} u_{13} + l_{32} u_{23}) = 2$

于是

$$
A = \begin{bmatrix} 1 & & \\ 2 & 1 & \\ 3 & 2 & 1 \end{bmatrix} \begin{bmatrix} 1 & 4 & 7 \\ & -3 & -6 \\ & & 2 \end{bmatrix} = LU
$$

求解计算：

(4) 求解　$L\boldsymbol{y} = \boldsymbol{b}$ 得到

$\boldsymbol{y} = [1, -1, 0]^T$

(5) 求解　$U\boldsymbol{x} = \boldsymbol{y}$ 得到方程组的解

$\boldsymbol{x} = (-1/3, 1/3, 0)^T$

显然，当 $u_{rr} \neq 0 (r = 1, 2, \cdots, n)$ 时，解 $A\boldsymbol{x} = \boldsymbol{b}$ 直接三角分解法才能进行计算。

在电算时，当计算 u_{ri} 后 a_{ri} 就不用了。因此，计算好 L,U 元素后就存放在 A 的相应位置，例如数组 A。

$$A\rightarrow\begin{bmatrix}u_{11} & u_{12} & u_{13}\\ l_{21} & a_{22} & a_{23}\\ l_{31} & a_{32} & a_{33}\end{bmatrix}\rightarrow\begin{bmatrix}u_{11} & u_{12} & u_{13}\\ l_{31} & u_{22} & u_{23}\\ l_{32} & l_{32} & a_{33}\end{bmatrix}\rightarrow\begin{bmatrix}u_{11} & u_{12} & u_{13}\\ l_{21} & u_{22} & u_{23}\\ l_{32} & l_{31} & u_{33}\end{bmatrix}=[U\backslash L]$$

由计算公式(5.5)，(5.6)，(5.7)及(5.8)可知，需要计算形如 $\sum a_ib_i$ 式子，采用“双精度累加”来计算 $\sum a_ib_i$ 可提高精度。

用直接三角分解法解 $A\boldsymbol{x}=\boldsymbol{b}$(其中 $A\in R^{n\times n}$)大约需要 $n^3/3$ 次乘除法和高斯消去法计算量相同。

对于求解方程组 $A\boldsymbol{x}=\boldsymbol{b}_j(j=1,2,\cdots,m)$ 问题，其中 $A\in R^{n\times n}$，应用三角分解法求解是特别有用的。

(1) 实现分解计算　$A=LU$，且 L,U 保存在 A 相应位置。

(2) 求解 $j=1,2,\cdots,m$

$$\begin{cases}L\boldsymbol{y}_j=\boldsymbol{b}_j\\ U\boldsymbol{x}_j=\boldsymbol{y}_j\text{求 }\boldsymbol{x}_j\end{cases}$$

且每求解一方程组　$LU\boldsymbol{x}=\boldsymbol{b}_j$ 只需要 n^2 次乘除法运算。

算法11　(Doolittle分解)设 $A\in R^{n\times n}$，本算法实现 $A=LU$，其中 L 为单位下三角阵，U 为上三角阵且 L,U 存放在 A 相应位置。

对于 $r=1,2,\cdots,n$

1) $a_{ri}\leftarrow u_{ri}=a_{ri}-\sum\limits_{k=1}^{r-1}l_{rk}u_{ki},(i=r,\cdots,n)$

2) 如果 $u_{rr}=0$ 则停止计算

$$a_{ir}\leftarrow l_{ir}=(a_{ir}-\sum_{k=1}^{r-1}l_{ik}u_{kr})/u_{rr}$$

$$(i=k+1,\cdots,n),(\text{且 } r\neq n)$$

5.3　部分选主元三角分解法

设　$A\boldsymbol{x}=\boldsymbol{b}$，其中 $A\in R^{n\times n}$ 为非奇异矩阵。

当用分解法解方程组时，从第 r 步$(r=1,\cdots,n)$分解计算公式可知：

$$u_{ri} = a_{ri} - \sum_{k=1}^{r-1} l_{rk} u_{ki} \qquad (i = r, \cdots, n) \tag{5.9}$$

$$l_{ir} = (a_{ir} - \sum_{k=1}^{r-1} l_{ik} u_{kr}) / u_{rr} (i = r+1, \cdots, n) \tag{5.10}$$

当 $u_{rr} = 0$ 时，分解计算将中断，或 $u_{rr} \neq 0$。但 $|u_{rr}|$ 很小时，按(5.10) 进行计算可能引起舍入误差的累积、扩大。因此，可采用与列主元 消去法类似方法，将直接三角分解法修改为部分选主元的三角分解法(与列主元消去法在理论上是等价的)，它通过交换 A 的行实现三角分解 $PA = LU$，其中 P 为置换阵。

设第 $r-1$ 步分解计算已完成，则有

$$A \to \begin{bmatrix} u_{11} & & \cdots & & \cdots & u_{1n} \\ l_{21} & u_{22} & & & & \vdots \\ \vdots & & & & & \vdots \\ & & \ddots & & & \\ & & u_{r-1,r-1} & & \cdots & u_{r-1,n} \\ \vdots & & l_{r,r-1} & a_{rr} & \cdots & a_{rn} \\ & & \vdots & \vdots & & \vdots \\ l_{n1} & \cdots & l_{n,r-1} & a_{nr} & \cdots & a_{nn} \end{bmatrix}$$

第 r 步计算时为了避免用绝对值小的数作除数，引进中间量：

$$S_i = a_{ir} - \sum_{k=1}^{r-1} l_{ik} u_{kr}$$

$$(i = r, \cdots, n)$$

则有：$u_{rr} = S_r$

$l_{ir} = S_i / S_r (i = r+1, \cdots, n)$

(1) 选主元：确定 i_r 使

$$|S_{i_r}| = \max_{r \leqslant i \leqslant n} |S_i|$$

(2) 交换两行：当 $i_r \neq r$ 时，交换 A 第 r 行元素与第 i_r 行元素及 $S_{i_r} \leftarrow\rightarrow S_r$(将 (i,j) 位置新元素仍记为 l_{ij} 或 a_{ij})(相当于先交换原始

数组 A 第 r 行与第 i_r 行元素后，再进行分解计算得到的结果，且 $|l_{ir}| \leqslant 1$）。

(3) 进行分解计算。

算法 12 （部分选主元三角分解法）设 $A\boldsymbol{x} = \boldsymbol{b}$，其中 $A \in R^{n\times n}$ 为非奇异矩阵，本算法采用部分选主元三角分解法实现 $PA = LU$，其中 L 为单位下三角阵，U 为上三角阵，P 为置换阵，且 L,U 存放在 A 相应位置，用整型数组 $IP(n)$ 记录主行信息，解存放在 $\boldsymbol{b}$ 内。

分解计算：$PA = LU$

1. 对于 $r = 1,2,\cdots,n$

(1) 计算中间量：

$$a_{ir} \leftarrow S_i = a_{ir} - \sum_{k=1}^{r-1} l_{ik}u_{kr} \quad (i = r, r+1, \cdots, n)$$

(2) 选主元：确定 i_r 使

$$|S_{i_r}| = \max_{r \leqslant i \leqslant n} |S_i|$$

$$IP(r) \leftarrow i_r$$

(3) 交换两行：

当 $r \neq i_r$ 时，换行：$a_{r,i} \leftarrow\rightarrow a_{i_r,i} \quad (i = 1,2,\cdots,n)$

(4) 计算 U 第 r 行，L 第 r 列

$(a_{rr} \leftarrow S_r = u_{rr})$

$a_{ir} \leftarrow l_{ir} = S_i/S_r$，$(i = r+1, \cdots, n$ 且 $r \neq n)$

$$a_{ri} \leftarrow u_{ri} = a_{ri} - \sum_{k=1}^{r-1} l_{rk}u_{ki}$$

$$(i = r+1, \cdots, n \text{ 且 } r \neq n)$$

（且有 $|l_{ir}| \leqslant 1$）

求解计算：

求解 $\quad A\boldsymbol{x} = \boldsymbol{b} \Longleftrightarrow PA\boldsymbol{x} = P\boldsymbol{b}$

求1） $L\boldsymbol{y} = P\boldsymbol{b}$ 求 $\boldsymbol{y}$

2） $U\boldsymbol{x} = \boldsymbol{y}$ 求 $\boldsymbol{x}$

2. 对于 $r = 1,2,\cdots,n-1$

(1) $t \leftarrow IP(r)$

(2) 如果 $r = t$ 则转 4)

(3) $b(r) \leftarrow \rightarrow b(t)$

(4) Continue

3. $b_i \leftarrow b_i - \sum_{k=1}^{i-1} l_{ik} b_k \qquad (i = 2,3,\cdots,n)$

4. $\begin{cases} b_n \leftarrow b_n / u_{nn} \\ b_i \leftarrow (b_i - \sum_{k=i+1}^{n} u_{ik} b_k) / u_{ii} \qquad (i = n-1,\cdots,2,1) \end{cases}$

应用算法 12 实现分解 $PA = LU$,可计算 A 的逆矩阵,即

$$A^{-1} = U^{-1} L^{-1} P$$

其中,可通过求 U^{-1},计算 $U^{-1}L^{-1}$,最后,再根据 $IP(n)$ 记录调整 $(U^{-1}L^{-1})$ 列求得 A^{-1}。

§ 6　解对称正定矩阵线性方程组的平方根法

在很多实际问题中,归结为求解方程组 $A\boldsymbol{x} = \boldsymbol{b}$,其中 $A \in R^{n\times n}$ 具有特殊性质,即 A 为对称正定阵。计算机上求解这种类型方程组的有效方法之一就是平方根法,也就是利用对称正定矩阵三角分解的一种分解法。

6.1　对称正定矩阵及性质

定义 5　(对称正定阵)$A \in R^{n\times n}$,如果 A 满足条件

(1)$A^T = A$;

(2) 对任意非零向量 $\boldsymbol{x} \in R^n$,则有$(A\boldsymbol{x},\boldsymbol{x}) > 0$;

则称 A 为对称正定矩阵。关于对称正定矩阵有关性质,可参阅一般线性代数书,以下定理 12,定理 13 供参考。

定理 12　(对称正定矩阵的性质)

如果 $A \in R^{n\times n}$ 为对称正定阵,则

(1)A 为非奇异矩阵，且 A^{-1} 亦是对称正定阵；

(2) 记 A_k 为 A 的顺序主子阵，A_k 亦是对称正定阵($k = 1,2,\cdots n$)；

(3)A 的特征值 $\lambda_i(A) > 0(i = 1,2,\cdots,n)$；

(4)A 的顺序主子式都大于零，即 $\det(A_k) > 0(k = 1,2,\cdots,n)$。

证明 (1) 若 $\det(A) = 0$，于是 $A\boldsymbol{x} = 0$ 有非零解 $\boldsymbol{x} \neq 0$，由此有，$(A\boldsymbol{x},\boldsymbol{x}) = 0$，这与 A 为对称正定矩阵矛盾，故 $\det(A) \neq 0$。

显然 $(A^{-1})^T = (A^T)^{-1} = A^{-1}$

说明 A^{-1} 亦是对称矩阵，此外，对任意非零向量 $\boldsymbol{y} \neq 0$，则由 A 为对称正定阵有

$(A^{-1}\boldsymbol{y},\boldsymbol{y}) = (\boldsymbol{x},A\boldsymbol{x}) = (A\boldsymbol{x},\boldsymbol{x}) > 0$，(记 $A^{-1}\boldsymbol{y} = \boldsymbol{x}$ 且 $\boldsymbol{x} \neq 0$)

所以 A^{-1} 亦是对称正定阵。

(2)$A_k = \begin{bmatrix} a_{11} & \cdots & a_{1k} \\ \vdots & & \vdots \\ a_{k1} & \cdots & a_{kk} \end{bmatrix}$，显然有 $A_k^T = A_k$。

对任意非零向量 $\boldsymbol{x}_1 = (x_1,x_2,\cdots,x_k)^T \in R^k$，考查 $(A_k\boldsymbol{x}_1,\boldsymbol{x}_1) > 0$ 成立否！

事实上，令 $\boldsymbol{x} = \begin{pmatrix} \boldsymbol{x}_1 \\ 0 \end{pmatrix} \in R^n$ 且 $\boldsymbol{x} \neq 0$ 由 A 正定性，则

$$0 < (A\boldsymbol{x},\boldsymbol{x}) = (A_k\boldsymbol{x}_1,\boldsymbol{x}_1)$$

所以，A_k 亦是对称正定矩阵。

(3) 设 λ 为 A 的特征值，于是存在有向量 $\boldsymbol{x} \neq 0$，使 $A\boldsymbol{x} = \lambda\boldsymbol{x}$，

且有 $(A\boldsymbol{x},\boldsymbol{x}) = (\lambda\boldsymbol{x},\boldsymbol{x})$

即有 $\lambda = (A\boldsymbol{x},\boldsymbol{x})/(\boldsymbol{x},\boldsymbol{x}) > 0$

(4) 设 $\lambda_i(i = 1,\cdots,n)$ 为 A 特征值，由于

$$\det(A) = \lambda_1\lambda_2\cdots\lambda_n$$

由(3)可知 $\lambda_i > 0(i = 1,\cdots,n)$，故 $\det(A) > 0$，又由性质(2)A_k 为对称正定阵，所以 $\det(A_k) > 0(k = 1,\cdots,n)$

定理 13 (1) 设 $A \in R^{n\times n}$ 为对称矩阵，且 A 特征值 $\lambda_i(A) > 0(i$

$=1,\cdots,n$)，则 A 为对称正定矩阵。

(2) 设 $A\in R^{n\times n}$ 为对称矩阵且 $\det(A_k)>0(k=1,2,\cdots,n)$ 则 A 为对称正定阵。

下面研究对称正定矩阵的三角分解。

设 $A\in R^{n\times n}$ 为对称正定阵，于是，由定理 12 可知 A 的顺序主子式 $D_k=\det A_k>0,(k=1,\cdots,n)$，又由定理 10，则 A 可唯一分解为

$$A=LDR \tag{6.1}$$

其中 L,R 分别为单位下三角阵及单位上三角阵，D 为对角阵，由设有

$$A=A^T=R^TDL^T \tag{6.2}$$

其中 R^T 为单位下三角阵，L^T 为单位上三角阵，由三角分解的唯一性及(6.1)，(6.2) 式可得

$$L=R^T \text{ 或 } R=L^T$$

于是，对称正定矩阵 A 有三角分解

$$A=LDL^T \tag{6.3}$$

其中 L 为单位下三角阵，D 为对角阵。由定理 8 可知 $D=\mathrm{diag}(d_1,d_2,\cdots,d_n)$ 元素 d_k 可由公式给出：

$$\begin{cases}d_1=D_1>0\\ d_k=D_k/D_{k-1}>0,k=2,\cdots,n)\end{cases}$$

其中　$D_k=\det(A_k)$ 为 A 顺序主子式。从而

$$\begin{aligned}D&=\mathrm{diag}[\sqrt{d_1},\cdots,\sqrt{d_n}]\mathrm{diag}[\sqrt{d_1},\cdots,\sqrt{d_n}]\\ &=D^{1/2}D^{1/2}(\text{且唯一})\end{aligned}$$

其中 $D^{1/2}$ 为对角矩阵且对角元素为正。

由(6.3) 式又得到对称正定矩阵 A 下述分解式

$$A=LD^{1/2}D^{1/2}L^T=(LD^{1/2})(LD^{1/2})^T=L_1L_1^T$$

总结上述讨论，得到下述定理。

定理 14　(对称正定矩阵的 Cholesky 分解)

如果 $A\in R^{n\times n}$ 为对称正定矩阵，则存在唯一的具有正对角元的

下三角阵 L,使得 $A=LL^T$。

对称正定矩阵 A 三角分解:$A=LL^T$ 称为乔勒斯基(Cholesky)分解。

6.2 平方根法

下面用直接三角分解有效的实现对称正定阵分解计算:$A=LL^T$。

设 $Ax=b$,其中 A 为对称正定矩阵,则

$$A=\begin{bmatrix} l_{11} & & & \\ l_{21} & l_{22} & & \\ \vdots & \vdots & \ddots & \\ l_{n1} & l_{n2} & \cdots & l_{nn} \end{bmatrix}\begin{bmatrix} l_{11} & l_{21} & \cdots & l_{n1} \\ & l_{22} & \cdots & l_{n2} \\ & & \ddots & \vdots \\ & & & l_{nn} \end{bmatrix}=LL^T$$

其中 $l_{ii}>0(i=1,2,\cdots,n)$。

逐步确定 L 第 i 行元素 $a_{ij}(j=1,2,\cdots,i)$,由矩阵乘法有

$$a_{ij}=\sum_{k=1}^{n}l_{ik}l_{jk}=\sum_{k=1}^{j-1}l_{ik}l_{jk}+l_{ij}l_{jj}$$

$$(\text{当 } j<k \text{ 时,则 } l_{jk}=0)$$

于是,得到求解对称正定方程组 $Ax=b$ 平方根法计算公式。

1. 分解计算 $A=LL^T$ (行格式)

对于 $i=1,2,\cdots,n$

(1) $l_{ij}=(a_{ij}-\sum_{k=1}^{j-1}l_{ik}l_{jk})/l_{jj}$

$(j=1,2,\cdots,i-1)$

(2) $l_{ii}=(a_{ii}-\sum_{k=1}^{i-1}l_{ik}^2)^{1/2}$

2. 求解计算

求解 $LL^Tx=b \longleftrightarrow$ 求解:

(1) $Ly=b$ 求 y

(2) $L^Tx=y$ 求 x

(3) $y_i = (b_i - \sum_{k=1}^{i-1} l_{ik} y_k)/l_{ii}$

$(i = 1,2,\cdots,n)$

(4) $x_i = (y_i - \sum_{k=i+1}^{n} l_{ki} x_k)/l_{ii}$

$(i = n, n-1, \cdots, 2, 1)$

算法13 (Cholesky 分解) 设有 $A \in R^{n\times n}$ 为对称正定阵,下述算法计算下三角阵 L 使 $A = LL^T$ 且计算 $l_{ij}(i \geqslant j)$ 覆盖 a_{ij}。

对于 $i = 1,2,\cdots,n$　　(行格式)

(1) 对于 $j = 1,\cdots,i-1$

$$a_{ij} \leftarrow l_{ij} = (a_{ij} - \sum_{k=1}^{j-1} a_{ik} a_{jk})/a_{jj}$$

(2) $a_{ii} \leftarrow l_{ii} = (a_{ii} - \sum_{k=1}^{i-1} a_{ik}^2)^{1/2}$

本算法大约需要 $n^2/6$ 次乘除法。

由对称正定阵 A 分解计算公式(2) 可得

$$a_{ii} = \sum_{k=1}^{i} l_{ik}^2,(i = 1,2,\cdots,n)$$

于是,　　$l_{ik}^2 \leqslant a_{ii} \leqslant \max\limits_{1\leqslant i\leqslant n} a_{ii}$

$(i = 1,2,\cdots,n; k = 1,2,\cdots,i)$

上式说明在不选主元的平方根法中,矩阵 L 元素有界,或者说在分解过程中产生 L 元素 l_{ik} 的数量级不会增长,且 $l_{ii} > 0(i = 1,\cdots,n)$,由此可以说明,平方根算法是一个数值稳定的方法。

对称正定矩阵的三角分解 $A = LL^T$ 计算量约为 $n^3/6$ 次乘除法,大约为 LU 分解计算量的一半。

由于 A 为对称矩阵,因此在电算时,只需要用一维数组 $A(\cdot)$ 存贮矩阵 A 对角线以下元素。

$$A=\begin{bmatrix} \ddots & & \text{对称} & \\ & \ddots & & \\ & & \ddots & \\ \cdots a_{ij} & & \cdots & \ddots \end{bmatrix}$$

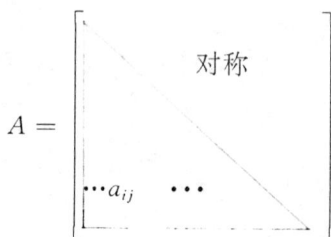

可用一维数组 $A(\cdot)$ 存贮 A 三角框中元素：$m=n(n+1)/2$

$$A(M)=\{a_{11},a_{21},a_{22},\cdots,a_{n1},a_{n2},\cdots,a_{nn}\}$$

且 A 元素 $a_{ij}(i\geqslant j)$ 在一维数组 $A(M)$ 中表示方法：

A 元素$(i\geqslant j)$	二维数组 $A(n,n)$	一维数组 $A(M)$
a_{ij}	$A(i,j)$	$A(i*(i-1)/2+j)$

计算 L 元素 l_{ij} 存放在 A 的相应 a_{ij} 位置上，解对称正定方程组的平方根法存贮量约为消去法的一半左右。

6.3 改进的平方根法

由于解对称正定方程组的平方根法在计算元素 $l_{ii}(i=1,\cdots,n)$ 时需要进行 n 次开方运算，为了避免开方运算，可采用对称正定矩阵的分解式 $A=LDL^T$，即有

$$A=\begin{bmatrix} 1 & & & & \\ l_{21} & 1 & & & \\ l_{31} & l_{32} & 1 & & \\ \vdots & \vdots & & \ddots & \\ l_{n1} & l_{n2} & \cdots & & 1 \end{bmatrix}\cdot$$

$$\begin{bmatrix} d_1 & & & & \\ & d_2 & & & \\ & & \ddots & & \\ & & & \ddots & \\ & & & & d_n \end{bmatrix}\begin{bmatrix} 1 & & l_{21} & \cdots & l_{n1} \\ & 1 & l_{32} & \cdots & l_{n2} \\ & & 1 & & \\ & & & \ddots & \vdots \\ & & & & 1 \end{bmatrix}=TL^T$$

其中 $T = LD$。

分解计算：显然，$d_1 = a_{11}$。

现确定计算 L 第 i 行元素 $l_{ij}(j = 1,2,\cdots,i-1)$ 公式。由矩阵乘法有

$$a_{ij} = \sum_{k=1}^{n}(LD)_{ik}(L^T)_{kj} = \sum_{k=1}^{j-1} l_{ik}d_k l_{jk} + l_{ij}d_j$$

$$(\text{当 } j < k \text{ 时，则 } l_{jk} = 0)$$

得到分解 $A = LDL^T$ 计算公式

$$d_1 = a_{11}$$

对于 $i = 2,3,\cdots,n$

$$\begin{aligned}&(1)\ l_{ij} = \left(a_{ij} - \sum_{k=1}^{j-1} l_{ik}d_k l_{jk}\right)/d_j \\ &\quad (j = 1,2,\cdots,i-1) \\ &(2)\ d_i = a_{ii} - \sum_{k=1}^{i-1} l_{ik}^2 d_k\end{aligned} \tag{6.4}$$

为了避免重复性计算，引进中间量

$$t_{ij} = l_{ij}d_j \tag{6.5}$$

由(6.4)及(6.5)式，得到解对称正定方程组 $A\boldsymbol{x} = \boldsymbol{b}$，改进平方根法计算公式：

1. $A = LDL^T$ 分解计算

(1) $d_1 = a_{11}$

(2) 对于 $i = 2,3,\cdots,n$

$$\begin{aligned}&1)\ t_{ij} = a_{ij} - \sum_{k=1}^{j-1} t_{ik}l_{jk},\ (j = 1,2,\cdots,i-1) \\ &2)\ l_{ij} = t_{ij}/d_j,\ (j = 1,2,\cdots,i-1) \\ &3)\ d_i = a_{ii} - \sum_{k=1}^{i-1} t_{ik}l_{ik}\end{aligned} \tag{6.6}$$

2. 求解 $A\boldsymbol{x} = \boldsymbol{b} \Longleftrightarrow LDL^T\boldsymbol{x} = \boldsymbol{b}$

(1) 求解 $L\boldsymbol{y} = \boldsymbol{b}$

$$\begin{cases} y_1 = b_1 \\ y_i = b_i - \sum_{k=1}^{i-1} l_{ik} y_k, (i = 2, \cdots, n) \end{cases} \tag{6.7}$$

(2) 求解 $L^T \boldsymbol{x} = D^{-1} \boldsymbol{y}$

$$\begin{cases} x_n = y_n / d_n \\ x_i = y_i / d_i - \sum_{k=i+1}^{n} l_{ki} x_k, (i = n-1, \cdots, 2, 1) \end{cases} \tag{6.8}$$

实现分解计算 $A = LDL^T$ 大约需要 $n^3/6$ 次乘除法，但没有开方运算。

计算出 $T = LD$ 第 i 行元素 $t_{ij} (j = 1, \cdots, i-1)$，存放在 A 第 i 行位置，然后计算 L 第 i 行元素 $l_{ij} (j = 1, \cdots, i-1)$ 仍存放在 A 第 i 行位置且计算出 d_i。例如　$A = (a_{ij})_{3\times 3}$ 对称阵：

$$A = \begin{bmatrix} a_{11} & & \text{对称} \\ a_{21} & a_{22} & \\ a_{31} & a_{32} & a_{33} \end{bmatrix} \rightarrow \begin{bmatrix} d_1 & & \\ t_{21} & a_{22} & \\ a_{31} & a_{32} & a_{33} \end{bmatrix}$$

$$\rightarrow \begin{bmatrix} d_1 & & \\ l_{21} & d_2 & \\ a_{31} & a_{32} & a_{33} \end{bmatrix} \rightarrow \begin{bmatrix} d_1 & & \\ l_{21} & d_2 & \\ t_{31} & t_{32} & a_{33} \end{bmatrix} \rightarrow \begin{bmatrix} d_1 & & \\ l_{21} & d_2 & \\ l_{31} & l_{32} & d_3 \end{bmatrix}$$

算法 14　（改进平方根法）设 $A\boldsymbol{x} = \boldsymbol{b}$，其中 $A \in R^{n\times n}$ 为对称正定矩阵，本算法用改进平方根法求解 $A\boldsymbol{x} = \boldsymbol{b}$，$L$ 元素存放在 A 相应位置，D 对角元素倒数 $1/d_i$ 存放在 A 对角线位置，解存放在常数项 b 内。

1. 如果 $a_{11} = 0$，则停机，否则 $a_{11} \leftarrow 1/a_{11}$

2. 对于 $i = 2, 3, \cdots, n$

　(1) 对于 $j = 1, 2, \cdots, i-1$

　　(a) 如果 $j = 1$ 则转(c)

　　(b) $a_{ij} \leftarrow t_{ij} = a_{ij} - \sum_{k=1}^{j-1} t_{ik} l_{jk}$

　　(c) Continue

(2) $d \leftarrow a_{ii}$

(3) 对于 $j = 1,2,\cdots,i-1$

(a) $t_0 \leftarrow a_{ij}$

(b) $a_{ij} \leftarrow l_{ij} = t_0 * a_{jj}$

(c) $d \leftarrow d - t_0 * l_{ij}$

(4) 如果 $d = 0$,则停机

(5) $a_{ii} \leftarrow 1/d$

3. 对于 $i = 2,3,\cdots,n$

$$b_i \leftarrow y_i = b_i - \sum_{k=1}^{i-1} l_{ik} y_k$$

4. $b_n \leftarrow x_n = b_n / d_n$

$$b_i \leftarrow x_i = y_i / d_i - \sum_{k=i+1}^{n} l_{ki} x_k, (i = n-1,\cdots,2,1)$$

平方根法或改进平方根法是目前计算机上解对称正定线性方程组一个有效方法,比用消去法优越。其计算量和存贮量都比用消去法大约节省一半左右,且不需要选主元,能求得较高精度的计算解。

例 9 用改进的平方根法求解方程组

$$\begin{bmatrix} 2 & -2 & 0 & 0 & -1 \\ -2 & 3 & -2 & 0 & 0 \\ 0 & -2 & 5 & -3 & 0 \\ 0 & 0 & -3 & 10 & 4 \\ -1 & 0 & 0 & 4 & 10 \end{bmatrix} \begin{bmatrix} x_1 \\ x_2 \\ x_3 \\ x_4 \\ x_5 \end{bmatrix} = \begin{bmatrix} -1 \\ -1 \\ 0 \\ 11 \\ 13 \end{bmatrix}$$

解 实现分解计算:$A = LDL^T$,由公式(6.6)计算可得

$$A = \begin{bmatrix} 1 & & & & \\ -1 & 1 & & & \\ 0 & -2 & 1 & & \\ 0 & 0 & -3 & 1 & \\ -1/2 & -1 & -2 & -2 & 1 \end{bmatrix} \begin{bmatrix} 2 & & & & \\ & 1 & & & \\ & & 1 & & \\ & & & 1 & \\ & & & & 1/2 \end{bmatrix} L^T$$
$$= LDL^T$$

求解计算：$Ax = b \Longleftrightarrow LDL^T x = b$

求解 $Ly = b$ 得到

$$y = (-1, -2, -4, -1, 1/2)^T$$

求解 $L^T x = D^{-1} y$ 得到方程组的解

$$x = (1,1,1,1,1)^T$$

§7 解三对角线方程组的追赶法

在一些应用问题中，归结为求解满足下述条件的三对角线方程组。例如，用 3 次样条函数的插值问题，用差分法解二阶线性常微分方程边值问题等，即求解

$$\begin{bmatrix} b_1 & c_1 & & & & & \\ a_2 & b_2 & c_2 & & & & \\ & \ddots & \ddots & \ddots & & & \\ & & a_i & b_i & c_i & & \\ & & & \ddots & \ddots & \ddots & \\ & & & & a_{n-1} & b_{n-1} & c_{n-1} \\ & & & & & a_n & b_n \end{bmatrix} \begin{bmatrix} x_1 \\ x_2 \\ \vdots \\ x_i \\ \vdots \\ x_{n-1} \\ x_n \end{bmatrix} = \begin{bmatrix} f_1 \\ f_2 \\ \vdots \\ f_i \\ \vdots \\ f_{n-1} \\ f_n \end{bmatrix}$$

或 $Ax = f$ (7.1)

其中，A 满足条件：

$$\left.\begin{array}{l} (1)\ |b_1| > |c_1| > 0 \\ (2)\ |b_i| \geqslant |a_i| + |c_i|, (a_i c_i \neq 0, i = 2, \cdots, n-1) \\ (3)\ |b_n| > |a_n| > 0 \end{array}\right\} \quad (7.2)$$

对于满足(7.2)特殊方程组(7.1)，我们介绍下述的有效的快速算法 —— 追赶法。追赶法具有计算量少，方法简单，算法稳定等特点。

定理15 设有三对角线方程组 $Ax = f$，其中 A 满足条件(7.2)，则 A 为非奇异矩阵。

证明 用归纳法证明，显然对 $n = 2$ 时有

$$\det(A) = \begin{vmatrix} b_1 & c_1 \\ a_2 & b_2 \end{vmatrix} = b_1 b_2 - c_1 a_2 \neq 0$$

现设定理对 $n-1$ 阶满足条件(7.2)的三对角阵成立，求证对满足条件(7.2)n 阶三对角阵定理亦成立。由设 $b_1 \neq 0$，则由高斯消去法一步有

0

$$A \to \begin{bmatrix} b_1 & c_1 & & 0 & \cdots \\ 0 & b_2 - \frac{c_1}{b_1}a_2 & c_2 & & \\ 0 & a_3 & b_3 & c_3 & \\ \vdots & & \ddots & \ddots & \ddots \\ 0 & & & a_n & b_n \end{bmatrix}$$

$$\equiv \begin{bmatrix} b_1 & c_1 & 0 & \cdots & 0 \\ 0 & & & & \\ \vdots & & B & & \\ 0 & & & & \end{bmatrix} = A^{(2)}$$

显然，　$\det(A) = b_1 \det(B)$

其中，B 为 $n-1$ 阶三对角阵且满足条件：

(1) $|\alpha_2| = \left|b_2 - \frac{c_1}{b_1}a_2\right| \geqslant |b_2| - \left|\frac{c_1}{b_1}\right| |a_2| > |b_2| - |a_2|$

$\geqslant |c_2| \neq 0$

(2) $|b_i| \geqslant |a_i| + |c_i|, (i = 3, \cdots, n-1)$

(3) $|b_n| > |a_n|$

于是，由归纳法假设，则有 $\det(B) \neq 0$，故有 $\det(A) \neq 0$。

定理 16　设 $A\boldsymbol{x} = \boldsymbol{f}$，其中 A 为满足(7.2)的三对角阵，则 A 的所有顺序主子式都不为零，即

$$\det(A_k) \neq 0, (k = 1, 2, \cdots, n)$$

证明　由设 A 是满足(7.2)的 n 阶三对角阵，因此 A 的任一个顺序主子阵 A_k 亦是满足(7.2)的 k 阶三对角阵，由定理 15，则有

$$\det(A_k) \neq 0, (k = 1, 2, \cdots, n)$$

设 A 为满足(7.2)n 阶三对角阵，由矩阵的三角分解定理，则有

唯一三角分解

$$A = LU$$

其中 L 为下三角阵，U 为单位上三角阵。即有

$$A=\begin{bmatrix} b_1 & c_1 & & & & \\ a_2 & b_2 & c_2 & & & \\ & \ddots & \ddots & \ddots & & \\ & & a_i & b_i & c_i & \\ & & & \ddots & \ddots & \ddots \\ & & & & a_n & b_n \end{bmatrix}=\begin{bmatrix} \alpha_1 & & & & & \\ r_2 & \alpha_2 & & & & \\ & \ddots & \ddots & & & \\ & & r_i & \alpha_i & & \\ & & & \ddots & \ddots & \\ & & & & r_n & \alpha_n \end{bmatrix}$$

$$\begin{bmatrix} 1 & \beta_1 & & & & \vdots & & & \\ & 1 & \beta_2 & & & & & & \\ & & 1 & \ddots & & & & & \\ & & & \ddots & & & & & \\ & & & & 1 & \beta_{i-1} & & & \\ \cdots & & & & & 1 & \beta_i & \cdots & \\ & & & & & & 1 & \ddots & \\ & & & & & & & \ddots & \beta_{n-1} \\ & & & & & \vdots & & & 1 \end{bmatrix} \begin{matrix} \\ \\ \\ \\ \\ i \\ \\ \\ \\ \end{matrix} \tag{7.3}$$

（上方第 i 列标记 i）

由矩阵乘法，可得计算 $\{\alpha_i\}$，$\{\beta_i\}$，$\{r_i\}$ 公式，即有

(1) $b_1 = \alpha_1, c_1 = \alpha_1\beta_1, \beta_1 = c_1/b_1$

(2) $a_i = r_i, b_i = \alpha_i + r_i\beta_{i-1} = \alpha_i + a_i\beta_{i-1}, (i = 2, \cdots, n)$

(3) $c_i = \alpha_i\beta_i, (i = 2, \cdots, n-1)$

于是，得到解(7.1)的追赶法计算公式。

(1) 分解计算公式：$A = LU$

$$\begin{cases} \beta_1 = c_1/b_1 \\ \beta_i = c_i/(b_i - a_i\beta_{i-1}), (i = 2, \cdots, n-1) \end{cases}$$

求解 $A\boldsymbol{x} = \boldsymbol{f} \Leftrightarrow$ 求

  (a) $L\boldsymbol{y} = \boldsymbol{f}$ 求 $\boldsymbol{y}$

(b) $U\boldsymbol{x} = \boldsymbol{y}$ 求 $\boldsymbol{x}$

(2) 求解 $L\boldsymbol{y} = \boldsymbol{f}$ 逆推公式

$$\begin{cases} y_1 = f_1/b_1 \\ y_i = (f_i - a_i y_{i-1})/(b_i - a_i\beta_{i-1}),(i = 2,\cdots,n) \end{cases}$$

(3) 求解 $U\boldsymbol{x} = \boldsymbol{y}$ 逆推公式

$$\begin{cases} x_n = y_n \\ x_i = y_i - \beta_i x_{i+1},(i = n-1,\cdots,2,1) \end{cases}$$

将计算 $\beta_1 \to \beta_2 \to \cdots \to \beta_{n-1}$ 及 $y_1 \to y_2 \to \cdots \to y_n$ 的过程称为追的过程，计算方程组解 $x_n \to x_{n-1} \to \cdots \to x_1$ 过程称为赶的过程。追赶法解 $A\boldsymbol{x} = \boldsymbol{f}$，仅需要 $5n-4$ 次乘除运算。

定理 17 设有三对角线方程组 $A\boldsymbol{x} = \boldsymbol{f}$，其中 A 满足(7.2)式，则由追赶法计算公式得到 $\{\alpha_i\}$，$\{\beta_i\}$ 满足：

(1) $0 < |\beta_i| < 1,(i = 1,2,\cdots,n-1)$

(2) $0 < |c_i| \leqslant |b_i| - |a_i| < |\alpha_i| < |b_i| + |a_i|$

$(i = 2,\cdots,n-1)$

(3) $0 < |b_n| - |a_n| < |\alpha_n| < |b_n| + |a_n|$

证明 显然

$$0 < |\beta_1| = \left|\frac{c_1}{b_1}\right| < 1$$

现归纳法假设，$0 < |\beta_{i-1}| < 1$，求证 $0 < |\beta_i| < 1$。

事实上，$|\alpha_i| = |b_i - a_i\beta_{i-1}| \geqslant |b_i| - |a_i||\beta_{i-1}|$

$> |b_i| - |a_i| \geqslant |c_i|$

即有

$$0 < |\beta_i| = \left|\frac{c_i}{\alpha_i}\right| < 1$$

由定理 17 说明追赶法计算公式中不会出现中间结果数量级巨大增长和相应的舍入误差的严重累积，即追赶法计算公式对于舍入误差是稳定的。

在电算时，只需用 3 个一维数组分别存贮 A 的 3 条线元素 $\{a_i\}$，

$\{b_i\}$，$\{c_i\}$，此外还需要用两组工作单元保存$\{\beta_i\}$，$\{y_i\}$ 或$\{x_i\}$。

上述定理有条件 $a_i c_i \neq 0$，如果有某 $a_i = 0$（或 $c_i = 0$），则 3 对角线方程 $A\boldsymbol{x} = \boldsymbol{f}$ 可分化为两个低阶方程组，例 $a_3 = 0$。

$$A = \begin{bmatrix} b_1 & c_1 & & \\ a_2 & b_2 & c_2 & \\ & & b_3 & c_3 \\ & & a_4 & b_4 \end{bmatrix}$$

于是，解 $A\boldsymbol{x} = \boldsymbol{f}$ 化为解两个方程组

$$\begin{bmatrix} b_3 & c_3 \\ a_4 & b_4 \end{bmatrix}\begin{bmatrix} x_3 \\ x_4 \end{bmatrix} = \begin{bmatrix} f_3 \\ f_4 \end{bmatrix}$$

$$\begin{bmatrix} b_1 & c_1 \\ a_2 & b_2 \end{bmatrix}\begin{bmatrix} x_1 \\ x_2 \end{bmatrix} = \begin{bmatrix} f_1 \\ f_2 - c_2 x_3 \end{bmatrix}$$

§ 8* 用直接法解大型带状方程组

在某些应用问题中，常常需要解大型带状线性方程组，对于这种特殊方程组，其系数矩阵可采用节省内存的压缩存贮方法，其计算方法可采用分解法，非常经济地实现求解计算。

8.1 用分解法解大型等带宽方程组

定义 6 （带状方程组）设 $A\boldsymbol{x} = \boldsymbol{b}$，$A \in R^{n\times n}$。如果 $a_{ij} = 0$，当 $i - j > t$ 时($i > j$)；$a_{ij} = 0$，当 $j - i > t$ 时($j > i$) 称 A 为带状矩阵，$A\boldsymbol{x} = \boldsymbol{b}$ 称为带状方程组，称 t 为 A 的半带宽，$2t + 1$ 称为 A 总带宽，一般 $t \ll n$（对角线以上（或以下）有 t 条次对角线）。

$$A = \begin{bmatrix} a_{11} & a_{12} & \cdots & a_{1,t+1} & & & & & \\ a_{21} & a_{22} & \cdots & & a_{2,t+2} & & & & \\ \vdots & & \ddots & & \ddots & & & & \\ a_{t+1,1} & & \cdots & & & a_{t+1,2t+1} & & & \\ & \ddots & & \ddots & & & & & \\ & & a_{i,i-t} & \cdots & a_{ii} & \cdots a_{i,i+t} & & & \\ & & & \ddots & & & & & \ddots \\ & & & & & & & & \vdots \\ & & & & a_{n,n-t} & \cdots & & & a_{nn} \end{bmatrix}$$

就是说，带状矩阵的非零元素都集中分布在 A 对角线两旁形成一带状。考虑用三角分解法解带状方程组。

设　A 为带状阵（半带宽为 t）且设 A 有分解式

$$A = LU$$

那么 L 和 U 是否还保持 A 的带状结构呢！即是否 L 亦是下半带为 t 单位下三角阵，U 是上半宽为 t 的上三角阵。

定理 18　（保带状结构）

（1）设 $A \in R^{n\times n}$ 带状阵（半带宽为 t）。

（2）且设 A 有唯一三角分解 $A = LU$，其中 L 为单位下三角阵，U 为上三角阵，则 L 为下半带宽为 t 单位下三角阵，U 为上半带宽为 t 的上三角阵。

证明　设 $a_{ij} = 0$ 为 A 带外元素（$i > j, i - j > t$），显然有

$$a_{i1} = a_{i2} = \cdots = a_{ij-1} = a_{i,j} = 0$$

由计算公式

$$l_{ij} = (a_{ij} - \sum_{k=1}^{j-1} l_{ik}u_{kj})/u_{jj} \tag{8.1}$$

则有

$$l_{i1} = a_{i1}/u_{11} = 0$$

$$l_{i2} = (a_{i2} - l_{i1}u_{12})/u_{22} = 0$$

$$\vdots$$

$$l_{i,j-1} = 0$$

由(8.1)式,即得 $l_{ij} = 0$。

同理可证当 $a_{ij} = 0(j > i, j - i > t$ 时),则 $u_{ij} = 0$。

1. 设 $Ax = b$, $A \in R^{n \times n}$ 带状矩阵(半带宽为 t),且设 A 所有顺序主子式均不为零,于是有

$$A = \begin{bmatrix} \end{bmatrix} = \begin{bmatrix} \\ l_{r,r-t} \end{bmatrix} \begin{bmatrix} u_{i-t,i} \\ u_{ri} \end{bmatrix} = LU$$

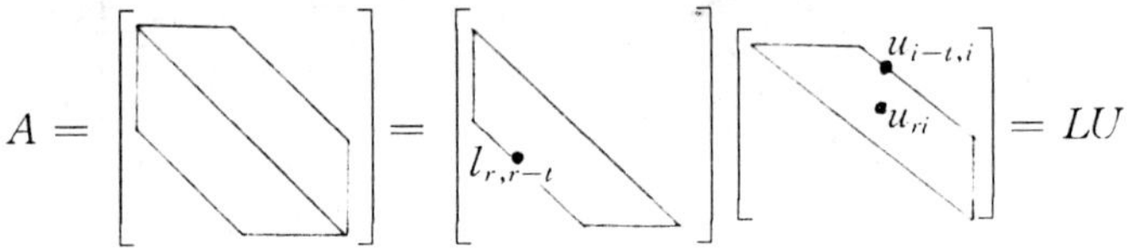

由分解计算公式为:

$$u_{ri} = a_{ri} - \sum_{k=1}^{r-1} l_{rk} u_{ki}, (i = r, r+1, \cdots, n) \tag{8.2}$$

$$l_{ir} = (a_{ir} - \sum_{k=1}^{r-1} l_{ik} u_{kr})/u_{rr}, (i = r+1, \cdots, n) \tag{8.3}$$

由保带状结构定理知,分解 $A = LU$ 中 L, U 是保持 A 的带状结构。因此(8.2),(8.3)计算公式中对于 L, U 带外零元素可以不必参加求和计算,且 L, U 带外零元素不必计算,从而用分解法解带状方程组其计算量可大大节省。

于是计算公式(8.2),(8.3)可修改为:

$$u_{ri} = a_{ri} - \sum_{k=\max(1, i-t)}^{r-1} l_{rk} u_{ki}, (i = r, r+1, \cdots, \min(r+t, n))$$

$$l_{ir} = (a_{ir} - \sum_{k=\max(1, i-t)}^{r-1} l_{ik} u_{kr})/u_{rr}$$

$$(i = r+1, \cdots, \min(r+t, n))$$

解大型带状方程组分解法计算公式:设 $Ax = b$,其中 A 是半带宽为 t 带状阵,且设 A 所有顺序主子式均不为零。

(1)分解计算 $A = LU$

1) $u_{1i} = a_{1i}, (i = 1, \cdots, t+1)$

$l_{i1} = a_{i1}/u_{11}, (i = 2, \cdots, t+1)$

2) $r = 2,3,\cdots,n$

(a) 计算 U 第 r 行元素

$$u_{ri} = a_{ri} - \sum_{k=\max(1,i-t)}^{r-1} l_{rk}u_{ki}$$

$$(i = r,\cdots,\min(r+t,n))$$

(b) 计算 L 第 r 列元素

$$l_{ir} = (a_{ir} - \sum_{k=\max(1,i-t)}^{r-1} l_{ik}u_{kr})/u_{rr}$$

$$(i = r+1,\cdots,\min(r+t,n))$$

(2) 求解计算

1) 求解　$L\boldsymbol{y} = \boldsymbol{b}$

$$\begin{cases} y_1 = b_1 \\ y_i = b_i - \sum\limits_{k=\max(1,i-t)}^{i-1} l_{ik}y_k \end{cases}$$

$$(i = 2,\cdots,n)$$

2) 求解　$U\boldsymbol{x} = \boldsymbol{y}$

$$\begin{cases} x_n = y_n/u_{nn} \\ x_i = (y_i - \sum\limits_{k=i+1}^{\min(i+t,n)} u_{ik}x_k)/u_{ii} \end{cases}$$

$$(i = n-1,\cdots,2,1)$$

2. 用改进平方根法解大型对称正定带状方程组

设　$A\boldsymbol{x} = \boldsymbol{b}$,其中 $A \in R^{n\times n}$ 对称正定阵,且 A 为半带宽为 t 带状阵。

可用改进平方根法求解,实现分解计算

$$A = LDL^T$$

由于 L(或 $T = LD$) 保持 A 带状结构,因此,对于 T,L 带外零元素可不必参加求和计算,且 L,T 带外零元素也不必计算

$T =$ 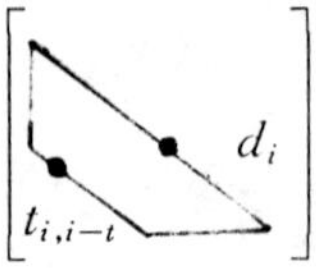

于是计算公式

$$t_{ij} = a_{ij} - \sum_{k=1}^{j-1} t_{ik} l_{jk}, (j = 1,2,\cdots,i-1)$$

$$l_{ij} = t_{ij}/d_j, (j = 1,2,\cdots,i-1)$$

可修改为

$$t_{ij} = a_{ij} - \sum_{k=\max(1,i-t)}^{j-1} t_{ik} l_{jk}, \text{记 } k_t = \max(1, i-t)$$

$$(j = k_t, k_t + 1, \cdots, i-1)$$

$$l_{ij} = t_{ij}/d_j (j = k_t, k_t + 1, \cdots, i-1)$$

用改进平方根法解大型对称正定带状方程组 $A\boldsymbol{x} = \boldsymbol{b}$，计算公式如下：

(1) 分解计算　$A = LDL^T$

1) $d_1 = a_{11}$

2) 对于 $i = 2,3,\cdots,n$

(a) 计算 $k_t = \max(1, i-t)$

(b) 计算 $t_{ij} = a_{ij} - \sum_{k=k_t}^{j-1} t_{ik} l_{jk}$

$(j = k_t, \cdots, i-1)$

(c) 计算 $l_{ij} = t_{ij}/d_j, (j = k_t, \cdots, i-1)$

(d) 计算 $d_i = a_{ii} - \sum_{k=k_t}^{i-1} t_{ik} l_{ik}$

(2) 求解计算

1) 求解 $L\boldsymbol{y} = \boldsymbol{b}$

$$\begin{cases} y_1 = b_1 \\ y_i = b_i - \sum_{k=\max(1,i-t)}^{i-1} l_{ik} y_k \end{cases}$$

$(i = 2, \cdots, n)$

2) 求解 $L^T\boldsymbol{x} = D^{-1}\boldsymbol{y}$

$$\begin{cases} x_n = y_n/d_n \\ x_i = y_i/d_i - \sum\limits_{k=i+1}^{\min(i+t,n)} l_{ki}x_k \end{cases}$$

$(i = n-1, \cdots, 2, 1)$

3.带状矩阵的存贮方法

对于大型带状方程组系数矩阵可采用节省内存的压缩存贮方法,即仅存贮矩阵的带内元素。

设 $A = (a_{ij}) \in R^{n\times n}$ 且 A 为大型带状矩阵,半带宽为 t,总带宽为 $m = 2t + 1$。例如,设

$$A = \begin{bmatrix} a_{11} & a_{12} & a_{13} & & & \\ a_{21} & a_{22} & a_{23} & a_{24} & & \\ a_{31} & a_{32} & a_{33} & a_{34} & a_{35} & \\ & a_{42} & a_{43} & a_{44} & a_{45} & a_{46} \\ & & a_{53} & a_{54} & a_{55} & a_{56} \\ & & & a_{64} & a_{65} & a_{66} \end{bmatrix}$$

其中 $n = 6, t = 2, m = 5$。

带状阵存贮方法:它可采用一个二维数组 $C(m,n)$ 仅存贮 A 的带内元素,且要求在数组 C 中保持 A 的元素 a_{ij} 的列号不变。或者说将 A 带内对角线元素按行存贮且保持 a_{ij} 列号不变。

对上例有

$$C(m,n) = \begin{bmatrix} \times & \times & a_{13} & a_{24} & a_{35} & a_{46} \\ \times & a_{12} & a_{23} & a_{34} & a_{45} & a_{56} \\ a_{11} & a_{22} & a_{33} & a_{44} & a_{55} & a_{66} \\ a_{21} & a_{32} & a_{43} & a_{54} & a_{65} & \times \\ a_{31} & a_{42} & a_{53} & a_{64} & \times & \times \end{bmatrix}$$

还需要确定 A 带内元素 a_{ij} 在数组 C 中位置,即要确定带内元素 a_{ij} 在 C 中的行号,即为

$$P = i - (j - t - 1) = i - j + (t + 1)$$

于是,得到 A 带内元素 a_{ij} 在数组 C 中表示方法(表 5-1)。

表 5-1

A 带内元素	在 $A(n,n)$ 中表示法	在 $C(m,n)$ 中表示方法
a_{ij}	$A(i,j)$	$C(i - j + (t + 1), j)$

对称带状矩阵存贮方法:它可采用一个二维数组 $C(m,n)$(其中 $m = t + 1$)仅存贮 A 的对角线以下部分的带内元素且要求在数组 C 中保持 A 带内元素 a_{ij} 的列号不变。例如,

$$A = \begin{bmatrix} a_{11} & & & \text{对称} & & \\ a_{21} & a_{22} & & & & \\ a_{31} & a_{32} & a_{33} & & & \\ & a_{42} & a_{43} & a_{44} & & \\ & & a_{53} & a_{54} & a_{55} & \\ & & & a_{64} & a_{65} & a_{66} \end{bmatrix}$$

其中 $n = 6, t = 2, m = t + 1 = 3$。

$$C(m,n) = \begin{bmatrix} a_{11} & a_{22} & a_{33} & a_{44} & a_{55} & a_{66} \\ a_{21} & a_{32} & a_{43} & a_{54} & a_{65} & \times \\ a_{31} & a_{42} & a_{53} & a_{64} & \times & \times \end{bmatrix}$$

A 带内元素 $a_{ij}(i \geqslant j)$ 在数组 C 中行号为:

$$P = i - (j - 1) = i - j + 1$$

A 带内元素 $a_{ij}(i \geqslant j)$ 在数组 C 中表示方法为如表 5-2。

表 5-2

A 带内元素	在 $A(n,n)$ 中表示法	在 $C(m,n)$ 中表示方法
$a_{ij}(i \geqslant j)$	$A(i,j)$	$C(i - j + 1, j)$

算法 15 (带形对称正定阵 $A = LL^T$ 分解)

设 $A \in R^{n \times n}$ 为带形对称正定矩阵且半带宽为 t,本算法计算 L,使得 $A = LL^T$,l_{ij} 覆盖 $a_{ij}(i \geqslant j)$。

1. $a_{11} \leftarrow l_{11} = a_{11}^{1/2}$

2. 对于 $i = 2, \cdots, n$

(1) $kt \leftarrow \max(1, i - t)$

(2) 对于 $j = kt, kt + 1, \cdots, i - 1$

1) $s \leftarrow 0.0$

2) 如果 $kt > j - 1$ 则转 4)

3) 对于 $k = kt, kt + 1, \cdots, j - 1$

$s \leftarrow s + a_{ik} * a_{jk}$

4) $a_{ij} \leftarrow (a_{ij} - s)/a_{jj}$

5) Continue

(3) $s \leftarrow 0.0$

(4) 对于 $k = kt, kt + 1, \cdots, i - 1$

$s \leftarrow s + a_{ik} * a_{ik}$

(5) $a_{ii} \leftarrow (a_{ii} - s)^{1/2}$

本算法对于 $t \ll n$，分解计算 $A = LL^T$ 约需要 $nt^2/2 + 3nt/2$ 次乘除法。

8.2 用改进平方根法解大型变带宽对称正定方程组

定义 7 设 $A \in R^{n \times n}$ 为对称矩阵。如果 $i - j > t_i$ 时 $(i > j, i > 1)$，则 $a_{ij} = 0$ 称 A 为变带宽矩阵，其中 t_i 称为 A 第 i 行半带宽。

如果记 m_i 为 A 第 i 行带内第 1 个非零元的列号，则有

$$t_i = i - m_i, (i = 1, 2, \cdots, n)$$

例如，

$$A = \begin{bmatrix} a_{11} & & & & & \\ a_{21} & a_{22} & & & & \\ a_{31} & a_{32} & a_{33} & & \text{对称} & \\ 0 & 0 & a_{43} & a_{44} & & \\ 0 & 0 & 0 & 0 & a_{55} & \\ 0 & 0 & a_{63} & 0 & 0 & a_{66} \end{bmatrix}$$

其中 $n = 6, t_2 = 1, t_3 = 2, t_4 = 1, t_5 = 0, t_6 = 3$，令 $t_1 = 0$，

$$m_1 = 1, m_2 = 1, m_3 = 1, m_4 = 3, m_5 = 5, m_6 = 3$$

设　$A\boldsymbol{x} = \boldsymbol{b}$，其中 $A \in R^{n\times n}$ 为大型变带宽对称正定矩阵，采用改进平方根法解 $A\boldsymbol{x} = \boldsymbol{b}$。

(1) 对于变带宽矩阵 $A = LDL^T$ 分解式中 L 或($T = LD$)，仍然保持 A 的带状结构，即

$A = LDL^T$

(2) 由设 A 为变带宽矩阵，设已知 A 第 i 行带内第 1 个非零元素的列号为 $m_i(i = 1,2,\cdots,n, m_1 = 1)$，$(m_i \leqslant i)$。

(3) 采用改进平方根法求解 $A\boldsymbol{x} = \boldsymbol{b}$，实现分解计算 $A = LDL^T$。由于 L(或 $T = LD$) 是保持 A 变带宽结构，因此，L(或 T) 带外零元素可不必参加求和计算且 L(或 T) 带外零元素不必计算，这样，可以有效的实现分解计算 $A = LDL^T$。

将分解计算公式：

$$\begin{cases} t_{ij} = a_{ij} - \sum_{k=1}^{j-1} t_{ik} l_{jk}, (j = 1,2,\cdots,i-1) \\ l_{ij} = t_{ij}/d_j, (j = 1,2,\cdots,i-1) \\ d_i = a_{ii} - \sum_{k=1}^{i-1} t_{ik} l_{ik} \end{cases}$$

记 $m_{ij} = \max(m_i, m_j)$，修改为

$$\begin{cases} t_{ij} = a_{ij} - \sum_{k=m_{ij}}^{j-1} t_{ik} l_{jk} \\ \quad (j = m_i, m_i + 1, \cdots, i-1) \\ l_{ij} = t_{ij}/d_j, (j = m_i, m_i + 1, \cdots, i-1) \\ d_i = a_{ik} - \sum_{k=m_i}^{i-1} t_{ik} l_{ik} \end{cases}$$

求解　$L\boldsymbol{y} = \boldsymbol{b}$ 计算公式：

$$\begin{cases} y_1 = b_1 \\ b_i \leftarrow y_i = \sum_{k=m_i}^{i-1} l_{ik} b_k, (i = 2,\cdots,n) \end{cases}$$

求解 $L^T\boldsymbol{x} = D^{-1}\boldsymbol{y}$,即求解

$$\begin{matrix} 1 & 2 & \cdots & i\cdots & n \end{matrix}$$
$$\begin{bmatrix} 1 & & \vdots & l_{i,m_i} & \\ & 1 & & \vdots & \cdot \\ & & \ddots & l_{ij} & \cdot \\ & & & l_{i,i-1} & \cdot \\ & & & 1 & \\ & & & & 1 \end{bmatrix} \begin{bmatrix} x_1 \\ x_2 \\ \vdots \\ x_i \\ \vdots \\ x_n \end{bmatrix} = \begin{bmatrix} y_1/d_1 \\ \vdots \\ y_j/d_j \\ \vdots \\ y_n/d_n \end{bmatrix}$$

可采用“列形式”回代求解:

(1) 对于 $i = 1,\cdots,n$

$b_i \leftarrow b_i/d_i$

(2) 对于 $i = n,\cdots,2$

对于 $j = m_i,\cdots,i-1$

$b_j \leftarrow b_j - l_{ij}x_i$

用改进平方根法解 $A\boldsymbol{x} = \boldsymbol{b}$,其中 $A \in R^{n\times n}$ 为变带宽对称正定矩阵。

1. 分解 $A = LDL^T$ 计算

设 $m_i(i = 1,\cdots,n)$ 为 A 第 i 行第一个非零元素的列号。

(1) $d_1 = a_{11}$

(2) 对于 $i = 2,3,\cdots,n$

1) 对于 $j = m_i,\cdots,i-1$

(a) 计算 $m_{ij} = \max\{m_i,m_j\}$

(b) 计算 $t_{ij} = a_{ij} - \sum\limits_{k=m_{ij}}^{j-1} t_{ik}l_{jk}$

2) 对于 $j = m_i,\cdots,i-1$

计算 $l_{ij} = t_{ij}/d_j$

3) 计算 $d_i = a_{ii} - \sum\limits_{k=m_i}^{i-1} t_{ik}l_{ik}$

2. 求解计算 $L\boldsymbol{y} = \boldsymbol{b}, L^T\boldsymbol{x} = D^{-1}\boldsymbol{y}$

(1) $b_i \leftarrow b_i - \sum_{k=m_i}^{i-1} l_{ik} b_k$

$(i = 2, \cdots, n)$

(2) 对于 $i = 1, \cdots, n$

$b_i \leftarrow b_i / d_i$

(3) 对于 $i = n, \cdots, 2$

对于 $j = m_i, \cdots, i-1$

$b_j \leftarrow b_j - l_{ij} * b_i$

对称变带宽矩阵的存贮方法：

可采用变带宽矩阵的压缩存贮方法，即将对称变带宽矩阵 A 的下三角部分带内元素按行用一维数组存贮。例如，对 8.2 中例子用一维数组存贮为

	1	2	3	4	5	6	7	8	9	10	11	12	13
$A(13) =$	$\{a_{11}$	a_{21}	a_{22}	a_{31}	a_{32}	a_{33}	a_{43}	a_{44}	a_{55}	a_{63}	0	0	$a_{66}\}$

还需要给出矩阵 A 对角元素在一维数组 $A(\cdot)$ 中序号，即给出数组

$D(n) =$ 1,3,6,8,9,13

下面来确定 $A \in R^{n\times n}$ 对称变带宽矩阵的一维数组存贮的总存贮量及矩阵 A 带内元素 $a_{ij}(i \geqslant j)$ 在一维数组 $A(\cdot)$ 中序号。

(1) 总存贮量为 $D(n)$：

用一维数组表示为 $A(D(n))$

(2) 确定 A 下三角部分带内任一元素 $a_{ij}(i \geqslant j)$ 在 $A(\cdot)$ 中序号 s。且有

$$s + (i - j) = D(i)$$

即 $s = D(i) - i + j$

A 带内元素 $a_{ij}(i \geqslant j)$ 在一维数组 $A(\cdot)$ 中表示方法如表 5-3。

表 5-3

A 带内元素	在 $A(n,n)$ 中表示法	在一维数组 $A(D(n))$,中表示法
$a_{ij}(i \geqslant j)$	$A(i,j)$	$A(D(i)-i+j)$

(3) 确定 A 第 i 行带内第一个非零元素的列号 m_i。

由于元素 a_{i,m_i} 在一维数组 $A(\cdot)$ 中序号为 $D(i-1)+1$,a_{ii} 在一维数组 $A(\cdot)$ 中序号为 $D(i)$,则有

$$D(i-1)+1+(i-m_i)=D(i)$$

从而

$$m_i = i - D(i) + D(i-1) + 1 \quad (i=1,2,\cdots,n)$$

其中令 $D(0)=0$,即有 $m_1=1$。

例 10　用改进平方根法解方程组

$$\begin{bmatrix} 3.2 & & & \text{对称} & & \\ 0.5 & 7.2 & & & & \\ -2.1 & 0 & 8.7 & & & \\ & & & 4.3 & & \\ & & & 2.1 & 9.4 & \\ & & -0.5 & 1.8 & 0 & 5.2 \end{bmatrix} \begin{bmatrix} x_1 \\ x_2 \\ x_3 \\ x_4 \\ x_5 \\ x_6 \end{bmatrix} = \begin{bmatrix} 1.6 \\ 7.7 \\ 6.1 \\ 8.2 \\ 11.5 \\ 6.5 \end{bmatrix}$$

解　其中系数矩阵为变带宽对称正定阵。

输入:$n=6$

$A(13)=\{3.2,0.5,7.2,-2.1,0,8.7,4.3,2.1,9.4,-0.5,1.8,0,5.2\}$

$D(n)=\{1,3,6,7,9,13\}$

应用上述方法,计算解为

$\boldsymbol{x}=(1,1,1,1,1,1)^T$

§ 9　向量，矩阵范数，矩阵的条件数

9.1 向量，矩阵范数

为了讨论线性方程组近似解的误差估计与研究解方程组迭代法的收敛性，需要在 R^n（或 $R^{n\times n}$）中引进向量序列（或矩阵序列）极限概念。为此，这就需要对向量空间 R^n（或 $R^{n\times n}$ 矩阵空间）元素的"大小"引进某种度量即向量范数（或矩阵范数）概念（即引进 R^n 或 $R^{n\times n}$ 中元素的距离概念）。

向量范数是 R^3 中向量长度概念的推广。

定义 8

(1) $C^n = \{\boldsymbol{x} \mid \boldsymbol{x} = \begin{pmatrix} x_1 \\ \vdots \\ x_n \end{pmatrix}, x_i$ 为复数$\}$ 称为 n 维复向量空间。

$C^{n\times n} = \{A \mid A = (a_{ij})_{n\times n}, a_{ij}$ 为复数$\}$

称为 $n \times n$ 复矩阵空间。

(2) 设 $\boldsymbol{x} \in C^n, A \in C^{n\times n}$ 称

$$\boldsymbol{x}^H \equiv (\bar{x}_1, \cdots, \bar{x}_n) = \bar{\boldsymbol{x}}^T$$

为 x 的共轭转置，$A^H = \bar{A}^T$ 称为 A 共轭转置矩阵。

在许多应用中，对向量的范数（对向量的"大小"的度量）都要求满足正定条件，齐次条件和三角不等式，下面给出向量范数的抽象定义。

定义 9（向量范数）　关于向量 $\boldsymbol{x} \in R^n$（或 $\boldsymbol{x} \in C^n$）的某个实值非负函数 $N(\boldsymbol{x}) \equiv \|\boldsymbol{x}\|$，如果满足下述条件

(1) 正定性　$\|\boldsymbol{x}\| \geqslant 0, \|\boldsymbol{x}\| = 0 \Leftrightarrow \boldsymbol{x} = 0$

(2) 齐次性　$\|\alpha \boldsymbol{x}\| = |\alpha| \|\boldsymbol{x}\|$ 其中 $\alpha \in R$（或 $\alpha \in C$）

(3) 三角不等式　$\|\boldsymbol{x} + \boldsymbol{y}\| \leqslant \|\boldsymbol{x}\| + \|\boldsymbol{y}\|, \forall\ \boldsymbol{x}, \boldsymbol{y} \in R^n$（或 $\in C^n$），称 $N(\boldsymbol{x}) \equiv \|\boldsymbol{x}\|$ 是 R^n 上（或 C^n）一个向量范数（或为模）。

由三角不等式可推出不等式

(4) $| \|x\| - \|y\| | \leqslant \|x - y\|$

下面给出矩阵计算中一些常用向量范数。

定义 10　设 $x = (x_1, \cdots, x_n)^T \in R^n$(或 $x \in C^n$)

(1) 向量的"∞"范数

$$N_\infty(x) \equiv \|x\|_\infty = \max_{1 \leqslant i \leqslant n} |x_i|$$

(2) 向量的"1"范数

$$N_1(x) \equiv \|x\|_1 = \sum_{i=1}^{n} |x_i|$$

(3) 向量的"2"范数

$$N_2(x) \equiv \|x\|_2 = (x, x)^{1/2} = (\sum_{i=1}^{n} |x_i|^2)^{1/2}$$

(4) 向量的能量范数

设 $A \in R^{n \times n}$ 为对称正定阵

$$\forall\ x \in R^n \to N_A(x) \equiv \|x\|_A = (Ax, x)^{1/2}$$

称为向量的能量范数。

定理 19　设 $x \in R^n$(或 $x \in C^n$),则 $N_\infty(x), N_2(x), N_1(x)$ 是 R^n 上(或 C^n) 的向量范数。

证明　只验证三角不等式:对任意 $x, y \in R^n$,则

$$\|x + y\|_2 \leqslant \|x\|_2 + \|y\|_2$$

利用哥西不等式:$|(x, y)| \leqslant \|x\|_2 \|y\|_2$,则有

$$\begin{aligned} \|x + y\|_2^2 &= (x + y, x + y) \\ &= (x, x) + 2(x, y) + (y, y) \\ &\leqslant \|x\|_2^2 + 2\|x\|_2 \|y\|_2 + \|y\|_2^2 \\ &= (\|x\|_2 + \|y\|_2))^2 \end{aligned}$$

定理 20 (范数的等价性)

对任何　$x, y \in R^n$ 则

(1) $\|x\|_\infty \leqslant \|x\|_2 \leqslant \sqrt{n} \|x\|_\infty$

(2) $\|x\|_2 \leqslant \|x\|_1 \leqslant \sqrt{n} \|x\|_2$

(3) $\| \boldsymbol{x} \|_\infty \leqslant \| \boldsymbol{x} \|_1 \leqslant n \| \boldsymbol{x} \|_\infty$

证　只证(1),其它作为习题。记

$$\boldsymbol{x} = \begin{pmatrix} x_1 \\ \vdots \\ x_n \end{pmatrix}, \| \boldsymbol{x} \|_\infty = \max_{1 \leqslant i \leqslant n} |x_i| = |x_j|$$

于是有

$$(a) \| \boldsymbol{x} \|_\infty^2 = |x_j|^2 \leqslant \sum_{i=1}^{n} |x_i|^2 = \| \boldsymbol{x} \|_2^2$$

$$(b) \| \boldsymbol{x} \|_2^2 = \sum_{i=1}^{n} |x_i|^2 \leqslant \sum_{i=1}^{n} |x_j|^2 = n|x_j|^2 = n \| \boldsymbol{x} \|_\infty^2$$

定义 11　(向量序列的极限)

设有向量序列$\{\boldsymbol{x}^{(k)}\}$及向量$\boldsymbol{x}^*$且记

$$\boldsymbol{x}^{(k)} = (x_1^{(k)}, \cdots, x_n^{(k)})^T, \boldsymbol{x}^* = (x_1^*, \cdots, x_n^*)^T$$

如果 n^2 个数列收敛,即

$$\lim_{k \to \infty} x_i^{(k)} = x_i^* (i = 1, \cdots, n)$$

则称$\{\boldsymbol{x}^{(k)}\}$收敛于$\boldsymbol{x}^*$,记$\lim\limits_{k \to \infty} \boldsymbol{x}^{(k)} = \boldsymbol{x}^*$,或说向量序列的收敛是$\boldsymbol{x}^{(k)}$分量收敛到$\boldsymbol{x}^*$对应分量。

例 11　设有向量序列

$$\boldsymbol{x}^{(k)} = \begin{pmatrix} 2 + 10^{-k} \\ 2 - 10^{-k} \end{pmatrix} (k = 1, 2, \cdots, n)$$

显然,有　$\lim\limits_{k \to \infty} \boldsymbol{x}^{(k)} = \begin{pmatrix} 2 \\ 2 \end{pmatrix}$

定义 12　(距离)

设 $\boldsymbol{x}, \boldsymbol{y} \in R^n$,称非负实数 $d(\boldsymbol{x}, \boldsymbol{y}) \equiv \| \boldsymbol{x} - \boldsymbol{y} \|$ 为 $\boldsymbol{x}, \boldsymbol{y}$ 之间距离,其中 $\| \cdot \|$ 为向量的任何一种意义下范数。

定理 21　设$\{\boldsymbol{x}^{(k)}\}$为 R^n 中一向量序列,且 $\boldsymbol{x} \in R^n$,则

$$\lim_{k \to \infty} \boldsymbol{x}^{(k)} = \boldsymbol{x} \Longleftrightarrow \text{是} \ \| \boldsymbol{x}^{(k)} - \boldsymbol{x} \|_v \to 0 (\text{当 } k \to \infty)$$

其中 $\| \cdot \|_v$ 为向量的任一种范数。

证明　只对 $v = \infty, v = 2$ 证明。显然有

$$\lim_{k\to\infty}\boldsymbol{x}^{(k)}=\boldsymbol{x}\Longleftrightarrow\lim_{k\to\infty}|x_i^{(k)}-x_i|=0(i=1,\cdots,n)$$

$$\Longleftrightarrow\max_{1\leqslant i\leqslant n}|x_i^{(k)}-x_i|\to 0(\text{当 } k\to\infty)$$

$$\Longleftrightarrow\|x^{(k)}-\boldsymbol{x}\|_\infty\to 0(\text{当 } k\to\infty)$$

又由范数的等价性定理有：

$$\|\boldsymbol{x}^{(k)}-\boldsymbol{x}\|_\infty\leqslant\|\boldsymbol{x}^{(k)}-\boldsymbol{x}\|_2\leqslant\sqrt{n}\,\|\boldsymbol{x}^{(k)}-\boldsymbol{x}\|_\infty$$

于是 $\|\boldsymbol{x}^{(k)}-\boldsymbol{x}\|_\infty\to 0(k\to\infty)\Longleftrightarrow\|\boldsymbol{x}^{(k)}-\boldsymbol{x}\|_2\to 0(\text{当 } k\to\infty)$

下面讨论矩阵的范数概念。

一个 $n\times n$ 矩阵 A 可看作 n^2 维向量空间中一个向量，于是由 R^{nn} 上向量“2”范数，可以引进 $R^{n\times n}$ 中矩阵的一种范数。

$$F(A)\equiv\|A\|_F=(\sum_{i,j=1}^{n}a_{ij}^2)^{1/2}$$

称为 A 的 Frobenius 范数。

定义 13 （矩阵范数）关于矩阵 $A\in R^{n\times n}$ 的某个非负实值函数 $N(A)\equiv\|A\|$，如果满足下述条件：

(1) 正定性：$\|A\|\geqslant 0$，且 $\|A\|=0\Longleftrightarrow$ 是 $A=0$

(2) 齐次性：$\|\alpha A\|=|\alpha|\,\|A\|$，$\alpha\in R$

(3) 三角不等式：$\|A+B\|\leqslant\|A\|+\|B\|$

则称 $N(A)$ 是 $R^{n\times n}$ 上的一个矩阵范数(或模)。

由于在许多应用问题中，矩阵和向量是相联系的，现引进一种矩阵 的算子范数。它是由向量范数诱导出来的并且这种矩阵范数和向量范数是相容的，即 $\forall\ \boldsymbol{x}\in R^n, A\in R^{n\times n}$ 不等式

$$\|A\boldsymbol{x}\|\leqslant\|A\|\,\|\boldsymbol{x}\|$$

成立。

定义 14 （矩阵的算子范数）设 $\boldsymbol{x}\in R^n, A\in R^{n\times n}$ 且设有一种向量范数 $\|\boldsymbol{x}\|_v$ 相应的定义一个矩阵的非负函数

$$N(A)\equiv\|A\|_v=\max_{\substack{x\neq 0\\ x\in R^n}}\frac{\|A\boldsymbol{x}\|_v}{\|\boldsymbol{x}\|_v}(\text{最大比值})$$

称 $N(A)$ 为矩阵 A 的算子范数(见定理 22)。

定理 22　设 $\| \boldsymbol{x} \|_v$ 是 R^n 上的向量范数,则 $N(A) \equiv \| A \|_v$ 是 $R^{n\times n}$ 上一个矩阵范数且满足相容条件:

(1) $\| A\boldsymbol{x} \|_v \leqslant \| A \|_v \| \boldsymbol{x} \|_v$

(2) $\| AB \|_v \leqslant \| A \|_v \| B \|_v (\forall\ A, B \in R^{n\times n})$

证明　由 $N(A) \equiv \| A \|_v$ 定义,可知有

$$\frac{\| A\boldsymbol{x} \|_v}{\| \boldsymbol{x} \|_v} \leqslant \| A \|_v$$

或　$\| A\boldsymbol{x} \|_v \leqslant \| A \|_v \| \boldsymbol{x} \|_v, (\forall\ A \in R^{n\times n}, \boldsymbol{x} \in R^n)$

下面验证三角不等式:

$$\| A + B \|_v \leqslant \| A \|_v + \| B \|_v$$

由定义　$\| A + B \|_v = \max\limits_{\substack{x\in R^n \\ x\neq 0}} \dfrac{\| (A+B)\boldsymbol{x} \|_v}{\| \boldsymbol{x} \|_v}$

由于
$$\begin{aligned} \| (A+B)\boldsymbol{x} \|_v &\leqslant \| A\boldsymbol{x} \|_v + \| B\boldsymbol{x} \|_v \\ &\leqslant \| A \|_v \| \boldsymbol{x} \|_v + \| B \|_v \| \boldsymbol{x} \|_v \\ &= (\| A \|_v + \| B \|_v) \| \boldsymbol{x} \|_v \end{aligned}$$

或　$\dfrac{\| (A+B)\boldsymbol{x} \|_v}{\| \boldsymbol{x} \|_v} \leqslant \| A \|_v + \| B \|_v, (\forall\ \boldsymbol{x} \in R^n$ 且 $\boldsymbol{x} \neq 0)$

故　$\| A + B \|_v \leqslant \| A \|_v + \| B \|_v$

定理 23　(矩阵范数公式)

设 $\boldsymbol{x} \in R^n, A \in R^{n\times n}$,则

(1) $\| A \|_\infty = \max\limits_{x\neq 0} \dfrac{\| A\boldsymbol{x} \|_\infty}{\| \boldsymbol{x} \|_\infty} = \max\limits_{1\leqslant i\leqslant n} \sum\limits_{j=1}^{n} |a_{ij}|$(称为 A 的行范数)

(2) $\| A \|_1 = \max\limits_{x\neq 0} \dfrac{\| A\boldsymbol{x} \|_1}{\| \boldsymbol{x} \|_1} = \max\limits_{1\leqslant j\leqslant n} \sum\limits_{i=1}^{n} |a_{ij}|$(称为 A 的列范数)

(3) $\| A \|_2 = \max\limits_{x\neq 0} \dfrac{\| A\boldsymbol{x} \|_2}{\| \boldsymbol{x} \|_2} = \sqrt{\lambda_{\max}(A^T A)}$(称为 A 的“2”范数)

其中　$\lambda_{\max}(A^T A)$ 为 $A^T A$ 最大特征值。

证明　就(1),(3) 给出证明,(2) 同理可证。

证(1):记 $\boldsymbol{x} = (x_1, \cdots, x_n)^T$

$$\| \boldsymbol{x} \|_\infty = \max_{1\leqslant i\leqslant n} |x_i| = t$$

$$\mu = \max_{1\leqslant i\leqslant n} \sum_{j=1}^{n} |a_{ij}| = \sum_{j=1}^{n} |a_{i_0 j}| (\text{其中 } 1 \leqslant i_0 \leqslant n)$$

于是 $\| A\boldsymbol{x} \|_\infty = \max_{1\leqslant i\leqslant n} |\sum_{j=1}^{n} a_{ij}x_j| \leqslant \max_{1\leqslant i\leqslant n} \sum_{j=1}^{n} |a_{ij}||x_j|$

$$\leqslant t \max_{i} \sum_{j=1}^{n} |a_{ij}| = t\mu$$

说明,对任何向量 $\boldsymbol{x} \neq 0$,则有

$$\frac{\| A\boldsymbol{x} \|_\infty}{\| \boldsymbol{x} \|_\infty} \leqslant \mu \tag{9.1}$$

如果能找到一向量 $\boldsymbol{x}_0$ 且 $\| \boldsymbol{x}_0 \|_\infty = 1$ 使

$$\frac{\| A\boldsymbol{x}_0 \|_\infty}{\| \boldsymbol{x}_0 \|_\infty} = \mu$$

那末,定理得证。下面来寻求 $\boldsymbol{x}_0$ 使比值等于 μ,记

$$\boldsymbol{x}_0 = (x_1, x_2, \cdots, x_n)^T \text{ 且使 } \| \boldsymbol{x}_0 \|_\infty = 1$$

于是,$A\boldsymbol{x}_0 = (\sum_{j=1}^{n} a_{1j}x_j, \cdots, \sum_{j=1}^{n} a_{i_0 j}x_j, \cdots, \sum_{j=1}^{n} a_{nj}x_j)^T$

且由(9.1)式有

$$\| A\boldsymbol{x}_0 \|_\infty \leqslant \mu$$

由此,应选取 $\boldsymbol{x}_0$ 为:

$$x_j = \begin{cases} 1, & \text{当 } a_{i_0 j} \geqslant 0 \\ -1, & \text{当 } a_{i_0 j} < 0 \end{cases}$$

则

$$\| \boldsymbol{x}_0 \|_\infty = 1$$

及 $\sum_{j=1}^{n} a_{i_0 j}x_j = \sum_{j=1}^{n} |a_{i_0 j}| = \mu$ 或 $\| A\boldsymbol{x}_0 \|_\infty = \mu$

故 $\max_{x\neq 0} \frac{\| A\boldsymbol{x} \|_\infty}{\| \boldsymbol{x} \|_\infty} = \mu$

证(3):由于 A^TA 为对称半正定矩阵,则 A^TA 特征性为非负,即记 A^TA 特征值为 $\lambda_i(i = 1, 1, \cdots, n)$,则有

$$\lambda_1 \geqslant \lambda_2 \geqslant \cdots \geqslant \lambda_n \geqslant 0$$

且有$\{\boldsymbol{u}_i\}_{i=1}^n$满足

$$A^T A\boldsymbol{u}_i = \lambda_i \boldsymbol{u}_i,(i = 1,2,\cdots,n)$$

$$(\boldsymbol{u}_i,\boldsymbol{u}_j) = \delta_{ij}$$

考查比值:$\forall\ \boldsymbol{x} \in R^n$ 且 $\boldsymbol{x} \neq 0$,于是

$$\boldsymbol{x} = \sum_{i=1}^{n} \alpha_i \boldsymbol{u}_i$$

$$\frac{\| A\boldsymbol{x} \|_2^2}{\| \boldsymbol{x} \|_2^2} = \frac{(A\boldsymbol{x},A\boldsymbol{x})}{(\boldsymbol{x},\boldsymbol{x})} = \frac{(A^T A\boldsymbol{x},\boldsymbol{x})}{(\boldsymbol{x},\boldsymbol{x})}$$

$$= \frac{\left(\sum_{i=1}^{n} \alpha_i \lambda_i \boldsymbol{u}_i, \sum_{i=1}^{n} \alpha_i \boldsymbol{u}_i\right)}{\sum_{i=1}^{n} \alpha_i^2}$$

$$= \frac{\sum_{i=1}^{n} \alpha_i^2 \lambda_i}{\sum_{i=1}^{n} \alpha_i^2} \leqslant \lambda_1$$

说明,对任何非零向量 $\boldsymbol{x} \in R^n$,则有

$$\frac{\| A\boldsymbol{u} \|_2}{\| \boldsymbol{x} \|_2} \leqslant \sqrt{\lambda_1}$$

另一方面,取 $\boldsymbol{x} = \boldsymbol{u}_1$ 则有

$$\frac{\| A\boldsymbol{u}_1 \|_2^2}{\| \boldsymbol{u}_1 \|_2^2} = \frac{\lambda_1(\boldsymbol{u}_1,\boldsymbol{u}_1)}{(\boldsymbol{u}_1,\boldsymbol{u}_1)} = \lambda_1$$

故 $\| A \|_2 = \sqrt{\lambda_{\max}(A^T A)}$

定理 24 (矩阵范数等价性) 设 $A \in R^{n\times n}$,则

(1) $\frac{1}{\sqrt{n}} \| A \|_\infty \leqslant \| A \|_2 \leqslant \sqrt{n}\ \| A \|_\infty$

(2) $\frac{1}{n} \| A \|_\infty \leqslant \| A \|_1 \leqslant n \| A \|_\infty$

定义 25 (矩阵的谱半径) 设 $A \in R^{n\times n}$ 的特征值为 $\lambda_i(i = 1,\cdots,n)$,称

$$\rho(A) \equiv \max_{1\leqslant i\leqslant n} |\lambda_i|$$

为 A 的谱半径。

定理 25 （特征值界）

(1) 设 $A \in R^{n\times n}$,则 $\rho(A) \leqslant \| A \|$,其中 $\| A \|$ 为满足矩阵,向量相容性条件的矩阵范数。

(2) 设 $A \in R^{n\times n}$ 为对称矩阵,则 $\| A \|_2 = \rho(A)$。

证明 只证(1),对于(2)留作练习。

设 λ 为 A 的任一特征值,于是,存在 $\boldsymbol{x} \neq 0$ 使

$$A\boldsymbol{x} = \lambda \boldsymbol{x}$$

且
$$\begin{aligned} |\lambda| \, \| \boldsymbol{x} \| &= \| \lambda \boldsymbol{x} \| = \| A\boldsymbol{x} \| \\ &\leqslant \| A \| \, \| \boldsymbol{x} \| \end{aligned}$$

即 $|\lambda| \leqslant \| A \|$ 或 $\rho(A) \leqslant \| A \|$

定理 26 设 $\| \cdot \|$ 为矩阵的算子范数,且 $\| B \| < 1$,则 $I \pm B$ 为非奇异矩阵,且有估计

$$\| (I \pm B)^{-1} \| \leqslant \frac{1}{1 - \| B \|}$$

证明 反证法。设 $I - B$ 为奇异阵,则 $(I - B)\boldsymbol{x} = 0$ 有非零解记为 $\boldsymbol{x}_0$,即

$$B\boldsymbol{x}_0 = \boldsymbol{x}_0$$

于是,$\dfrac{\| B\boldsymbol{x}_0 \|}{\| \boldsymbol{x}_0 \|} = 1$

由此,有 $\| B \| \geqslant 1$,这与假设矛盾。由

$$(I - B)(I - B)^{-1} = I$$

即得 $(I - B)^{-1} = I + B(I - B)^{-1}$

从而 $\| (I - B)^{-1} \| \leqslant \| I \| + \| B \| \, \| (I - B)^{-1} \|$

$$\therefore \quad \| (I - B)^{-1} \| \leqslant \frac{1}{1 - \| B \|}$$

9.2 矩阵的条件数,病态方程组

设有线性方程组

$$Ax = \boldsymbol{b}$$

其中 $A \in R^{n\times n}$ 为非奇异矩阵,$\boldsymbol{x}$ 为精确解。

由于 A 和 $\boldsymbol{b}$ 元素是测量得到的,常带有某些观测误差,或 $A,\boldsymbol{b}$ 元素是计算的结果,因而包含有舍入误差。因此,我们处理的实际矩阵是 $A + \delta A$ 和 $\boldsymbol{b} + \delta\boldsymbol{b}$。

由此,需要研究方程组数据 $A,\boldsymbol{b}$ 的微小误差(扰动)对解 $\boldsymbol{x}$ 的影响,即考虑方程组

$$(A + \delta A)\boldsymbol{y} = \boldsymbol{b} + \delta\boldsymbol{b}$$

的解 $\boldsymbol{y}$ 和 $\boldsymbol{x}$ 的差的估计问题。

例 12　设有方程组

$$\begin{pmatrix} 1 & 1 \\ 1 & 1.0001 \end{pmatrix}\begin{pmatrix} x_1 \\ x_2 \end{pmatrix} = \begin{pmatrix} 2 \\ 2 \end{pmatrix} \text{或记 } A\boldsymbol{x} = \boldsymbol{b}$$

精确解 $\boldsymbol{x} = \begin{pmatrix} 2 \\ 0 \end{pmatrix}$

考查常数项的微小变化(小扰动)对解的影响,即考查方程组

$$A(\boldsymbol{x} + \delta\boldsymbol{x}) = \boldsymbol{b} + \delta\boldsymbol{x}$$

或 $$\begin{pmatrix} 1 & 1 \\ 1 & 1.0001 \end{pmatrix}\begin{pmatrix} y_1 \\ y_2 \end{pmatrix} = \begin{pmatrix} 2 \\ 2.0001 \end{pmatrix}$$

其中 $\delta\boldsymbol{b} = \begin{pmatrix} 0 \\ 0.0001 \end{pmatrix},\boldsymbol{y} = \boldsymbol{x} + \delta\boldsymbol{x}$

显然有:$\boldsymbol{x} + \delta\boldsymbol{x} = \begin{pmatrix} 1 \\ 1 \end{pmatrix},\delta\boldsymbol{x} = \begin{pmatrix} -1 \\ 1 \end{pmatrix}$

常数项相对误差:

$$\frac{\|\delta\boldsymbol{b}\|_\infty}{\|\boldsymbol{b}\|_\infty} = 0.5 \times 10^{-4}$$

而引起解的相对误差为:

$$\frac{\|\delta\boldsymbol{x}\|_\infty}{\|\boldsymbol{x}\|_\infty} = 0.5$$

说明:由于常数项微小误差而引起解的相对误差较大,为常数项相对误差的 10^4 倍,也就是说,此方程组解对方程组的数据 $A,\boldsymbol{b}$ 非常

敏感,这样的方程组就是病态方程组。

下面研究刻划方程组病态性质的量。

设有 $A\boldsymbol{x}=\boldsymbol{b}$,其中 A 为非奇异矩阵,且设 $\boldsymbol{x}$ 为精确解。

1. 设 $\boldsymbol{b}$ 有微小误差,考虑对方程组解的影响,即 $\boldsymbol{b}\to\boldsymbol{b}+\delta\boldsymbol{b}$,$A$ 是精确的,方程组

$$A\boldsymbol{y}=\boldsymbol{b}+\delta\boldsymbol{b} \text{ 解记为 } \boldsymbol{y}=\boldsymbol{x}+\delta\boldsymbol{x}$$

即, $A(\boldsymbol{x}+\delta\boldsymbol{x})=\boldsymbol{b}+\delta\boldsymbol{b}$

于是, $A(\delta\boldsymbol{x})=\delta\boldsymbol{b}$

或 $\delta\boldsymbol{x}=A^{-1}(\delta\boldsymbol{b})$

所以 $$\|\delta\boldsymbol{x}\|\leqslant\|A^{-1}\|\,\|\delta\boldsymbol{b}\| \tag{9.2}$$

由 $\|b\|=\|A\boldsymbol{x}\|\leqslant\|A\|\,\|\boldsymbol{x}\|$

或 $$\frac{1}{\|\boldsymbol{x}\|}\leqslant\frac{\|A\|}{\|\boldsymbol{b}\|} \tag{9.3}$$

由(9.2)式及(9.3)式有下述结果。

定理 27 ($\boldsymbol{b}$ 扰动对解的影响)

(1) 设 $A\in R^{n\times n}$ 为非奇异矩阵,$\boldsymbol{x}$ 为精确解 $A\boldsymbol{x}=\boldsymbol{b}\neq 0$。

(2) 设 $A(\boldsymbol{x}+\delta\boldsymbol{x})=\boldsymbol{b}+\delta\boldsymbol{b}$,则 $\boldsymbol{b}$ 微小误差引起解 $\boldsymbol{x}$ 的相对误差有估计式:

$$\frac{\|\delta\boldsymbol{x}\|}{\|\boldsymbol{x}\|}\leqslant\|A^{-1}\|\,\|A\|\,\frac{\|\delta\boldsymbol{b}\|}{\|\boldsymbol{b}\|}$$

上式说明,常数项 $\boldsymbol{b}$ 微小误差引起解的相对误差可能是 $\|\delta\boldsymbol{b}\|/\|\boldsymbol{b}\|$ 的 $\|A^{-1}\|\,\|A\|$ 倍。

2. 设 A 有微小误差(扰动),考虑对 $A\boldsymbol{x}=\boldsymbol{b}$ 解的影响,设 $A\to A+\delta A$,$\boldsymbol{b}$ 是精确的,记 $(A+\delta A)\boldsymbol{y}=\boldsymbol{b}$ 解 $\boldsymbol{y}=\boldsymbol{x}+\delta\boldsymbol{x}$,即有

$$(A+\delta A)(\boldsymbol{x}+\delta\boldsymbol{x})=\boldsymbol{b}$$

或 $(A+\delta A)\boldsymbol{x}+(A+\delta A)\delta\boldsymbol{x}=\boldsymbol{b}$

即 $$(A+\delta A)\delta\boldsymbol{x}=-(\delta A)\boldsymbol{x} \tag{9.4}$$

其中 $A+\delta A=A(I+A^{-1}\delta A)$

于是,由本章定理7知,当 $\|A^{-1}\delta A\|<1$ 时,则 $(I+A^{-1}\delta A)^{-1}$ 存在且有估计

$$(A+\delta A)^{-1}=(I+A^{-1}\delta A)^{-1}A^{-1}$$

$$\|(I+A^{-1}\delta A)^{-1}\|\leqslant\frac{1}{1-\|A^{-1}\delta A\|}\leqslant\frac{1}{1-\|A^{-1}\|\,\|\delta A\|}$$

由(9.4)式有

$$\delta\boldsymbol{x}=-(I+A^{-1}\delta A)^{-1}A^{-1}(\delta A)\boldsymbol{x}$$

从而 $$\|\delta\boldsymbol{x}\|\leqslant\frac{\|A^{-1}\|\,\|\delta A\|\,\|\boldsymbol{x}\|}{1-\|A^{-1}\|\,\|\delta A\|}\text{(当 }\|A^{-1}\|\,\|\delta A\|<1\text{)}$$

总结上述讨论有：

定理 28 （A 扰动对解影响）

(1) 设 $A\in R^{n\times n}$ 为非奇异阵，$\boldsymbol{x}$ 为精解解 $A\boldsymbol{x}=\boldsymbol{b}\neq 0$；

(2) 设 $(A+\delta A)(\boldsymbol{x}+\delta\boldsymbol{x})=\boldsymbol{b}$；

(3) 设 $\|\delta A\|<1/\|A^{-1}\|$；

则矩阵 A 微小误差引起解的相对误差有估计式：

$$\frac{\|\delta\boldsymbol{x}\|}{\|\boldsymbol{x}\|}\leqslant\frac{\|A^{-1}\|\,\|A\|\,\dfrac{\|\delta A\|}{\|A\|}}{1-\|A^{-1}\|\,\|\delta A\|}$$

上式说明，当 $\|\delta A\|<1/\|A^{-1}\|$ 且 δA 充分小时，A 的相对误差引起解的相对误差 $\|\delta\boldsymbol{x}\|/\|\boldsymbol{x}\|$ 可能被放大 $\|A^{-1}\|\,\|A\|$ 倍。当量 $\|A^{-1}\|\,\|A\|$ 愈小时，由 A(或 $\boldsymbol{b}$) 的微小相对误差引起解的相对误差就愈小；当量 $\|A^{-1}\|\,\|A\|$ 愈大时，引起的解的相对误差就可能愈大。因此，量 $\|A^{-1}\|\,\|A\|$ 在某种程度上刻画了解对问题数据(对解方程组 $A\boldsymbol{x}=\boldsymbol{b}$ 而言即是 $A,\boldsymbol{b}$) 敏感程度。

定义 16 （矩阵的条件数）

设 $A\in R^{n\times n}$ 为非奇异矩阵，将数

$$\mathrm{Cond}(A)_v=\|A^{-1}\|_v\|A\|_v\ (v=1,\text{或 }2,\text{或 }\infty\text{ 等})$$

称为矩阵 A 的条件数(Condition Number)。

A 的谱条件数(即取 $v=2$) 又记为 $k(A)$：

$$k(A)=\mathrm{Cond}(A)_2=\|A^{-1}\|_2\|A\|_2$$

$$=\sqrt{\lambda_{\max}(A^TA)}\cdot\sqrt{\lambda_{\max}((A^{-1})^TA^{-1})}$$

$$= \sqrt{\frac{\lambda_{\max}(A^T A)}{\lambda_{\min}(A^T A)}}$$

当 A 为对称正定矩阵时，则有

$$\text{Cond}(A)_2 = \frac{\lambda_1}{\lambda_n}$$

其中 A 特征值为：

$$\lambda_1 \geqslant \lambda_2 \geqslant \cdots \geqslant \lambda_n > 0$$

矩阵条件数性质：

(1) 对任何非奇异矩阵 A，则

$$\text{Cond}(A)_v \geqslant 1$$

事实上，由于

$$\text{Cond}(A)_v = \| A \|_v \| A^{-1} \|_v \geqslant \| AA^{-1} \|_v = \| I \|_v = 1$$

(其中 $v = 1$，或 2，或 ∞)

(2) 设 A 为非奇异矩阵，$c \neq 0$ 常数，则

$$\text{Cond}(cA)_v = \text{Cond}(A)_v$$

(3) 设 A 为正交矩阵，则 $\text{Cond}(A)_2 = 1$

(4) 设 A 为非奇异矩阵，P 为正交矩阵，则

$$\text{Cond}(PA)_2 = \text{Cond}(AP)_2 = \text{Cond}(A)_2$$

矩阵的条件数是方程组 $A\boldsymbol{x} = \boldsymbol{b}$ 解 $\boldsymbol{x}$ 对问题的数据 A 及 $\boldsymbol{b}$ 扰动时敏感性的一个度量，或说是 $A\boldsymbol{x} = \boldsymbol{b}$ 好条件或坏条件的一种度量。

定义 17 (病态方程组) 设 $A\boldsymbol{x} = \boldsymbol{b}$，$A \in R^{n \times n}$ 为非奇异矩阵。当 A 的条件数 $\text{Cond}(A)$ 相对的大($\text{Cond}(A) \gg 1$) 则称 $A\boldsymbol{x} = \boldsymbol{b}$ 是病态方程组(或坏条件的)，或 A 是病态的，当 A 的条件数 $\text{Cond}(A)$ 是相对的小，称 $A\boldsymbol{x} = \boldsymbol{b}$ 是良态方程组(或好条件，或 A 是良态的)，我们指出，方程组病态性质是方程组本身的特性。矩阵的条件数愈大，那么方 程组病态程度愈严重，也就愈难用普通计算方法求得比较精确的解。

例 13 设有方程组

$$\begin{pmatrix}1 & 1\\ 1 & 1.0001\end{pmatrix}\begin{pmatrix}x_1\\ x_2\end{pmatrix}=\begin{pmatrix}2\\ 2\end{pmatrix} \text{或 } A\boldsymbol{x}=\boldsymbol{b}$$

计算 $\mathrm{Cond}(A)_\infty$。

解 $A=\begin{pmatrix}1 & 1\\ 1 & 1.0001\end{pmatrix}, A^{-1}=\dfrac{1}{0.0001}\begin{bmatrix}1.0001 & -1\\ -1 & 1\end{bmatrix}$

容易计算

$$\|A\|_\infty = 2.0001$$

$$\|A^{-1}\|_\infty = 2.0001\times 10^4$$

所以 $\mathrm{Cond}(A)_\infty = \|A^{-1}\|_\infty \|A\|_\infty \approx 4\times 10^4$

例 15 Hilbert 矩阵(病态矩阵的典型例子)

$$H_n\boldsymbol{x}=\boldsymbol{b}$$

其中 $$H_n=\begin{bmatrix}1 & \frac{1}{2} & \cdots & \frac{1}{n}\\ \frac{1}{2} & \frac{1}{3} & \cdots & \frac{1}{n+1}\\ \vdots & \vdots & & \vdots\\ \frac{1}{n} & \frac{1}{n+1} & \cdots & \frac{1}{2n-1}\end{bmatrix}$$

计算 $\mathrm{Cond}(H_n)_2=\dfrac{\lambda_1}{\lambda_n}(n=3,5,6,8)$,其值见表 5-4。其中 H_n 特征值为:

$$\lambda_1\geqslant\lambda_2\geqslant\cdots\geqslant\lambda_n>0$$

表 5-4

n	3	5	6	8
$\mathrm{Cond}(H_n)_2$	$5\cdot 10^2$	$5\cdot 10^5$	$15\cdot 10^6$	$15\cdot 10^9$

当 n 愈大时,Hilbert 矩阵 H_n 病态愈严重。

[注]

(1) 由矩阵条件数性质可知,正交矩阵的线性方程组 $A\boldsymbol{x}=\boldsymbol{b}$ 是好条件的。

(2) 性质(4) 指出,正交变换保持条件数 Cond(A) 不变,这说明在很多方法中使用正交矩阵作为约化矩阵的合理性。

设有方程组 $A\boldsymbol{x}=\boldsymbol{b}$,其中 $A\in R^{n\times n}$ 为非奇异矩阵,$\boldsymbol{x}$ 为精确解,又设 $\overline{\boldsymbol{x}}$ 为计算解。一般,计算剩余向量 $\boldsymbol{r}=\boldsymbol{b}-A\overline{\boldsymbol{x}}$,用 $\boldsymbol{r}$ 大小来检验计算解的精度,是否 $\boldsymbol{r}$ 很小,$\overline{\boldsymbol{x}}$ 就是 $A\boldsymbol{x}=\boldsymbol{b}$ 一个较好的近似解呢?下面定理回答了这个问题。

定理 29 (事后误差估计)

(1) 设 A 为非奇异矩阵,$\boldsymbol{x}$ 是精确解,即 $A\boldsymbol{x}=\boldsymbol{b}\neq 0$。

(2) 设 $\overline{\boldsymbol{x}}$ 是方程组一个近似解,$\boldsymbol{r}=\boldsymbol{b}-A\overline{\boldsymbol{x}}$,则近似解 $\overline{\boldsymbol{x}}$ 的相对误差有估计式

$$\frac{\|\boldsymbol{x}-\overline{\boldsymbol{x}}\|}{\|\boldsymbol{x}\|}\leqslant \mathrm{Cond}(A)\,\frac{\|\boldsymbol{r}\|}{\|\boldsymbol{b}\|}$$

证明 由 $\boldsymbol{x}-\overline{\boldsymbol{x}}=A^{-1}\boldsymbol{b}-\overline{\boldsymbol{x}}=A^{-1}(\boldsymbol{b}-A\overline{x})=A^{-1}\boldsymbol{r}$

所以
$$\|\boldsymbol{x}-\overline{x}\|\leqslant\|A^{-1}\|\,\|\boldsymbol{r}\| \tag{9.5}$$

另一方面,由 $A\boldsymbol{x}=\boldsymbol{b}$,有

$$\|\boldsymbol{b}\|\leqslant\|A\|\,\|\boldsymbol{x}\|$$

即
$$\frac{1}{\|\boldsymbol{x}\|}\leqslant\frac{\|A\|}{\|\boldsymbol{b}\|} \tag{9.6}$$

由(9.5)及(9.6)式,则

$$\frac{\|\boldsymbol{x}-\overline{\boldsymbol{x}}\|}{\|\boldsymbol{x}\|}\leqslant\|A^{-1}\|\,\|A\|\,\frac{\|\boldsymbol{r}\|}{\|\boldsymbol{b}\|}$$

这个结果说明,近似解 $\overline{\boldsymbol{x}}$ 精度(误差界) 不仅依赖于剩余 $\boldsymbol{r}$"大小",而且依赖于 A 的条件数,当 A 是病态时,即使有很小的剩余,也不能保证 $\overline{x}$ 是高精度的近似解。

9.3* 关于病态方程组解法

设 $A\boldsymbol{x}=\boldsymbol{b}$,其中 $A\in R^{n\times n}$ 为非奇异矩阵。

如何来判断和发现 $A\boldsymbol{x}=\boldsymbol{b}$ 是病态方程组!

(1) 当 A 的行列式相对来说很小,或 A 某些行(或列) 近似线性

相关，方程组 $Ax = b$ 可能病态。

(2) 如果用选主元消去法求解 $Ax = b$，在 A 约化中出现小主元，方程组 $Ax = b$ 可能病态。

(3) 当系数矩阵 A 元素数量级相差很大，并且无一定规则时，方程组 $Ax = b$ 可能病态。

(4) 估计条件数。由于 $\mathrm{Cond}(A)_\infty = \|A^{-1}\|_\infty \|A\|_\infty$，所以发现 $Ax = b$ 病态的可靠方法是计算 A 的条件数，若直接计算 A^{-1} 再计算 $\|A^{-1}\|_\infty$，那末求 A^{-1} 大约需要 $n^3 + 2n^2$ 次乘法运算，为求解(用直接法)$Ax = b$ 计算量的 3 倍，代价太高。

一个矩阵条件数的估计方法：由于

$$\|A^{-1}\|_\infty = \max_{y \neq 0} \frac{\|A^{-1}y\|_\infty}{\|y\|_\infty} = \max_{y \neq 0} \frac{\|w\|_\infty}{\|y\|_\infty}$$

(令 $A^{-1}y = w$，由解 $Aw = y$ 求 w)

因此 $\quad \|A^{-1}\|_\infty \geqslant \|w\|_\infty / \|y\|_\infty$

选择向量 $y \in R^n$ 且求解 $Aw = y$ 使产生大的解 w。于是，

$$\begin{aligned}\mathrm{Cond}(A)_\infty &= \|A^{-1}\|_\infty \|A\|_\infty \\ &\approx \|A\|_\infty \|w\|_\infty / \|y\|_\infty\end{aligned}$$

这个方法成功的关键在于怎样使比值 $\|w\|_\infty / \|y\|_\infty$ 接近它的极大值 $\|A^{-1}\|_\infty$，详细见[8]。

对于病态方程组 $Ax = b$，当我们用一般方法求解时，仅由舍入而产生的误差也会使我们算不出比较满意的解，此时可采用下述方法求解。

(1) 采用高精度的算术运算

例如，采用双倍字长进行运算，或用双字长求内积等，以此改善和减轻矩阵病态的影响，其缺点是计算时间将大为增加。

(2) 采用预处理方法

求解 $Ax = b \Longleftrightarrow$ 求解：寻求非奇异矩阵 P, Q 使

$$PAQ(Q^{-1}x) = Pb$$

或 $\overline{A}\overline{x} = \overline{b}$ 其中 $\overline{A} = PAQ, \overline{x} = Q^{-1}x, \overline{b} = Pb$ 且改善 A 的条件数，

$$\mathrm{Cond}(PAQ) < \mathrm{Cond}(A)$$

于是,可用数值稳定方法求解 $\overline{A}\bar{\boldsymbol{x}} = \bar{\boldsymbol{b}}$,再求 $\boldsymbol{x} = Q\bar{\boldsymbol{x}}$,当 A 为对称正定阵时,一般选择 P,Q 为对角阵或三角矩阵。

(3) 平衡方法

当系数矩阵 A 元素数量级差别很大,威尔金森提出采用行均衡方法,这时矩阵 A 条件数可能得到改善。

行(或列) 均衡:就是在解方程组 $A\boldsymbol{x} = \boldsymbol{b}$ 之前首先将 A 的行(或列) 大体均衡一下,即对 $A\boldsymbol{x} = \boldsymbol{b}$ 每一行(或每一列) 乘以适当的数,使所有行(或列) 按照某种范数大体上有相同的长度。

设 $A\boldsymbol{x} = \boldsymbol{b}$,其中 $A \in R^{n\times n}$ 为非奇异阵。计算

$$S_i = \max_{1\leqslant j\leqslant n} |a_{ij}| (i = 1,2,\cdots,n)$$

令 $$D^{-1} = \mathrm{diag}(1/S_1, 1/S_2, \cdots, 1/S_n)$$

于是求解 $A\boldsymbol{x} = \boldsymbol{b} \Longleftrightarrow$ 求解 $D^{-1}A\boldsymbol{x} = D^{-1}\boldsymbol{b}$ 或 $\overline{A}\boldsymbol{x} = \bar{\boldsymbol{b}}$。

这时,$\overline{A} = D^{-1}A$ 条件数可能得到改善,再用列主元消去法或部分选主元三角分解法求解 $\overline{A}\boldsymbol{x} = \bar{\boldsymbol{b}}$。

例 15 设有方程组

$$\begin{pmatrix} 1 & 10^4 \\ 1 & 1 \end{pmatrix}\begin{pmatrix} x_1 \\ x_2 \end{pmatrix} = \begin{pmatrix} 10^4 \\ 2 \end{pmatrix} \text{或 } A\boldsymbol{x} = \boldsymbol{b}$$

计算 $\mathrm{Cond}(A)_\infty$。

解 计算 $\mathrm{Cond}(A)_\infty = \| A^{-1} \|_\infty \| A \|_\infty$

$$A = \begin{pmatrix} 1 & 10^4 \\ 1 & 1 \end{pmatrix}, A^{-1} = \frac{1}{10^4 - 1}\begin{pmatrix} -1 & 10^4 \\ 1 & -1 \end{pmatrix}$$

于是 $$\mathrm{Cond}(A)_\infty = \frac{(10^4 + 1)^2}{10^4 - 1} \approx 10^4$$

行平衡:

对 A 每一行计算 $S_i = \max\limits_j |a_{ij}|, S_1 = 10^4, S_2 = 1$。

即 $D^{-1} = \begin{pmatrix} 10^{-4} & 0 \\ 0 & 1 \end{pmatrix}$,求解 $D^{-1}A\boldsymbol{x} = D^{-1}\boldsymbol{b}$。记 $\overline{A}\boldsymbol{x} = \bar{\boldsymbol{b}}$

或 $$\begin{pmatrix} 10^{-4} & 1 \\ 1 & 1 \end{pmatrix}\begin{pmatrix} x_1 \\ x_2 \end{pmatrix} = \begin{pmatrix} 1 \\ 2 \end{pmatrix}$$

且 $$\bar{A}^{-1} = \frac{1}{1-10^{-4}}\begin{bmatrix} -1 & 1 \\ 1 & -10^{-4} \end{bmatrix}$$

所以 $$\text{Cond}(\bar{A})_\infty = \frac{4}{1-10^{-4}} \approx 4$$

说明 $\bar{A}\boldsymbol{x} = \bar{\boldsymbol{b}}$ 为良态方程组。

用列主元消去法求解 $\bar{A}\boldsymbol{x} = \bar{\boldsymbol{b}}$(且 3 位浮点数进行计算)可得计算解 $x_1 = 1, x_2 = 1$(是较好的近似解)。

(4) 迭代改善法

设 $A\boldsymbol{x} = \boldsymbol{b}$,其中 $A \in R^{n\times n}$ 为非奇异矩阵且为病态。如果 $\text{Cond}(A)_\infty \approx 1/u$(其中 $u = \frac{1}{2}\beta^{1-t}$,$\beta$ 为机器基数,t 为计算机字长),就说 A 对于机器的精度来说是病态的,现假设 $\text{Cond}(A)_\infty \leqslant 1/u$。

首先用选主元三角分解法实现分解

$$PA \approx LU$$

其中 P 为置换阵,L 为单位下三角阵,U 为上三角阵且得到计算解 $\boldsymbol{x}_1$,将按下述方法改善近似解 $\boldsymbol{x}_1$ 的精度。计算剩余向量

$$\boldsymbol{r}_1 = \boldsymbol{b} - A\boldsymbol{x}_1 \tag{9.7}$$

求解 $A\boldsymbol{d} = \boldsymbol{r}_1$ 记解为 $\boldsymbol{d}_1$ (9.8)

改善 $$\boldsymbol{x}_2 = \boldsymbol{x}_1 + \boldsymbol{d}_1 \tag{9.9}$$

如果(9.7),(9.8),(9.9)计算没有误差,则 $\boldsymbol{x}_2$ 就是 $A\boldsymbol{x} = \boldsymbol{b}$ 的精确解。

可验证,即

$$A\boldsymbol{x}_2 = A(\boldsymbol{x}_1 + \boldsymbol{d}_1) = A\boldsymbol{x}_1 + A\boldsymbol{d}_1 = A\boldsymbol{x}_1 + \boldsymbol{r}_1 = \boldsymbol{b}$$

但是,在实际计算中,由于有舍入误差,$\boldsymbol{x}_2$ 只是近似解,重复(9.7)~(9.9)过程,就得到一近似解序列 $\{\boldsymbol{x}_k\}$。

算法 16 (迭代改善法)设 $A\boldsymbol{x} = \boldsymbol{b}$,其中 $A \in R^{n\times n}$ 为非奇异阵,且 $A\boldsymbol{x} = \boldsymbol{b}$ 为病态方程组(但不过分病态),本算法用迭代改善法提高近似解的精度,设计算机字长为 t,用数组 $A(n,n)$ 保存 A 元素,用数

组 $C(n,n)$ 保存三角矩阵 L,U，用 $IP(n)$ 记录行交换信息，用 $x(n)$ 存贮 $\boldsymbol{x}_1$ 及 $\boldsymbol{x}_k$，$r(n)$ 保存 $\boldsymbol{r}_k$ 或 $\boldsymbol{d}_k$。

1. 用选主元三角分解法：实现分解计算 $PA \approx LU$（用单精度计算），且求计算解 $\boldsymbol{x}_1$。

2. $k = 1,2,\cdots,N_0$

（1）计算　$\boldsymbol{r}_k = \boldsymbol{b} - A\boldsymbol{x}_k$（用双精度计算）

（2）求解　$LU\boldsymbol{d}_k = P\boldsymbol{r}_k$

$$\text{即}\quad \begin{cases} L\boldsymbol{y} = P\boldsymbol{r}_k \\ U\boldsymbol{d}_k = \boldsymbol{y} \end{cases} \quad \text{（用单精度计算）}$$

（3）如果　$\| \boldsymbol{d}_k \|_\infty / \| \boldsymbol{x}_k \|_\infty \leqslant 10^{-t}$，则输出 $k,\boldsymbol{x}_k,\boldsymbol{r}_k$，停机。

（4）改善　$\boldsymbol{x}_{k+1} = \boldsymbol{x}_k + \boldsymbol{d}_k$　（用单精度计算）。

3. 输出迭代改善方法迭代 N_0 次失败信息。

当 $\mathrm{Cond}(A)_\infty \leqslant 1/u$，那么迭代改善法最后能产生一个达到机器精度的解，如果 A 条件数相对于机器精度而言是足够坏的，就可能不产生改进。

迭代改进法主要缺点是它的实现要依赖于机器以及需要保留 A 的原始副本。当 $A\boldsymbol{x} = \boldsymbol{b}$ 不是过分病态时，迭代改善法是比较成功的改进近似解精度的方法之一。

例 16　用迭代改善法解

$$\begin{pmatrix} 0.986 & 0.579 \\ 0.409 & 0.237 \end{pmatrix} \begin{pmatrix} x_1 \\ x_2 \end{pmatrix} = \begin{pmatrix} 0.235 \\ 0.107 \end{pmatrix}$$

且用 $\beta = 10, t = 3$（用 3 位浮点数运算）。

解　精确解

$$\boldsymbol{x} = \begin{pmatrix} 2 \\ -3 \end{pmatrix}$$

容易计算

$$\mathrm{Cond}(A)_\infty = \| A \|_\infty \| A^{-1} \|_\infty \approx 697.7$$

实现分解　$A \approx LU$ 且计算 x_1。

$$A \approx \begin{pmatrix} 1 & 0 \\ 0.415 & 1 \end{pmatrix} \begin{pmatrix} 0.986 & 0.579 \\ 0 & -0.00300 \end{pmatrix} = LU$$

计算解

$$\boldsymbol{x}_1 = \begin{pmatrix} 2.11 \\ -3.17 \end{pmatrix}$$

迭代改善法计算如表 5-5。

表 5-5

$\boldsymbol{x}_1$	$\boldsymbol{r}_1$	$\boldsymbol{d}_1$	$\boldsymbol{x}_2$	$\boldsymbol{r}_2$	$\boldsymbol{d}_2$	$\boldsymbol{x}_3$
2.11	−0.0100	−0.118	1.99	0.00407	0.01	2.00
−3.17	−0.00470	0.183	−2.99	0.00172	−0.01	−3.00

§10 矩阵的正交分解(QR 分解)

设 $A \in R^{m\times n}$,则存在初等反射阵 $H_1\cdots H_s$ 使得

$$H_s\cdots H_2H_1A = A^{(s+1)}\text{(上梯形)}$$

$$A = \begin{bmatrix} a_{11} & a_{12} & \cdots & a_{1n} \\ a_{21} & a_{22} & \cdots & a_{2n} \\ \vdots & & \ddots & \vdots \\ a_{m1} & a_{m2} & \cdots & a_{mn} \end{bmatrix} = [\boldsymbol{a}_1, \boldsymbol{a}_2, \cdots, \boldsymbol{a}_n]\text{(按列分块)} \quad (10.1)$$

(1) 第 1 步:当 $\boldsymbol{a}_1 = 0$ 时,取 $H_1 = I$ 这一步不需约化,不妨设 $\boldsymbol{a}_1 \neq 0$,于是有初等反射阵 H_1 使 $H_1\boldsymbol{a}_1 = -\sigma_1\boldsymbol{e}_1$,其中 $H_1 = I - \beta_1^{-1}\boldsymbol{u}_1\boldsymbol{u}_1^T$。

于是 $H_1A^{(1)} = [H\boldsymbol{a}_1, H\boldsymbol{a}_2, \cdots, H\boldsymbol{a}_n]$

$$= \begin{bmatrix} -\sigma_1 & a_{12}^{(2)} & \cdots & a_{2n}^{(2)} \\ 0 & a_{22}^{(2)} & \cdots & a_{2n}^{(2)} \\ \vdots & \vdots & & \vdots \\ 0 & a_{m2}^{(2)} & \cdots & a_{mn}^{(2)} \end{bmatrix} = \begin{bmatrix} -\sigma_1 & a_{12}^{(2)} & B_2 \\ 0 & \boldsymbol{c}_2 & D_2 \end{bmatrix}$$

$$= A^{(2)}$$

其中 $\quad c_2 = (a_{22}^{(2)}, \cdots, a_{m2}^{(2)})^T \in R^{m-1}, D_2 \in R^{(m-1)\times(n-2)}$

(2) 第 k 步:设已完成对 A 上述第 1 步 ~ 第 $k-1$ 步约化,即存在初等反射阵 $H_1, \cdots, H_{k-1}$ 使

$$H_{k-1} \cdots H_2 H_1 A = A^{(k)}$$

其中

$$A^{(k)} = \left[\begin{array}{cccc|c|cc} -\sigma_1 & a_{12}^{(2)} & \cdots & \cdots & a_{1k}^{(2)} & \cdots & a_{1n}^{(2)} \\ & -\sigma_2 & & \cdots & \vdots & & \vdots \\ & & \ddots & & \vdots & & \vdots \\ & & & -\sigma_{k-1} & & & \\ \hline & & & & a_{kk}^{(k)} & \cdots & a_{kn}^{(k)} \\ & & & & \vdots & & \vdots \\ & & & & a_{mk}^{(k)} & \cdots & a_{mn}^{(k)} \end{array}\right]$$

$$= \begin{bmatrix} R_k & \boldsymbol{r}_k & B_k \\ 0 & \boldsymbol{c}_k & D_k \end{bmatrix}$$

其中 $\boldsymbol{c}_k = [a_{kk}^{(k)}, \cdots, a_{mk}^{(k)}]^T \in R^{m-k+1}, D_k \in R^{(m-k+1)\times(n-k)}, R_k$ 为 $k-1$ 阶上三角阵。如果 $\boldsymbol{c}_k = 0$,这一步不需约化,取 $H_k = I$。不妨设 $\boldsymbol{c}_k \neq 0$,于是存在初等反射阵 H'_k 使

$$H'_k \boldsymbol{c}_k = -\sigma_k \boldsymbol{e}_1$$

计算 H'_k 的公式:

$$H'_k = I - \beta_k^{-1} \boldsymbol{u}'_k \boldsymbol{u}'^T_k$$

$$\begin{cases} \sigma_k = \operatorname{sign}(a_{kk}^{(k)}) \sqrt{\sum\limits_{i=k}^{m} (a_{ik}^{(k)})^2} \\ \boldsymbol{u}'_k = \begin{bmatrix} a_{kk}^{(k)} + \sigma_k \\ a_{k+1,k}^{(k)} \\ \vdots \\ a_{m,k}^{(k)} \end{bmatrix} \\ \beta_k = \dfrac{1}{2} \| \boldsymbol{u}'_k \|_2^2 = \sigma_k (\sigma_k + a_{kk}^{(k)}) \end{cases} \tag{10.2}$$

令 $H_k = \begin{bmatrix} I_{k-1} & \\ & H'_k \end{bmatrix}_{m-k+1}^{k-1} \in R^{m\times m}$

第 k 步约化：

$$H_k A^{(k)} = H_k \cdots H_1 A = A^{(k+1)}$$

$$= \begin{bmatrix} I_{k-1} & \\ & H'_k \end{bmatrix} \begin{bmatrix} R_k & \boldsymbol{r}_k & B_k \\ 0 & \boldsymbol{c}_k & D_k \end{bmatrix} = \begin{bmatrix} R_k & r_k & B_k \\ 0 & H'_k \boldsymbol{c}_k & H'_k D_k \end{bmatrix}$$

$$= \begin{bmatrix} -\sigma_1 & \cdots & \cdots & \cdots & \cdots & \cdots \\ & -\sigma_2 & & \vdots & & \\ & & \ddots & & \boldsymbol{r}_k & B_k \\ & & & -\sigma_{k-1} & & \\ & & & & -\sigma_k & \\ & & & & & \boxed{H'_k D_k} \end{bmatrix} = A^{(k+1)}$$

方框内为第 k 步约化需要计算的部分，其中 $A^{(k+1)}$ 左上角子阵，R^{k+1} 为 k 阶上三角阵，这样就使 A 三角化过程前进了一步。

令　$s = \min(m-1, n)$，继续上述过程，最后经 s 步约化，则有

$$H_S \cdots H_2 H_1 A = R（为上梯形）$$

用 H-变换约化过程第 k 步需要计算：

(1) 计算 H_k（即计算 H'_k）. 按公式(10.2)计算 $\sigma_k, \boldsymbol{u}'_k$ 及 β_k。

(2) 约化计算：计算 $H'_k D_k$ 且冲掉 D_k，

$$H'_k = I - \beta_k^{-1} \boldsymbol{u}'_k \boldsymbol{u}'^T_k$$

$$D_k = \begin{bmatrix} a_{k,k+1} & \cdots & a_{kn} \\ \vdots & \ddots & \vdots \\ a_{m,k+1} & \cdots & a_{mn} \end{bmatrix} \equiv (\boldsymbol{d}_{k+1}, \cdots, \boldsymbol{d}_j, \cdots, \boldsymbol{d}_n)$$

于是　$H'_k D_k = H'_k (\boldsymbol{d}_{k+1}, \cdots, \boldsymbol{d}_j, \cdots, \boldsymbol{d}_n)$

即计算 $H'_k \boldsymbol{d}_j (j = k+1, \cdots, n)$

$$H'_k \boldsymbol{d}_j = \boldsymbol{d}_j - (\beta^{-1} \boldsymbol{u}'^T_k \boldsymbol{d}_j) \boldsymbol{u}'_k \quad (j = k+1, \cdots, n)$$

记　$\boldsymbol{u}'_k = (u_{kk}, u_{k+1,k}, \cdots, u_{mk})^T$ 且存放在 $\boldsymbol{c}_k$ 内。或对于

$$j = k+1, \cdots, n$$

(1) 计算 $t \leftarrow \sum_{i=k}^{m} u_{ik} a_{ij} / \beta_k$

(2) 计算 $a_{ij} \leftarrow a_{ij} - t * a_{ik}$

$$(i = k, \cdots, m)$$

且第 k 步大约需要 $2(m-k+1)(n-k)$ 次乘法运算。

算法 17 (用 Householder 变换约化 A 为上梯形)

设 $A \in R^{m \times n}, s = \min(m-1, n)$，本算法计算初等反射阵 $H_1 H_2 \cdots H_S$ 使

$$H_S \cdots H_2 H_1 A = R(\text{上梯形}) \text{ 且 } R \text{ 覆盖 } A$$

1. 对于 $k = 1, \cdots, s$

(1) 计算初等反射阵：$H'_k = I - \beta_k^{-1} \boldsymbol{u}'_k \boldsymbol{u}_k'^T$

计算 $c = \max\limits_{k \leqslant i \leqslant m} |a_{ik}|$，如果 $c = 0$，则 $\sigma(k) \leftarrow 0.0, \beta(k) \leftarrow 0.0$，转(3) 否则计算 H'_k，使

$$H'_k \boldsymbol{c}_k = -\sigma_k \boldsymbol{e}_1$$

且保存 σ_k, β_k。

(2) 约化计算：

$$H_k = \begin{pmatrix} I_{n-1} & \\ & H'_k \end{pmatrix}$$

计算 $A \leftarrow H_k A$，即 $D_k \leftarrow H'_k D_k$。

(3)Continue

2. 如果 $m \leqslant n$ 则 $\sigma(m) \leftarrow \sigma_m = a_{mm}$

存贮情况：当 $m > n$ 时，

$$A = \begin{bmatrix} a_{11} & a_{12} & \cdots & a_{1n} \\ a_{21} & a_{22} & \cdots & a_{2n} \\ & & \vdots & \\ a_{m1} & a_{m2} & \cdots & a_{mn} \end{bmatrix} \rightarrow \begin{bmatrix} u_{11} & r_{12} & \cdots & r_{1n} \\ u_{21} & u_{22} & \ddots & \vdots \\ \vdots & \vdots & \ddots & r_{n-1,n} \\ & & & u_{nn} \\ & & & \vdots \\ u_{m1} & u_{m2} & \cdots & u_{mn} \end{bmatrix}$$

$$\sigma(n) = (-\sigma_1, -\sigma_2, \cdots, -\sigma_n)^T$$

$\beta(n) = (\beta_1, \beta_2, \cdots, \beta_n)^T$

定理 30 （矩阵正交约化）设 $A \in R^{m\times n}$，$s = \min(m-1, n)$，则存在初等反射阵 $H_1, \cdots, H_s$ 使

$$H_s \cdots H_2 H_1 A = A^{(s+1)} \text{ 为上梯形}$$

且计算量约为 $n^2 m - n^3/3$ 次（当 $m \geqslant n$）乘法。

定理 31 （矩阵的 QR 分解）

(1) 设 $A \in R^{m\times n}$ 且 A 的秩为 $n(m > n)$，则存在初等反射阵 $H_1 H_2 \cdots H_n$ 使

$$H_n \cdots H_2 H_1 A = \begin{bmatrix} r_{11} & \cdots & r_{1n} \\ & \ddots & \vdots \\ & & r_{nn} \\ & 0 & \end{bmatrix} = \overset{n}{\begin{bmatrix} R \\ 0 \end{bmatrix}} \begin{matrix} n \\ m-n \end{matrix}$$

其中 R 为非奇异上三角阵。

(2) 设 $A \in R^{n\times n}$ 为非奇异阵，则 A 有正交分解

$$A = QR$$

其中 Q 为正交阵，R 为上三角阵，且当 R 具有正对角元时，则分解 $A = QR$ 唯一。

证 证(2)：由设及定理 30 有初等反射阵 $H_1 \cdots H_{n-1}$ 使

$$H_{n-1} \cdots H_2 H_1 A = \begin{bmatrix} r_{11} & \cdots & r_{1n} \\ & \ddots & \\ & & r_{nn} \end{bmatrix} = R$$

记 $Q^T = H_{n-1} \cdots H_2 H_1$

则有

$$A = QR$$

唯一性：设

$$A = Q_1 R_1 = Q_2 R_2 \tag{10.3}$$

其中 Q_1, Q_2 为正交阵，R_1, R_2 为非奇异阵。于是，

$$A^T A = R_1^T Q_1^T Q_1 R_1 = R_1^T R$$

$$A^T A = R_2^T Q_2^T Q_2 R_2 = R_2^T R$$

由设及对称正定矩阵的 Choliski 分解唯一性。得到

$$R_1 = R_2$$

由(10.3)式即得

$$Q_1 = Q_2$$

下面考虑用 Givens 变换来约化矩阵。

定理 32 (用 Givens 变换计算矩阵的 QR 分解)

设 $A \in R^{n\times n}$ 为非奇异矩阵,则

(1) 存在正交阵 $P_1, P_2, \cdots, P_{n-1}$ 使

$$P_{n-1}\cdots P_2 P_1 A = \begin{bmatrix} r_{11} & r_{12} & \cdots & r_{1n} \\ & r_{22} & \cdots & r_{2n} \\ & & \ddots & \vdots \\ & & & r_{nn} \end{bmatrix} = R$$

其计算量约为 $4n^3/3$ 次乘法运算。

(2) A 有正交分解 $A = QR$。其中 Q 为正交阵,R 为非奇异上三角阵,且当 R 对角元都为正时,分解是唯一的。

证 (1) 由设存在 $a_{j1} \neq 0$,如果 $a_{j1} \neq 0 (j = 2, \cdots, n)$,则可选择 Givens 变换 $P(1,2), P(1,3), \cdots, P(1,n)$ 使

$$P_1 A = P(1,n)\cdots P(1,2)A = \begin{bmatrix} r_{11} & r_{12} & \cdots & r_{1n} \\ 0 & a_{22}^{(2)} & \cdots & a_{2n}^{(2)} \\ \vdots & \vdots & & \vdots \\ 0 & a_{n2}^{(2)} & \cdots & a_{nn}^{(2)} \end{bmatrix} \equiv A^{(2)}$$

(2) 第 k 步约化:设上述过程已完成第 1 步 ~ 第 $k-1$ 步,即有

$$P_{k-1}\cdots P_2 P_1 A = \begin{bmatrix} r_{11} & r_{12} & \cdots & \cdots & & r_{1n} \\ & r_{22} & \cdots & \cdots & & r_{2n} \\ & & \ddots\, r_{k-1,k-1} & \cdots & & \vdots \\ & & & a_{kk}^{(k)} & \cdots & a_{kn}^{(k)} \\ & & & \vdots & \cdots & \vdots \\ & & & a_{nk}^{(k)} & \cdots & a_{nn}^{(k)} \end{bmatrix} \begin{matrix} \\ \\ \equiv A^{(k)} \\ k \\ j \\ \\ \end{matrix}$$

由设存在 $a_{jk}^{(k)} \neq 0 (j \geqslant k)$,如果 $a_{jk}^{(k)} \neq 0 (j = k+1, \cdots, n)$,则可

选择 Givens 变换 $P(k,k+1),\cdots,P(k,n)$ 使

$$P_kP_{k-1}\cdots P_1A = P(k,n)\cdots P(k,k+1)A^{(k)} = A^{k+1)}$$

其中 $P_k = P(k,n)\cdots P(k,k+1)$。

(3) 继续上述过程，最后有

$$P_{n-1}\cdots P_2P_1A = \begin{bmatrix} r_{11} & r_{12} & \cdots & r_{1n} \\ & r_{22} & \cdots & r_{2n} \\ & & \ddots & \vdots \\ & & & r_{nn} \end{bmatrix} = R$$

其中 P_k 为一系列平面旋转阵乘积。

证明(2) 由结论(1)，则存在有正交阵 $P_1,\cdots P_{n-1}$ 使

$$P_{n-1}\cdots P_2P_1A = R(\text{上三角阵})$$

记 $$P_{n-1}P_{n-2}\cdots P_2P_1 = Q^T$$

于是 $$A = QR$$

由上面讨论知，用 H 变换实现 $A\in R^{n\times n}$ 正交三角约化需要 $\frac{2}{3}n^3$ 次乘法，开方运算为 n 次。而用 Givens 变换计算 $A\in R^{n\times n}$ 正交约化大约需要 $\frac{4}{3}n^3$ 次乘法，开方运算约为 $n^2/2$ 次。即用 Givens 变换实现 A 的正交约化比用 Householder 变换计算 A 正交三角约化计算量要大一倍。但是，如果 A 为三对角阵，或上 Hessenberg 阵时，利用 Givens 变换实现 A 的正交三角约化比用 Householder 变换要简单、合适。

算法 18 (Givens 正交约化) 设 $A\in R^{n\times n}$ 为非奇异上 Hessenberg 阵(或三对角阵)，本算法实现 $Q^TA = P_{n-1}\cdots P_2P_1A = R$(上三角阵)，其中 Q 为正交阵且 Q^TA 覆盖 A。

对于 $k=1,2,\cdots,n-1$，

(1)CALL Rot$(a_{kk},a_{k+1,k},c,s,v)$

(2) $a_{kk}\leftarrow v$

(3) $a_{k+1,k}\leftarrow 0$

(4) 对于 $l=k+1,\cdots,n$ (计算 $A\leftarrow P(k,k+1)A$)

1) $u \leftarrow a_{kl}$

2) $v \leftarrow a_{k+1,l}$

3) $\begin{pmatrix} a_{k,l} \\ a_{k+1,l} \end{pmatrix} \leftarrow \begin{pmatrix} c & s \\ -s & c \end{pmatrix} \begin{pmatrix} u \\ v \end{pmatrix}$

习　题　5

1. 分别用高斯消去法，列主元消去法解下列方程组（(1)，(2) 用具有舍入的 4 位浮点数进行计算，(3) 用 5 浮点数计算），并比较计算结果。

(1) $\begin{cases} 58.09x_1 + 1.003x_2 = 68.12 \\ 321.8x_1 + 5.550x_2 = 377.3 \end{cases}$

(2) $\begin{cases} 1.003x_1 + 58.09x_2 = 68.12 \\ 321.8x_1 + 5.550x_2 = 377.3 \end{cases}$

(3) $\begin{cases} 3.3330x_1 + 15920x_2 - 10.333x_3 = 15913 \\ 2.2220x_1 + 16.710x_2 + 9.6120x_3 = 28.544 \\ 1.5611x_1 + 5.1791x_2 + 1.6852x_3 = 8.4254 \end{cases}$

2. 设有线性方程组

$$\begin{cases} 6x_1 + 2x_2 + 2x_3 = -2 \\ 2x_1 + \dfrac{2}{3}x_2 + \dfrac{1}{3}x_3 = 1 \\ x_1 + 2x_2 - x_3 = 0 \end{cases}$$

试用高斯消去法，列主元消去法，完全选主元消去法解此方程组（且具有舍入的 4 位浮点数进行计算），比较计算结果。

3. 设 $A \in R^{n\times n}$ 为对称矩阵，且 $a_{11} \neq 0$，经高斯消去法一步后 A 约化为

$$\begin{bmatrix} a_{11} & a_1^T \\ 0 & A_2 \end{bmatrix}$$

试证明 A_2 亦是对称矩阵。

4. 设 $U\boldsymbol{x} = \boldsymbol{d}$，其中 U 为上三角阵（或下三角阵）。

(1) 计算解 $U\boldsymbol{x} = \boldsymbol{d}$ 所需要的乘除法次数。

(2) 设 U 为非奇异的上三角阵，试推导求 U^{-1} 的递推公式。

5. 设 L_k 是指标为 k 的初等下三角阵，求证：当 $i,j > k$ 时，则 $\widetilde{L}_k = I_{ij}L_kI_{ij}$ 也

是一个指标为 k 的初等下三角阵。

6. 试推导矩阵 A 的 Crout 分解 $A=LU$ 的计算公式，其中 L 为下三角阵，U 为单位上三角阵。

7. 设 $A\in R^{n\times n}$ 为对称正定，试证明

(1) A 的对角元素，$a_{ii}>0(i=1,\cdots,n)$

(2) 经过高斯消去法一步，A 约化为

$$\begin{bmatrix} a_{11} & \boldsymbol{a}_1^T \\ 0 & A_2 \end{bmatrix}$$

则 A_2 亦是对称正定阵。

8. 用高斯-约当方法求 A 的逆：

$$A=\begin{bmatrix} 2 & 1 & -3 & -1 \\ 3 & 1 & 0 & 7 \\ -1 & 2 & 4 & -2 \\ 1 & 0 & -1 & 5 \end{bmatrix}$$

9. 用改进的平方根法解方程组

$$\begin{bmatrix} 4 & 1 & -1 & 0 \\ 1 & 3 & -1 & 0 \\ -1 & -1 & 5 & 2 \\ 0 & 0 & 2 & 4 \end{bmatrix}\begin{bmatrix} x_1 \\ x_2 \\ x_3 \\ x_4 \end{bmatrix}=\begin{bmatrix} 1 \\ 0 \\ 0 \\ 0 \end{bmatrix}$$

10. 用追赶法解方程组

$$\begin{bmatrix} 2 & -1 & 0 & 0 & 0 \\ -1 & 2 & -1 & 0 & 0 \\ 0 & -1 & 2 & -1 & 0 \\ 0 & 0 & -1 & 2 & -1 \\ 0 & 0 & 0 & -1 & 2 \end{bmatrix}\begin{bmatrix} x_1 \\ x_2 \\ x_3 \\ x_4 \\ x_5 \end{bmatrix}=\begin{bmatrix} 1 \\ 0 \\ 0 \\ 0 \\ 0 \end{bmatrix}$$

11. 试用部分选主元三角分解法解方程组

$$\begin{bmatrix} 0 & 5 & 4 \\ 1 & -1 & 0 \\ 2 & 1 & 2 \end{bmatrix}\begin{bmatrix} x_1 \\ x_2 \\ x_3 \end{bmatrix}=\begin{bmatrix} 1 \\ 2 \\ 3 \end{bmatrix}$$

12. 用迭代改善法解第一题中(3)。

13. 设 $\quad A=\begin{bmatrix} 100 & 99 \\ 99 & 98 \end{bmatrix}$

(1) 计算 $\|A\|_\infty$，$\|A\|_2$。

(2) 计算 $\text{Cond}(A)_\infty$，及 $\text{Cond}(A)_2$。

14. 设 $A\boldsymbol{x}=\boldsymbol{b}$，其中 $A\in R^{n\times n}$ 为非奇异矩阵，则

(1)A^TA 为对称正定矩阵。

(2)$\text{Cond}(A^TA)_2=[\text{Cond}(A)_2]^2$。

15. 设 $A\in R^{n\times n}$，$\boldsymbol{x}\in R^n$，求证

(1) $\|\boldsymbol{x}\|_\infty\leqslant\|\boldsymbol{x}\|_1\leqslant\|\boldsymbol{x}\|_\infty$

(2) $\dfrac{1}{n}\|A\|_\infty\leqslant\|A\|_1\leqslant n\|A\|_\infty$

16. 如果 P 为正交矩阵，求证 $\text{Cond}(P)_2=1$。

17. 设 $\boldsymbol{W}\in R^{n\times n}$ 为非奇异阵，又设 $\|\boldsymbol{x}\|$ 为 R^n 上一向量范数，定义

$$\|\boldsymbol{x}\|_W=\|W\boldsymbol{x}\|$$

求证：$\|\boldsymbol{x}\|_W$ 是 R^n 上向量的一种范数(称为向量的 $W-$ 范数)。

18. 设 $A=\begin{bmatrix}1&1&-1\\1&2&-2\\-2&1&1\end{bmatrix}$

试用初等反射阵约化 A 为上三角阵(对 A 施行左变换)，且实现 A 的 QR 分解。

19. 设 $A=\begin{bmatrix}2&1&0\\1&3&1\\0&1&4\end{bmatrix}$

试用平面旋转变换约化 A 为上三角阵(对 A 施行左变换)，且实现 A 的 QR 分解。

20. 用算法 17 求超定方程组

$$\begin{bmatrix}2&-1\\8&4\\2&1\\7&-1\\4&0\end{bmatrix}\begin{bmatrix}x_1\\x_2\end{bmatrix}=\begin{bmatrix}1\\0\\1\\8\\3\end{bmatrix}$$

的最小二乘解。

第六章　解大型稀疏线性方程组的迭代法

§1　引言、例子

在许多实际问题中，需要解大型、稀疏线性方程组。例如，用差分法或有限元方法解偏微分方程边值问题，电学中网络问题等。这时，用迭代法求解是合适的，而且是可能的。

迭代法只需要存贮 A 非零元素（有些情况 A 不用存贮）使迭代法占用内存单元较少，迭代法常常用比较少的计算，能获得比较精确的近似解，迭代法程序设计简单。因此，迭代法是解大型稀疏方程组的一种重要方法。它能有效的解决一些高阶问题，但迭代法存在收敛性及收敛速度问题。

例 1　用差分法解 Poisson 方程。即求解

$$\begin{cases}\dfrac{\partial^2 u}{\partial x^2}+\dfrac{\partial^2 u}{\partial y^2}=G(x,y),(x,y)\in R\\ u(x,y)|_{\Gamma}=g(x,y)\end{cases}\tag{1.1}$$

其中 R 为：$0<x<1,0<y<1$，Γ 为 R 边界，$u(x,y)$ 为未知解。

解　(1) 分割（剖分）网络，用水平线和垂直线分割正方形如图 6-1，如取等距间隔 $h=1/3$。引进记号：

$$u_1\approx u(x_1,y_1),u_2\approx u(x_2,y_1),u_3\approx u(x_1,y_2)$$

$$u_4\approx u(x_2,y_2),x_i=ih,y_j=jh$$

用差分法解 Poisson 方程就是寻求未知解 $u(x,y)$ 在网格点上近似值 u_1,u_2,u_3,u_4。

(2) 离散化

在内点 $(x,y)\in R$ 对一个变量应用泰勒展开有：

$$u(x+h,y)=u(x,y)+hu'_x+\frac{h^2}{2!}u_{xx}+\frac{h^3}{3!}u_{xxx}+\frac{h^4}{4!}u_{xxxx}+\cdots+\cdots \tag{1.2}$$

$$u(x-h,y)=u(x,y)-hu'_x+\frac{h^2}{2!}u_{xx}-\frac{h^3}{3!}u_{xxx}+\frac{h^4}{4!}u_{xxxx}+\cdots+\cdots \tag{1.3}$$

(1.2),(1.3) 两式相加得到：

$$u(x+h,y)-2u(x,y)+u(x-h,y)=h^2u_{xx}+\frac{h^4}{12}u_{xxxx}+\cdots$$

即 $$u_{xx}=\frac{u(x+h,y)-2u(x,y)+u(x-h,y)}{h^2}+O(h^2) \tag{1.4}$$

同理有

$$u_{yy}=\frac{u(x,y+h)-2u(x,y)+u(x,y-h)}{h^2}+O(h^2) \tag{1.5}$$

将(1.4),(1.5) 代入微分方程(1.1) 得到差分方程：

$$\begin{cases}4u(x,y)-u(x+h,y)-u(x-h,y)-u(x,y+h)\\-u(x,y-h)\approx -h^2G(x,y)\\(x,y)\in R\ \text{为内点}\end{cases} \tag{1.6}$$

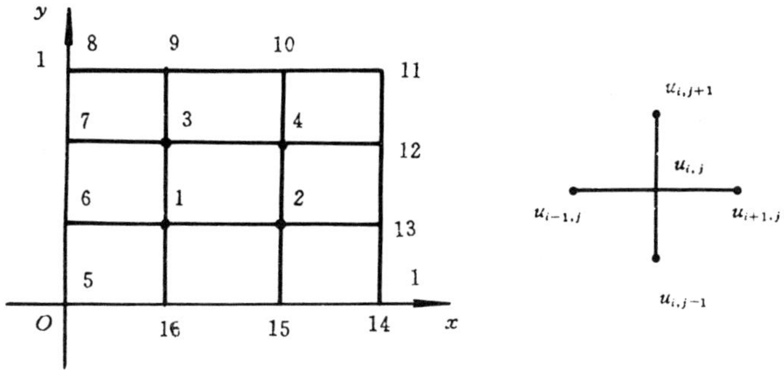

图 6-1

若记 $u_{ij}\approx u(x_i,y_j)$，则(1.6) 式即为 5 点公式：

$$\begin{cases}4u_{ij}-u_{i+1,j}-u_{i-1,j}-u_{i,j+1}-u_{i,j-1}=-h^2G_{ij}\\u_{ij}\in R\ \text{为内点}\end{cases} \tag{1.7}$$

对于 $h=1/3$，R 内有 4 个内点，对每一个内点应用(1.7)式得到代数方程组：

$$\begin{bmatrix} 4 & -1 & -1 & 0 \\ -1 & 4 & 0 & -1 \\ -1 & 0 & 4 & -1 \\ 0 & -1 & -1 & 4 \end{bmatrix} \begin{bmatrix} u_1 \\ u_2 \\ u_3 \\ u_4 \end{bmatrix} = \begin{bmatrix} b_1 \\ b_2 \\ b_3 \\ b_4 \end{bmatrix} \tag{1.8}$$

其中

$$b_1 = g_6 + g_{16} - h^2 G_1, b_3 = g_7 + g_9 - h^2 G_3$$

$$b_2 = g_{13} + g_{15} - h^2 G_2, b_4 = g_{10} + g_{12} - h^2 G_4$$

求解(1.8)就可得到未知解 $u(x,y)$ 在网格点 1,2,3,4 的近似值。如果取 $h=1/71$，这时微分方程离散化可得一代数方程组 $A\boldsymbol{x}=\boldsymbol{b}$，其中阶数 $n=70\times 70=4900$，但 A 非零元素不超过 25000 个，大部分是零元素。这类矩阵就是大型稀疏矩阵。

设有方程组 $A\boldsymbol{x}=\boldsymbol{b}$，$A\in R^{n\times n}$ 为非奇异阵且 $A\boldsymbol{x}^*=\boldsymbol{b}$。

首先将 $A\boldsymbol{x}=\boldsymbol{b}$ 转化为等价方程组

$$\boldsymbol{x} = B\boldsymbol{x} + f \tag{1.9}$$

其中 $B\in R^{n\times n}$。

定义 1 (1) 用逐步代入(构造向量序列 $\{\boldsymbol{x}^{(k)}\}$)

$$\begin{cases} \boldsymbol{x}^{(0)} \text{ 任取初始向量} \\ \boldsymbol{x}^{(1)} = B\boldsymbol{x}^{(0)} + \boldsymbol{f} \\ \boldsymbol{x}^{(k+1)} = B\boldsymbol{x}^{(k)} + \boldsymbol{f}, (k=1,2,\cdots) \end{cases} \tag{1.10}$$

求近似解的方法，称为迭代法(或称为一阶定常迭代法)。

(2) 如果对任意取初始近似 $\boldsymbol{x}^{(0)}$，则有

$$\lim_{k\to\infty} \boldsymbol{x}^{(k)} = \boldsymbol{x}^*$$

称迭代法(1.10)为收敛，否则称迭代法为发散。迭代法需要研究的问题：

(1) 构造各种解 $A\boldsymbol{x}=\boldsymbol{b}$ 的有效迭代法。

(2) 研究迭代法的收敛性及收敛速度。

§2 基本迭代法

设有

$$Ax = \boldsymbol{b} \tag{2.1}$$

其中 $A \in R^{n\times n}$ 为非奇异矩阵,将 A 分离为三部分,即

$$A = \begin{bmatrix} a_{11} & & & \\ & a_{22} & & \\ & & \ddots & \\ & & & a_{n,n} \end{bmatrix} - \begin{bmatrix} 0 & & & \\ -a_{21} & 0 & & \\ \vdots & & \ddots & \\ -a_{n1} & \cdots & -a_{n,n-1} & 0 \end{bmatrix}$$

$$- \begin{bmatrix} 0 & -a_{12} & \cdots & -a_{1n} \\ & 0 & \cdots & \vdots \\ & & \ddots & -a_{n-1,n} \\ & & & 0 \end{bmatrix}$$

$$\equiv D - L - U \tag{2.2}$$

现将 A 分裂为

$$A = M - N \tag{2.3}$$

其中 M 为可选择的非奇异阵使 $M\boldsymbol{x} = \boldsymbol{d}$ 容易求解,一般 M 选为 A 某种近似,于是

$$A\boldsymbol{x} = \boldsymbol{b} \Longleftrightarrow M\boldsymbol{x} = N\boldsymbol{x} + \boldsymbol{b}$$

或 $$\boldsymbol{x} = M^{-1}N\boldsymbol{x} + M^{-1}\boldsymbol{b}$$

可构造一阶定常迭代法:

$$\begin{cases} \boldsymbol{x}^{(0)} \text{ 初始向量} \\ \boldsymbol{x}^{(k+1)} = B\boldsymbol{x}^{(k)} + \boldsymbol{f} \quad (k = 0,1,\cdots) \\ \text{其中 } B = M^{-1}N = M^{-1}(M - A) = I - M^{-1}A \\ \qquad \boldsymbol{f} = M^{-1}\boldsymbol{b} \end{cases} \tag{2.4}$$

称 B 为迭代法的迭代矩阵。选取各种 M 阵(称为分裂阵)就得到各种迭代法。

2.1 雅可比(Jacobi)迭代法

设 $a_{ii} \neq 0 (i = 1, \cdots, n)$。

选取 $M = D$(对角阵),即 A 分裂为

$$A = D - N$$

于是由(2.4)就得到解 $A\boldsymbol{x} = \boldsymbol{b}$ 的 Jocobi 迭代法,

$$\begin{cases} \boldsymbol{x}^{(0)} \\ \boldsymbol{x}^{(k+1)} = B\boldsymbol{x}^{(k)} + \boldsymbol{f} \qquad (k = 0, 1, \cdots) \\ \text{其中 } B = I - D^{-1}A = D^{-1}(L + U) \equiv J \\ \qquad \boldsymbol{f} = D^{-1}\boldsymbol{b} \end{cases} \tag{2.5}$$

其中 J 称为 Jacobi 迭代法的迭代阵。

Jacobi 迭代法的分量形式,记

$$\boldsymbol{x}^{(k)} = (x_1^{(k)}, \cdots, x_i^{(k)}, \cdots, x_n^{(k)})^T$$

由(2.5)有

$$D\boldsymbol{x}^{(k+1)} = (L + U)\boldsymbol{x}^{(k)} + \boldsymbol{b}$$

于是有

$$\begin{cases} a_{ii}x_i^{(k+1)} = b_i - \sum_{j=1}^{i-1} a_{ij}x_j^{(k)} - \sum_{j=i+1}^{n} a_{ij}x_j^{(k)} \\ \qquad (i = 1, 2, \cdots, n) \end{cases}$$

设 $a_{ii} \neq 0 (i = 1, 2, \cdots, n)$。

求解 $A\boldsymbol{x} = \boldsymbol{b}$ 的 Jacobi 迭代法计算公式:

$$\begin{cases} x^{(0)} = (x_1^{(0)}, \cdots, x_n^{(0)})^T \\ x_i^{(k+1)} = \dfrac{1}{a_{ii}}(b_i - \sum_{\substack{j=1 \\ j \neq i}}^{n} a_{ij}x_j^{(k)}) \\ (i = 1, 2, \cdots, n) \\ (k = 0, 1, \cdots, \text{表迭代次数}) \end{cases} \tag{2.6}$$

(1)Jacobi 迭代法,每迭代一次主要是计算一次矩阵乘向量,即 $B\boldsymbol{x}^{(k)}$。

(2) 计算过程中,原始数据 A 始终不变。

(3) 计算中需要两组工作单元 $x(n), y(n)$ 用来保存 $\boldsymbol{x}^{(k)}$ 及 $\boldsymbol{x}^{(k+1)}$。

2.2　高斯-塞德尔迭代法(G-S)

设 $a_{ii} \neq 0, (i = 1, \cdots, n)$。

选取分裂阵 $M = D - L$(下三角阵),即 A 分裂为

$$A = M - N$$

由(2.4)式得到解 $A\boldsymbol{x} = \boldsymbol{b}$ 的 G-S 迭代法:

$$\begin{cases} \boldsymbol{x}^{(k+1)} = B\boldsymbol{x}^{(k)} + \boldsymbol{f} \\ \text{其中 } B = I - (D-L)^{-1}A \\ \qquad\quad = (D-L)^{-1}((D-L) - A) \\ \qquad\quad = (D-L)^{-1}U \equiv G \\ \quad \boldsymbol{f} = (D-L)^{-1}\boldsymbol{b} \end{cases} \tag{2.7}$$

其中 $G = (D-L)^{-1}U$ 称为 G-S 迭代法的迭代阵。

G-S 迭代法的分量形式:记第 k 次近似为

$$\boldsymbol{x}^{(k)} = (x_1^{(k)}, \cdots, x_i^{(k)}, \cdots, x_n^{(k)})^T$$

由(2.7)式有

$$(D-L)\boldsymbol{x}^{(k+1)} = U\boldsymbol{x}^{(k)} + \boldsymbol{b}$$

或

$$D\boldsymbol{x}^{(k+1)} = L\boldsymbol{x}^{(k+1)} + U\boldsymbol{x}^{(k)} + \boldsymbol{b}$$

解 $A\boldsymbol{x} = \boldsymbol{b}$ 的 G-S 迭代法计算公式:设 $a_{ii} \neq 0 (i = 1, \cdots, n)$,

$$\begin{cases} x^{(0)} = (x_1^{(0)}, \cdots, x_n^{(0)})^T \\ x_i^{(k+1)} = \dfrac{1}{a_{ii}}\left(b_i - \displaystyle\sum_{j=1}^{i-1} a_{ij}x_j^{(k+1)} - \sum_{j=i+1}^{n} a_{ij}x_j^{(k)}\right) \\ \quad (i = 1, 2, \cdots, n) \\ \quad k = 0, 1, \cdots \end{cases} \tag{2.8}$$

或

$$\begin{cases} x_i^{(k+1)} = x_i^{(k)} + \Delta x_i \\ \Delta x_i = \dfrac{1}{a_{ii}}(b_i - \sum\limits_{j=1}^{i-1} a_{ij}x_j^{(k+1)} - \sum\limits_{j=i}^{n} a_{ij}x_j^{(k)}) \\ (i = 1,2,\cdots,n) \\ (k = 0,1,2,\cdots) \end{cases} \tag{2.9}$$

(1) 由 G-S 迭代计算公式(2.8)可知，计算 $\boldsymbol{x}^{(k+1)}$ 第 i 个分量 $x_i^{(k+1)}$ 时，利用已经计算出的最新分量，$x_j^{(k+1)}(j = 1,2,\cdots,i-1)$，因此，计算如 $x_i^{(k+1)}$ 就可冲掉 $x_i^{(k)}$，于是利用 G-S 迭代法解 $A\boldsymbol{x} = \boldsymbol{b}$ 只需要一组工作单元，用来保存 $\boldsymbol{x}^{(k)}$ 或 $\boldsymbol{x}^{(k+1)}$ 分量。

(2)G-S 迭代法每迭代一次主要是计算一次矩阵乘向量。G-S 迭代法可看作 J 迭代法的一种修正。

例 2 用 Jacobi 方法，G-S 迭代法解下述方程组

$$\begin{cases} 8x_1 - x_2 + x_3 = 8 \\ 2x_1 + 10x_2 - x_3 = 11 \text{或 } A\boldsymbol{x} = \boldsymbol{b} \\ x_1 + x_2 - 5x_3 = -3 \end{cases}$$

精确解 $\boldsymbol{x}^* = (1,1,1)^T$

(1)Jacobi 迭代公式

$$\begin{cases} x_1^{(k+1)} = (8 + x_2^{(k)} - x_3^{(k)})/8 \\ x_2^{(k+1)} = (11 - 2x_1^{(k)} + x_3^{(k)})/10 \\ x_3^{(k+1)} = (3 + x_1^{(k)} + x_2^{(k)})/5 \end{cases}$$

其中，$\boldsymbol{x}^{(k)} = (x_1^{(k)},x_2^{(k)},x_3^{(k)})^T$，$(k = 0,1,\cdots)$，计算结果见表 6-1。

表 6-1

$\boldsymbol{x}^{(k)}$	$\boldsymbol{x}^{(0)}$	$\boldsymbol{x}^{(1)}$	$\boldsymbol{x}^{(2)}$	$\boldsymbol{x}^{(3)}$	$\boldsymbol{x}^{(4)}$	$\boldsymbol{x}^{(5)}$
$x_1^{(k)}$	0	1.	1.0625	0.9925	0.998125	1.0006938
$x_2^{(k)}$	0	1.1	0.96	0.9895	1.00195	1.000015
$x_3^{(k)}$	0	0.6	1.02	1.0045	0.9964	1.000015

且有 $\|\boldsymbol{x}^{(5)} - \boldsymbol{x}^*\|_\infty \leqslant 0.0007$

(2)G-S 迭代公式

$$\begin{cases} x_1^{(k+1)} = (8 + x_2^{(k)} - x_3^{(k)})/8 \\ x_2^{(k+1)} = (11 - 2x_1^{(k+1)} + x_3^{(k)})/10 \\ x_3^{(k+1)} = (3 + x_1^{(k+1)} + x_2^{(k+1)})/5 \end{cases}$$

其中，$\boldsymbol{x}^{(k)} = (x_1^{(k)}, x_2^{(k)}, x_3^{(k)})^T$，$(k = 0,1,\cdots)$，计算结果见表 6-2。

表 6-2

$\boldsymbol{x}^{(k)}$	$\boldsymbol{x}^{(0)}$	$\boldsymbol{x}^{(1)}$	$\boldsymbol{x}^{(2)}$	$\boldsymbol{x}^{(3)}$	$\boldsymbol{x}^{(4)}$
$x_1^{(k)}$	0	1.	0.99	1.00025	0.99996875
$x_2^{(k)}$	0	0.9	1.	0.99975	1.00000625
$x_3^{(k)}$	0	0.98	0.998	1.	0.999995

且有

$$\| \boldsymbol{x}^{(3)} - \boldsymbol{x}^* \|_\infty \leqslant 0.00025$$

$$\| \boldsymbol{x}^{(4)} - \boldsymbol{x}^* \|_\infty \leqslant 3.2 \times 10^{-5}$$

由此例看出，用 G-S 迭代法解此方程组比用 Jacobi 方法解此 $A\boldsymbol{x} = \boldsymbol{b}$ 收敛快(即在初始向量 $x^{(0)}$ 相同，达到同样精度，所需迭代次数较少)，这个结论只当 A 满足一定条件时才是对的。例如习题 6 中 1.(b) 方程组，用 Jacobi 迭代收敛，而用 G-S 迭代法确是发散的。

2.3 解大型稀疏线性方程组的逐次超松弛迭代法(SOR)

选取分裂阵(设 $a_{ii} \neq 0, (i = 1,\cdots,n)$)

$$M = \frac{1}{\omega}(D - \omega L)\text{(为带参数的下三角阵)}$$

$$A = M - N$$

其中 $\omega > 0$ 为可选择的松弛因子。

于是可构造一个迭代法，其迭代阵为

$$L_\omega \equiv B = I - \omega(D - \omega L)^{-1}A$$

$$= (D - \omega L)^{-1}((1 - \omega)D + \omega U)$$

从而，由(2.4)式得到解 $A\boldsymbol{x} = \boldsymbol{b}$ 的逐次超松弛迭代法(SOR)

$$
\begin{cases}
\boldsymbol{x}^{(0)} \\
\boldsymbol{x}^{(k+1)} = L_{\omega}\boldsymbol{x}^{(k)} + \boldsymbol{f} \quad (k = 0,1,\cdots) \\
\text{其中 } L_{\omega} = (D - \omega L)^{-1}((1-\omega)D + \omega U) \\
\quad \boldsymbol{f} = \omega(D - \omega L)^{-1}\boldsymbol{b}
\end{cases}
\tag{2.10}
$$

解 $A\boldsymbol{x} = \boldsymbol{b}$ SOR 迭代法的计算公式(分量形式)。引进记号

$\boldsymbol{x}^{(k)} = (x_1^{(k)}, x_2^{(k)}, \cdots, x_n^{(k)})^T$

由(2.10)式得:

$(D - \omega L)\boldsymbol{x}^{(k+1)} = ((1-\omega)D + \omega U)\boldsymbol{x}^{(k)} + \omega\boldsymbol{b}$

或 $$D\boldsymbol{x}^{(k+1)} = D\boldsymbol{x}^{(k)} + \omega(\boldsymbol{b} + L\boldsymbol{x}^{(k+1)} + U\boldsymbol{x}^{(k)} - D\boldsymbol{x}^{(k)})$$

设 $a_{ii} \neq 0 (i = 1,2,\cdots,n)$ 求解 $A\boldsymbol{x} = \boldsymbol{b}$ SOR 迭代法:

$$
\begin{cases}
x^{(0)} = (x_1^{(0)}, \cdots, x_n^{(0)})^T \\
x_i^{(k+1)} = x_i^{(k)} + \dfrac{\omega}{a_{ii}}(b_i - \sum\limits_{j=1}^{i-1} a_{ij}x_j^{(k+1)} - \sum\limits_{j=i}^{n} a_{ij}a_j^{(k)}) \\
(i = 1,2,\cdots,n) \\
(k = 0,1,\cdots) \\
x^{(k)} = (x_1^{(k)}, \cdots, x_i^{(k)}, \cdots, x_n^{(k)})^T
\end{cases}
\tag{2.11}
$$

或
$$
\begin{cases}
x^{(0)} = (x_1^{(0)}, \cdots, x_n^{(0)})^T \\
x_i^{(k+1)} = x_i^{(k)} + \Delta x_i \\
\Delta x_i = \dfrac{\omega}{a_{ii}}(b_i - \sum\limits_{j=1}^{i-1} a_{ij}x_j^{(k+1)} - \sum\limits_{j=i}^{n} a_{ij}x_j^{(k)}) \\
(i = 1,2,\cdots,n)(k = 0,1,\cdots)
\end{cases}
\tag{2.12}
$$

其中 ω 为松弛因子。

解 $A\boldsymbol{x} = \boldsymbol{b}$ 的 SOR 迭代法是 G-S 迭代法的一种修正方法。

由上所述:

(1) 当取 $\omega = 1$ 时,解 $A\boldsymbol{x} = \boldsymbol{b}$ 的 SOR 方法就是 G-S 迭代法。

(2) 由 SOR 迭代法计算公式可知,每迭代一次主要的计算量是计算一次矩阵与向量的乘法。

(3) SOR 方法电算时,需要一组工作单元,存放 $\boldsymbol{x}^{(k)}$ 或 $\boldsymbol{x}^{(k+1)}$ 的

分量,可用 $\| \boldsymbol{x}^{(k+1)} - \boldsymbol{x}^{(k)} \|_\infty = \max\limits_{1\leqslant i\leqslant n} |\Delta x_i| < \varepsilon$(或 $\| \boldsymbol{r}^{(k)} \|_\infty < \varepsilon$) 控制迭代。

例 3 用 SOR 方法解下述方程组

$$\begin{bmatrix} -4 & 1 & 1 & 1 \\ 1 & -4 & 1 & 1 \\ 1 & 1 & -4 & 1 \\ 1 & 1 & 1 & -4 \end{bmatrix} \begin{bmatrix} x_1 \\ x_2 \\ x_3 \\ x_4 \end{bmatrix} = \begin{bmatrix} 1 \\ 1 \\ 1 \\ 1 \end{bmatrix}$$

精确解 $\boldsymbol{x}^* = (-1, -1, -1, -1)^T$

解 取初始向量 $\boldsymbol{x}^{(0)} = (0.0, 0.0, 0.0, 0.0)^T$,SOR 迭代公式为

$$\begin{cases} x_1^{(k+1)} = x_1^{(k)} - \omega(1 + 4x_1^{(k)} - x_2^{(k)} - x_3^{(k)} - x_4^{(k)})/4 \\ x_2^{(k+1)} = x_2^{(k)} - \omega(1 - x_1^{(k+1)} + 4x_2^{(k)} - x_3^{(k)} - x_4^{(k)})/4 \\ x_3^{(k+1)} = x_3^{(k)} - \omega(1 - x_1^{(k+1)} - x_2^{(k+1)} + 4x_3^{(k)} - x_4^{(k)})/4 \\ x_4^{(k+1)} = x_4^{(k)} - \omega(1 - x_1^{(k+1)} - x_2^{(k+1)} - x_3^{(k+1)} + 4x_4^{(k)})/4 \end{cases}$$

$(k = 0, 1, \cdots)$

选取 $\omega = 1.3$,第 11 次迭代结果为:

$$\boldsymbol{x}^{(11)} = (-0.99999646, -1,00000310, -0.99999953, -0.99999912)^T$$

且满足:

$$\| \boldsymbol{x}^{(11)} - \boldsymbol{x}^* \|_2 \leqslant 0.46 \times 10^{-5}$$

表 6-3

松弛因子	满足 $\| \boldsymbol{x}^{(k)} - \boldsymbol{x}^* \|_2 < 10^{-5}$ 的迭代次数
1.0	22
1.1	17
1.2	12
▲1.3	▲11(最少迭代次数)
1.4	14
1.5	17
1.6	23
1.7	33
1.8	53
1.9	107

§ 3　迭代法的收敛性

3.1　一阶定常迭代法的基本定理

设有 $A\boldsymbol{x}=\boldsymbol{b}$，其中 $A\in R^{n\times n}$ 为非奇异阵，记 $\boldsymbol{x}^*$ 为精确解，且设有

$$A\boldsymbol{x}=\boldsymbol{b}\Longleftrightarrow \boldsymbol{x}=B\boldsymbol{x}+f$$

于是

$$\boldsymbol{x}^*=B\boldsymbol{x}^*+\boldsymbol{f} \tag{3.1}$$

设有解此方程组一阶定常迭代法

$$\boldsymbol{x}^{(k+1)}=B\boldsymbol{x}^{(k)}+\boldsymbol{f} \tag{3.2}$$

现研究迭代矩阵 B 满足什么条件时，则有 $\boldsymbol{x}^{(k)}\to\boldsymbol{x}^*\ (k\to\infty)$。

引进误差向量：

$$\boldsymbol{\varepsilon}^{(k)}=\boldsymbol{x}^{(k)}-\boldsymbol{x}^*$$

于是由(3.2)减去(3.1)式得到误差向量的递推公式

$$\boldsymbol{\varepsilon}^{(k+1)}=B\boldsymbol{\varepsilon}^{(k)}$$

$$(k=0,1,\cdots)$$

于是，$\boldsymbol{\varepsilon}^{(k)}=B\boldsymbol{\varepsilon}^{(k-1)}=B^2\boldsymbol{\varepsilon}^{(k-2)}=\cdots=B^k\boldsymbol{\varepsilon}^{(0)}$

其中　$\boldsymbol{\varepsilon}^{(0)}=\boldsymbol{x}^{(0)}-\boldsymbol{x}^*$ 为初始向量 $\boldsymbol{x}^{(0)}$ 的误差，由此可知

$$\boldsymbol{x}^{(k)}\to\boldsymbol{x}^*\Longleftrightarrow\boldsymbol{\varepsilon}^{(k)}\to 0\Longleftrightarrow B^k\boldsymbol{\varepsilon}^{(0)}\to 0\Longleftrightarrow B^k\to 0\text{ 阵}$$

$$(\forall\ \varepsilon^{(0)},k\to\infty)$$

研究迭代法(3.2)收敛性问题即需要研究迭代矩阵 B 满足什么条件时，则有 $B^k\to 0$ 阵$(k\to\infty)$。

定义 2(矩阵序列的极限)　设有矩阵序列

$$A_k=(a_{ij}^{(k)})\in R^{n\times n}(k=1,2,\cdots)\text{ 及 }A=(a_{ij})\in R^{n\times n}$$

如果 n^2 个数列极限存在，且有

$$\lim_{k\to\infty}a_{ij}^{(k)}=a_{ij}\qquad(i,j=1,2,\cdots,n)$$

则称 $\{A_k\}$ 收敛于 A，记 $\lim\limits_{k\to\infty}A_k=A$。

例 4　设 $A=\begin{pmatrix}\lambda & 1\\ 0 & \lambda\end{pmatrix}$其中 $|\lambda|<1$

且有矩阵序列

$$A^k=\begin{bmatrix}\lambda^k & k\lambda^{k-1}\\ 0 & \lambda^k\end{bmatrix}\qquad (k=1,2,\cdots)$$

显然,当 $|\lambda|<1$ 时,则有

$$A^k\to\begin{pmatrix}0 & 0\\ 0 & 0\end{pmatrix}\quad (k\to\infty)$$

定理 1　$\lim\limits_{k\to\infty}A_k=A\Longleftrightarrow$ 是 $\|A_k-A\|\to 0$(当 $k\to\infty$)

其中 $\|\cdot\|$ 为矩阵的算子范数。

定理 2　$\lim\limits_{k\to\infty}A_k=A\Longleftrightarrow$ 是对任意向量 $\boldsymbol{x}\in R^n$,都有

$$\lim_{k\to\infty}A_k\boldsymbol{x}=A\boldsymbol{x}$$

证明　“$\rightarrow$”是显然的。

现证“$\leftarrow$”,由设对任意取 $\boldsymbol{x}\in R^n$ 都有 $A_k\boldsymbol{x}\to A\boldsymbol{x}(k\to\infty)$,取 $\boldsymbol{x}=\boldsymbol{e}_j(j=1,2,\cdots,n)$,则有

$$\begin{bmatrix}a_{1j}^{(k)}\\ \vdots\\ a_{ij}^{(k)}\\ \vdots\\ a_{nj}^{(k)}\end{bmatrix}=A_k\boldsymbol{e}_j\to A\boldsymbol{e}_j=\begin{bmatrix}a_{1j}\\ \vdots\\ a_{ij}\\ \vdots\\ a_{nj}\end{bmatrix}\quad (当\ k\to\infty)$$

或对 i,j 都有 $a_{ij}^{(k)}\to a_{ij}(k\to\infty)$,即 $A_k\to A(k\to\infty)$。

定理 3　设 $B=(b_{ij})_{n\times n}$,则

$B^k\to 0$ 阵(当 $k\to\infty$)$\Longleftrightarrow$ 是 B 所有特征值满足

$|\lambda_i(B)|<1$　或 B 谱半径 $\rho(B)<1$

$(i=1,2,\cdots,n)$

证明　只就 B 为可对角化矩阵证明(一般情况可利用矩阵 B 的 Jordan 标准型证明),即存在非奇异阵 P 使

$$P^{-1}BP = \begin{bmatrix} \lambda_1 & & & \\ & \lambda_2 & & \\ & & \ddots & \\ & & & \lambda_n \end{bmatrix} = D$$

其中 λ_i 为 B 特征值。

或 $$B = PDP^{-1}$$

$$B^2 = PD^2P^{-1}$$

$$B^k = PD^kP^{-1}$$

其中 $$D^k = \begin{bmatrix} \lambda_1^k & & & \\ & \lambda_2^k & & \\ & & \ddots & \\ & & & \lambda_n^k \end{bmatrix}$$

于是，$B^k \underset{(k-\infty)}{\rightarrow} 0$ 阵 $\Longleftrightarrow$ 是 $D^k \underset{(k-\infty)}{\rightarrow} 0$ 阵 $\Longleftrightarrow$

是 $\underset{(i=1,2,\cdots,n)}{|\lambda_i(B)|} < 1$。

定理 4 （迭代法基本定理）

(1) 设有方程组 $\boldsymbol{x} = B\boldsymbol{x} + \boldsymbol{f}$，其中 $B \in R^{n\times n}$。

(2) 有迭代法 $\boldsymbol{x}^{(k+1)} = B\boldsymbol{x}^{(k)} + \boldsymbol{f}$ $\quad(*)$

对任意选取初始向量 $\boldsymbol{x}^{(0)}$，迭代法 $(*)$ 收敛的充要条件是 B 的所有特征值 $\lambda_i(B)$ 满足 $|\lambda_i(B)| < 1,(i = 1,\cdots,n)$，或 $\rho(B) < 1$。

证明 充分性。设 $|\lambda_i(B)| < 1(i = 1,2,\cdots,n)$。显然，这时 $\boldsymbol{x} = B\boldsymbol{x} + \boldsymbol{f}$ 有唯一解 $\boldsymbol{x}^*$，即 $\boldsymbol{x}^* = B\boldsymbol{x}^* + \boldsymbol{f}$。于是，近似解 $\boldsymbol{x}^{(k)}$ 误差向量有公式

$$\boldsymbol{\varepsilon}^{(k+1)} = B\boldsymbol{\varepsilon}^{(k)} = B^k\boldsymbol{\varepsilon}^{(0)}$$

由设及定理 3，有 $B^k \to 0$ 阵，再用定理 2，对任意取 $\boldsymbol{x}^{(0)}$，则有 $\boldsymbol{\varepsilon}^{(k)} \to 0$，即

$$\lim_{k+\infty}\boldsymbol{x}^{(k)} = \boldsymbol{x}^*$$

必要性。由设对任意取 $x^{(0)} \in R^n$，都有

$$\lim_{k\to\infty} \boldsymbol{x}^{(k)} = \boldsymbol{x}^*$$

且 $$\boldsymbol{x}^* = B\boldsymbol{x}^* + \boldsymbol{f} \tag{3.3}$$

由(＊)式(3.3)得到

$$\boldsymbol{\varepsilon}^{(k)} = B\boldsymbol{\varepsilon}^{(k-1)} = B^k\boldsymbol{\varepsilon}^{(0)}$$

又由设对任意 $\boldsymbol{x}^{(0)}$ 都有

$$0\boldsymbol{\varepsilon}^{(0)} = 0 \leftarrow \boldsymbol{\varepsilon}^{(k)} = B^k\boldsymbol{\varepsilon}^{(0)} \quad (\text{当 } k \to \infty)$$

由定理 2,则有

$$B^k \to 0 \text{ 阵} (k \to \infty)$$

又由定理 3,得到

$$|\lambda_i(B)| < 1 \text{ 或 } \rho(B) < 1$$
$$(i = 1,\cdots,n)$$

迭代法的基本定理在理论上是重要的,它是迭代法收敛性的基本准则,但在实际计算中要验证 $\rho(B)<1$ 是否成立,当 n 较大时是有困难的。下面给出利用 B 范数判别迭代法收敛的充分条件。

定理 5 设有方程组 $\boldsymbol{x} = B\boldsymbol{x} + \boldsymbol{f}$ 及一阶定常迭代法

$$\boldsymbol{x}^{(k+1)} = B\boldsymbol{x}^{(k)} + \boldsymbol{f}$$

如果有 B 某种范数 $\| B \| = q < 1$,则

(1) 迭代法收敛,即

$$\lim_{k\to\infty} \boldsymbol{x}^{(k)} = \boldsymbol{x}^*, \text{且 } \boldsymbol{x}^* = B\boldsymbol{x}^* + \boldsymbol{f}$$

(2) $\| \boldsymbol{x}^* - \boldsymbol{x}^{(k)} \| \leqslant \dfrac{q}{1-q} \| \boldsymbol{x}^{(k)} - \boldsymbol{x}^{(k-1)} \|$

(3) 误差估计 $\| \boldsymbol{x}^* - \boldsymbol{x}^{(k)} \| \leqslant \dfrac{q^k}{1-q} \| \boldsymbol{x}^{(1)} - \boldsymbol{x}^{(0)} \|$

证明

(1) 是显然的,因为对算子范数 $\| B \|$,有

$$\rho(B) \leqslant \| B \| < 1$$

(2) 显然有递推公式

$$\boldsymbol{x}^* - \boldsymbol{x}^{(k+1)} = B(\boldsymbol{x}^* - \boldsymbol{x}^{(k)})$$
$$\boldsymbol{x}^{(k+1)} - \boldsymbol{x}^{(k)} = B(\boldsymbol{x}^{(k)} - \boldsymbol{x}^{(k-1)})$$

于是有不等式

$$(a)\ \|\boldsymbol{x}^* - \boldsymbol{x}^{(k+1)}\| \leqslant q\|\boldsymbol{x}^* - \boldsymbol{x}^{(k)}\|$$

$$(b)\ \|\boldsymbol{x}^{(k+1)} - \boldsymbol{x}^{(k)}\| \leqslant q\|\boldsymbol{x}^{(k)} - \boldsymbol{x}^{(k-1)}\|$$

考查

$$\begin{aligned}\|\boldsymbol{x}^{(k+1)} - \boldsymbol{x}^{(k)}\| &= \|\boldsymbol{x}^* - \boldsymbol{x}^{(k)} - (\boldsymbol{x}^* - \boldsymbol{x}^{(k+1)})\| \\ &\geqslant \|\boldsymbol{x}^* - \boldsymbol{x}^{(k)}\| - \|\boldsymbol{x}^* - \boldsymbol{x}^{(k+1)}\| \\ &\geqslant \|\boldsymbol{x}^* - \boldsymbol{x}^{(k)}\| - q\|\boldsymbol{x}^* - \boldsymbol{x}^{(k)}\|\end{aligned}$$

于是，

$$\begin{aligned}\|\boldsymbol{x}^* - \boldsymbol{x}^{(k)}\| &\leqslant \frac{1}{1-q}\|\boldsymbol{x}^{(k+1)} - \boldsymbol{x}^{(k)}\| \\ &\leqslant \frac{q}{1-q}\|\boldsymbol{x}^{(k)} - \boldsymbol{x}^{(k-1)}\|\end{aligned}$$

反复利用(b)可得(3)。

例 5　考查用 Jacobi 迭代法，G-S 迭代法解例 2 方程组 $A\boldsymbol{x} = \boldsymbol{b}$ 的收敛性。

解　首先将 A 写为：

$$A = \begin{bmatrix} 8 & & \\ & 10 & \\ & & -5 \end{bmatrix} - \begin{bmatrix} 0 & & \\ -2 & 0 & \\ -1 & -1 & 0 \end{bmatrix} - \begin{bmatrix} 0 & 1 & -1 \\ & 0 & 1 \\ & & 0 \end{bmatrix}$$

$$\equiv D - L - U$$

(a) 解 $A\boldsymbol{x} = \boldsymbol{b}$　Jacobi 迭代法迭代矩阵为

$$J = D^{-1}(L+U) = \begin{bmatrix} 0 & \frac{1}{8} & -\frac{1}{8} \\ -\frac{2}{10} & 0 & \frac{1}{10} \\ \frac{1}{5} & \frac{1}{5} & 0 \end{bmatrix}$$

且

$$\|J\|_\infty = \max\{2/8, 3/10, 2/5\} = 2/5 < 1$$

所以用 Jacobi 方法解例 2 方程组收敛。

(b) 解 $A\boldsymbol{x} = \boldsymbol{b}$ 的 G-S 迭代法的迭代矩阵为

$$G=(D-L)^{-1}U=\begin{bmatrix}0 & \frac{1}{8} & -\frac{1}{8}\\ 0 & -\frac{1}{40} & \frac{1}{8}\\ 0 & \frac{1}{50} & -\frac{1}{25}\end{bmatrix}$$

且 $\|G\|_\infty=\max\left\{\frac{1}{4},\frac{6}{40},\frac{3}{50}\right\}=1/4<1$

所以用 G-S 迭代法解例 2 方程组收敛。

(1) 由定理 5 可知当 $\|B\|=q<1$ 愈小,迭代法收敛愈快。

(2) 当 B 的某种范数满足 $\|B\|=q<1$ 时,如果相邻两次迭代 $\|\boldsymbol{x}^{(k)}-\boldsymbol{x}^{(k-1)}\|<\varepsilon$,则误差 $\|\boldsymbol{x}^*-\boldsymbol{x}^{(k)}\|<\frac{q}{1-q}\varepsilon$,当 $q\approx1$ 时,$q/(1-q)$ 较大,尽管 $\|\boldsymbol{x}^{(k)}-\boldsymbol{x}^{(k-1)}\|$ 已很小,但误差 $\|\boldsymbol{x}^*-\boldsymbol{x}^{(k)}\|$ 可能较大,这种情况,迭代法收敛将是缓慢的。

(3) 可利用误差估计式(3) 事先确定需要迭代多少次,才能保证误差 $\|\boldsymbol{x}^*-\boldsymbol{x}^{(k)}\|_\infty<\varepsilon$。

事实上,欲使

$$\|\boldsymbol{x}^*-\boldsymbol{x}^{(k)}\|_\infty\leqslant\frac{q^k}{1-q}\|\boldsymbol{x}^{(1)}-\boldsymbol{x}^{(0)}\|_\infty\leqslant\varepsilon$$

迭代次数应取使

$$k\geqslant\ln\left(\frac{\varepsilon(1-q)}{\|\boldsymbol{x}^{(1)}-\boldsymbol{x}^{(0)}\|_\infty}\right)/\ln q$$

成立的最小正整数。

3.2 关于解特殊线性方程组迭代法的收敛性

在实际应用中,要解 $A\boldsymbol{x}=\boldsymbol{b}$,矩阵 A 且有某些特殊性质,例如 A 为对角占优阵,A 为不可约阵,A 为对称正定矩阵等。下面来研究用 Jacobi 迭代性,G-S 迭代性,SOR 迭代法解这些方程组的收敛性。

定义 3 (对角占优阵) 设 $A=(a_{ij})$ 是 $n\times n$ 矩阵。

(1) 如果 A 元素满足

$$|a_{ii}| > \sum_{\substack{j=1\\j\neq i}}^{n} |a_{ij}| \quad (i = 1,2,\cdots,n)$$

则称 A 为严格对角占优阵(或强占优阵)。

(2) 如果 A 元素满足

$$|a_{ii}| \geqslant \sum_{\substack{j=1\\j\neq i}}^{n} |a_{ij}| \quad (i = 1,2,\cdots,n)$$

且上式至少有一个不等式是严格成立,则称 A 为弱对角占优阵。

定义 4 (可约与不可约阵) 设 $A = (a_{ij})$ 为 $n \times n$ 矩阵,$n \geqslant 2$,如果存在 n 阶置换矩阵 P,使

$$P^TAP = \begin{pmatrix} A_{11} & A_{12} \\ 0 & A_{22} \end{pmatrix} \tag{3.4}$$

其中 A_{11} 为 r 阶方阵,A_{22} 为 $n-r$ 阶方阵($1 \leqslant r < n$),则称 A 为可约矩阵,否则,如果不存在这样的置换阵 P 使(3.4)式成立,则称 A 为不可约矩阵。

矩阵 A 为可约的意思即对 A 施行若干次行列重排(即对 A 在交换两行的同时,交换 A 相应的两列元素称为对 A 施行一次行列重排)能化为(3.4)式。

A 为可约阵还意味着,求解 $A\boldsymbol{x} = \boldsymbol{b}$ 可化为两个独立的低阶方程组求解。事实上

求解 $A\boldsymbol{x} = \boldsymbol{b} \Longleftrightarrow$ 求解 $P^TAP(P^T\boldsymbol{x}) = P^T\boldsymbol{b}$

记 $P^T\boldsymbol{x} = \boldsymbol{y} \overset{\text{分块}}{=} \begin{pmatrix} \boldsymbol{y}_1 \\ \boldsymbol{y}_2 \end{pmatrix}$,$P^T\boldsymbol{b} = \begin{pmatrix} \boldsymbol{d}_1 \\ \boldsymbol{d}_2 \end{pmatrix}$,其中 $\boldsymbol{y}_1, \boldsymbol{d}_1 \in R^r$

即 $$\begin{bmatrix} A_{11} & A_{12} \\ 0 & A_{22} \end{bmatrix} \begin{pmatrix} \boldsymbol{y}_1 \\ \boldsymbol{y}_2 \end{pmatrix} = \begin{pmatrix} \boldsymbol{d}_1 \\ \boldsymbol{d}_2 \end{pmatrix}$$

或求解 $$\begin{cases} A_{11}\boldsymbol{y}_1 + A_{12}\boldsymbol{y}_2 = \boldsymbol{d}_1 \\ \qquad\qquad A_{22}\boldsymbol{y}_2 = \boldsymbol{d}_2 \end{cases}$$

由上式第 2 个方程求 $\boldsymbol{y}_2$,再代入第 1 个方程组求 $\boldsymbol{y}_1$。如果 A 所有元素都非零,则 A 为不可约阵。

例 6 设

$$A=\begin{bmatrix}4 & -1 & -1 & 0\\ -1 & 4 & 0 & -1\\ -1 & 0 & 4 & -1\\ 0 & -1 & -1 & 4\end{bmatrix}$$

（由例 1 用差分法解 Poisson 方程得到）

显然 A 为不可约阵。

例 7　设

$$A=\begin{bmatrix}5 & 1 & 2 & 3\\ 0 & 2 & 0 & 4\\ 3 & -1 & 2 & -1\\ 0 & 3 & 0 & 7\end{bmatrix}$$

则 A 为可约阵。

解

$$A\xrightarrow[R_2\to R_3]{}\begin{bmatrix}5 & 1 & 2 & 3\\ 3 & -1 & 2 & -1\\ 0 & 2 & 0 & 4\\ 0 & 3 & 0 & 7\end{bmatrix}\xrightarrow[c_2\leftarrow\rightarrow c_3]{}$$

$$\left[\begin{array}{cc:cc}5 & 2 & 1 & 3\\ 3 & 2 & -1 & -1\\ \hdashline 0 & 0 & 2 & 4\\ 0 & 0 & 3 & 7\end{array}\right]=I_{23}AI_{23}$$

所以 A 为可约阵。

定理 6　（对角占优定理）设 A 为 n 阶严格对角占优阵，或 A 为弱对角占优矩阵且为不可约阵，则 A 为非奇异矩阵。

证明　只证明第 1 部分结果。设 A 为严格对角占优阵，用反证法。若 $\det(A)=0$，于是齐次方程组 $A\boldsymbol{x}=0$ 有非零解，记为

$$\boldsymbol{x}=\begin{pmatrix}x_1\\ \vdots\\ x_n\end{pmatrix}\neq 0$$

且记$\max\limits_{1\leqslant i\leqslant n}|x_i| = |x_k| \neq 0$。

考查第 k 个方程

$$a_{kk}x_k = -\sum_{\substack{j=1\\ j\neq k}}^{n} a_{kj}x_j$$

$$|a_{kk}||x_k| \leqslant \sum_{j\neq k}|a_{kj}||x_j|$$

$$\leqslant |x_k|\sum_{j\neq k}|a_{kj}|$$

即 $$|a_{kk}| \leqslant \sum_{j\neq k}|a_{kj}|$$

这与假设 A 为严格对角占优矛盾,故

$$\det(A) \neq 0$$

定理 7 设 $A\boldsymbol{x} = \boldsymbol{b}$,其中 $A \in R^{n\times n}$。

(1) 如果 A 为严格对角占优阵,则解 $A\boldsymbol{x} = \boldsymbol{b}$ Jacobi 迭代法,G-S 迭代法均收敛。

(2) 如果 A 为弱对角占优且为不可约阵,则解 $A\boldsymbol{x} = \boldsymbol{b}$ Jacobi 迭代法,G-S 迭代法均收敛。

证明 只就(2)中 G-S 迭代法收敛给出证明,其他可作习题。解 $A\boldsymbol{x} = \boldsymbol{b}$ 的 G-S 迭代法的迭代阵为

$$G = (D-L)^{-1}U \qquad (A = D - L - U)$$

考查 G 特征值,即考查 G 特征方程的根

$$\det(\lambda I - G) = \det(\lambda I - (D-L)^{-1}U)$$

$$= \det(D-L)^{-1}\cdot\det(\lambda(D-L)-U) = 0$$

由设 $a_{ii} \neq 0(i = 1,2,\cdots,n)$,于是 $\det((D-L)^{-1}) \neq 0$ 且 G 特征值即为

$$\det(\lambda(D-L)-U) = 0$$

之根,记

$$C \equiv \lambda(D-L)-U$$

若能证明,当 $|\lambda| \geqslant 1$ 时,则 $\det(C) \neq 0$,于是 G 特征值均满足 $|\lambda| < 1$,即解 $A\boldsymbol{x} = \boldsymbol{b}$,G-S 迭代法收敛。事实上,

$$C=\begin{bmatrix}\lambda a_{11} & a_{12} & \cdots & a_{1n}\\ \lambda a_{21} & \lambda a_{22} & \cdots & a_{22}\\ \vdots & & \ddots & \\ \lambda a_{n1} & \cdots & & \lambda a_{nn}\end{bmatrix}$$

当 $|\lambda| \geqslant 1$ 时，则

$$|c_{ii}| = |\lambda a_{ii}| \geqslant |\lambda| \left(\sum_{j=1}^{i-1} |a_{ij}| + \sum_{j=i+1}^{n} |a_{ij}| \right)$$

$$\geqslant \sum_{j=1}^{i-1} |\lambda a_{ij}| + \sum_{j=i+1}^{n} |a_{ij}| = \sum_{\substack{j=1\\ j\neq i}}^{n} |c_{ij}|$$

$(i = 1,\cdots,n)$（且至少有一不等式严格成立）

所以当 $|\lambda| \geqslant 1$ 时，矩阵 C 为弱对角占优阵且为不可约阵。由对角占优定理 6 有

$$\det(C) \neq 0$$

故解 $Ax = b$ G-S 迭代法收敛。

定理 8 （SOR 方法收敛的必要条件）

设解 $\boldsymbol{Ax} = \boldsymbol{b}, A \in R^{n\times n}$ SOR 方法收敛，则 $0 < \omega < 2$。

证明 解 $\boldsymbol{Ax} = \boldsymbol{b}$ SOR 方法迭代阵为

$$L_\omega = (D - \omega L)^{-1}((1-\omega)D + \omega U)$$

由设有 $\rho(L_\omega) < 1$，于是

$$|\det(L_\omega)| = |\lambda_1\lambda_2\cdots\lambda_n| \leqslant (\rho(L_\omega))^n$$

即
$$|\det(L_\omega)|^{1/n} \leqslant \rho(L_\omega) < 1 \tag{3.5}$$

其中 $\lambda_i(i = 1,2,\cdots,n)$ 为 L_ω 特征值。

显然有

$$\det(L_\omega) = \det((D-\omega L)^{-1})\det((1-\omega)D + \omega U) = (1-\omega)^n$$

代入(3.5)式得到

$$|(1-\omega)^n|^{1/n} = |1-\omega| < 1$$

即
$$0 < \omega < 2$$

推论 当 $|1-\omega| \geqslant 1$ 时，则解 $\boldsymbol{Ax} = \boldsymbol{b}$ SOR 方法不收敛。

定理 9

(1) 设 $A\boldsymbol{x} = \boldsymbol{b}$,其中 $A \in R^{n\times n}$ 对称正定阵,$A = D - L - U$。

(2) $0 < \omega < 2, U^T = L$,则解 $A\boldsymbol{x} = \boldsymbol{b}$ SOR 方法收敛。

证明 SOR 方法迭代阵为

$$L_\omega = (D - \omega L)^{-1}((1-\omega)D + \omega U)$$

设 λ 为 L_ω 任一特征值,即存在非零向量

$\boldsymbol{u} = [u_1, u_2, \cdots, u_n]^T \neq 0$

使 $\quad L_\omega \boldsymbol{u} = \lambda \boldsymbol{u}$,求证 $|\lambda| < 1$

或 $\quad (D - \omega L)^{-1}((1-\omega)D + \omega U)\boldsymbol{u} = \lambda \boldsymbol{u}$

即 $\quad ((1-\omega)D + \omega U)\boldsymbol{u} = \lambda(D - \omega L)\boldsymbol{u} \qquad (3.6)$

(3.6) 式两边与 $\boldsymbol{u}$ 作内积

$$(((1-\omega)D + \omega U)\boldsymbol{u}, \boldsymbol{u}) = \lambda((D - \omega L)\boldsymbol{u}, \boldsymbol{u})$$

$$\therefore \lambda = \frac{(D\boldsymbol{u},\boldsymbol{u}) - \omega(D\boldsymbol{u},\boldsymbol{u}) + \omega(L^T\boldsymbol{u},\boldsymbol{u})}{(D\boldsymbol{u},\boldsymbol{u}) - \omega(L\boldsymbol{u},\boldsymbol{u})}$$

(1) 显然 $(D\boldsymbol{u},\boldsymbol{u}) = \sum_{i=1}^{n} a_{ii}|u_i|^2 \equiv \sigma > 0$。

(2) λ 可能是复特征值,$\boldsymbol{u}$ 可能是复向量,记 $-(L\boldsymbol{u},\boldsymbol{u}) = \alpha + i\beta$,其中 α,β 为实数。于是

$$-(L^T\boldsymbol{u},\boldsymbol{u}) = -(\boldsymbol{u}, L\boldsymbol{u}) = -\overline{(L\boldsymbol{u},\boldsymbol{u})} = \alpha - i\beta$$

(3) 由设有

$$0 < (A\boldsymbol{u},\boldsymbol{u}) = (D\boldsymbol{u},\boldsymbol{u}) - (L\boldsymbol{u},\boldsymbol{u}) - (L^T\boldsymbol{u},\boldsymbol{u})$$
$$= \sigma + 2\alpha$$

$$\therefore \quad \lambda = \frac{\sigma - \omega\sigma + \omega(-\alpha + i\beta)}{\sigma + \omega\alpha + i\beta\omega}$$
$$= \frac{(\sigma - \omega\sigma - \alpha\omega) + i\omega\beta}{(\sigma + \alpha\omega) + i\beta\omega}$$

于是 $\quad |\lambda|^2 = \dfrac{(\sigma - \omega\sigma + \alpha\omega)^2 + \beta^2\omega^2}{(\omega + \alpha\omega)^2 + \beta^2\omega^2}$

考查,分子 − 分母 $= (\sigma - \omega\sigma - \alpha\omega)^2 - (\sigma + \alpha\omega)^2$

$$= -\sigma(2-\omega)\omega(\sigma + 2\alpha) < 0$$

(由设 $0 < \omega < 2$,且 $\sigma > 0, \sigma + 2\alpha > 0$)

所以 $\quad |\lambda|^2 < 1$，或 $|\lambda| < 1$

即解 $A\boldsymbol{x} = \boldsymbol{b}$ SOR 方法收敛。

推论 设 $A\boldsymbol{x}=\boldsymbol{b}$，$A$ 为对称正定，则解 $A\boldsymbol{x}=\boldsymbol{b}$ G-S 迭代法收敛。

定理 10 设 $A\boldsymbol{x} = \boldsymbol{b}$，其中 $\in R^{n\times n}$。

(1) 设 A 为强对角占优阵(或 A 为弱占优阵且 A 为不可约阵)。

(2) $0 < \omega \leqslant 1$，则解 $A\boldsymbol{x} = \boldsymbol{b}$ 的 SOR 方法收敛。

3.3* 迭代法收敛速度

对于解方程组的迭代法，我们不仅要研究它的收敛性，还要研究迭代法收敛的速度(即收敛的快慢)。

(1) 设有方程组

$$\boldsymbol{x} = B\boldsymbol{x} + \boldsymbol{f}$$

及迭代法 $\boldsymbol{x}^{(k+1)} = B\boldsymbol{x}^{(k)} + \boldsymbol{f}$，且设迭代法收敛。

设迭代矩阵 B 为对称阵，记 $\boldsymbol{x}^*$ 为方程组的精确解，即

$$\boldsymbol{x}^* = B\boldsymbol{x}^* + \boldsymbol{f}$$

引进误差向量

$$\boldsymbol{\varepsilon}^{(k)} = \boldsymbol{x}^{(k)} - \boldsymbol{x}^*$$

于是有

$$\boldsymbol{\varepsilon}^{(k)} = B^k\boldsymbol{\varepsilon}^{(0)}$$

$$\begin{aligned}\|\boldsymbol{\varepsilon}^{(k)}\|_2 &\leqslant \|B^k\|_2\|\boldsymbol{\varepsilon}^{(0)}\|_2 \\ &\leqslant \|B\|_2^k\|\boldsymbol{\varepsilon}^{(0)}\|_2\end{aligned}$$

或 $$\|\boldsymbol{\varepsilon}^{(k)}\|_2 \leqslant (\rho(B))^k\|\boldsymbol{\varepsilon}^{(0)}\|_2$$

由上式看出，当迭代阵 B 的谱半径 $\rho(B) < 1$ 愈小，则迭代法收敛愈快，即 $\rho(B)$ 大小决定了此迭代法的收敛快慢。

下面来确定欲使初始误差缩小 10^{-s} 所需迭代次数，即欲使

$$(\rho(B))^k \leqslant 10^{-s}$$

两边取对数得到：

$$k \geqslant \frac{s\ln 10}{-\ln\rho(B)}$$

所需迭代次数为上式成立的最小正整数，而且所需迭代次数与 $-\ln\rho(B)$ 成反比。因此，可用 $-\ln\rho(B)$ 来刻画迭代法的收敛快慢，称 $R(B)=-\ln\rho(B)$ 为迭代法的收敛速度。

(2) 设有方程组 $\boldsymbol{x}=B\boldsymbol{x}+\boldsymbol{f}$ 及迭代法 $\boldsymbol{x}^{(k+1)}=B\boldsymbol{x}^{(k)}+\boldsymbol{f}$。其中 B 为一般矩阵，且设迭代法收敛。于是，误差向量

$$\boldsymbol{\varepsilon}^{(k)}=B^k\boldsymbol{\varepsilon}^{(0)}$$

$$\|\boldsymbol{\varepsilon}^{(k)}\|_\infty\leqslant\|B^k\|_\infty\|\boldsymbol{\varepsilon}^{(0)}\|_\infty$$

欲使 $\|B^k\|_\infty=(\|B^k\|_\infty{}^{1/k})^k<10^{-s}$

两边取对数，则有

$$k\geqslant\frac{s\ln 10}{-\ln\|B^k\|_\infty{}^{1/k}}\equiv P$$

由上式知 P 与 $-\ln\|B^k\|_\infty{}^{1/k}$ 量成反比。

定义 5 设迭代法 $\boldsymbol{x}^{(k+1)}=B\boldsymbol{x}^{(k)}+f$ 收敛。

(1) 称 $R_k(B)=-\dfrac{\ln\|B^k\|_\infty}{k}$ 为迭代法 k 步迭代的平均收敛速度（与 k 及范数有关）。如果 $R_k(B_1)<R_k(B_2)$，称对 k 步迭代，B_2 在迭代上快于 B_1。

(2) 由于有

$$\lim_{k\to\infty}\|B^k\|_\infty{}^{1/k}=\rho(B)$$

称 $R_\infty(B)=\lim\limits_{k\to\infty}R_k(B)=-\ln\rho(B)$ 为迭代法的渐近收敛速度。

对于 SOR 方法确定最佳松弛因子问题，在理论上就是要确定 ω_{opt} 使

$$\min_{0<\omega<2}\rho(L_\omega)=\rho(L_{\omega_{opt}})$$

其中 $\rho(L_\omega)$ 为 SOR 迭代法迭代阵 L_ω 的谱半径。

最佳松弛因子理论由 Young(1950)，Varga(1962) 等研究并对于一类具有相容次序的矩阵方程组 $A\boldsymbol{x}=\boldsymbol{b}$ 给出最佳松弛因子公式

$$\omega_{opt}=\frac{2}{1+\sqrt{1-\rho^2(J)}}$$

其中 $\rho(J)$ 为解 $A\boldsymbol{x}=\boldsymbol{b}$ Jacobi 迭代法的迭代阵的谱半径。

在实际应用中，只是对于某些椭圆型偏微分方程（模型问题）可以给出 ω_{opt} 的计算，在一般情况要精确计算 $\rho(J)$ 是有困难的，可通过试算来确定近似的 ω_{opt}。

SOR 方法是解由椭圆型微分方程等所产生的大型稀疏线性方程组的一个重要方法，选择较佳的松弛因子，可以加速迭代过程的收敛。

算法1 （SOR 迭代法）设有 $A\boldsymbol{x}=\boldsymbol{b}$，其中 $A\in R^{n\times n}$ 为对称正定阵，或 A 为严格对角占优阵或 A 为弱对角占优且不可约阵等。本算法用 SOR 方法求解 $A\boldsymbol{x}=\boldsymbol{b}$，数组 $x(n)$，开始存放 $x^{(0)}$，后存放近似解 $\boldsymbol{x}^{(k)}$，用 $|P_0|=\max\limits_{1\leqslant i\leqslant n}|\Delta x_i|<eps$ 控制迭代终止。N_0 表示最大迭代次数。

(1) $k\leftarrow 0$

(2) $x(i)\leftarrow 0.0,(i=1,\cdots,n)$

(3) $k\leftarrow k+1$

(4) $P_0\leftarrow 0.0$

(5) 对于 $i=1,2,\cdots,n$

　1) $P\leftarrow\Delta x_i=\omega(b_i-\sum\limits_{j=1}^{i-1}a_{ij}x(j)-\sum\limits_{j=i}^{n}a_{ij}x(j))/a_{ii}$

　2) 如果 $|P|>|P_0|$ 则 $P_0\leftarrow P$

　3) $x(i)\leftarrow x(i)+P$

(6) 输出 P_0。

(7) 如果 $|P_0|<eps$ 则输出 k,ω,x，停机。

(8) 如果 $k<N_0$ 则转(3)。

(9) 输出："Maximum number of iteration exceeded"。

[注]：亦可用 $\|r^{(k)}\|_\infty<eps$ 控制迭代终止。

例如用差分法求解

$$\begin{cases}\dfrac{\partial^2 u}{\partial x^2}+\dfrac{\partial^2 u}{\partial y^2}=G(x,y),(xy)\in R\text{ 内点}\\ u|_r=g(x,y)\end{cases}$$

其中 R 为下述正方形，记 $u(x,y)$ 为 Poisson 方程的未知解，记 $u_{ij} \approx u(x_i,x_j)$，$x_i = ih$，$y_j = jh$，取 $h = 1/(N+1)$ 如图 6-2。

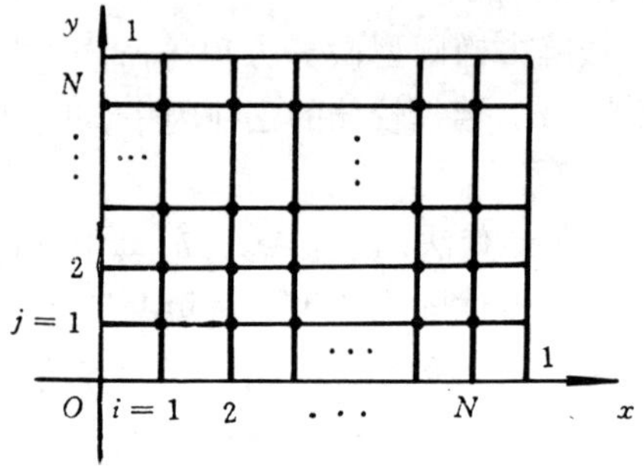

图 6-2

现设当 $i = 0, N+1$ 或 $j = 0, N+1$ 时，有 $u(i,j) = 0$。

由微分方程离散化，得到代数方程组 $A\boldsymbol{u} = \boldsymbol{f}$：

$$\begin{cases} 4u_{ij} - u_{i+1,j} - u_{i-1,j} - u_{i,j+1} - u_{i,j-1} = -h^2 G_{ij} \\ (i = 1,2,\cdots,N; j = 1,2,\cdots,N) \end{cases}$$

记近似解及常数项为：

$$\boldsymbol{u}_j = \begin{bmatrix} u(1,j) \\ u(2,j) \\ \vdots \\ u(N,j) \end{bmatrix}, \qquad \boldsymbol{f}_j = \begin{bmatrix} f(1,j) \\ f(2,j) \\ \vdots \\ f(N,j) \end{bmatrix},$$

$(j = 1,2,\cdots,N)$ $\qquad$ $(j = 1,2,\cdots,N)$

于是，用 SOR 方法解 $A\boldsymbol{u} = \boldsymbol{f}$ 计算为：

$u(i,j) \leftarrow 0.0, (i = 0,1,\cdots,N+1; j = 0,1,\cdots,N+1)$

对于 $j = 1,2,\cdots,N$

对于 $i = 1,2,\cdots,N$

$$u(i,j) \leftarrow u(i,j) + \omega(f(i,j) + u(i-1,j) + u(i+1,j) + u(i,j+1) + u(i,j-1) - 4u(i,j))/4$$

注意：在这个问题中，不用存贮矩阵 A。

3.4 分块迭代法

矩阵 A 的另外分裂，在一些情况下，可能产生快速收敛的迭代。例如，三对角线或块三对角线方程组是容易求解的，因此，可考虑选择分裂阵为这种分块矩阵。设

$$Ax = \boldsymbol{b}$$

其中 A 为大型稀疏矩阵，$A \in R^{n\times n}$ 为非奇异矩阵。将 A 分块且分为三部分：

$$A = \begin{bmatrix} A_{11} & A_{12} & \cdots & A_{1q} \\ A_{21} & A_{22} & \cdots & A_{2q} \\ \vdots & & \ddots & \\ A_{q1} & A_{q2} & \cdots & A_{qq} \end{bmatrix} = \begin{bmatrix} A_{11} & & & \\ & A_{22} & & \\ & & \ddots & \\ & & & A_{qq} \end{bmatrix}$$

$$- \begin{bmatrix} 0 & & & \\ -A_{21} & 0 & & \\ \vdots & & \ddots & \\ -A_{q1} & -A_{q1} & \cdots & 0 \end{bmatrix} - \begin{bmatrix} 0 & -A_{12} & \cdots & -A_{1q} \\ & 0 & \cdots & -A_{2q} \\ & & \ddots & \vdots \\ & & & 0 \end{bmatrix}$$

$$\equiv D - L - U \tag{3.7}$$

其中 $A_{ii}(i = 1,2,\cdots,q)$ 为 $n_i \times n_i$ 方阵，

$$\sum_{i=1}^{q} n_i = N$$

同样，对 $\boldsymbol{x},\boldsymbol{b}$ 分块

$$\boldsymbol{x} = \begin{pmatrix} \boldsymbol{x}_1 \\ \boldsymbol{x}_2 \\ \vdots \\ \boldsymbol{x}_q \end{pmatrix}, \boldsymbol{b} = \begin{bmatrix} \boldsymbol{B}_1 \\ \boldsymbol{B}_2 \\ \vdots \\ \boldsymbol{B}_q \end{bmatrix}, \boldsymbol{x}_i \in R^{n_i}, \boldsymbol{B}_i \in R^{n_i}$$

且设 $A_{ii}(i = 1,2,\cdots,q)$ 为非奇异矩阵。

(1) 块 Jacobi 迭代法(BJ)

选取分裂阵

$$M = D(\text{块对角阵})$$

$$A = M - N$$

块 Jacobi 迭代法：

$$\begin{cases} \boldsymbol{x}^{(k+1)} = B\boldsymbol{x}^{(k)} + \boldsymbol{f} \\ \text{其中迭代阵 } B = I - D^{-1}A = D^{-1}(L+U) \\ \quad \boldsymbol{f} = D^{-1}\boldsymbol{b} \end{cases}$$

记 $\boldsymbol{x}^{(k)} = (\boldsymbol{x}_1^{(k)}, \boldsymbol{x}_2^{(k)}, \cdots, \boldsymbol{x}_q^{(k)})^T$

其中 $\boldsymbol{x}_i^{(k)} \in R^{n_i}$。

于是块 Jacobi 迭代法计算公式：

$$\begin{cases} A_{ii}\boldsymbol{x}_i^{(k+1)} = \boldsymbol{B}_i - \sum\limits_{\substack{j=1 \\ j\neq i}}^{q} A_{ij}\boldsymbol{x}_j^{(k)} \\ \quad (i = 1,2,\cdots,q) \end{cases}$$

于是，块 Jacobi 迭代法每迭代一步，即 $\boldsymbol{x}^{(k)} \to$ 计算 $\boldsymbol{x}^{(k+1)}$ 需要求解 q 个低阶方程组：

$$\begin{cases} A_{ii}\boldsymbol{x}_i^{(k+1)} = \boldsymbol{g}_i (\text{已知}) \\ \quad (i = 1,2,\cdots,q) \end{cases}$$

当 A_{ii} 为三对角阵或带状阵时，可用直接法求解。

(2) 块 SOR 方法(BSOR)

选取分裂阵

$$M = \frac{1}{\omega}(D - \omega L) (\text{分块下三角阵}), \omega > 0$$

$$A = M - N$$

从而得到块 SOR 迭代法

$$\boldsymbol{x}^{(k+1)} = L_\omega \boldsymbol{x}^{(k)} + \boldsymbol{f}$$

其中迭代矩阵

$$L_\omega = I - \omega(D - \omega L)^{-1}A$$
$$= (D - \omega L)^{-1}((1-\omega)D + \omega U)$$
$$\boldsymbol{f} = \omega(D - \omega L)^{-1}\boldsymbol{b}$$

记 $\boldsymbol{x}^{(k)} = (\boldsymbol{x}_1^{(k)}, \boldsymbol{x}_2^{(k)}, \cdots, \boldsymbol{x}_q^{(k)})^T, \boldsymbol{x}_i^{(k)} \in R^{n_i}$

$\boldsymbol{b} = (\boldsymbol{B}_1 \boldsymbol{B}_2, \cdots, \boldsymbol{B}_q)^T, \boldsymbol{B}_i \in R^{n_i}$

于是，块 SOR 迭代法(BSOR)计算公式

$$\begin{cases} A_{ii}\boldsymbol{x}_i^{(k+1)} = A_{ii}\boldsymbol{x}_i^{(k)} + \omega(\boldsymbol{B}_i - \sum_{j=1}^{i-1} A_{ij}\boldsymbol{x}_j^{(k+1)} - \sum_{j=i}^{q} A_{ij}\boldsymbol{x}_j^{(k)}) \\ (i = 1,2,\cdots,q), \omega \text{ 为松弛因子} \end{cases} \tag{3.8}$$

每迭代一步，即 $\boldsymbol{x}^{(k)} \to$ 计算 $\boldsymbol{x}^{(k+1)}$ 需要求解 q 个低阶方程组(每计算小块 $x_i^{(k+1)}$ 需要求解低阶方程组)：

$$\begin{cases} A_{ii}\boldsymbol{x}_i^{(k+1)} = \boldsymbol{g}_i(\text{已知}) \\ (i = 1,2,\cdots,q) \end{cases} \tag{3.9}$$

当 A_{ii} 为三对角阵或为带状阵时，(3.8)可用追赶法或用解带状阵方程组的分解法求解。

定理 11 (BSOR 迭代法)设 $A\boldsymbol{x} = \boldsymbol{b}$，$A \in R^{N\times N}$，且 $A = D - L - U$ 为分块形式((3.7))。

(1) 设 A 为对称正定阵。

(2) $0 < \omega < 2$，则解 $A\boldsymbol{x} = \boldsymbol{b}$，BSOR 迭代法收敛。

例 8 (线松弛) 用差分法求解

$$\begin{cases} \dfrac{\partial^2 u}{\partial x^2} + \dfrac{\partial^2 u}{\partial y^2} = -1 \qquad (x,y) \in R \\ u|_\Gamma = 0 \end{cases} \tag{3.10}$$

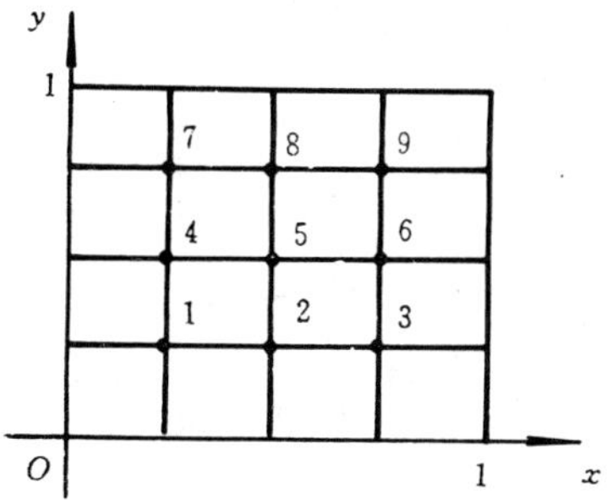

图 6-3

R：$0 < x < 1$，$0 < y < 1$，Γ 为 R 边界。取 $h = 1/4$，且网格点编号如下(即未知解编号)，记 $u(x,y)$ 为(3.10)解，如图 6-3：

$$x_i = ih, y_j = jh$$

$$u_{ij} \approx u(x_i, y_j)$$

$$\boldsymbol{u} = [\boldsymbol{u}_1, \boldsymbol{u}_2, \boldsymbol{u}_3]^T$$

其中，$\boldsymbol{u}_1 = \begin{bmatrix} u_{11} \\ u_{21} \\ u_{31} \end{bmatrix}, \boldsymbol{u}_2 = \begin{bmatrix} u_{12} \\ u_{22} \\ u_{32} \end{bmatrix}, \boldsymbol{u}_3 = \begin{bmatrix} u_{13} \\ u_{23} \\ u_{33} \end{bmatrix}$

在内点(x_i, y_j)微分方程离散化得到代数方程（用 5 点格式）

$$\begin{cases} 4u_{ij} - u_{i-1,j} - u_{i+1,j} - u_{i,j+1} - u_{i,j-1} = -h^2 G_{ij} \\ \qquad (x_i, y_j) \in R \end{cases}$$

或 $$A\boldsymbol{u} = \boldsymbol{f}$$

其中

$$A = \begin{array}{c} \\ 1 \\ 2 \\ 3 \\ 4 \\ 5 \\ 6 \\ 7 \\ 8 \\ 9 \end{array} \begin{array}{c} \begin{array}{ccc:ccc:ccc} 1 & 2 & 3 & 4 & 5 & 6 & 7 & 8 & 9 \end{array} \\ \left[\begin{array}{ccc:ccc:ccc} 4 & -1 & & -1 & & & & & \\ -1 & 4 & -1 & & -1 & & & & \\ & -1 & 4 & & & -1 & & & \\ \hdashline -1 & & & 4 & -1 & & -1 & & \\ & -1 & & -1 & 4 & -1 & & -1 & \\ & & -1 & & -1 & 4 & & & -1 \\ \hdashline & & & -1 & & & 4 & -1 & \\ & & & & -1 & & -1 & 4 & -1 \\ & & & & & -1 & & -1 & 4 \end{array}\right] \end{array}$$

$$\xlongequal{\text{分块}} \begin{bmatrix} A_{11} & A_{12} & 0 \\ A_{21} & A_{22} & A_{23} \\ 0 & A_{32} & A_{33} \end{bmatrix}$$

其中 A_{ii} 为三对角阵，$\boldsymbol{f} = [\boldsymbol{f}_1, \boldsymbol{f}_2, \boldsymbol{f}_3]^T$。

分块 SOR 迭代公式：由

$$\boldsymbol{u}^{(k)} = (\boldsymbol{u}_1^{(k)}, \boldsymbol{u}_2^{(k)}, \boldsymbol{u}_3^{(k)})^T$$

$$\begin{cases} A_{11}\boldsymbol{u}_1^{(k+1)} = A_{11}\boldsymbol{u}_1^{(k)} + \omega(\boldsymbol{f}_1 - A_{11}\boldsymbol{u}_1^{(k)} - A_{12}\boldsymbol{u}_2^{(k)}) \\ A_{22}\boldsymbol{u}_2^{(k+1)} = A_{22}\boldsymbol{u}_2^{(k)} + \omega(\boldsymbol{f}_2 - A_{21}\boldsymbol{u}_1^{(k+1)} - A_{22}\boldsymbol{u}_2^{(k)} - A_{23}\boldsymbol{u}_3^{(k)}) \\ A_{33}\boldsymbol{u}_3^{(k+1)} = A_{33}\boldsymbol{u}_3^{(k)} + \omega(\boldsymbol{f}_3 - A_{32}\boldsymbol{u}_2^{(k+1)} - A_{33}\boldsymbol{u}_3^{(k)}) \end{cases}$$

$(k = 0,1,2,\cdots)$

其中 $A_{ii}(i = 1,2,3)$ 为对称正定的三对角阵。每求 $\boldsymbol{u}^{(k+1)}$ 的小块 $\boldsymbol{u}_i^{(k+1)}(i = 1,2,3)$ 需要求解方程组

$$A_{ii}\boldsymbol{u}_i^{(k+1)} = \boldsymbol{g}_i,(i = 1,2,3)$$

可用追赶法快速求解,且 $\boldsymbol{u}_i^{(k+1)}$ 即为第 i 条线格网点上近似解。对这种模型问题,可以说明块 SOR 方法(线松弛)比点 SOR 方法有较高的收敛速度。

使块迭代法切实可行的基本前提是方程组(3.9)容易求解。

§4* 梯度法

很多数学物理问题都归结为求函数的极值问题。本节说明求解 $A\boldsymbol{x} = \boldsymbol{b}$(其中 $A \in R^{n\times n}$ 为对称正定阵)问题等价于求二次函数

$$f(x_1,x_2,\cdots,x_n) = \frac{1}{2}\sum_{i=1}^{n}\sum_{j=1}^{n}a_{ij}x_ix_j - \sum_{j=1}^{n}b_jx_j$$

的极值问题,即

求解 $\boldsymbol{x}^*, A\boldsymbol{x} = \boldsymbol{b} \Longleftrightarrow$ 求 $\boldsymbol{x}^* \in R^n$ 使 $\min\limits_{x\in R^n} f(\boldsymbol{x}) = f(\boldsymbol{x}^*)$

本节介绍(1)最速下降法,(2)共轭梯度法(CG),它是1952年由 Hestenes 和 Stiefel 提出。CG 方法是一个迭代法,同时又是一个直接法,当不计舍入误差时,最多 n 步迭代收敛于线性方程组的精确解。尤其是近十多年发展的共轭梯度加速法得到了广泛的应用。

共轭梯度法是解大型稀疏方程组 $A\boldsymbol{x} = \boldsymbol{b}$($A$ 为对称正定阵)的有效方法。

共轭梯度法还可以直接推广求解非线性方程组和求函数极小值问题。

4.1 等价性定理

设 $A\boldsymbol{x}=\boldsymbol{b}$，其中 $A\in R^{n\times n}$ 为对称正定阵。相应有二次函数

$$f(\boldsymbol{x})=\frac{1}{2}(A\boldsymbol{x},\boldsymbol{x})-(\boldsymbol{b},\boldsymbol{x}) \tag{4.1}$$

其中，$A=(a_{ij})$，$\boldsymbol{x}=(x_1,\cdots,x_n)^T$，$\boldsymbol{b}=(b_1,\cdots,b_n)^T$。

(1) 设 $\boldsymbol{x},\boldsymbol{y}\in R^{n\times n}$，$t$ 为实数，则

$$f(\boldsymbol{x}+t\boldsymbol{y})=\frac{1}{2}t^2(A\boldsymbol{y},\boldsymbol{y})-t(\boldsymbol{b}-A\boldsymbol{x},\boldsymbol{y})+f(\boldsymbol{x}) \tag{4.2}$$

(2) 设 $f(\boldsymbol{x})=C$（其中 $C>f(\boldsymbol{x}^*)$，$A\boldsymbol{x}^*=\boldsymbol{b}$，$C$ 为任意常数），则 $f(\boldsymbol{x})=C$ 为 R^n 中椭球面，且 $\boldsymbol{x}^*$ 为 $f(\boldsymbol{x})=C$ 的中心（若 $f(\boldsymbol{x})=C$ 经过变换可化为标准形式 $\lambda_1\tilde{x}^2+\cdots+\lambda_n\tilde{x}_n=d$。其中 $\lambda_i>0(i=1,2,\cdots,n)$，$d>0$，称 $f(\boldsymbol{x})=C$ 为 R^n 中一椭球面）。

(3) 等价性定理

定理 12 设 $A\boldsymbol{x}=\boldsymbol{b}$，或 $f(\boldsymbol{x})=\frac{1}{2}(A\boldsymbol{x},\boldsymbol{x})-(\boldsymbol{b},\boldsymbol{x})$，其中 $A\in R^{n\times n}$ 为对称正定阵，则

$\boldsymbol{x}^*\in R^n$ 为 $A\boldsymbol{x}=\boldsymbol{b}$ 解 $\Longleftrightarrow$ 是 $\boldsymbol{x}^*$ 使二次函数 $f(\boldsymbol{x})$ 取最小值，即

$$\min_{x\in R^n}f(\boldsymbol{x})=f(\boldsymbol{x}^*)$$

证明 必要性。设 $A\boldsymbol{x}^*=\boldsymbol{b}$，考虑 $f(\boldsymbol{x})$ 在过点 $\boldsymbol{x}^*$ 直线上函数值，$\boldsymbol{x}=\boldsymbol{x}^*+t\boldsymbol{p}$，其中 $\boldsymbol{p}\neq 0$ 为任取非零向量，

$$\begin{aligned}f(\boldsymbol{x})=f(\boldsymbol{x}^*+t\boldsymbol{p})&=\frac{1}{2}t^2(A\boldsymbol{p},\boldsymbol{p})-t(\boldsymbol{b}-A\boldsymbol{x}^*,\boldsymbol{p})+f(\boldsymbol{x}^*)\\&=\frac{1}{2}t^2(A\boldsymbol{p},\boldsymbol{p})+f(\boldsymbol{x}^*)\geqslant f(\boldsymbol{x}^*)\end{aligned}$$

对任取 $\boldsymbol{p}\neq 0$，及任意实数 t。所以

$$\min_{x\in R^n}f(\boldsymbol{x})=f(\boldsymbol{x}^*)$$

充分性。设

$$\min_{x\in R^n}f(\boldsymbol{x}^*)=f(x^*)$$

于是，由多元函数极值理论，则

$$\left[\frac{\partial f}{\partial x_m}\right]_{x=x^*} = 0, (m = 1,2,\cdots,n)$$

即 $A\boldsymbol{x}^* = \boldsymbol{b}$(见(4))。

(4) 二次函数的梯度

设 $A = (a_{ij})_{n\times n}$ 为对称矩阵,则二次函数

$$f(x_1,\cdots,x_n) = \frac{1}{2}\sum_{i=1}^{n}(\sum_{j=1}^{n}a_{ij}x_j)x_i - \sum_{j=1}^{n}b_jx_j$$

的梯度向量为

$$\text{grad}f(\boldsymbol{x}) = -\boldsymbol{r}$$

事实上

$$f(x_1,\cdots,x_n) = \frac{1}{2}\sum_{i=1}^{n}(a_{i1}x_1 + \cdots + a_{im}x_m + \cdots + a_{in}x_n)x_i - \sum_{j=1}^{n}b_jx_j$$

则有

$$\frac{\partial f}{\partial x_m} = \frac{1}{2}(\sum_{i=1}^{n}a_{im}x_i + \sum_{j=1}^{n}a_{mj}x_j) - b_m$$

$$= -(b_m - \sum_{j=1}^{n}a_{mj}x_j) \qquad (m = 1,2,\cdots,n)$$

或 $$\text{grad}f(\boldsymbol{x}) = \left[\frac{\partial f}{\partial x_1},\cdots,\frac{\partial f}{\partial x_m}\right]^T = -\boldsymbol{r} = -(\boldsymbol{b} - A\boldsymbol{x})$$

上式说明,$f(\boldsymbol{x})$ 在点 $\boldsymbol{x}$ 梯度向量即为在 $\boldsymbol{x}$ 点负的剩余向量 $-\boldsymbol{r}$。

(5) 二次函数的一维搜索

设 $f(\boldsymbol{x}) = \frac{1}{2}(A\boldsymbol{x},\boldsymbol{x}) - (\boldsymbol{b},\boldsymbol{x})$,其中 $A \in R^{n\times n}$ 为对称正定阵,且已知过点 $\boldsymbol{x}_1$ 以 $\boldsymbol{p}_1 \neq 0$ 为方向直线 $\boldsymbol{x} = \boldsymbol{x}_1 + t\boldsymbol{p}_1$,则

$$\min_{t\in R} f(\boldsymbol{x}_1 + t\boldsymbol{p}_1) = f(\boldsymbol{x}_1 + a_1\boldsymbol{p}_1)$$

其中

$$\begin{cases}\boldsymbol{x}_2 = \boldsymbol{x}_1 + a_1\boldsymbol{p}_1 \\ a_1 = \dfrac{(\boldsymbol{r}_1,\boldsymbol{p}_1)}{(A\boldsymbol{p}_1,\boldsymbol{p}_1)}, \boldsymbol{r}_1 = \boldsymbol{b} - A\boldsymbol{x}_1\end{cases}$$

事实上，由

$$\varphi(t) \equiv f(\boldsymbol{x}_1 + t\boldsymbol{p}_1)$$

$$= \frac{1}{2}t^2(A\boldsymbol{p}_1, \boldsymbol{p}_1) - t(\boldsymbol{b} - A\boldsymbol{x}_1, \boldsymbol{p}_1) + f(\boldsymbol{x}_1)$$

求导 $\varphi'(t) = t(A\boldsymbol{p}_1, \boldsymbol{p}_1) - (\boldsymbol{r}_1, \boldsymbol{p}_1)$

由 $\varphi'(t) = 0$，得到 $t = \dfrac{(\boldsymbol{r}_1, \boldsymbol{p}_1)}{(A\boldsymbol{p}_1, \boldsymbol{p}_1)} \equiv a_1$

且有 $\varphi''(t) = (A\boldsymbol{p}_1, \boldsymbol{p}_1) > 0$

所以 $\min\limits_{t \in R} f(\boldsymbol{x}_1 + t\boldsymbol{p}_1) = f(\boldsymbol{x}_1 + a_1\boldsymbol{p}_1)$

定义 6　设 $f(\boldsymbol{x}) = C$ 为 R^n 中一椭球面，$\boldsymbol{x}^* \in R^n$，如果过 $\boldsymbol{x}^*$ 点的任一直线 $L: \boldsymbol{x} = \boldsymbol{x}^* + t\boldsymbol{r}$，($\boldsymbol{r} \in R^n$ 非零向量) 满足条件：

(1) L 与 $f(\boldsymbol{x}) = C$ 相交于两点

$$M_1: \boldsymbol{x}_1 = \boldsymbol{x}^* + t_1\boldsymbol{r}$$

$$M_2: \boldsymbol{x}_2 = \boldsymbol{x}^* + t_2\boldsymbol{r}$$

(2) 且 $\boldsymbol{x}^*$ 为 $\overline{M_1M_2}$ 中点，即 $t_1 = -t_2$，则称 $\boldsymbol{x}^*$ 为 $f(\boldsymbol{x}) = C$ 中心。

定理 13　设 $f(\boldsymbol{x}) = \dfrac{1}{2}(A\boldsymbol{x}, \boldsymbol{x}) - (\boldsymbol{b}, \boldsymbol{x})$，其中 $A \in R^{n \times n}$ 为对称正定阵，则 $\boldsymbol{x}^* \in R^n$ 是 $A\boldsymbol{x} = \boldsymbol{b}$ 解 $\Longleftrightarrow$ 是 $\boldsymbol{x}^*$ 为 $f(\boldsymbol{x}) = C$ 的中心（其中 $C > f(\boldsymbol{x}^*)$）。

证明　设 $A\boldsymbol{x}^* = \boldsymbol{b}$，$L$ 为过点 $\boldsymbol{x}^*$ 任一直线：$\boldsymbol{x} = \boldsymbol{x}^* + t\boldsymbol{r}$，($\boldsymbol{r} \neq 0$)。

求交点 $\begin{cases} f(\boldsymbol{x}) = C \\ \boldsymbol{x} = \boldsymbol{x}^* + t\boldsymbol{r} \end{cases}$

或 $f(\boldsymbol{x}^* + t\boldsymbol{r}) = \dfrac{1}{2}t^2(A\boldsymbol{r}, \boldsymbol{r}) - t(\boldsymbol{b} - A\boldsymbol{x}^*, \boldsymbol{r}) + f(\boldsymbol{x}^*) = C$

即 $\dfrac{1}{2}t^2(A\boldsymbol{r}, \boldsymbol{r}) - (C - f(\boldsymbol{x}^*)) = 0$

得到绝对值相等的两个实根

$$t_{1,2} = \pm\sqrt{2}\left(\frac{C - f(\boldsymbol{x}^*)}{(A\boldsymbol{r}, \boldsymbol{r})}\right)^{1/2}，即\ t_1 = -t_2$$

说明过 x^* 的任一直线 L 与 $f(\boldsymbol{x}) = C$ 相交于两点 M_1, M_2

$$M_1: \boldsymbol{x}_1 = \boldsymbol{x}^* + t_1\boldsymbol{r}$$
$$M_2: \boldsymbol{x} = \boldsymbol{x}^* + t_2\boldsymbol{r}$$
且 $\boldsymbol{x}^*$ 为 $\overline{M_1M_2}$ 中点，即 $\boldsymbol{x}^*$ 为 $f(\boldsymbol{x}) = C$ 中心。反之亦对。

定理 13 说明求解 $A\boldsymbol{x} = \boldsymbol{b}$ 问题（A 为对称正定阵）在几何上讲，等价于求椭球面族 $f(\boldsymbol{x}) = C$ 中心 $\boldsymbol{x}^*$。

4.2 最速下降法

从一个初始点 $\boldsymbol{x}_0$ 出发，构造一向量序列 $\{\boldsymbol{x}_k\}$，使

(1) $f(\boldsymbol{x}_{k+1}) < f(\boldsymbol{x}_k)$，$(k = 0,1,\cdots)$

(2) $\lim\limits_{k\to\infty} f(\boldsymbol{x}_k) = f(\boldsymbol{x}^*)$，（其中 $A\boldsymbol{x}^* = \boldsymbol{b}$）

由此，可推出 $\lim\limits_{k\to\infty} \boldsymbol{x}_k = \boldsymbol{x}^*$。

可由：

(1) 任取一初始向量 $\boldsymbol{x}_0 \in R^n$，选择一方向 $\boldsymbol{z}_0$ 使 $f(x)$ 在 x_0 点沿 $\boldsymbol{z}_0$ 方向减少为最速，即选取
$$\boldsymbol{z}_0 = -\operatorname{grad} f(\boldsymbol{x}_0) = \boldsymbol{r}_0 = \boldsymbol{b} - A\boldsymbol{x}_0$$
再进行一维搜索，即求
$$\min_{t\in R} f(\boldsymbol{x}_0 + t\boldsymbol{r}_0) = f(\boldsymbol{x}_0 + a_0\boldsymbol{r}_0)$$
即有
$$\begin{cases} \boldsymbol{x}_1 = \boldsymbol{x}_0 + a_0\boldsymbol{r}_0 \\ a_0 = \dfrac{(\boldsymbol{r}_0\boldsymbol{r}_0)}{(A\boldsymbol{r}_0, \boldsymbol{r}_0)} \end{cases}$$

(2) 重复上述过程，设 $\boldsymbol{x}_k$ 已求得，于 $\boldsymbol{x}_k$ 选取方向 z_k 使 $f(\boldsymbol{x})$ 在 $\boldsymbol{x}_k$ 点沿 $\boldsymbol{z}_k$ 减少为最速，即选取
$$\boldsymbol{z}_k = -\operatorname{grad} f(\boldsymbol{x}_k) = \boldsymbol{r}_k = \boldsymbol{b} - A\boldsymbol{x}_k$$
再进行一维搜索，即求
$$\min_{t\in R} f(\boldsymbol{x}_k + t\boldsymbol{r}_k) = f(\boldsymbol{x}_k + a_k\boldsymbol{r}_k)$$
其中
$$\begin{cases} \boldsymbol{x}_{k+1} = \boldsymbol{x}_k + a_k\boldsymbol{r}_k \\ a_k = \dfrac{(\boldsymbol{r}_k, \boldsymbol{r}_k)}{(A\boldsymbol{r}_k, \boldsymbol{r}_k)} \end{cases}$$

（参见图 6-4，当 $n=2$ 时情况）

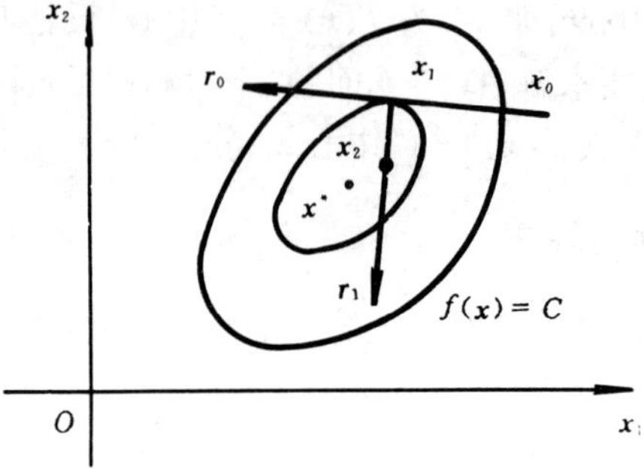

图 6-4

算法 2 （最速下降法）设

$$Ax=b \text{ 或 } f(x)=\frac{1}{2}(Ax,x)-(b,x)$$

其中 A 为对称正定阵，求解 $Ax=b$，或求 $\min\limits_{x\in R^n} f(x)=f(x^*)$。

1. x_0 为任取初始向量
2. $r_0=b-Ax_0$
3. $k=0,1,\cdots,N_0$

(1) $a_k=(r_k,r_k)/(Ar_k,r_k)$

(2) $x_{k+1}=x_k+a_kr_k$

(3) $r_{k+1}=(b-Ax_{k+1})=r_k-a_kAr_k$

由最速下降法计算公式可推出：

(1) $(r_{k+1},r_k)=0,(k=0,1,\cdots)$

(2) $f(x_{k+1})<f(x_k)$，当 $r_k\neq 0,(k=0,1,\cdots)$

最速下降法每迭代一步，主要是计算一次矩阵乘向量(即 Ar_k)，电算时，最速下降法需要三组工作单元，存贮 x,r,Ar。

4.3 **共轭梯度法**(CG)

设 $Ax=b$，其中 $A\in R^{n\times n}$ 为对称正定阵，或 $f(x)=\frac{1}{2}(Ax,x)-(b,x)$。由 § 4 的 4.2 讨论知道，求解 $Ax=b$ 最速下降法的最速下

降方向，即 $z_k = -\mathrm{grad} f(\boldsymbol{x}_k)$ 且有局部性质，即在 $\boldsymbol{x}_k$ 附近函数 $f(\boldsymbol{x})$ 沿 z_k 下降较快。但总体来讲，这个方向不是函数下降最理想的方向，因此，最速下降法一般收敛较慢（见图 6-5）。

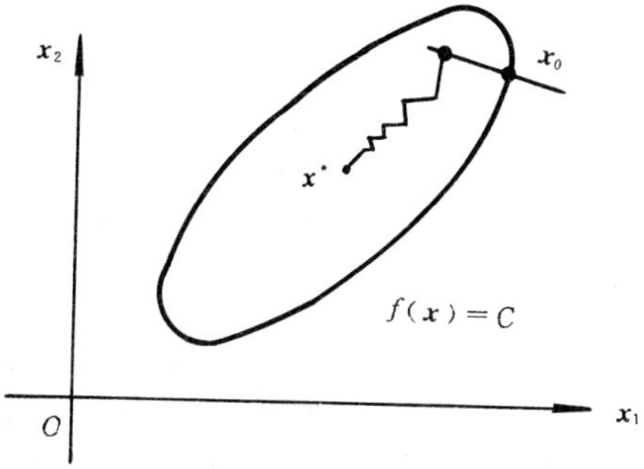

图 6-5

下面考虑一个问题：即从 $f(\boldsymbol{x}) = f(\boldsymbol{x}_0)$ 上点 $\boldsymbol{x}_0$ 出发，能否选择一些方向使得走有限步就能逼近椭球面族 $f(\boldsymbol{x}) = C$ 的中心 x^*。

1. 椭圆的共轭直径概念

设

$$f(\boldsymbol{x}) = \frac{1}{2}(A\boldsymbol{x},\boldsymbol{x}) - (\boldsymbol{b},\boldsymbol{x})$$

其中 $A \in R^{2\times 2}$ 为对称正定阵，$\boldsymbol{b} \in R^2$，$\boldsymbol{x} \in R^2$，即 $f(\boldsymbol{x}) = C$ 为 R^2 中椭圆。

引理

(1) 设 $f(\boldsymbol{x}) = C$ 为 R^2 中一椭圆，$\boldsymbol{r} \neq 0$ 为 R^2 中已知方向。

(2) 设 L 为以 $\boldsymbol{r}$ 为方向且与 $f(\boldsymbol{x}) = C$ 相交于两点 M_1, M_2 的动直线，则平行弦 $\overline{M_1M_2}$ 中点轨迹为一直线记为 L^* 其方程为（见图 6-6）：

$$(A\boldsymbol{r}, \boldsymbol{x} - \boldsymbol{x}^*) = 0，其中 A\boldsymbol{x}^* = \boldsymbol{b}$$

称 L^* 为椭圆的与已知方向 r 共轭的直径。显然，L^* 通过 $f(\boldsymbol{x}) = C$ 中心 x^*，法向量为 $A\boldsymbol{r} \neq 0$。

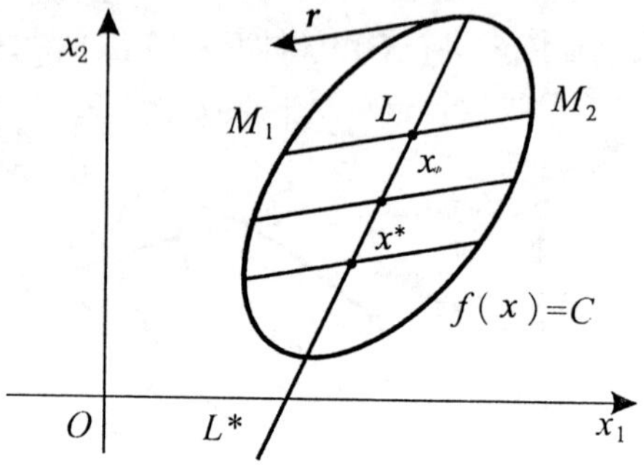

图 6-6

证明　设 L 为以 $\boldsymbol{r}\neq 0$ 为方向，且与 $f(\boldsymbol{x})=C$ 相交于两点 M_1，M_2 的动直线，设 $\boldsymbol{x}_\Phi$ 为弦 $\overline{M_1M_2}$ 中点，于是 L 方程为：

$$\boldsymbol{x}=\boldsymbol{x}_\Phi+t\boldsymbol{r}$$

（显然有　$f(\boldsymbol{x}_\Phi)\leqslant f(\boldsymbol{x})=C, C>f(\boldsymbol{x}^*)$）

下面求 $\boldsymbol{x}_\Phi$ 所满足的数学式子。

求交点　$\begin{cases} f(\boldsymbol{x})=C \\ \boldsymbol{x}=\boldsymbol{x}_\Phi+t\boldsymbol{r} \end{cases}$

即
$$f(\boldsymbol{x}_\Phi+t\boldsymbol{r})=\frac{1}{2}t^2(A\boldsymbol{r},\boldsymbol{r})-t(\boldsymbol{b}-A\boldsymbol{x}_\Phi,\boldsymbol{r})+f(\boldsymbol{x}_\Phi)=C \tag{4.4}$$

由设有两个交点：

$M_1:\boldsymbol{x}_1=\boldsymbol{x}_\Phi+t_1\boldsymbol{r}$
$M_2:\boldsymbol{x}_2=\boldsymbol{x}_\Phi+t_2\boldsymbol{r}$　且 $\boldsymbol{x}_\Phi$ 为 $\overline{M_1M_2}$ 中点，即 $t_2=-t_1$

说明二次方程(4.4)有两个绝对值相等的实根，则

$$0=t_1+t_2\ \text{或}\ (b-A\boldsymbol{x}_\Phi,\boldsymbol{r})=(A(\boldsymbol{x}^*-\boldsymbol{x}_\Phi),\boldsymbol{r})=0$$

或 $\boldsymbol{x}_\Phi$ 应满足方程：

$$(A\boldsymbol{r},\boldsymbol{x}-\boldsymbol{x}^*)=0$$

反之亦对，说明 L^* 方程为

$$(A\boldsymbol{r},\boldsymbol{x}-\boldsymbol{x}^*)=0$$

椭圆的与已知方向 $\boldsymbol{r} \neq 0$ 共轭的直径 L^* 的方向 $\boldsymbol{p}$ 称为 r 的共轭方向。结论：向量 $\boldsymbol{p} \in R^2$ 为已知方向 $\boldsymbol{r} \neq 0$ 共轭方向 $\Longleftrightarrow$ 是 $\boldsymbol{p}$ 与 $\boldsymbol{r}$ 为 A 正交，即

$$(\boldsymbol{p}, A\boldsymbol{r}) = 0$$

2. $n = 2$ 时共轭梯度法(见图 6-7)

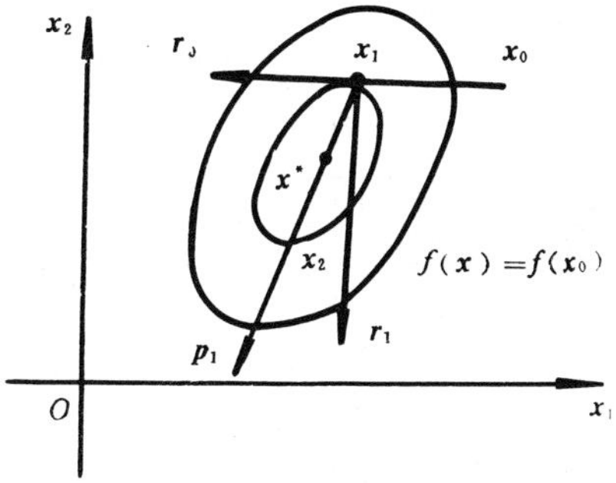

图 6-7

任取 $\boldsymbol{x}_0 \in R^2$。

(1) 第 1 步采用最速下降法，即计算

$$\boldsymbol{r}_0 = \boldsymbol{b} - A\boldsymbol{x}_0 \neq 0$$

$$\begin{cases} \boldsymbol{x}_1 = \boldsymbol{x}_0 + a_0\boldsymbol{r}_0 \\ a_0 = \dfrac{(\boldsymbol{r}_0, \boldsymbol{r}_0)}{(A\boldsymbol{r}_0, \boldsymbol{r}_0)} \end{cases}, \text{记 } \boldsymbol{p}_0 = \boldsymbol{r}_0$$

计算 $\boldsymbol{r}_1 = \boldsymbol{b} - A\boldsymbol{x}_1$(不妨设 $\neq 0$) 且有 $(\boldsymbol{r}_1, \boldsymbol{r}_0) = 0$。

(2) 已知 $\boldsymbol{x}_1, \boldsymbol{r}_1, \boldsymbol{p}_0$，且 $(\boldsymbol{p}_0, \boldsymbol{r}_1) = 0$，过 $\boldsymbol{x}_1$ 不选择负梯度方向 $\boldsymbol{r}_1$ 而选择 $\boldsymbol{p}_0 = \boldsymbol{r}_0$ 共轭方向记为 $\boldsymbol{p}_1$，为了确定 $\boldsymbol{p}_1$，选择 β 使 $\boldsymbol{p} = \boldsymbol{r}_1 + \beta\boldsymbol{p}_0$ 满足 $(\boldsymbol{p}, A\boldsymbol{p}_0) = (\boldsymbol{r}_1, A\boldsymbol{p}_0) + \beta(\boldsymbol{p}_0, A\boldsymbol{p}_0) = 0$，所以

$$\beta_0 = -(\boldsymbol{r}_1, A\boldsymbol{p}_0)/(A\boldsymbol{p}_0, \boldsymbol{p}_0)$$

于是，$\boldsymbol{p}_0$ 共轭直径 $\boldsymbol{L}^*: \boldsymbol{x} = \boldsymbol{x}_1 + t\boldsymbol{p}_1$，其中

$$\begin{cases} \boldsymbol{p}_1 = \boldsymbol{r}_1 + \beta_0\boldsymbol{p}_0 \\ \beta_0 = -(\boldsymbol{r}_1, A\boldsymbol{p}_0)/(A\boldsymbol{p}_0, \boldsymbol{p}_0) \end{cases}$$

(3) 再求$\min\limits_{t} f(\boldsymbol{x}_1 + t\boldsymbol{p}_1) = f(\boldsymbol{x}_1 + a_1\boldsymbol{p}_1)$

或 $\begin{cases} \boldsymbol{x}_2 = \boldsymbol{x}_1 + a_1\boldsymbol{p}_1 \\ a_1 = \dfrac{(\boldsymbol{r}_1, \boldsymbol{p}_1)}{(A\boldsymbol{p}_1, \boldsymbol{p}_1)} \end{cases}$，且有 $\boldsymbol{x}_2 = \boldsymbol{x}^*$

即说明当 $n = 2$ 时，共轭梯度法最多 2 步得到解 $\boldsymbol{x}^*$（若计算没有误差）。

3. 一般共轭梯度法

定义 设 $\boldsymbol{p}_0, \boldsymbol{r}_1$ 为 R^n 中非零向量且$(\boldsymbol{r}_1, \boldsymbol{p}_0) = 0$，$\boldsymbol{x}_1 \in R^n$，则称点的集合 $G = \{\boldsymbol{x} \mid \boldsymbol{x} = \boldsymbol{x}_1 + t\boldsymbol{p}_0 + s\boldsymbol{r}_1$，其中 t, s 为实数$\}$ 为 R^n 中过点 $\boldsymbol{x}_1$ 由 $\boldsymbol{p}_0, \boldsymbol{r}_1$ 确定的二维超平面。

当用二维超平面 G 去截椭球面 $f(\boldsymbol{x}) = f(\boldsymbol{x}_1)$ 时，容易说明其截面为 G 上一个二维椭圆，记为 E_1：

$$\begin{cases} f(\boldsymbol{x}) = f(\boldsymbol{x}_1) \\ \boldsymbol{x} = \boldsymbol{x}_1 + t\boldsymbol{p}_0 + s\boldsymbol{r}_1 \end{cases} \qquad E_1$$

任取初始向量 $\boldsymbol{x}_0 \in R^n$：

(1) 从 $\boldsymbol{x}_0$ 出发，第 1 步采用最速下降法，即

$$\begin{cases} \boldsymbol{x}_1 = \boldsymbol{x}_0 + a_0\boldsymbol{p}_0 \\ a_0 = \dfrac{(\boldsymbol{p}_0, \boldsymbol{p}_0)}{(A\boldsymbol{p}_0, \boldsymbol{p}_0)}, \end{cases} \qquad \boldsymbol{p}_0 = \boldsymbol{r}_0 = \boldsymbol{b} - A\boldsymbol{x}_0$$

计算 $\boldsymbol{r}_1 = \boldsymbol{b} - A\boldsymbol{x}_1 = \boldsymbol{r}_0 - a_0 A\boldsymbol{p}_0$，且有$(\boldsymbol{r}_1, \boldsymbol{p}_0) = 0$（设 $\boldsymbol{r}_1 \neq 0$）。

(2) 已知 $\boldsymbol{x}_1, \boldsymbol{r}_1$ 及 $\boldsymbol{p}_0$ 且$(\boldsymbol{r}_1, \boldsymbol{p}_0) = 0$，易知

$$\begin{cases} f(\boldsymbol{x}) = f(\boldsymbol{x}_1) \\ \boldsymbol{x} = \boldsymbol{x}_1 + t\boldsymbol{p}_0 + s\boldsymbol{r}_1 \end{cases}$$

为二维椭圆记 E_1。

过 x_1 点在二维平面 G 上选择 $\boldsymbol{p}_0$ 共轭方向，即选择 β 使 $\boldsymbol{p} = \boldsymbol{r}_1 + \beta\boldsymbol{p}_0$ 与 $\boldsymbol{p}_0$ 为 A 正交，即选择 β 使

$$(\boldsymbol{p}, A\boldsymbol{p}_0) = (\boldsymbol{r}_1, A\boldsymbol{p}_0) + \beta(\boldsymbol{p}_0, A\boldsymbol{p}_0) = 0$$

于是，$\boldsymbol{p}_0$ 的共轭直径

$$\begin{cases} p_1 = r_1 + \beta_0 p_0 \\ \beta_0 = -\dfrac{(r_1, Ap_0)}{(Ap_0, p_0)} \end{cases}$$

求 $\min\limits_t f(x_1 + tp_1) = f(x_1 + a_1 p_1)$

或
$$\begin{cases} x_2 = x_1 + a_1 p_1 \\ a_1 = \dfrac{(r_1, p_1)}{(Ap_1, p_1)} \end{cases}$$

(3) 重复上述过程，设已求得 x_k，要求 x_{k+1}。由归纳法假设：

(a) $r_0, r_1, \cdots, r_{k-1}, r_k$ 都非零，$p_0, p_1, \cdots, p_{k-1}$ 都为非零。

(b) 满足 $(r_k, p_{k-1}) = 0$

易知
$$\begin{cases} f(x) = f(x_k) \\ x = x_k + tp_{k-1} + sr_k \end{cases}$$
为二维椭圆，记为 E_k。

于 x_k 在二维平面 $x = x_k + tp_{k-1} + sr_k$ 上选择 p_{k-1} 的共轭方向记 p_k，由 $p = r_k + \beta p_{k-1}$ 选择 β 使

$$(p, Ap_{k-1}) = (r_k, Ap_{k-1}) + \beta(p_{k-1}, Ap_{k-1}) = 0$$

即得 p_{k-1} 的共轭方向(见图 6-8)：

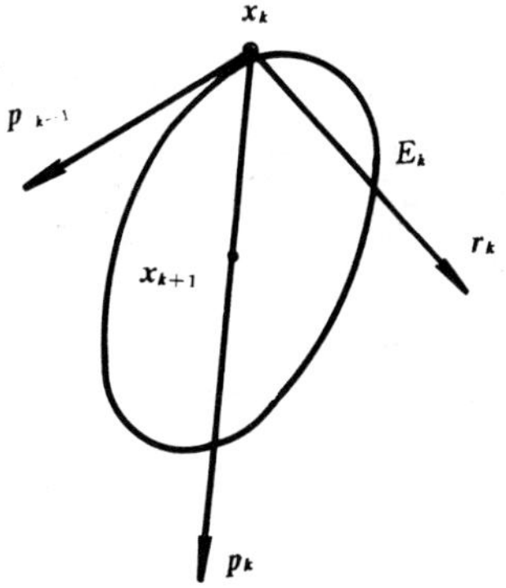

图 6-8

$$\begin{cases} \boldsymbol{p}_k = \boldsymbol{r}_k + b_{k-1}\boldsymbol{p}_{k-1} \\ b_{k-1} = -\dfrac{(\boldsymbol{r}_k, A\boldsymbol{p}_{k-1})}{(A\boldsymbol{p}_{k-1}, \boldsymbol{p}_{k-1})} \end{cases}$$

再求$\min\limits_{t} f(\boldsymbol{x}_k + t\boldsymbol{p}_k) = f(\boldsymbol{x}_k + a_k\boldsymbol{p}_k)$,得到

$$\begin{cases} \boldsymbol{x}_{k+1} = \boldsymbol{x}_k + a_k\boldsymbol{p}_k \\ a_k = \dfrac{(\boldsymbol{r}_k, \boldsymbol{p}_k)}{(A\boldsymbol{p}_k, \boldsymbol{p}_k)} \end{cases}$$

计算 $\boldsymbol{r}_{k+1} = \boldsymbol{b} - A\boldsymbol{x}_{k+1} = \boldsymbol{r}_k - a_k A\boldsymbol{p}_k$

显然有

(1)$(\boldsymbol{r}_{k+1}, \boldsymbol{p}_k) = (\boldsymbol{r}_k, \boldsymbol{p}_k) - a_k(A\boldsymbol{p}_k, \boldsymbol{p}_k) = 0$

(2)$\boldsymbol{p}_k \neq 0$

算法 3 （共轭梯度法 Ⅰ）设 $A\boldsymbol{x} = \boldsymbol{b}$,其中 $A \in R^{n\times n}$ 为对称正定阵,或 $f(\boldsymbol{x}) = \dfrac{1}{2}(A\boldsymbol{x}, \boldsymbol{x}) - (\boldsymbol{b}, \boldsymbol{x})$,用共轭梯度法解 $A\boldsymbol{x} = \boldsymbol{b}$ 或求 $\min\limits_{x\in R^n} f(\boldsymbol{x}) = f(\boldsymbol{x}^*)$ 极值问题,且产生$\{\boldsymbol{x}_k\}$—— 近似解序列,$\{\boldsymbol{p}_k\}$ 一共轭方向序列,$\{\boldsymbol{r}_k\}$—— 剩余向量序列。

(1)$\boldsymbol{x}_0$(初始向量)

(2)$\boldsymbol{p}_0 = \boldsymbol{r}_0 = \boldsymbol{b} - A\boldsymbol{x}_0$

(3) 对于 $k = 0, 1, \cdots, N0$

1) $a_k = \dfrac{(\boldsymbol{r}_k, \boldsymbol{p}_k)}{(\boldsymbol{p}_k, A\boldsymbol{p}_k)}$ (4.5)

2) $\boldsymbol{x}_{k+1} = \boldsymbol{x}_k + a_k\boldsymbol{p}_k$ (4.6)

3) $\boldsymbol{r}_{k+1} = \boldsymbol{r}_k - a_k A\boldsymbol{p}_k$ (4.7)

4) $b_k = -\dfrac{(\boldsymbol{r}_{k+1}, A\boldsymbol{p}_k)}{(\boldsymbol{p}_k, A\boldsymbol{p}_k)}$ (4.8)

5) $\boldsymbol{p}_{k+1} = \boldsymbol{r}_{k+1} + b_k\boldsymbol{p}_k$ (4.9)

由此:

(1) 当计算剩余向量 $\boldsymbol{r}_{k+1}$ 用递推公式时,CG 方法每迭代一次主要是计算一次矩阵乘向量(即 $A\boldsymbol{p}_k$)。

(2) 采用 CG 方法求解 $A\boldsymbol{x} = \boldsymbol{b}$ 时,需要 4 组工作单元,存放 $\boldsymbol{x}_k$,

$\boldsymbol{p}_k, \boldsymbol{r}_k, A\boldsymbol{p}_k$。

(3) 算法 4 中可取 $N0 < n$,或用 $\|\boldsymbol{r}_k\|_\infty < \varepsilon$ 控制迭代。

(4) 共轭梯度法公式中,没有与特征值有关的参数。

(5)CG 方法具有简单性质:

$(a)(\boldsymbol{r}_{k+1}, \boldsymbol{p}_k) = 0, (k = 0,1,2\cdots)$

$(b)(\boldsymbol{p}_{k+1}, A\boldsymbol{p}_k) = 0, (k = 0,1,2,\cdots)$

$(c)(\boldsymbol{p}_k, \boldsymbol{r}_k) = (\boldsymbol{r}_k, \boldsymbol{r}_k), (k = 0,1,2,\cdots)$

事实上,由(4.7)及(4.5)可得(a),由(4.9)及(4.8)可得(b),由(4.9)式及(a)有$(\boldsymbol{p}_k, \boldsymbol{r}_k) = (\boldsymbol{r}_k + \boldsymbol{b}_{k-1}\boldsymbol{p}_{k-1}, \boldsymbol{r}_k) = (\boldsymbol{r}_k, \boldsymbol{r}_k)$,即得$(c)$。

定理 14　设$\{\boldsymbol{r}_k\}$,$\{\boldsymbol{p}_k\}$分别为由 CG 方法产生的剩余向量序列和共轭方向序列,则$\{\boldsymbol{r}_k\}$组成一正交组,$\{\boldsymbol{p}_k\}$组成一 A 正交组,即

(1) $(\boldsymbol{r}_i, \boldsymbol{r}_j) = 0$,当 $i \neq j$

(2) $(\boldsymbol{p}_i, A\boldsymbol{p}_j) = 0$,当 $i \neq j$

证明　用归纳法证明。显然,$\{\boldsymbol{r}_0, \boldsymbol{r}_1\}$为正交组,$\{\boldsymbol{p}_0, \boldsymbol{p}_1\}$为 A 正交组。现设$\{\boldsymbol{r}_0, \boldsymbol{r}_1, \cdots, \boldsymbol{r}_k\}$为 R^n 中非零正交组,$\{\boldsymbol{p}_0, \boldsymbol{p}_1, \cdots, \boldsymbol{p}_k\}$为 R^n 中非零 A 正交组。求证$\{\boldsymbol{r}_0, \boldsymbol{r}_1, \cdots, \boldsymbol{r}_{k+1}\}$为正交组,$\{\boldsymbol{p}_0, \boldsymbol{p}_1, \cdots, \boldsymbol{p}_k, \boldsymbol{p}_{k+1}\}$为 A 正交组。即要证:

$$(\boldsymbol{r}_{k+1}, \boldsymbol{r}_i) = 0, (i = 0,1,\cdots,k)$$

及

$$(\boldsymbol{p}_{k+1}, A\boldsymbol{p}_i) = 0, (i = 0,1,\cdots,k)$$

现证$(\boldsymbol{r}_{k+1}, \boldsymbol{r}_i) = 0, (i = 0,1,\cdots,k)$。

(a) 当 $i = 0,1,\cdots,k-1$ 时,则由(4.7)式及(4.9)式有

$$\begin{aligned}(\boldsymbol{r}_{k+1}, \boldsymbol{r}_i) &= (\boldsymbol{r}_k, \boldsymbol{r}_i) - a_k(A\boldsymbol{p}_k, \boldsymbol{r}_i) = -a_k(A\boldsymbol{p}_k, \boldsymbol{r}_i) \\ &= -a_k(A\boldsymbol{p}_k, \boldsymbol{p}_i - b_{i-1}\boldsymbol{p}_{i-1}) = 0 \text{(由归纳法假设)}\end{aligned}$$

(b) 当 $i = k$ 时,则由(4.7),(4.9)及(4.5)有

$$\begin{aligned}(\boldsymbol{r}_{k+1}, \boldsymbol{r}_k) &= (\boldsymbol{r}_k, \boldsymbol{r}_k) - a_k(A\boldsymbol{p}_k, \boldsymbol{r}_k) \\ &= (\boldsymbol{r}_k, \boldsymbol{r}_k) - a_k(A\boldsymbol{p}_k, \boldsymbol{p}_k - b_{k-1}\boldsymbol{p}_{k-1}) \\ &= (\boldsymbol{r}_k, \boldsymbol{r}_k) - a_k(A\boldsymbol{p}_k, \boldsymbol{p}_k) = 0\end{aligned}$$

同理,可证$(\boldsymbol{p}_{k+1}, A\boldsymbol{p}_i) = 0, (i = 0,1,\cdots,k)$。

定理 15

(1)$a_k = \frac{(\boldsymbol{r}_k, \boldsymbol{p}_k)}{(\boldsymbol{p}_k, A\boldsymbol{p}_k)} = \frac{(\boldsymbol{r}_k, \boldsymbol{r}_k)}{(\boldsymbol{p}_k, A\boldsymbol{p}_k)}$

(2)$b_k = -\frac{(\boldsymbol{r}_{k+1}, A\boldsymbol{p}_k)}{(\boldsymbol{p}_k, A\boldsymbol{p}_k)} = \frac{(\boldsymbol{r}_{k+1}, \boldsymbol{r}_{k+1})}{(\boldsymbol{r}_k, \boldsymbol{r}_k)}$

证明 证(2):设 $\boldsymbol{r}_k \neq 0$,于是 $\boldsymbol{p}_k \neq 0$,则 $a_k \neq 0$,由(4.7)式有

$$(\boldsymbol{r}_{k+1}, A\boldsymbol{p}_k) = (\boldsymbol{r}_{k+1}, \frac{\boldsymbol{r}_k - \boldsymbol{r}_{k+1}}{a_k}) = -\frac{1}{a_k}(\boldsymbol{r}_{k+1}, \boldsymbol{r}_{k+1})$$

$$= -\frac{(\boldsymbol{r}_{k+1}, \boldsymbol{r}_{k+1})}{(\boldsymbol{r}_k, \boldsymbol{r}_k)} \cdot (\boldsymbol{p}_k, A\boldsymbol{p}_k)$$

故 $$b_k = \frac{(\boldsymbol{r}_{k+1}, \boldsymbol{r}_{k+1})}{(\boldsymbol{r}_k, \boldsymbol{r}_k)}$$

定理 16 (1) 设 $A\boldsymbol{x} = \boldsymbol{b}$ 或 $f(\boldsymbol{x}) = \frac{1}{2}(A\boldsymbol{x}, \boldsymbol{x}) - (\boldsymbol{b}, \boldsymbol{x})$,其中 $A \in R^{n\times n}$ 为对称正定阵,$A\boldsymbol{x}^* = \boldsymbol{b}$。

(2) 设 $\{\boldsymbol{x}_k\}$ 为由 CG 方法产生的近似解序列,$\{\boldsymbol{r}_k\}$ 为剩余向量序列,则 $\boldsymbol{x}_m = \boldsymbol{x}^* (m \leqslant n)$。即 CG 方法最多 n 步就得到解 $\boldsymbol{x}^*$(若不考虑计算时的舍入误差)。

证明 考虑剩余向量序列 $\{\boldsymbol{r}_0, \boldsymbol{r}_1, \cdots, \boldsymbol{r}_m, \cdots, \boldsymbol{r}_n \cdots\}$:

(a) 如果某步 $\boldsymbol{r}_m = 0$(其中 $m \leqslant n-1$),于是 $\boldsymbol{r}_m = \boldsymbol{b} - A\boldsymbol{x}_m = 0$,说明 $\boldsymbol{x}_m$ 为 $A\boldsymbol{x} = \boldsymbol{b}$ 解(不到 n 步)。

(b) 如果 $\{\boldsymbol{r}_0, \boldsymbol{r}_1, \cdots, \boldsymbol{r}_{n-1}\}$ 皆为非零向量,则由定理 $\{\boldsymbol{r}_0, \boldsymbol{r}_1, \cdots, \boldsymbol{r}_{n-1}\}$ 为一正交组,即为 R^n 中一个正交基。从而 $\boldsymbol{r}_n = \boldsymbol{b} - A\boldsymbol{x}_n = 0$ 或 $\boldsymbol{x}_n = \boldsymbol{x}^*$。

算法 4 (共轭梯度法 Ⅱ)设 $A\boldsymbol{x} = \boldsymbol{b}$ 或 $f(\boldsymbol{x}) = \frac{1}{2}(A\boldsymbol{x}, \boldsymbol{x}) - (\boldsymbol{b}, \boldsymbol{x})$,其中 $A \in R^{n\times n}$ 为对称正定阵,用 CG 方法求解 $A\boldsymbol{x} = \boldsymbol{b}$ 或求 $\min\limits_{x\in R^n} f(\boldsymbol{x}) = f(\boldsymbol{x}^*)$,$\boldsymbol{x}_0$(初始向量,一般取 $\boldsymbol{x}_0 = 0$)。

1. 计算 $\boldsymbol{r}_0 = \boldsymbol{b} - A\boldsymbol{x}_0, \boldsymbol{p}_0 = \boldsymbol{r}_0$

2. 对于 $k = 0, 1, \cdots, N0$

(1) $a_k = \frac{(\boldsymbol{r}_k, \boldsymbol{r}_k)}{(\boldsymbol{p}_k, A\boldsymbol{p}_k)}$

(2) $\boldsymbol{x}_{k+1} = \boldsymbol{x}_k + a_k \boldsymbol{p}_k$

(3) $\boldsymbol{r}_{k+1} = \boldsymbol{r}_k - a_k A \boldsymbol{p}_k$

(4) 如果 $\|\boldsymbol{r}_{k+1}\|_2 / \|\boldsymbol{b}\|_2 < \varepsilon$,则输出 $\boldsymbol{x}_k, \boldsymbol{r}_k, k$,停机

(5) $b_k = \dfrac{(\boldsymbol{r}_{k+1}, \boldsymbol{r}_{k+1})}{(\boldsymbol{r}_k, \boldsymbol{r}_k)}$

(6) $\boldsymbol{p}_{k+1} = \boldsymbol{r}_{k+1} + b_k \boldsymbol{p}_k$

3. 转 1(周期循环)。

(1) 解对称正定方程组 $A\boldsymbol{x} = \boldsymbol{b}$ 的 CG 方法是一个迭代法又是一个直接法。

(2) 每迭代一次主要是计算一次矩阵乘向量($A\boldsymbol{p}$) 及两个内积等。

(3) 计算过程中原始数据 A 不变,因而不产生非零填充,共轭梯度法适合解大型稀疏矩阵方程组,$N0 < n$。

(4) 在 CG 方法的实际计算中,由于计算的舍入误差会招致剩余 $\{\boldsymbol{r}_k\}$ 的正交性损失,$\{\boldsymbol{p}_k\}$ 的 A 正交性损失,因此,有限步计算达到精确解实际上是困难的。CG 方法作为迭代法用时,它是十分有效方法。

(5) 当 $A\boldsymbol{x} = \boldsymbol{b}$ 为病态方程组时(A 为对称正定阵),CG 方法收敛缓慢,这时,可用预条件 CG 方法见[8]。

例 9 用差分法求解

$$\begin{cases} \dfrac{\partial^2 u}{\partial x^2} + \dfrac{\partial^2 u}{\partial y^2} = 0 \qquad (x,y) \in R \\ u(0,y) = 0, u(x,0) = 0, u(x,0.5) = 200x \\ u(0.5,y) = 200y \end{cases}$$

$$(0 \leqslant x \leqslant 0.5; 0 \leqslant y \leqslant 0.5)$$

$$R = \{(x,y) | 0 < x < 0.5; 0 < y < 0.5\}$$

解 取网格大小为 $h = 0.5/(N+1)$ 如图 6-9,微分方程离散化得到代数方程组

$$
\begin{cases}
4u_{ij} - u_{i+1,j} - u_{i-1,j} - u_{i,j+1} - u_{i,j-1} = 0 \\
\text{其中 } u_{ij} \approx u(x_i, y_j), x_i = ih, y_j = jh, \\
\qquad (i = 1,2,\cdots,N; j = 1,2,\cdots,N)
\end{cases}
$$

或 $$Au = b$$

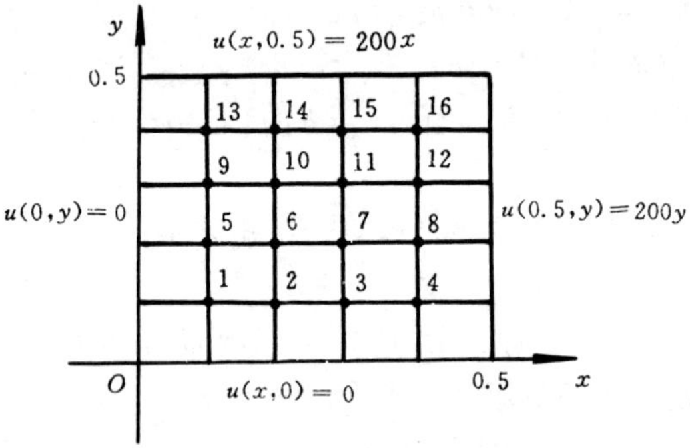

图 6-9

记 $\boldsymbol{u} = [u(1,1),\cdots,u(N,1),u(1,2),\cdots,u(N,2),\cdots,u(1,N),\cdots,u(N,N)]^T$

$\boldsymbol{b} = [b(1,1),\cdots,b(N,1),b(1,2),\cdots,b(N,2),\cdots,b(1,N),\cdots,b(N,N)]^T$

用 CG 方法解 $A\boldsymbol{u} = \boldsymbol{b}$ 所需要的迭代次数如下表，其中取初始值 $\boldsymbol{u}^{(0)} = 0$，且当 $\| \boldsymbol{r}^{(k)} \|_2 = \| \boldsymbol{b} - A\boldsymbol{x}^{(K)} \|_2 < 10^{-6}$ 时，迭代终止。

N	$A \in R^{m\times m}$ m	CG 方法所需迭代次数
4	16	9
9	81	33
19	361	64

习　题　6

1. 设有方程组

$$(a)\begin{cases}5x_1+2x_2+x_3=-12\\ -x_1+4x_2+2x_3=20\\ 2x_1-3x_2+10x_3=3\end{cases},\quad (b)\begin{cases}x_1+2x_2-2x_3=1\\ x_1+x_2+x_3=1\\ 2x_1+2x_2+x_3=1\end{cases}$$

考查用 Jacobi 迭代法，G-S 迭代法解此方程组的收敛性。

2. 设 $A\boldsymbol{x}=\boldsymbol{b}$，其中 A 为对称正定阵，问解此方程组的 Jacobi 迭代法是否一定收敛？且考查下述方程组

$$\begin{cases}x_1+0.4x_2+0.4x_3=1\\ 0.4x_1+x_2+0.8x_3=2\\ 0.4x_1+0.8x_2+x_3=3\end{cases}$$

3. 用 SOR 方法解方程组（取 $\omega=0.9$）

$$\begin{cases}5x_1+2x_2+x_3=-12\\ -x_1+4x_2+2x_3=20\\ 2x_1-3x_2+10x_3=3\end{cases}$$

要求当 $\|\boldsymbol{x}^{(k+1)}-\boldsymbol{x}^{(k)}\|_\infty<10^{-4}$，迭代终止。

4. 设有方程组 $A\boldsymbol{x}=\boldsymbol{b}$，其中 A 为对称正定阵，且有迭代公式

$$\boldsymbol{x}^{(k+1)}=\boldsymbol{x}^{(k)}+\omega(\boldsymbol{b}-A\boldsymbol{x}^{(k)})$$
$$(k=0,1,\cdots)$$

试证明当 $0<\omega<\dfrac{2}{\beta}$ 时，上述迭代法收敛（其中 A 特征值满足：$0<\alpha\leqslant\lambda(A)\leqslant\beta$）。

5. 设 $A=\begin{bmatrix}1&a&a\\a&1&a\\a&a&1\end{bmatrix}$，其中 a 为实数

试确定 a 满足什么条件时，解 $A\boldsymbol{x}=\boldsymbol{b}$ 的 Jacobi 迭代法收敛。

6. (1) 设 $A\boldsymbol{x}=\boldsymbol{b}$，其中 $A\in R^{n\times n}$ 且 A 特征值均为实数，满足：

$$0<m\leqslant\lambda(A)\leqslant M$$

(2) 设有迭代过程

$$\boldsymbol{x}^{(k+1)}=\boldsymbol{x}^{(k)}-\omega\left(A\,\frac{\boldsymbol{x}^{(k+)}+\boldsymbol{x}^{(k)}}{2}-\boldsymbol{b}\right)\qquad(*)$$

$(k = 0,1,2,\cdots)$

求证:当 $\omega > 0$ 时,迭代过程(*)收敛。

7. 给定迭代过程:$\boldsymbol{x}^{(k+1)} = C\boldsymbol{x}^{(k)} + \boldsymbol{g}$,其中 $C \in R^{n\times n}$,试证明:如果 C 的特征值 $\lambda_i(C) = 0$,$(i = 1,2,\cdots,n)$,则此迭代过程最多迭代 n 次收敛于方程组的解。

8. (1) 设 A 为严格对角占优阵或 A 为弱对角占优且为不可约阵。

(2) $0 < \omega \leqslant 1$。

求证:解 $A\boldsymbol{x} = \boldsymbol{b}$ 的 SOR 方法收敛。

9. 设 $\{\boldsymbol{x}_k\}$ 为用 CG 方法解对称正定方程组 $A\boldsymbol{x} = \boldsymbol{b}$ 得到的近似解序列,求证:$f(\boldsymbol{x}_{k+1}) < f(\boldsymbol{x}_k)$(设 $\boldsymbol{r}_k \neq 0$)。(其中 $f(\boldsymbol{x}) = \dfrac{1}{2}(A\boldsymbol{x},\boldsymbol{x}) - (\boldsymbol{b},\boldsymbol{x})$)

10. 设有方程组 $A\boldsymbol{x} = \boldsymbol{b}$,其中

$$A = \begin{bmatrix} 5 & -4 & 1 & & & & \\ -4 & 6 & -4 & 1 & & 0 & \\ 1 & -4 & 6 & -4 & 1 & & \\ & \ddots & \ddots & \ddots & \ddots & \ddots & \\ & & 1 & -4 & 6 & -4 & 1 \\ & 0 & & 1 & -4 & 6 & -4 \\ & & & & 1 & -4 & 5 \end{bmatrix}_{40\times 40},$$

$$\boldsymbol{b} = \begin{bmatrix} 2 \\ -1 \\ 0 \\ \vdots \\ 0 \\ -1 \\ 2 \end{bmatrix}$$

用 CG 方法解 $A\boldsymbol{x} = \boldsymbol{b}$ 或用迭代改善法求解。

第七章　非线性方程(组)数值解法

§1　基本知识

1.1　非线性方程,非线性方程组

很多科学理论和工程技术问题都最终化成非线性方程 $f(x)=0$ 或非线性方程组 $F(\boldsymbol{x})=0$ 的求解。下面举一些应用例子。

例 1　对理论数据或观察数据

$$y_k=f(x_k),\ k=1,2,\cdots,m$$

和选定的拟合函数 $g(x,a_1,a_2,\cdots,a_n)(n\leqslant m)$,要求确定参数 a_1^*,$a_2^*,\cdots,a_n^*$,使目标函数

$$I(a_1,\cdots,a_n)=\frac{1}{2}\sum_{i=1}^{m}[g(x_i,a_1,\cdots,a_n)-y_i]^2$$

达到最小:

$$I(a_1^*,a_2^*,\cdots,a_n^*)=\min\{I(a_1,\cdots,a_n)\,|\,a_k\in R,k=1,\cdots,n\} \tag{1.1}$$

这是一个典型的最小二乘问题。当 $g(x,a_1,\cdots,a_n)$ 不是 $a_1,\cdots,a_n$ 的线性函数时,极小化问题(1.1)不能通过解线性方程组而直接求解。

假设 $g(x,a_1,\cdots,a_n)$ 关于参数 $a_1,\cdots,a_n$ 连续可微,并记

$$\begin{aligned}f_j(a_1,\cdots,a_n)&=\frac{\partial I(a_1,\cdots,a_n)}{\partial a_j}\\&=\sum_{i=1}^{m}\frac{\partial g(x_i,a_1,\cdots,a_n)}{\partial a_j}[g(x_i,a_1,\cdots,a_n)-y_i]\end{aligned}$$

$$j = 1,2,\cdots,n$$

极小化问题(1.1)转化成了非线性方程组：

$$\begin{cases} f_1(a_1,\cdots,a_n) = 0 \\ \cdots\cdots \\ f_n(a_1,\cdots,a_n) = 0 \end{cases} \tag{1.2}$$

或 $\quad \mathrm{grad} I(a_1,\cdots,a_n) = 0$

若(1.1)有解 $a_1^*,\cdots,a_n^*$，则 $a_1^*,\cdots,a_n^*$ 也是(1.2)的解，但(1.2)还可能有其它解。方程组(1.2)是一典型的非线性方程组。

例 2 设 $f(x,y,y')$ 是 y,y' 的非线性函数，用差分法解二阶常微分边值问题

$$\begin{cases} y'' = f(x,y,y'), \quad 0 < x < 1 \\ y(0) = \alpha, y(1) = \beta \end{cases} \tag{1.3}$$

取 $h = \dfrac{1}{n+1}, x_i = ih, i = 0,1,\cdots,n+1$，用 y_i 近似 $y(x_i)$，用中心差分

$$\frac{y_{i+1} - y_{i-1}}{2h} \text{ 和 } \frac{y_{i+1} - 2y_i + y_{i-1}}{h^2}$$

分别近似 $y'(x_i)$ 和 $y''(x_i)$，我们可得方程组

$$\begin{cases} y_0 = \alpha \\ y_{i-1} - 2y_i + y_{i+1} = h^2 f(x_i, y_i, \dfrac{y_{i+1} - y_{i-1}}{2h}), \quad i = 1,\cdots,n \\ y_{n+1} = \beta \end{cases} \tag{1.4}$$

这是一个关于 $y_1,y_2,\cdots,y_n$ 的非线性方程组。

将非线性积分方程用数值求积公式进行离散，将非线性偏微分方程用差分法或有限元法进行离散，都最终化成非线性方程组。

1.2 非线性方程(组)求解的特点

线性方程组 $A\boldsymbol{x} = \boldsymbol{b}$ 解的存在性、唯一性很容易(至少在理论上)判断：即 $\det A \neq 0$ 则解存在唯一；$\mathrm{rank}(A,\boldsymbol{b}) > \mathrm{rank}(A)$ 则无解；

$\det A = 0$ 且 $\text{rank}(A,\boldsymbol{b}) = \text{rank}(A)$，则解存在不唯一。对非线性方程组 $F(\boldsymbol{x}) = 0$ 是否有解，解是否唯一都不易确定；此外，除极少数情况外，没有类似于解一元二次方程的求根公式或类似于解线性方程组的直接解法。

非线性方程(组)的求解方法是从一个初始近似解出发，重复某种计算过程来不断改进近似解，类似于解线性方程组的迭代法。期望在有限次改进后，能计算出一个满足误差要求的近似解。这种不断改进近似解的过程称为迭代过程，这种求解方法称为迭代法。

为了保证迭代过程能进行下去，近似解向准确解收敛，要求迭代法有好的迭代公式，好的初始解。在选择迭代法时要考虑计算效率和数值稳定性。

1.3* 映射的 Jacobi 阵和 F 导数

设 $f_i(x_1,\cdots,x_n)$ $i = 1,\cdots,n$ 是 $D \subset R^n$ 上的 n 个多元函数。对任意 $\boldsymbol{x} = (x_1,\cdots,x_n)^T \in D$，$F(\boldsymbol{x}) = (f_1(\boldsymbol{x}),\cdots,f_n(\boldsymbol{x}))^T$ 是 R^n 中的一个向量。我们称

$$F(\boldsymbol{x}) = \begin{pmatrix} f_1(\boldsymbol{x}) \\ \vdots \\ f_n(\boldsymbol{x}) \end{pmatrix}, \quad \boldsymbol{x} = \begin{pmatrix} x_1 \\ \vdots \\ x_n \end{pmatrix} \in D \tag{1.5}$$

是 D 到 R^n 的一个映射(映象)。

假设 $\boldsymbol{x}$ 是 D 的一个内点，每个 f_i，$1 \leqslant i \leqslant n$ 在 $\boldsymbol{x}$ 点都有偏导数，我们称矩阵

$$J(\boldsymbol{x}) = \begin{pmatrix} \dfrac{\partial f_1}{\partial x_1} & \dfrac{\partial f_1}{\partial x_2} & \cdots & \dfrac{\partial f_1}{\partial x_n} \\ \cdots\cdots \\ \dfrac{\partial f_n}{\partial x_1} & \dfrac{\partial f_n}{\partial x_2} & \cdots & \dfrac{\partial f_n}{\partial x_n} \end{pmatrix} \tag{1.6}$$

为映射 $F(\boldsymbol{x})$ 在点 $\boldsymbol{x}$ 的 Jacobi 阵。

定义 1 设 $\boldsymbol{x}$ 是 D 的一个内点，$F(\boldsymbol{x})$ 在 $\boldsymbol{x}$ 点有 Jacobi 阵 $J(\boldsymbol{x})$，

若对任意 $\varepsilon > 0$,存在 $\delta > 0$ 成立

$$\| F(\bar{\boldsymbol{x}}) - F(\boldsymbol{x}) - J(\boldsymbol{x})(\bar{\boldsymbol{x}} - \boldsymbol{x}) \| \leqslant \varepsilon \| \bar{\boldsymbol{x}} - \boldsymbol{x} \|, \quad \forall \bar{\boldsymbol{x}} \in D, \| \bar{\boldsymbol{x}} - \boldsymbol{x} \| \leqslant \delta \tag{1.7}$$

我们就称 $F(\boldsymbol{x})$ 的 Jacobi 阵 $J(\boldsymbol{x})$ 为 $F(\boldsymbol{x})$ 在 $\boldsymbol{x}$ 点的 F 导数(Fretcher 导数),并记为 $F'(\boldsymbol{x})$。

可以证明,若

$$\frac{\partial f_i}{\partial x_j}, 1 \leqslant i, j \leqslant n$$

在 $\boldsymbol{x}$ 邻近都存在而且在 $\boldsymbol{x}$ 点连续,则 $F(\boldsymbol{x})$ 的 Jacobi 阵 $J(\boldsymbol{x})$ 是 $F(\boldsymbol{x})$ 的 F 导数。

当 $F(\boldsymbol{x})$ 在 $\bar{\boldsymbol{x}}$ 存在 F 导数时,仿射映射

$$L(\boldsymbol{x}) = F(\bar{\boldsymbol{x}}) + F'(\bar{\boldsymbol{x}})(\boldsymbol{x} - \bar{\boldsymbol{x}}) \tag{1.8}$$

是映射 $F(\boldsymbol{x})$ 在 $\bar{\boldsymbol{x}}$ 邻近的一个很好的逼近。

1.4 收敛性和收敛阶

解非线性方程(组)的迭代法产生迭代序列 $\{\boldsymbol{x}^{(k)}\}_{k=0}^{\infty}, \boldsymbol{x}^{(k)} = (x_1^{(k)}, \cdots, x_n^{(k)})^T$。

定义 2 若存在 $\boldsymbol{x}^* = (x_1^*, \cdots, x_n^*)^T$,点列 $\{\boldsymbol{x}^k\}_{k=0}^{\infty}$ 成立

$$\lim_{k\to\infty} \| \boldsymbol{x}^{(k)} - \boldsymbol{x}^* \| = 0 \tag{1.9}$$

我们就称点列 $\{\boldsymbol{x}^{(k)}\}_{k=0}^{\infty}$ 收敛于点 $\boldsymbol{x}^*$。并且记为:

$$\lim_{k\to\infty} \boldsymbol{x}^{(k)} = \boldsymbol{x}^*, \text{或 } \boldsymbol{x}^{(k)} \to x^*, \text{当 } k \to \infty$$

收敛序列的收敛速度用收敛阶来刻划。

定义 3 若 $\lim\limits_{k\to\infty} \boldsymbol{x}^{(k)} = \boldsymbol{x}^*, \boldsymbol{x}^{(k)} \neq \boldsymbol{x}^*, k = 0, 1, \cdots$,我们称 $\{\boldsymbol{x}^{(k)}\}_{k=0}^{\infty}$ 收敛于 $\boldsymbol{x}^*$ 是:

(1) 线性的,若

$$\lim_{k\to\infty} \frac{\| \boldsymbol{x}^{(k+1)} - \boldsymbol{x}^* \|}{\| \boldsymbol{x}^{(k)} - \boldsymbol{x}^* \|} = C \in (0, 1)$$

(2) 超线性的,若

$$\lim_{k\to\infty}\frac{\| \boldsymbol{x}^{(k+1)}-\boldsymbol{x}^* \|}{\| \boldsymbol{x}^{(k)}-\boldsymbol{x}^* \|}=0$$

(3)p 阶收敛的，若

$$\lim_{k\to\infty}\frac{\| \boldsymbol{x}^{(k+1)}-\boldsymbol{x}^* \|}{\| \boldsymbol{x}^{(k)}-\boldsymbol{x}^* \|^p}=C\neq 0,\quad p>1$$

二阶收敛也称平方收敛。

在本章中，我们只讨论解非线性方程(组)的一般方法，既适用于代数多项式方程(组)，也适用于超越方程(组)。求解代数多项式方程有一些特殊方法，我们不作讨论。

§2 非线性方程的二分法和插值法

2.1 二分法

给定非线性方程

$$f(x)=0 \tag{2.1}$$

假设 $f(x)$ 在$[a,b]$上连续，而且 $f(a)f(b)<0$。由连续函数介值定理知，至少存在某个 $x^*\in(a,b)$ 使 $f(x^*)=0$，即$[a,b]$内至少有方程(2.1)的一个根。我们称$[a,b]$为 $f(x)$ 的一个含根区间。显然对(2.1)在$[a,b]$中的任一根 x^* 来说有

$$\left|x^*-\frac{a+b}{2}\right|\leqslant\frac{b-a}{2}$$

二分法是一个把含根区间不断缩短，使含根区间中点成为一个满足误差要求的近似解的方法。具体过程描述如下：

令 $a_0=a,b_0=b,h=b-a$。设已得含根区间$[a_i,b_i]$, $i=0,1,\cdots,k$ 满足

$$\begin{cases}(1)[a_i,b_i]\subset[a_{i-1},b_{i-1}],\ i=1,\cdots,k\\(2)b_i-a_i=2^{-i}h,\ i=0,1,\cdots,k\\(3)f(a_i)f(b_i)\leqslant 0,\ i=0,1,\cdots,k\end{cases} \tag{2.2}$$

令 $x_k=\frac{1}{2}(a_k+b_k)$，计算 $f_k=f(x_k)$，取

$$a_{k+1}=x_k, b_{k+1}=b_k, \text{若 } f_k f(a_k)\geqslant 0 \tag{2.3$'$}$$

或

$$a_{k+1}=a_k, b_{k+1}=x_k, \text{若 } f_k f(a_k)<0 \tag{2.3$''$}$$

显然(2.2) 对 $i=k+1$ 仍成立。

重复由$[a_k,b_k]$ 生成$[a_{k+1},b_{k+1}]$ 的上述过程，就生成了近似解序列$\{x_k\}_{k=0}^{\infty}$。当 $m>n$ 时，$x_n,x_m\in[a_n,b_n]$，$|x_m-x_n|\leqslant 2^{-n-1}h$，从而$\{x_k\}_{k=0}^{\infty}$ 是收敛序列，记其极限为 x^*。显然 $f(x^*)=0$，且 $|x^*-x_n|\leqslant 2^{-n-1}h$。

对给定允许误差界 $\varepsilon>0$，只要 $2^{-n-1}(b-a)\leqslant\varepsilon$ 就有

$$|x^*-x_n|\leqslant\varepsilon \tag{2.4}$$

二分法算法：

$f(x)\in C[a,b]$，$f(a)f(b)<0$，$\varepsilon>0$ 为给定允许误差。

1° 令 $s=\text{sign}(f(a))$，$h=(b-a)/2$，$x=a+h$；

2° 若 $h\leqslant\varepsilon$，则输出 x，停机；

3° 计算 $f(x)$，置 $h:=h/2$；

4° 若 $s\times f(x)\geqslant 0$，置 $x:=x+h$，否则置 $x:=x-h$；

5° 转 2°。

例 3 用二分法解方程 $x-\cos x=0$，$\varepsilon=0.001$。

解 $f(0)=-1$，$f(1)>0$，取$[a,b]$ 为$[0,1]$。用二分法所得数据列在表 7-1 中：

所求根可取为 $x\approx 0.739$。

二分法对函数 $f(x)$ 要求低，只要连续，在两个点上异号。二分法保证收敛，但速度不快。二分法不能用于求偶重根，不能用于求复根，更不能推广到多元的方程组求解。

表 7-1

x	$f(x)=x-\cos x$	h
0.0	−1	0.5
0.5	−0.37758	0.25
0.75	0.01831	0.125
0.625	−0.1859	0.0625
0.6875	−0.08533	0.03125
0.71875	−0.033879	0.015625
0.734375	−0.007874	0.0078125
0.07421875	0.005195	0.00390625
0.73828125	−.001345	0.001953125
0.740234375	0.0019239	0.0009765625
0.7392578		

2.2 正割法

设 x^* 是 $f(x)=0$ 的根。$x_{k-1}, x_k (k\geqslant 1)$ 是二个接近于 x^* 的已知近似解。用 $f(x)$ 关于 x_{k-1}, x_k 的线性插值函数

$$L(x)=f(x_{k-1})\frac{x-x_k}{x_{k-1}-x_k}+f(x_k)\frac{x-x_{k-1}}{x_k-x_{k-1}} \tag{2.5}$$

来近似函数 $f(x)$，并取 $L(x)=0$ 的根作为 $f(x)=0$ 的新近似根

$$x_{k+1}=x_k-\frac{x_k-x_{k-1}}{f(x_k)-f(x_{k-1})}f(x_k) \tag{2.6}$$

从适当的 x_0, x_1，由(2.6)生成迭代序列 $\{x_k\}_{k=0}^{\infty}$ 的方法称为正割法。

正割法的几何意义是用曲线 $y=f(x)$ 的过点 $(x_{k-1}, f(x_{k-1}))$，$(x_k, f(x_k))$ 的割线

$$y=f(x_k)+\frac{f(x_k)-f(x_{k-1})}{x_k-x_{k-1}}(x-x_k)$$

来近似原曲线，并用割线与 x 轴的交点 x_{k+1} 近似曲线与 x 轴的点

x^*，如图 7-1 所示。

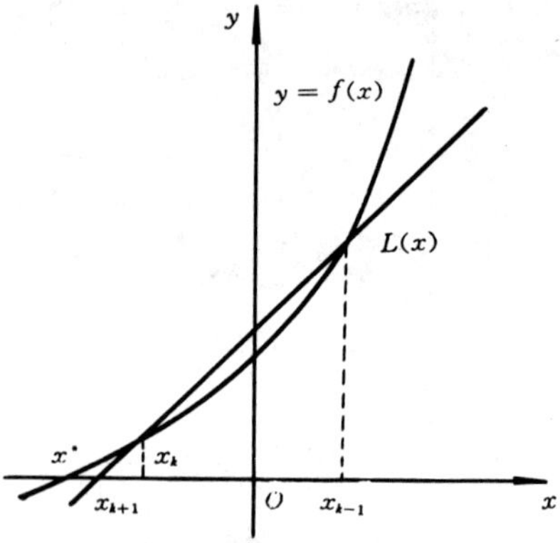

图 7-1

例 4 用正割法求解 $f(x)=x-\cos x=0, x_0=0, x_1=1$。

解 将 $k, x_k, f(x_k), \dfrac{f(x_k)-f(x_{k-1})}{x_k-x_{k-1}}$ 的数值列在表 7-2 中。可看出正割法有较快的收敛速度。

表 7-2

k	x_k	$f(x_k)$	$(f(x_k)-f(x_{k-1}))/(x_k-x_{k-1})$
0	0	-1	
1	1	0.4596977	1.4596977
2	0.68507	-0.089303	1.7432456
3	0.736298	-0.0046617	1.6522468
4	0.739119	5.697×10^{-5}	1.672694
5	0.7390849	-3.62×10^{-7}	
6	0.7390851	-5.5×10^{-8}	

对于正割法，有如下收敛定理。

定理1 若 $f(x)$ 在解 x^* 邻近二次连续可导，且 $f'(x^*)\neq 0$，则存在 $\delta>0$，只要 $x_0,x_1\in[x^*-\delta,x^*+\delta]$，正割产生的迭代序列 $\{x_k\}$ 收敛于 x^*，而且有

$$\lim_{k\to\infty}\frac{x^*-x_{k-1}}{(x^*-x_k)(x^*-x_{k-1})}=-\frac{f''(x^*)}{2f'(x^*)} \tag{2.7}$$

证明 利用插值多项式余项，有

$$-L(x^*)=f(x^*)-L(x^*)=\frac{f''(\eta_k)}{2!}(x^*-x_k)(x^*-x_{k-1})$$

其中 η_k 位于包含 x_{k-1},x_k,x^* 的最小区间内。另一方面

$$\begin{aligned}-L(x^*)&=L(x^*)-L(x_{k+1})=\frac{f(x_k)-f(x_{k-1})}{x_k-x_{k-1}}(x^*-x_{k+1})\\&=f'(\xi_k)(x^*-x_{k+1})\end{aligned}$$

其中 ξ_k 介于 x_k 与 x_{k-1} 之间，也位于包含 x_{k-1},x_k,x^* 的最小区间内。由 $L(x^*)$ 的二个表达式得

$$x^*-x_{k+1}=\frac{-f''(\eta_k)}{2f'(\xi_k)}(x^*-x_k)(x^*-x_{k-1}) \tag{2.8}$$

任取 $r\in(0,1)$，由 $f'(x^*)\neq 0$ 及 f'' 连续得，存在 $\delta=\delta(r)>0$，成立

$$\frac{\delta}{2}\max_{|x-x^*|\leqslant\delta}|f''(x)|/(\min_{|x-x^*|\leqslant\delta}|f'(x)|)\leqslant r$$

当 $x_0,x_1\in[x^*-\delta,x^*+\delta]$ 时，由(2.8)得 $|x^*-x_2|\leqslant r\delta$，$|x^*-x_k|\leqslant r^{k-1}\delta$，$k=3,4,\cdots$，即 $\lim\limits_{k\to\infty}x_k=x^*$。(2.7)显然成立。证毕。

定理1中先假设了 $f(x)=0$ 的解 x^* 存在，同时要求初始近似解 x_0,x_1 充分接近 x^*，这一类收敛定理称为局部性收敛定理。

在定理1的条件下，可以从(2.7)得出

$$\lim_{k\to\infty}\frac{|x^*-x_{k+1}|}{|x^*-x_k|^{1.618}}=\left|\frac{f''(x^*)}{2f'(x^*)}\right|^{0.618} \tag{2.9}$$

即正割法通常具有收敛阶 1.618…。

2.3 抛物线法

假设 $k\geqslant 2$，x_{k-2},x_{k-1},x_k 是接近于 $f(x)=0$ 根 x^* 的近似解。经

过$(x_{k-i},f(x_{k-i})),i=0,1,2$三点的插值抛物线为

$$p(x)=f_k+[x_k,x_{k-1}]f\cdot(x-x_k)+[x_{k-2},x_{k-1},x_k]f\cdot(x-x_k)(x-x_{k-1})$$

用$p(x)$近似$f(x)$，取$p(x)=0$较接近x_k的根为$f(x)=0$的改进近似根x_{k+1}：

$$\begin{cases}a_k=f(x_k)\\c_k=[x_k,x_{k-1},x_{k-2}]f\\b_k=[x_k,x_{k-1}]f+c_k(x_k-x_{k-1})\\x_{k+1}=x_k-\dfrac{2a_k}{b_k\pm\sqrt{b_k^2-4a_kc_k}}\end{cases}\tag{2.10}$$

其中$\pm$号选取原则是与b_k的正负号相同。

由给定x_0,x_1,x_2,(2.10)生成迭代序列的求根算法称为抛物线法。

抛物线法有下面的局部收敛定理。

定理2 设$f(x)$在解x^*邻近三次连续可导，$f'(x^*)\neq 0$，则存在$\delta>0$，只要$x_0,x_1,x_2\in[x^*-\delta,x^*+\delta]$，抛物线产生的序列$\{x_k\}$收敛于$x^*$，其收敛阶为1.840，即

$$\lim_{k\to\infty}\frac{|x^*-x_{k+1}|}{|x^*-x_k|^{1.840}}=\left|\frac{f'''(x^*)}{6f'(x^*)}\right|^{0.420}\tag{2.11}$$

抛物线法可以由实近似根产生复近似根。次数大于2的插值法很少用于求解$f(x)=0$，主要原因是高次多项式求根本身就比较困难，而不论插值次数有多高，插值法的收敛阶总低于2。

2.4* 反插值法

假设$f(x)$在解x^*邻近严格单调，则$y=f(x)$有反函数$x=\varphi(y)$存在，$f(x)=0$的解x^*满足

$$x^*=\varphi(0)\tag{2.12}$$

设$x_k,x_{k-1},\cdots,x_{k-l}$是已知近似解，对应函数值为$y_k,y_{k-1},\cdots,y_{k-l}$。$\varphi(y)$关于$y_{k-i},i=0,1,\cdots,l$的插值多项式为

$$q(y) = x_k + [y_k, y_{k-1}]\varphi \cdot (y - y_k) + [y_k, y_{k-1}, y_{k-2}]\varphi \cdot (y - y_k)(y - y_{k-1}) + \cdots + [y_k, \cdots, y_{k-l}]\varphi \cdot (y - y_k)(y - y_{k-1}) \cdots (y - y_{k-l+1})$$

取 $x_{k+1} = q(0)$，即

$$x_{k+1} = x_k - y_k[y_k, y_{k-1}]\varphi + y_k y_{k-1}[y_k, y_{k-1}, y_{k-2}]\varphi + \cdots + (-1)^l y_k \cdots y_{k-l+1}[y_k, y_{k-1}, \cdots, y_{k-l}]\varphi \tag{2.13}$$

为 x^* 的近似值。

对固定 l，已知 $x_0, x_1, \cdots, x_l$，由(2.3)产生的迭代法称为 l 次反插值迭代法。$l = 1$ 的反插值法完全重合于正割法。$l > 1$ 时与插值法不同。与插值法类似，不论 l 多大，反插值法的收敛阶总低于 2。

§3　解 $x = g(x)$ 的简单迭代法

3.1　简单迭代法公式

对给定方程 $f(x) = 0$，可以用各种方法转化成等价方程

$$x = g(x) \tag{3.1}$$

例 5　对 $f(x) = x^3 + 4x^2 - 10 = 0$（此方程在[1,2]中有唯一根）用不同方法化成等价方程。

解　可化成很多不同等价方程，例如

(a) $x = g_1(x) = x - x^3 - 4x^2 + 10$；

(b) $x = g_2(x) = \left(\frac{10}{x} - 4x\right)^{\frac{1}{2}}$；

(c) $x = g_3(x) = \frac{1}{2}(10 - x^3)^{\frac{1}{2}}$；

(d) $x = g_4(x) = \left(\frac{10}{4 + x}\right)^{\frac{1}{2}}$；

(e) $x = g_5(x) = x - \frac{x^3 + 4x^2 - 10}{3x^2 + 8x}$。

函数 $g(x)$ 与 $f(x)$ 的定义域可能不相同，但要求它们在所要求

$f(x)=0$ 的解 x^* 邻近都有定义。

设 x_0 是一个近似解，我们可以构造序列

$$x_{k+1}=g(x_k) \quad k=0,1,\cdots \tag{3.2}$$

我们期望每个 x_k 都在 $g(x)$ 的定义域上，保持有界而且收敛到 x^*。迭代法(3.2)称为简单迭代法或单点迭代法。$g(x)$ 称为迭代函数。

定义 4 简单迭代法(3.2)称为适定的，若迭代序列 $\{x_k\}$ 保持有界，全在 $g(x)$ 定义域内；称为收敛的，若进一步有 $\lim\limits_{k\to\infty}x_k=x^*$。

当迭代(3.2)收敛时，极限点 x^* 又是 $g(x)$ 的连续点，则

$$x^*=\lim_{k\to\infty}x_{k+1}=\lim_{k\to\infty}g(x_k)=g(\lim_{k\to\infty}x_k)=g(x^*)$$

即 x^* 是(3.1)的解。$g(x)$ 把定义域上每个 x 映成了 $g(x)$，因此，(3.1)的解也称 $g(x)$ 的不动点。

简单迭代法(3.2)的几何意义可作如下解释。

求 $x=g(x)$ 的不动点，在几何上是求直线 $y=x$ 与曲线 $y=$

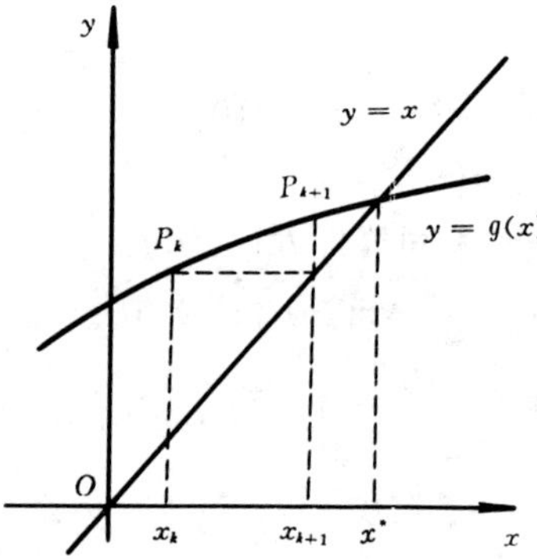

图 7-2

$g(x)$ 的交点 x^*。如图 7-2所示，从点 $P_k(x_k,g(x_k))$ 出发，沿平行于 x 轴方向前进交 $y=x$ 于点$(g(x_k),g(x_k))$，从该点沿 y 轴方向前进交

$y = g(x)$ 于 $P_{k+1}(g(x_k), g(g(x_k)))$ 点，P_{k+1} 点的横坐标就是 $g(x_k) = x_{k+1}$。

例 6 对例 5 中所选取的 $g_i(x)(i = 1, \cdots, 5)$，取初始近似值 $x_0 = 1.5$，迭代计算结果列在表 7-3 中。

表 7-3

k	(a)	(b)	(c)	(d)	(e)
0	1.5	1.5	1.5	1.5	1.5
1	-0.875	0.8165	1.28695377	1.34839973	1.3733333
2	6.732	2.9969	1.40254080	1.36737637	1.36526201
3	-469.7	$(-8.65)^{\frac{1}{2}}$	1.34545838	1.3649570	1.36523001
4	1.03×10^8		1.37517025	1.36526475	
8			1.36591673	1.36523002	
9			1.36487822	1.36523001	
23			1.36522998		
25			1.36523001		

迭代过程 (a)，(b) 不适定，(c)，(d)，(e) 都收敛，但收敛速度相差很大。

用迭代法 $x_{k+1} = g(x_k)$，$k = 0, 1, \cdots$ 求解 $f(x) = 0$，需要讨论如下问题：

(1) 如何选取适合的迭代函数 $g(x)$；

(2) 迭代函数 $g(x)$ 满足什么条件，迭代序列收敛到 x^*，收敛速度是多少；

(3) 怎样加速序列 $\{x_k\}$ 的收敛速度。

3.2 收敛定理

简单迭代法(3.2) 的收敛定理，主要有压缩不动点定理和局部收敛定理。

定理 3 （压缩不动点定理）如果迭代函数 $g(x)$ 满足条件

(1) $g(x) \in [a,b], \forall\ x \in [a,b]$ (3.3)

(2) 存在常数 $L<1$，成立

$$|g(x')-g(x'')| \leqslant L|x'-x''|,\ \forall\ x',x'' \in [a,b] \tag{3.4}$$

则

1° $x=g(x)$ 在$[a,b]$内有唯一解 x^*；

2° 对任意 $x_0 \in [a,b]$，$\{x_k\} \subset [a,b]$，$\lim\limits_{k\to\infty} x_k = x^*$；

3° 成立误差估计

$$|x^*-x_k| \leqslant \frac{1}{1-L}|x_{k+1}-x_k| \leqslant \frac{L^k}{1-L}|x_1-x_0|; \tag{3.5}$$

4° 若 $g'(x^*)$ 存在，则有

$$\lim_{k\to\infty}\frac{x^*-x_{k+1}}{x^*-x_k} = g'(x^*) \tag{3.6}$$

证明 令 $h(x)=g(x)-x$，则 $h(x) \in C[a,b]$，$h(a) \geqslant 0$，$h(b) \leqslant 0$，从而 $h(x)=0$ 在$[a,b]$内至少有一个根 x^*。而 $h(x^*)=0$ 即为 $x^*=g(x^*)$。$g(x)$ 在$[a,b]$内有不动点 x^*。设 $y^* \in [a,b]$ 是 $g(x)$ 在$[a,b]$内的任一不动点，由

$$|x^*-y^*| = |g(x^*)-g(y^*)| \leqslant L|x^*-y^*|$$

得$(1-L)|x^*-y^*| \leqslant 0$，由 $1-L>0$，$|x^*-y^*| \geqslant 0$，推出 $y^*=x^*$。1° 得证。

由 $x_0 \in [a,b]$ 及条件(1)，知迭代(3.2) 适定。再由

$$|x^*-x_{k+1}| = |g(x^*)-g(x_k)| \leqslant L|x^*-x_k|,k=0,1,\cdots$$

推得

$$|x^*-x_k| \leqslant L^k|x^*-x_0| \to 0, \text{当 } k\to\infty$$

2° 得证。

由
$$\begin{aligned}|x^*-x_k| &\leqslant |x^*-x_{k+1}| + |x_{k+1}-x_k| \\ &\leqslant L|x^*-x_k| + |x_{k+1}-x_k|\end{aligned}$$

得

$$|x^*-x_k| \leqslant \frac{1}{1-L}|x_{k+1}-x_k| \leqslant \frac{L}{1-L}|x_k-x_{k-1}| \leqslant \cdots$$

$$\leqslant \frac{L^k}{1-L}|x_1 - x_0|$$

3° 得证。

4° 是显然的：

$$\lim_{k\to\infty}\frac{x^* - x_{k+1}}{x^* - x_k} = \lim_{k\to\infty}\frac{g(x_k) - g(x^*)}{x_k - x^*} = g'(x^*)$$

推论 1　定理 3 中的条件(2)，即(3.4)式，可以用更强、更便于应用的条件来代替：

$$\max_{a\leqslant x\leqslant b}|g'(x)| \leqslant L < 1 \tag{3.4$'$}$$

在实际计算中，总是在根 x^* 邻近范围考虑。定理 3 的条件对较大的含根区间可能不能满足，但在 x^* 的邻近成立。为此有：

定理 4　(局部收敛定理) 如果 $g(x)$ 在不动点 x^* 的 δ 邻域内满足

$$|g(x) - g(x^*)| \leqslant L|x - x^*|,\ \forall\ x \in [x^* - \delta, x^* + \delta] \tag{3.7}$$

其中 $L < 1$，则对任意 $x_0 \in [x^* - \delta, x^* + \delta]$，(3.2) 产生的迭代序列 $\{x_k\}$ 收敛于 x^*，且有误差估计

$$|x^* - x_k| \leqslant L^k|x^* - x_0|,\quad k = 0,1,\cdots \tag{3.8}$$

证明比较简单，从略。

推理 2　若 $g(x)$ 在不动点 x^* 处可微，而且 $|g'(x^*)| < 1$，则存在 $\delta > 0$，只要 $|x_0 - x^*| \leqslant \delta$，迭代法(3.2) 产生的序列收敛于 x^*，而且(3.6) 成立。

证明　任取 $L \in (|g'(x^*)|, 1)$，$\varepsilon = L - |g'(x^*)| > 0$，由

$$g'(x^*) = \lim_{x\to x^*}\frac{g(x) - g(x^*)}{x - x^*}$$

知存在 $\delta > 0$，成立

$$\left|\frac{g(x) - g(x^*)}{x - x^*} - g'(x^*)\right| \leqslant \varepsilon\quad \forall\ x \in [x^* - \delta, x^* + \delta]$$

即

$$|g(x) - g(x^*)| \leqslant (\varepsilon + |g'(x^*)|)|x - x^*|$$

$$= L|x - x^*| \quad \forall x \in [x^* - \delta, x^* + \delta]$$

由定理 4 得证。

(3.4) 中的因子 L 称为压缩因子。压缩因子越小或 $|g'(x^*)|$ 越小,迭代(3.2) 收敛越快。在一定条件下,迭代(3.2) 是高阶收敛的:

定理 5 (高阶收敛定理)若 $g(x)$ 在不动点 x^* 邻近有直至 m 阶的连续导数,而且满足

$$g'(x^*) = \cdots = g^{(m-1)}(x^*) = 0, g^{(m)}(x^*) \neq 0$$

则迭代(3.2) 局部收敛,收敛阶为 m。

证明 由推论 2 知,迭代(3.2) 是局部收敛的。利用

$$x_{k+1} = g(x_k) = g(x^*) + g'(x^*)(x_k - x^*) + \frac{1}{2!}g''(x^*)(x_k - x^*)^2 + \cdots + \frac{g^{(m-1)}(x^*)}{(m-1)!}(x_k - x^*)^{m-1} + \frac{g^{(m)}(\xi_k)}{m!}(x_k - x^*)^m$$

$$= x^* + \frac{g^{(m)}(\xi_k)}{m!}(x_k - x^*)^m$$

得

$$\frac{x_{k+1} - x^*}{(x_k - x^*)^m} = \frac{g^{(m)}(\xi_k)}{m!} \longrightarrow \frac{g^{(m)}(x^*)}{m!}, \quad 当 k \to \infty \tag{3.9}$$

在上面的式子中 ξ_k 介于 x_k 与 x^* 之间。

简单迭代(3.2) 在绝大多数情况下是线性收敛的。研究线性收敛序列的加速是下一节的内容。

§4 迭代的加速法

4.1 Aitken 加速方法

假设迭代序列 $\{x_k\}$ 线性收敛于 x^*,即

$$\lim_{k\to\infty} \frac{x_{k+1} - x^*}{x_k - x^*} = C, \quad 0 < |C| < 1 \tag{4.1}$$

不失一般性,可假设 $x_k \neq x^*, k = 0,1,\cdots; x_{k+2} - 2x_{k+1} + x_k \neq 0, k$

$= 0,1,\cdots$。

我们定义序列$\{x_k\}$的 Aitken 加速序列为$\{\tilde{x}_k\}_{k=0}^{\infty}$：

$$\tilde{x}_k = x_k - \frac{(x_{k+1} - x_k)^2}{x_{k+2} - 2x_{k+1} + x_k} = x_k - \frac{(\Delta x_k)^2}{\Delta^2 x_k}, \quad k = 0,1,\cdots \tag{4.2}$$

定理 6　若序列$\{x_k\}_0^{\infty}$线性收敛于x^*：

$$\lim_{k\to\infty} \frac{x_{k+1} - x^*}{x_k - x^*} = C, 0 < |C| < 1$$

则

$\{x_k\}_{k=0}^{\infty}$的 Aitken 加速序列$\{\tilde{x}_k\}_{k=0}^{\infty}$比$\{x_k\}_{k=0}^{\infty}$更快地收敛于$x^*$，即

$$\lim_{k\to\infty} \frac{x^* - \tilde{x}_k}{x^* - x_k} = 0 \tag{4.3}$$

证明　记$e_k = x_k - x^*$。有

$$\lim_{k\to\infty} \frac{e_{k+1}}{e_k} = C, \lim_{k\to\infty} \frac{e_{k+2}}{e_k} = C^2$$

由

$$\tilde{x}_k - x^* = e_k - \frac{(e_{k+1} - e_k)^2}{e_{k+2} - 2e_{k+1} + e_k}$$

得

$$\frac{\tilde{x}_k - x^*}{x_k - x^*} = 1 - \frac{\left(\frac{e_{k+1}}{e_k} - 1\right)^2}{\frac{e_{k+2}}{e_k} - 2\frac{e_{k+1}}{e_k} + 1} \longrightarrow 1 - \frac{(C-1)^2}{C^2 - 2C + 1}$$
$$= 0, \qquad k \to \infty$$

即(4.3)成立。

例 7　对例 6 中由$g_4(x)$产生的迭代序列(表 7-3 中(d)对应列)进行 Aitken 加速。

解　利用计算公式得

$$\tilde{x}_0 = 1.365265223$$

$$\tilde{x}_1 = 1.36523058$$

$$\tilde{x}_2 = 1.365230023$$

$\tilde{x}_2$ 与 x_8 的误差差不多。

4.2 Steffenson 迭代方法

在 Aitken 加速法中，只要有三个相邻点就可以进行加速。把线性收敛的简单迭代(3.2)与 Aitken 加速方法结合起来，可以建立称之为 Steffenson 方法的迭代过程。

迭代函数 $g(x)$，迭代初始值 x_0，迭代序列为 $\{x_k\}_{k=0}^{\infty}$：

$$\begin{cases} y_k = g(x_k), \\ z_k = g(y_k), \\ x_{k+1} = x_k - (y_k - x_k)^2/(z_k - 2y_k + x_k), \quad k = 0,1,\cdots \end{cases} \tag{4.4}$$

可以证明下述收敛定理。

定理 8 若 x^* 是 $g(x)$ 的不动点，$g(x)$ 一次连续可微，$g'(x) \neq 0,1$，$g''(x^*)$ 存在，则存在 $\delta > 0$，只要 $|x_0 - x^*| \leqslant \delta$，由 Steffenson 方法产生的迭代序列 $\{x_k\}$ 收敛于 x^*，而且收敛阶至少是 2。

例 8 用 Steffenson 方法求解 $x - \cos x = 0$，$x_0 = 0$。

解 取 $g(x) = \cos x$，计算结果列在表 7-4 中：

表 7-4

k	x_k	y_k	z_k
0	0	1	0.540302
1	0.685073357	0.774372633	0.714859871
2	0.738660155	0.739371336	0.738892313
3	0.73908516	0.739085115	0.739085145
4	0.739085132	0.739085134	0.739085132

精确解为 0.739085133…。一步 Steffenson 方法迭代的计算量相当于两步简单迭代。在本例中 $g'(x^*) = 0.673612\cdots$。迭代(3.2)的收敛

速度很慢，Steffenson 方法收敛很快。

§5　解 $f(x)=0$ 的 Newton 迭代法

解非线性方程

$$f(x)=0 \tag{5.1}$$

的 Newton-Raphson 方法，简称 Newton 法，是一种广泛应用的高效计算方法。Newton 法是非线性方程局部线性化的方法，它在单根附近具有较高的收敛速度。

5.1　Newton 迭代公式

设 $f(x)$ 二次连续可导，x_k 是(5.1)的第 k 次近似解。我们用曲线 $y=f(x)$ 过点 $(x_k, f(x_k))$ 的切线 L_k：

$$y=f(x_k)+f'(x_k)(x-x_k) \tag{5.2}$$

来近似曲线 $y=f(x)$。取 L_k 与 x 轴的交点为 $f(x)=0$ 的第 $k+1$ 次近似解

$$x_{k+1}=x_k-f(x_k)/f'(x_k), \quad (f'(x_k)\neq 0) \tag{5.3}$$

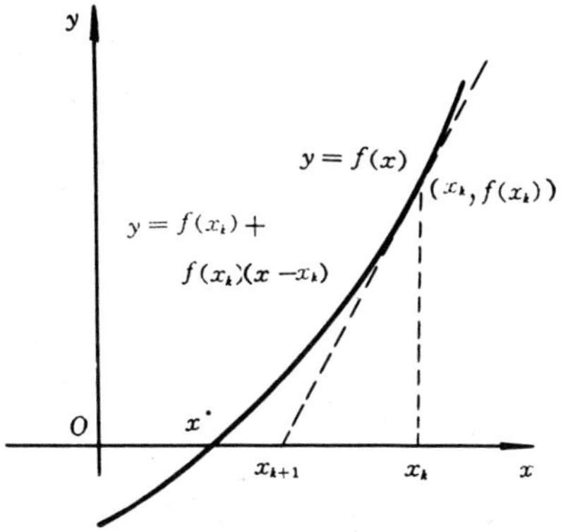

图 7-3

迭代公式(5.3)称为 Newton 公式。因为

$$f(x)=f(x_k)+f'(x_k)(x-x_k)+\frac{f''(\xi)}{2!}(x-x_k)^2$$

ξ 介于 x 与 x_k 之间。$y=f(x_k)+f'(x_k)(x-x_k)$ 是 $f(x)$ 在点 x_k 的线性展开，故 Newton 法是一个逐次线性化方法。Newton 法产生的迭代序列，我们简称为 Newton 序列。

若我们取

$$g(x)=x-f(x)/f'(x),\quad f'(x)\neq 0 \tag{5.4}$$

Newton 迭代(5.3)就是简单迭代 $x_{k+1}=g(x_k)$。Newton 迭代是一种特殊简单迭代，迭代函数 $g(x)$ 由(5.4)给出。

若我们用 $\dfrac{f(x_k)-f(x_{k-1})}{x_k-x_{k-1}}$ 近似 $f'(x_k)$，则(5.3)就转化成了正割法。因此正割法也称之为离散 Newton 法。

5.2 Newton 法收敛定理

定理 9 (Newton 法超线性收敛性) 如果 $f(x)$ 在解 x^* 邻近连续可导，且 $f'(x^*)\neq 0$，则存在 $\delta>0$，只要 $|x_0-x^*|\leqslant\delta$，Newton 序列超线性收敛于 x^*，即

$$\lim_{k\to\infty}(x_{k+1}-x^*)/(x_k-x^*)=0 \tag{5.5}$$

证明 只要证明由(5.4)所给的迭代函数 $g(x)$ 满足 $g'(x^*)=0$ 即可。

$$\begin{aligned}g(x)-g(x^*)&=x-\frac{f(x)}{f'(x)}-\left[x^*-\frac{f(x^*)}{f'(x)}\right]\\&=(x-x^*)-\frac{f(x)-f(x^*)}{f'(x)}\\&=\frac{f'(x)-f'(\xi)}{f'(x)}(x-x^*)\end{aligned}$$

其中 ξ 介于 x 与 x^* 之间，即：

$$\frac{g(x)-g(x^*)}{x-x^*}=\frac{f'(x)-f'(\xi)}{f'(x)}$$

$$\xi=\xi(x)\in[\min(x,x^*),\max(x,x^*)]$$

两边令 $x\to x^*$，由 $f'(x)\to f'(x^*)\neq 0$，$f'(\xi)\to f'(x^*)$，得

$$g'(x^*) = 0$$

Newton 法在一般情况下是二阶收敛的。

定理 10 （Newton 法局部二阶收敛性）如果 $f(x)$ 在解 x^* 邻近二次连续可导，且 $f'(x^*) \neq 0$，则存在 $\delta > 0$，只要 $|x_0 - x^*| \leqslant \delta$，Newton 序列二阶收敛于 x^*：

$$\lim_{k\to\infty} \frac{x_{k+1} - x^*}{(x_k - x^*)^2} = \frac{f''(x^*)}{2f'(x^*)} \tag{5.6}$$

证明 由定理 9 知，Newton 法局部超线性收敛。下面证明(5.6)。

$$x_{k+1} - x^* = x_k - x^* - \frac{f(x_k)}{f'(x_k)}$$
$$= \frac{(x_k - x^*)f'(x_k) - f(x_k) + f(x^*)}{f'(x_k)}$$

利用 Taylor 展开

$$f(x^*) = f(x_k) + f'(x_k)(x^* - x_k) + \frac{f''(\eta_k)}{2!}(x^* - x_k)^2$$

得

$$x_{k+1} - x^* = \frac{f''(\eta_k)}{2f'(x_k)}(x_k - x^*)^2$$

其中 η_k 介于 x_k 与 x^* 之间。整理后对 k 取极限即得(5.6)。

当 $f''(x^*) = 0$ 时，Newton 法超二阶收敛。

定理 9 和定理 10 都要求满足 $|x_0 - x^*| \leqslant \delta$。在应用中对初值要求高，初值选择较困难。下面的定理在一定条件下放宽了对初值要求。

定理 11 （Newton 法非局部收敛定理）

$f(x) \in C^2[a,b]$，如果满足条件：

(1) $f(a)f(b) < 0$；

(2) $f''(x)$ 在$[a,b]$上不变号；

(3) $f'(x)$ 在$[a,b]$上不取零

则对任意 $x_0 \in [a,b]$ 满足 $f(x_0)f''(x_0) \geqslant 0$，Newton 序列单调二阶收敛于 $f(x) = 0$ 在$[a,b]$上的唯一解 x^*。

证明 由于 $f(x)$ 连续，$f(a)f(b)<0$，$f(x)=0$ 在 $[a,b]$ 上至少有一个解 x^*；由于 $f'(x)$ 连续，$f'(x)$ 在 $[a,b]$ 上不取零，$f'(x)$ 在 $[a,b]$ 上恒正或恒负，$f(x)$ 在 $[a,b]$ 上严格单调上升或下降，$f(x)=0$ 在 $[a,b]$ 上至多只有一个解。综上分析，$f(x)=0$ 在 (a,b) 内有唯一解 x^*。

设 $x_k\in[a,b]$ 满足 $f(x_k)f''\geqslant 0$。由

$$0=f(x^*)=f(x_k)+f'(x_k)(x^*-x_k)+\frac{f''(\eta_k)}{2!}(x^*-x_k)^2$$

得

$$x^*=x_k-\frac{1}{f'(x_k)}\left[f(x_k)+\frac{2f''(\eta_k)}{2!}(x^*-x_k)^2\right]$$

其中 η_k 介于 x_k 与 x^* 之间，$f''(\eta_k)$ 与 $f(x_k)$ 同号。与

$$x_{k+1}=x_k-f(x_k)/f'(x_k)$$

比较，我们得 x_{k+1} 必介于 x_k 与 x^* 之间且 $f(x_{k+1})$ 与 $f(x_k)$ 同号，$f(x_{k+1})f''\geqslant 0$。

当 $x_0\in[a,b]$，$f(x_0)f''(x_0)\geqslant 0$ 时，x_1 介于 x_0 与 x^* 之间，$f(x_1)f''(x_1)\geqslant 0$，… 我们推得：每个 x_{k+1} 介于 x_k 与 x^* 之间，从而 $\{x_k\}_{k=0}^{\infty}\subset[a,b]$，且 $\{x_k\}_{k=0}^{\infty}$ 是单调序列，单调有界（界为 x^*），单调有界序列有极限：

$$\lim_{k\to\infty}x_k=\bar{x}\in[a,b]$$

在 $x_{k+1}=x_k-f(x_k)/f'(x_k)$ 两边对 $k\to\infty$ 取极限，得 $\bar{x}=\bar{x}-f(\bar{x})/f'(\bar{x})$，$f'(\bar{x})\neq 0$，从而 $f(\bar{x})=0$。

由 $f(x)=0$ 在 $[a,b]$ 上只有唯一解 x^*，得 $\bar{x}=x^*$，即 $\lim\limits_{k\to\infty}x_k=x^*$。由定理 10 知，$\{x_k\}$ 二阶收敛于 x^*。证毕。

例 9 用 Newton 法求解 $x-\cos x=0$。

解 $f(x)=x-\cos x$，$f(0)<0$，$f(1)>0$，在 $[0,1]$ 上 $f'(x)=1+\sin x>0$，$f''=\cos x>0$。根据定理 11，只要 $x_0\in[0,1]$，$f(x_0)>0$，Newton 迭代序列单调二阶收敛到 $f(x)=0$ 在 $[0,1]$ 内的唯一根 x^*。Newton 迭代取 $x_0=1$ 的计算结果列在表 7-5 中。

表 7-5

k	x_k	$f(x_k)$	$f'(x_k)$
0	1	0.459697694	1.841470984
1	0.750363867	0.018923073	1.681904952
2	0.73911289	0.000046454	1.673632544
3	0.739085133	0	

在定理9、10、11中,我们要求 $f'(x^*) \neq 0$,即 x^* 是 $f(x)=0$ 的单根。假设 x^* 是 $f(x)=0$ 的 $m(>1)$ 重根

$$f(x) = (x - x^*)^m g(x) \tag{5.7}$$

其中函数 $g(x)$ 满足 $g(x^*) \neq 0$。当 x 接近 x^* 时,$\bar{x} = x - f(x)/f'(x)$ 满足

$$\begin{aligned}\bar{x} &= x - \frac{(x-x^*)^m g(x)}{m(x-x^*)^{m-1}g(x) + (x-x^*)^m g'(x)} \\ &= x - \frac{x - x^*}{m + (x-x^*)g'(x)/g(x)}\end{aligned}$$

从而

$$\frac{[x - f'(x)/f'(x)] - x^*}{x - x^*} \longrightarrow 1 - \frac{1}{m}, \text{当 } x \to x^* \tag{5.8}$$

由简单迭代收敛定理知,重根处 Newton 法是局部线性收敛的。重数 m 越大,收敛越慢。若我们以 Newton 法为基本简单迭代,用 Steffenson 方法进行计算,就得到了二阶收敛迭代序列。提高 Newton 法重根收敛速度的另一种方法是取

$$h(x) = f(x)/f'(x) \tag{5.9}$$

再对函数 $h(x)$ 用 Newton 迭代

$$\begin{aligned}x_{k+1} &= x_k - h(x_k)/h'(x_k) \\ &= x_k - \frac{f(x_k)f'(x_k)}{[f'(x_k)]^2 - f(x_k)f''(x_k)}, \quad k = 0,1,\cdots\end{aligned} \tag{5.10}$$

迭代式(5.10)也是二阶收敛,但要用到二阶导数 f''。

5.3 Newton 下山法

Newton 法对初始值 x_0 要求苛刻，在实际应用中往往难以满足。Newton 下山法是一种降低对初值要求的修正 Newton 法。

方程 $f(x)=0$ 的解 x^* 是 $|f(x)|$ 的最小点：

$$0=|f(x^*)|=\min_x|f(x)| \tag{5.11}$$

若我们视 $|f(x)|$ 为 $f(x)$ 在 x 点的高度，则 x^* 是山谷最低点。若序列$\{x_k\}$ 满足 $|f(x_{k+1})|<|f(x_k)|$，我们称$\{x_k\}$ 是 $f(x)$ 的一个下山序列。下山序列的极限点不一定是 $f(x)=0$ 的解。但收敛的 Newton 序列除去有限点外一定是下山序列：

$$\begin{aligned} f(x_{k+1}) &= f'(\xi_{k+1})(x_{k+1}-x^*) \\ &= \frac{f'(\xi_{k+1})f''(\xi_k)}{2f'(x_k)}(x_k-x^*)^2 \\ &= \frac{f'(\xi_{k+1})f''(\xi_k)f(x_k)}{2f'(x_k)[f'(\xi_k)]^2}\cdot f(x_k) \end{aligned}$$

$$\frac{f(x_{k+1})}{f^2(x_k)}\longrightarrow\frac{f''(x^*)}{2[f'(x^*)]^2},\quad 当\ k\to\infty$$

于是，$|f(x_{k+1})|<|f(x_k)|$，当 k 充分大。

引理 1 若 $f(x)\neq 0, f'(x)\neq 0$，则一定存在 $\Delta>0$，成立

$$\left|f\left(x-t\frac{f(x)}{f'(x)}\right)\right|<|f(x)|,\ 0<t<\Delta \tag{5.12}$$

证明 由 $f'(x)$ 定义得

$$\lim_{t\to 0_+}\frac{f\left(x-t\dfrac{f(x)}{f'(x)}\right)-f(x)-f'(x)\left[-t\dfrac{f(x)}{f'(x)}\right]}{-t\dfrac{f(x)}{f'(x)}}=0$$

于是存在 $\Delta>0$，只要 $0<t\leqslant\Delta$ 就成立

$$\left|\frac{f\left(x-t\dfrac{f(x)}{f'(x)}\right)-f(x)-f'(x)\left[-t\dfrac{f(x)}{f'(x)}\right]}{-t\dfrac{f(x)}{f'(x)}}\right|\leqslant\frac{1}{2}|f'(x)|$$

从而

$$|f(x - t\frac{f(x)}{f'(x)}) - (1-t)f(x)| \leqslant \frac{t}{2}|f(x)|$$

$$|f(x - t\frac{f(x)}{f'(x)})| \leqslant (1-\frac{t}{2})|f(x)| < |f(x)|, \quad 0 < t \leqslant \Delta$$

引理 1 表明 $-f(x)/f'(x)$ 是 $f(x)$ 在 x 点的下山方向。可以适当选择 $t_k > 0$，使 $x_{k+1} = x_k - t_k f(x_k)/f'(x_k)$ 满足 $|f(x_{k+1})| < |f(x_k)|, k = 0,1,\cdots$。

在 Newton 法中引进下山因子 $t_k \in (0,1]$

$$x_{k+1} = x_k - t_k f(x_k)/f'(x_k), \quad k = 0,1,\cdots \tag{5.13}$$

使 $|f(x_{k+1})| < |f(x_k)|$。为了保证收敛性，t_k 不能太小。为了保证 Newton 法的高阶收敛性，希望 k 充分大后，使 $t_k = 1$，转化为标准 Newton 法。下山因子 t_k 的一种常用取法是取自集合$\{1,\frac{1}{2},\frac{1}{4},\cdots\}$，具体方法是对 $f_k = f(x_k), h = -f_k/f'(x_k)$ 进行计算：

1° $x = x_k + h$，计算 $f = f(x)$；

2° 若 $|f| \geqslant |f_k|$，则置 $h = h/2$，转 1°，否则转 3°；

3° $x_{k+1} = x, f_{k+1} = f$。

5.4 Newton 迭代算法

本算法结合下山法解 $f(x) = 0$。$\varepsilon_1, \varepsilon_2 > 0$ 为给定允许误差，N_0 为最大迭代次数，x_0 为开始时初始值，迭代过程中为近似解 x_k，$f(x)$、$f'(x)$ 用函数语句或子程序进行调用。

1° 读入 $x_0, \varepsilon_1, \varepsilon_2, N_0$，计算 $f_0 = f(x_0)$；

2° 对 $k = 0,1,\cdots,N_0$做到第 8° 步；

3° 若 $|f_0| \leqslant \varepsilon_1$，则输出 k, x_0, f_0，停机；

4° 计算 $d = f'(x_0)$，若 $d = 0$，则输出“$f' = 0$，迭代失败”，停机；

5° $h = -f_0/d$，若 $|h| \leqslant \varepsilon_2(1 + |x_0|)$，则输出 k, x_0, f_0，停机；

6° $x = x_0 + h$，计算 $f = f(x)$；

7° 若 $|f| \geqslant |f_0|$，则 $h = h/2$，转 6°；

8° $x_0 = x, f_0 = f$；

9° 输出“超出最大迭代次数”,停机。

§ 6* 解方程组 $\boldsymbol{x} = G(\boldsymbol{x})$ 的简单迭代法

对给定非线性方程组

$$F(\boldsymbol{x}) = \boldsymbol{0}$$

可以用各种方法化成不同的等价方程组

$$\boldsymbol{x} = G(\boldsymbol{x}) \tag{6.1}$$

其中 $\boldsymbol{x} = (x_1, \cdots, x_n)^T$, $G(\boldsymbol{x}) = (g_1(\boldsymbol{x}), \cdots, g_n(\boldsymbol{x}))^T$。我们假设每个 g_i 具有连续的二阶偏导数:$\dfrac{\partial^2 g_i}{\partial x_p \partial x_q}$, $1 \leqslant i, p, q \leqslant n$。$G(\boldsymbol{x})$ 在点 x 的 F-导数为

$$G'(\boldsymbol{x}) = \begin{pmatrix} \dfrac{\partial g_1}{\partial x_1} & \dfrac{\partial g_1}{\partial x_2} & \cdots\cdots & \dfrac{\partial g_1}{\partial x_n} \\ & & \cdots & \\ \dfrac{\partial g_n}{\partial x_1} & \dfrac{\partial g_n}{\partial x_2} & \cdots & \dfrac{\partial g_n}{\partial x_n} \end{pmatrix} \tag{6.2}$$

方程(6.1)的解 $\boldsymbol{x}^* = (x_1^*, \cdots, x_n^*)^T$ 称为映射 $G(\boldsymbol{x})$ 的不动点。求解(6.1)就是求映射 $G(\boldsymbol{x})$ 的不动点。求 $G(\boldsymbol{x})$ 不动点的一个重要方法是简单迭代法。

6.1 简单迭代法

设 $\boldsymbol{x}^{(0)} = (x_1^{(0)}, x_2^{(0)}, \cdots, x_n^{(0)})^T$ 是一个初始向量。构造向量序列

$$\boldsymbol{x}^{(k+1)} = G(\boldsymbol{x}^{(k)}), \quad k = 0, 1, \cdots \tag{6.3}$$

只要每个 $\boldsymbol{x}^{(k)}$ 都在 $G(\boldsymbol{x})$ 定义域内,序列 $\{\boldsymbol{x}^{(k)}\}_0^\infty$ 就有定义。

迭代(6.3)称为简单迭代,也称单点迭代,因为 $\boldsymbol{x}^{(k+1)}$ 只依赖于当前已知点 $\boldsymbol{x}^{(k)}$。映射 $G(\boldsymbol{x})$ 称为迭代映射。

若迭代序列 $\{\tilde{\boldsymbol{x}}^{(k)}\}$ 收敛于点 $\tilde{\boldsymbol{x}} = (\tilde{x}_1, \cdots, \tilde{x}_n)^T$,点 $\tilde{\boldsymbol{x}}$ 是 $G(\tilde{\boldsymbol{x}})$ 的连续点,则在(6.3)两边对 $k \to \infty$ 取极限得

$$\tilde{\boldsymbol{x}} = \lim_{k\to\infty}\boldsymbol{x}^{(k+1)} = \lim_{k\to\infty}G(\boldsymbol{x}^{(k)}) = G(\lim_{k\to\infty}\boldsymbol{x}^{(k)}) = G(\tilde{\boldsymbol{x}})$$

即 $\tilde{\boldsymbol{x}}$ 是 G 的一个不动点。

例 10 用简单迭代法及 $\boldsymbol{x}^{(0)} = (0,0)^T$ 求解

$$\begin{cases} x_1 = \dfrac{1}{10}e^{x_2 - x_1} \\ x_2 = 0.1 + \dfrac{1}{10}\sin(x_1 + x_2) \end{cases}$$

解 简单迭代为

$$\begin{cases} x_1^{(k+1)} = \dfrac{1}{10}\exp(x_2^{(k)} - x_1^{(k)}) \\ x_2^{(k+1)} = 0.1 + \dfrac{1}{10}\sin(x_1^{(k)} + x_2^{(k)}) \end{cases} \quad k = 0,1,\cdots$$

计算结果列在表 7-6 中。

表 7-6

k	$x_1^{(k)}$	$x_2^{(k)}$
0	0	0
1	0.1	0.1
2	0.1	0.11987
3	0.10201	0.12181
4	0.10200	0.12220
5	0.10204	0.12223

6.2 简单迭代的收敛性

定义 4 映射 $G(\boldsymbol{x})$ 在区域 D 上称为压缩的，若存在常数 $L<1$，成立

$$\| G(\boldsymbol{x}) - G(\boldsymbol{y}) \| \leqslant L \| \boldsymbol{x} - \boldsymbol{y} \|, \quad \forall\, \boldsymbol{x},\boldsymbol{y} \in D \tag{6.4}$$

常数 L 称为压缩因子。

定理 12 （压缩不动点定理）设映射 $G(\boldsymbol{x})$ 在闭区域 D 上满足条

件：

(1) $G(\boldsymbol{x}) \in D, \forall\ \boldsymbol{x} \in D$;

(2) $G(\boldsymbol{x})$ 在 D 上是压缩映射，压缩因子为 L；

则对任意 $\boldsymbol{x}^{(0)} \in D$，简单迭代(6.3)收敛到 $G(\boldsymbol{x})$ 在 D 上的唯一不动点 $\boldsymbol{x}^*$，而且有误差估计：

$$\| \boldsymbol{x}^* - \boldsymbol{x}^{(k)} \| \leqslant \frac{L^k}{1-L} \| \boldsymbol{x}^{(1)} - \boldsymbol{x}^{(0)} \|, \quad k = 0, 1, \cdots \tag{6.5}$$

证明 由条件(1)可知道所有的 $\boldsymbol{x}^{(k)}$ 全在 D 内，序列 $\{\boldsymbol{x}^{(k)}\}_{k=0}^{\infty}$ 有定义。

当 $k > 0$ 时，

$$\begin{aligned} \| \boldsymbol{x}^{(k+1)} - \boldsymbol{x}^{(k)} \| &= \| G(\boldsymbol{x}^{(k)}) - G(\boldsymbol{x}^{k-1)}) \| \\ &\leqslant L \| \boldsymbol{x}^{(k)} - \boldsymbol{x}^{(k-1)} \| \\ &\leqslant \cdots \leqslant L^k \| \boldsymbol{x}^{(1)} - \boldsymbol{x}^{(0)} \| \end{aligned}$$

当 $m > k$ 时，

$$\begin{aligned} \| \boldsymbol{x}^{(m)} - \boldsymbol{x}^{(k)} \| &\leqslant \sum_{j=k}^{m-1} \| \boldsymbol{x}^{j+1} - \boldsymbol{x}^{j} \| \\ &\leqslant (L^k + \cdots + L^{m-1}) \| \boldsymbol{x}^{(1)} - \boldsymbol{x}^{(0)} \| \\ &\leqslant \frac{L^k}{1-L} \| \boldsymbol{x}^{(1)} - \boldsymbol{x}^{(0)} \| \end{aligned} \tag{6.6}$$

对任意 $\varepsilon > 0$，取 k 满足

$$\frac{L^k}{1-L} \| \boldsymbol{x}^{(1)} - \boldsymbol{x}^{(0)} \| < \varepsilon$$

则对任意的 $p, q \geqslant k$，有 $\| \boldsymbol{x}^{(p)} - \boldsymbol{x}^{(q)} \| < \varepsilon$。因此序列 $\{\boldsymbol{x}^{(k)}\}_{k=0}^{\infty}$ 是 Cauchy 序列，收敛到某个 $\boldsymbol{x}^* \in D$(因为 D 是闭集)。因为 $G(\boldsymbol{x})$ 是压缩映象，$G(\boldsymbol{x})$ 在 $\boldsymbol{x}^*$ 处连续，所以 $\boldsymbol{x}^*$ 是 $G(\boldsymbol{x})$ 的一个不动点：

$$\boldsymbol{x}^* = \lim_{k\to\infty} G(\boldsymbol{x}^{(k)}) = G(\lim_{k\to\infty} \boldsymbol{x}^{(k)}) = G(\boldsymbol{x}^*)$$

假设 G 在 D 内还有不动点 $\boldsymbol{y}^*$。由

$$\begin{aligned} \| \boldsymbol{x}^* - \boldsymbol{y}^* \| &= \| G(\boldsymbol{x}^*) - G(\boldsymbol{y}^*) \| \\ &\leqslant L \| \boldsymbol{x}^* - \boldsymbol{y}^* \|, \qquad (L < 1) \end{aligned}$$

得 $\boldsymbol{y}^* = \boldsymbol{x}^*$，即 $\boldsymbol{x}^*$ 是 G 在 D 上的唯一不动点。

在(6.6)中,令 $m \to \infty$,即得误差估计式(6.5)。证毕。

一个映射 $G(\boldsymbol{x})$ 在某个闭区域 D 上是否为压缩映射不易验证。当 $G(\boldsymbol{x})$ 在 D 上有连续 F-导数时，定理12中的压缩条件可以用更强一些的条件

$$\|G'(\boldsymbol{x})\| \leqslant L < 1, \quad \forall\, \boldsymbol{x} \in D \tag{6.7}$$

来代替。其中矩阵范数是向量范数的算子范数。

实际应用迭代(6.3)时,大多 $\boldsymbol{x}^{(0)}$ 在不动点 $\boldsymbol{x}^*$ 邻近。这时有局部收敛定理:

定理 13 （局部收敛定理）若映射 $G(\boldsymbol{x})$ 在不动点 $\boldsymbol{x}^*$ 的 δ 邻域

$$D_\delta = \{\boldsymbol{x} \mid \|\boldsymbol{x} - \boldsymbol{x}^*\| \leqslant \delta\} \subset D$$

上满足条件

$$\|G(\boldsymbol{x}) - \boldsymbol{x}^*\| \leqslant L\|\boldsymbol{x} - \boldsymbol{x}^*\|, \quad 0 < L < 1, \quad \forall\, \boldsymbol{x} \in D_\delta \tag{6.8}$$

则对任意 $\boldsymbol{x}^{(0)} \in D_\delta$,由(6.3)生成的迭代序列 $\{\boldsymbol{x}^{(k)}\}$ 收敛到 $\boldsymbol{x}^*$,且有估计式

$$\|\boldsymbol{x}^* - \boldsymbol{x}^{(k)}\| \leqslant L^k \|\boldsymbol{x}^* - \boldsymbol{x}^{(0)}\|, \quad k = 0,1,\cdots \tag{6.9}$$

证明十分容易,从略。

定理 14 （局部收敛定理）若映射 $G(\boldsymbol{x})$ 在不动点 $\boldsymbol{x}^*$ 处有 F 导数 $G'(\boldsymbol{x}^*)$,而且其谱半径小于1:$\rho(G'(\boldsymbol{x}^*)) < 1$,则存在 $\delta > 0$,只要 $\boldsymbol{x}^{(0)} \in D_\delta$,由(6.3)生成的迭代序列 $\{\boldsymbol{x}^{(k)}\}$ 收敛到 $\boldsymbol{x}^*$。

证明从略。

对迭代(6.3)来说,压缩因子 L 或 $G'(\boldsymbol{x}^*)$ 的谱半径 $\rho(G'(\boldsymbol{x}^*))$ 反映了迭代序列的收敛速度。当 $G'(\boldsymbol{x}^*) = 0$ 时，迭代序列的收敛是超线性或高阶的。

§7　解方程组 $F(\boldsymbol{x}) = \boldsymbol{0}$ 的 Newton 法

给定非线性方程组

$$F(\boldsymbol{x}) = 0 \tag{7.1}$$

假设 $\boldsymbol{x}^*$ 是(7.1)的解，$F(\boldsymbol{x})$ 在 $\boldsymbol{x}^*$ 邻近有连续的 F 导数，$F'(\boldsymbol{x}^*)$ 非奇。

7.1　Newton 法迭代公式

设 $\boldsymbol{x}'$ 是 $F(\boldsymbol{x})=0$ 的一个近似解。$F(\boldsymbol{x})$ 在 $\boldsymbol{x}'$ 有 F 导数 $F'(\boldsymbol{x}')$，则仿射映射

$$\boldsymbol{y}=L(\boldsymbol{x})=F(\boldsymbol{x}')+F'(\boldsymbol{x}')(\boldsymbol{x}-\boldsymbol{x}') \tag{7.2}$$

是映射 $\boldsymbol{y}=F(\boldsymbol{x})$ 的局部近似。我们用 $L(\boldsymbol{x})=0$ 的解 $\boldsymbol{x}''$ 作为(7.1)的改进解：

$$\boldsymbol{x}''=\boldsymbol{x}'-[F'(\boldsymbol{x}')]^{-1}F(\boldsymbol{x}'),\quad (\det F'(\boldsymbol{x}')\neq \boldsymbol{0}) \tag{7.3}$$

对适当的 $\boldsymbol{x}^{(0)}$，不断用(7.3)进行改进，得迭代公式

$$\boldsymbol{x}^{(k+1)}=\boldsymbol{x}^{(k)}-[F'(\boldsymbol{x}^{(k)})]^{-1}F(\boldsymbol{x}^{(k)})\quad k=0,1,2,\cdots \tag{7.4}$$

这个公式就称为 Newton-Raphson 公式，简称 Newton 公式。

以上推导 Newton 迭代法，是利用了映射的局部线性化得来的。Newton 法是逐步局部线性化方法。

若定义映射

$$G(\boldsymbol{x})=\boldsymbol{x}-[F'(\boldsymbol{x})]^{-1}F(\boldsymbol{x}),\quad \det F'(\boldsymbol{x})\neq 0 \tag{7.5}$$

则 Newton 迭代是简单迭代

$$\boldsymbol{x}^{(k+1)}=G(\boldsymbol{x}^{(k)}),\quad k=0,1,\cdots$$

7.2　收敛定理

定理 15　(局部超线性收敛定理) 若 $F(\boldsymbol{x})$ 在解 $\boldsymbol{x}^*$ 邻近有连续的 F 导数，$\det F'(\boldsymbol{x}^*)\neq 0$。则存在 $\delta>0$，只要 $\|\boldsymbol{x}^{(0)}-\boldsymbol{x}^*\|\leqslant\delta$，Newton 迭代(7.4)生成的序列 $\{\boldsymbol{x}^{(k)}\}$ 超线性收敛于 $\boldsymbol{x}^*$，即

$$\lim_{k\to\infty}\frac{\|\boldsymbol{x}^{(k+1)}-\boldsymbol{x}^*\|}{\|\boldsymbol{x}^{(k)}-\boldsymbol{x}^*\|}=0 \tag{7.6}$$

证明　因为 $\det F'(\boldsymbol{x}^*)\neq 0$，$F'(\boldsymbol{x})$ 在 $\boldsymbol{x}^*$ 邻近连续，从而存在 $\delta_1>0$，$F'(\boldsymbol{x})$ 在 $D_{\delta_1}=\{\boldsymbol{x}\mid\|\boldsymbol{x}-\boldsymbol{x}^*\|\leqslant\delta_1\}$ 上非奇，迭代映射 $G(\boldsymbol{x})$ 在 D_{δ_1} 上有意义。

显然 $G(\boldsymbol{x}^*)=\boldsymbol{x}^*$,于是

$$G(\boldsymbol{x})-G(\boldsymbol{x}^*)=-[F'(\boldsymbol{x})]^{-1}\{F(\boldsymbol{x})-F(\boldsymbol{x}^*)-F'(\boldsymbol{x})\cdot(\boldsymbol{x}-\boldsymbol{x}^*)\}=-[F'(\boldsymbol{x})]^{-1}\{[F(\boldsymbol{x})-F(\boldsymbol{x}^*)-F'(\boldsymbol{x}^*)(\boldsymbol{x}-\boldsymbol{x}^*)]-[F'(\boldsymbol{x})-F'(\boldsymbol{x}^*)](\boldsymbol{x}-\boldsymbol{x}^*)\}$$

$$\frac{\|G(\boldsymbol{x})-G(\boldsymbol{x}^*)\|}{\|\boldsymbol{x}-\boldsymbol{x}^*\|}\leqslant\|[F'(\boldsymbol{x}]^{-1}\|\left\{\frac{\|F(\boldsymbol{x})-F(\boldsymbol{x}^*)-F'(\boldsymbol{x}^*)(\boldsymbol{x}-\boldsymbol{x}^*)\|}{\|\boldsymbol{x}-\boldsymbol{x}^*\|}+\|F'(\boldsymbol{x})-F'(\boldsymbol{x}^*)\|\right\}$$

当 $\boldsymbol{x}\to\boldsymbol{x}^*$ 时,$\|[F'(\boldsymbol{x})]^{-1}\|\longrightarrow\|[F'(\boldsymbol{x}^*)]^{-1}\|$,花括号内两项都趋于 0,从而有

$$\lim_{\boldsymbol{x}\to\boldsymbol{x}^*}\frac{\|G(\boldsymbol{x})-G(\boldsymbol{x}^*)\|}{\|\boldsymbol{x}-\boldsymbol{x}^*\|}=0 \tag{7.7}$$

任取 $L\in(0,1)$,存在 $\delta\in[0,\delta_1]$,只要 $\|\boldsymbol{x}-\boldsymbol{x}^*\|\leqslant\delta$,就有 $\|G(\boldsymbol{x})-G(\boldsymbol{x}^*)\|\leqslant L\|\boldsymbol{x}-\boldsymbol{x}^*\|$。当 $\|\boldsymbol{x}^{(0)}-\boldsymbol{x}^*\|\leqslant\delta$ 时,Newton 迭代序列$\{\boldsymbol{x}^{(k)}\}$收敛于 $\boldsymbol{x}^*$。(7.6) 是(7.7) 的推论。

在一般情况下,Newton 法为二阶收敛。

定理 16 (二阶收敛定理)假设 $F(\boldsymbol{x})$ 的每个分量函数在解 $\boldsymbol{x}^*$ 邻近有二阶连续偏导数,$\det F'(\boldsymbol{x}^*)\neq 0$,则存在 $\delta>0$,只要 $\|\boldsymbol{x}^{(0)}-\boldsymbol{x}^*\|\leqslant\delta$,Newton 序列$\{\boldsymbol{x}^{(k)}\}$至少二阶收敛于 $\boldsymbol{x}^*$,即

$$\|\boldsymbol{x}^{(k+1)}-\boldsymbol{x}^*\|\leqslant C\|\boldsymbol{x}^{(k)}-\boldsymbol{x}^*\|^2,\quad k=0,1,2,\cdots \tag{7.8}$$

证明 由定理 15 知 Newton 迭代局部超线性收敛。下面证明在定理条件下至少二阶收敛。令

$$M=\max_{1\leqslant i,p,q\leqslant n}\ \max_{\|x'-x^*\|\leqslant\delta}\left|\frac{\partial^2 f_i}{\partial x_p\partial x_q}\right|$$

由多元 Taylor 展开有

$$0=f_i(\boldsymbol{x}^*)=f_i(\boldsymbol{x}^{(k)})+\sum_{j=1}^{n}\frac{\partial f_i}{\partial x_j}(x_j^*-x_j^{(k)})+r_i,$$
$$i=1,2,\cdots,n$$

其中 $r_i, 1 \leqslant i \leqslant n$ 满足

$$|r_i| \leqslant \frac{n^2}{2} M \| \boldsymbol{x}^* - \boldsymbol{x}^{(k)} \|_\infty^2$$

由

$$\boldsymbol{x}^* = \boldsymbol{x}^{(k+1)} - [F'(\boldsymbol{x}^{(k)})]^{-1} \begin{pmatrix} r_1 \\ \vdots \\ r_n \end{pmatrix}$$

得

$$\begin{aligned} \| \boldsymbol{x}^{(k+1)} - \boldsymbol{x}^* \|_\infty &\leqslant \| [F'(\boldsymbol{x}^{(k)})]^{-1} \|_\infty \frac{n^2}{2} M \| \boldsymbol{x}^{(k)} - \boldsymbol{x}^* \|_\infty^2 \\ &\leqslant C \| \boldsymbol{x}^{(k)} - \boldsymbol{x}^* \|_\infty^2, \quad k = 0, 1, \cdots \end{aligned}$$

其中 $$C = \frac{n^2 M}{2} \max_{\| x - x^* \| \leqslant \delta} \| [F'(\boldsymbol{x})]^{-1} \|_\infty$$

因为 R^n 中所有范数是等价的，(7.8) 对一切向量范数成立，仅常数 C 可能不同。

7.3 Newton 下山法

Newton 法要求初始向量 $\boldsymbol{x}^{(0)}$ 充分接近 $\boldsymbol{x}^*$，在实际应用中很难满足。采用下山法在技术上可以降低对初始向量的要求。

引理 2 若 $F(\boldsymbol{x}) \neq 0, \det F'(\boldsymbol{x}) \neq 0$，则存在 $\Delta > 0$，成立

$$\| F(\boldsymbol{x} - t[F'(\boldsymbol{x})]^{-1} F(\boldsymbol{x})) \| < \| F(\boldsymbol{x}) \|, \quad \forall \ 0 < t \leqslant \Delta \tag{7.9}$$

证明 记 $\boldsymbol{h} = -[F'(\boldsymbol{x})]^{-1} F(\boldsymbol{x})$。由 F 导数定义有

$$\lim_{t \to 0_+} \frac{\| F(\boldsymbol{x} + t\boldsymbol{h}) - F(\boldsymbol{x}) - F'(\boldsymbol{x})(t\boldsymbol{h}) \|}{t \| \boldsymbol{h} \|} = 0$$

于是存在 $1 \geqslant \Delta > 0$，只要 $0 < t \leqslant \Delta$，就有

$$\| F(\boldsymbol{x} + t\boldsymbol{h}) - F(\boldsymbol{x}) - tF'(\boldsymbol{x})\boldsymbol{h} \| \leqslant \frac{t}{2} \| \boldsymbol{h} \| / \| [F'(\boldsymbol{x})]^{-1} \|$$

现在 $\boldsymbol{h} = -[F'(\boldsymbol{x})]^{-1} F(\boldsymbol{x})$，因此

$$F(\boldsymbol{x}) + tF'(\boldsymbol{x})\boldsymbol{h} = (1 - t) F(\boldsymbol{x}),$$

$$\frac{t}{2\|[F'(\boldsymbol{x})]^{-1}\|}\|\boldsymbol{h}\| \leqslant \frac{t}{2}\|F(\boldsymbol{x})\|$$

当 $t \in (0,\Delta], \Delta \leqslant 1$ 时

$$\|F(\boldsymbol{x} - t[F'(\boldsymbol{x})]^{-1}F(\boldsymbol{x}))\|$$
$$\leqslant (1 - \frac{t}{2})\|F(\boldsymbol{x})\| < \|F(\boldsymbol{x})\|$$

引理 2 说明，Newton 法的修正方向 $-[F'(\boldsymbol{x})]^{-1}F(\boldsymbol{x})$ 是 $F(\boldsymbol{x})$ 的下山方向。在 Newton 法中引进下山因子 $\omega_k \in (0,1]$：

$$\boldsymbol{x}^{(k+1)} = \boldsymbol{x}^{(k)} - \omega_k[F'(\boldsymbol{x}^{(k)})]^{-1}F(\boldsymbol{x}^{(k)}), \quad k = 0,1,\cdots$$

可以保证 $\|F(\boldsymbol{x}^{(0)}\| > \|F(\boldsymbol{x}^{(1)}\| > \cdots$ 呈现下山状态。

通常取 $\omega_k \in \{1,\frac{1}{2},\frac{1}{4},\cdots\}$ 为满足

$$\|F(\boldsymbol{x}^{(k)} - 2^{-i}[F'(\boldsymbol{x}^{(k)})]^{-1}F(\boldsymbol{x}^{(k)}))\| < \|F(\boldsymbol{x}^{(k)})\|$$

中最大的那个。

当 Newton 法采用下山因子达到收敛时，除有限个下山因子不为 1 外，其余的全为 1。下山技术只要应用若干次即可。

7.4* m 步 Newton 法

在一步 Newton 法计算中，一般来说计算量最大的部分是计算 Jacobi 阵 $F'(\boldsymbol{x}^{(k)})$，它有 n^2 个多元函数要计算。$m(>1)$ 步 Newton 法是提高 Newton 法计算效率的一种成功的改进。m 步 Newton 法从 $\boldsymbol{x}^{(k)}$ 生成 $\boldsymbol{x}^{(k+1)}$ 的过程为：

1° 计算 $A = F'(\boldsymbol{x}^{(k)})$，并对 A 进行适合于解方程组的矩阵分解；

2° 令 $\boldsymbol{x}^{(k,0)} = \boldsymbol{x}^{(k)}$，利用 A 的分解计算

$$\boldsymbol{x}^{(k,i+1)} = \boldsymbol{x}^{(k,i)} - A^{-1}F(\boldsymbol{x}^{(k,i)}), \quad i = 0,1,\cdots,m-1 \tag{7.10}$$

3° $\boldsymbol{x}^{(k+1)} = \boldsymbol{x}^{(k,m)}$。

在 m 步 Newton 法中，每计算一次 Jacobi 阵，进行分解后要重复利用 m 次。当 $m = 1$ 时，m 步 Newton 法就是标准的 Newton 法。

我们不作证明地给出下述定理。

定理 17 若 $F(\boldsymbol{x})$ 在解 $\boldsymbol{x}^*$ 的一个邻域内具有二阶连续偏导数，

且 $\det F'(\boldsymbol{x}^*) \neq 0$，则存在 $\delta > 0$，只要 $\|\boldsymbol{x}^{(0)} - \boldsymbol{x}^*\| \leqslant \delta$，$m$ 步 Newton 法产生的序列 $\{\boldsymbol{x}^{(k)}\}$ 收敛于 $\boldsymbol{x}^*$，而且收敛至少是 $m+1$ 阶的：

$$\|\boldsymbol{x}^{(k+1)} - \boldsymbol{x}^*\| \leqslant C_m \|\boldsymbol{x}^{(k)} - \boldsymbol{x}^*\|^{m+1}, \quad k = 0,1,\cdots \tag{7.11}$$

当 $n > 1$，即为非线性方程组时，可以选择适当的整数 $m > 1$，使在给定初始向量 $\boldsymbol{x}^{(0)}$ 下，用最少的计算量达到误差要求（相对于 m 而言）。如何选择 m，使计算效率最高，可以通过分析 Newton 法各部分计算量的比例而定，也可以根据计算中收敛情况自动选择。

7.5 算法

结合下山因子选取和 m 步 Newton 法技术，我们给出下面的实用 Newton 算法。$F(\boldsymbol{x})$，$F'(\boldsymbol{x})$ 的计算调用子程序，矩阵分解也调用子程序。允许误差 ε_1、ε_2，正整数 m，初始向量 $\boldsymbol{x}$ 和最大迭代次数 N_0 均为给定。

1° 输入初始向量 $\boldsymbol{x}$ 和 $\varepsilon_1, \varepsilon_2, m, N_0$，计算 $\boldsymbol{b} = F(\boldsymbol{x})$；

2° 对 $k = 1,2,\cdots,N_0$ 做到 9° 步；

3° 若 $\|\boldsymbol{b}\| \leqslant \varepsilon_1$，则输出 $k, \boldsymbol{x}, \|\boldsymbol{b}\|$，停机；

4° 计算 $A = F'(\boldsymbol{x})$，并进行矩阵分解，置 $l = 1$

$PA = LU$（标度化列主元分解），

若发现 $\det A = 0$，则输出"$\det F'(\boldsymbol{x}) = 0$，迭代失败"，停机；

5° 利用矩阵分解计算 $\boldsymbol{h} = -A^{-1}\boldsymbol{b}$，若 $\|\boldsymbol{h}\| \leqslant \varepsilon_2(1 + \|\boldsymbol{x}\|)$，则输出 $k, \boldsymbol{x}, \|\boldsymbol{b}\|$，停机；

6° $\boldsymbol{y} = \boldsymbol{x} + \boldsymbol{h}$，计算 $\boldsymbol{c} = F(\boldsymbol{y})$；

7° 若 $\|\boldsymbol{c}\| \geqslant \|\boldsymbol{b}\|$，则置 $\boldsymbol{h} := \boldsymbol{h}/2$，转 6°；

8° $\boldsymbol{x} := \boldsymbol{y}, \boldsymbol{b} := \boldsymbol{c}, l := l + 1$，若 $l \leqslant m$ 转 5°；

9° 下一个 k（即转 3°）；

10° 输出"最小迭代次数超出"，停机。

§8* quasi-Newton 法

解非线性方程组的 Newton 法收敛快，但计算量大。每步 Newton 法迭代中最大的工作量是计算 Jacobi 阵 $F'(\boldsymbol{x})$(特别当 $F'(x)$ 为满阵时)。提高计算效率是 Newton 法改进的目标。m 步 Newton 法是一种成功的改进，另一类改进是解非线性方程 $f(x)=0$ 正割法的推广。guasi-Newton 不必计算偏导数，但在一般情况下仍保证超线性收敛性。

8.1 Broyden 方法和一般 quasi-Newton 法

对给定非线性方程组

$$F(\boldsymbol{x})=\boldsymbol{0} \tag{8.1}$$

和初始向量 $\boldsymbol{x}^{(0)}$，Broyden 给出了下述算法。

$$\begin{cases} \boldsymbol{x}^{(k+1)}=\boldsymbol{x}^{(k)}-A_k^{-1}F(\boldsymbol{x}^{(k)}) & (8.2)\\ A_{k+1}=A_k+\dfrac{(\boldsymbol{y}^{(k)}-A_k\boldsymbol{s}^{(k)})\boldsymbol{s}^{(k)^T}}{\|\boldsymbol{s}^{(k)}\|_2^2}, \quad k=0,1,\cdots & (8.3)\\ \boldsymbol{y}^{(k)}=F(\boldsymbol{x}^{(k+1)})-F(\boldsymbol{x}^{(k)}) \\ \boldsymbol{s}^{(k)}=\boldsymbol{x}^{(k+1)}-\boldsymbol{x}^{(k)} \end{cases}$$

其中 $A_0=F'(\boldsymbol{x}^{(0)})$。

(8.2)是用 A_k 代替 Newton 法中 $F'(\boldsymbol{x}^{(k)})$ 而得到的，Broyden 算法是 Newton 型迭代算法。

由(8.3)给出的 A_{k+1}，容易验证，满足

$$A_{k+1}(\boldsymbol{x}^{(k+1)}-\boldsymbol{x}^{(k)})=F(\boldsymbol{x}^{(k+1)})-F(\boldsymbol{x}^{(k)}) \tag{8.4}$$

(8.4)称为 Newton 方程。当 $n=1$ 时，数 A_{k+1} 被唯一确定

$$A_{k+1}=\frac{F(\boldsymbol{x}^{(k+1)})-F(\boldsymbol{x}^{(k)})}{\boldsymbol{x}^{(k+1)}-\boldsymbol{x}^{(k)}}$$

Broyden 方法就成了正割法。当 $n>1$ 时，A_{k+1} 中有 n^2 个可选元素，而 Newton 方程(8.4)只有 n 个约束方程，从而(8.4)的解 A_{k+1} 不唯一。

在 Broyden 方法中，A_{k+1} 是 A_k 的秩 1 修正，即 $A_{k+1}-A_k$ 是一个秩为 1 的矩阵。同时我们可以证明：由(8.3)给出的 A_{k+1} 还具有"最小校正"性质：

$$\begin{aligned}\| A_{k+1}-A_k \|_F = \min\{ \| B-A_k \|_F | B(\boldsymbol{x}^{(k+1)}-\boldsymbol{x}^{(k)}) \\ = F(\boldsymbol{x}^{(k+1)}-F(\boldsymbol{x}^{(k)})\}\end{aligned}$$

其中 $\| A \|_F = \left(\sum_{i,j=1}^{n} |a_{ij}|^2 \right)^{\frac{1}{2}}$。

在 Broyden 方法中，A_{k+1} 是 A_k 的秩 1 校正，可以用很低的工作量由 A_k^{-1} 得到 A_{k+1}^{-1}：

$$(A+\boldsymbol{u}\boldsymbol{v}^T)^{-1} = A^{-1} - \frac{1}{1+\boldsymbol{v}^T A^{-1}\boldsymbol{u}} A^{-1}\boldsymbol{u}\boldsymbol{v}^T A^{-1}, \text{若 } 1+\boldsymbol{v}^T A\boldsymbol{u} \neq 0。$$

一般的 quasi-Newton 方法为：

$$\begin{cases} \boldsymbol{x}^{(k+1)} = \boldsymbol{x}^{(k)} - A_k^{-1}F(\boldsymbol{x}^{(k)}) \\ A_{k+1}(\boldsymbol{x}^{(k+1)}-\boldsymbol{x}^{(k)}) = F(\boldsymbol{x}^{(k+1)}) - F(\boldsymbol{x}^{(k)}), \quad k=0,1,\cdots \\ A_{k+1} \in \mathscr{L}(R^n) \text{ 且具有某些指定性质。} \end{cases} \tag{8.5}$$

其中 $\boldsymbol{x}^{(0)}$ 为给定初始向量，A_0 一般取 $F'(\boldsymbol{x}^{(0)})$，$\mathscr{L}(R^n)$ 表示 n 阶矩阵全体中的一个子集，保持 $F'(\boldsymbol{x})$ 某些性质的矩阵集合，例如对称阵，若 $F'(\boldsymbol{x})$ 是对称阵；或稀疏阵，若 $F'(x)$ 具稀疏性。常用取法是 A_{k+1} 为 A_k 的低秩改变，$A_{k+1}-A_k$ 具有某些极值性质。

quasi-Newton 法在无约束泛函极小中应用得很成功。

8.2 几个秩 2 quasi-Newton 法

假设 $I(x_1,x_2,\cdots,x_n)$ 是定义在全空间上的一个泛函，泛函极小问题是求 $\boldsymbol{x}^* = (x_1^*,\cdots,x_n^*)$，使

$$I(\boldsymbol{x}^*) = \min\{I(\boldsymbol{x}) | \boldsymbol{x} \in R^n\} \tag{8.6}$$

若 $I(\boldsymbol{x})$ 在 $\boldsymbol{x}^*$ 存在偏导数，则有

$$\frac{\partial}{\partial x_i} I(x_1,\cdots,x_n)|_{x=x^*} = 0, \quad i=1,2,\cdots,n \tag{8.7}$$

记

$$\frac{\partial}{\partial x_i} I(x_1,\cdots,x_n) = f_i(x_i,\cdots,x_n), \quad i = 1,2,\cdots,n \tag{8.8}$$

$$F(\boldsymbol{x}) = (f_1(\boldsymbol{x}),\cdots,f_n(\boldsymbol{x}))^T \tag{8.9}$$

则 $\boldsymbol{x}^*$ 是非线性方程组 $F(\boldsymbol{x}) = \boldsymbol{0}$ 的一个解。可以证明,若 $\tilde{x}$ 是 $F(\boldsymbol{x}) = \boldsymbol{0}$ 的解,而且 $F(\boldsymbol{x})$ 在 $\tilde{\boldsymbol{x}}$ 的 F 导数 $F'(\boldsymbol{x}^*)$ 是对称正定阵,则 $\tilde{\boldsymbol{x}}$ 是 $I(\boldsymbol{x})$ 的一个局部极小点。

当映射 $F(\boldsymbol{x})$ 是泛函 $I(\boldsymbol{x})$ 的梯度函数时,$F(\boldsymbol{x})$ 的 F 导数是对称阵。记 $F(\boldsymbol{x}) = \nabla I(\boldsymbol{x})$,$F'(\boldsymbol{x}) = \nabla F(\boldsymbol{x}) = \nabla^2 I(\boldsymbol{x})$。$\nabla^2 I(\boldsymbol{x})$ 称为泛函 $I(\boldsymbol{x})$ 的 Hesse 矩阵。

当用 Newton 法求解非线性方程组

$$\nabla I(x_1,\cdots,x_n) = 0 \tag{8.10}$$

时,其迭代序列生成公式是

$$\begin{aligned} \boldsymbol{x}^{(k+1)} &= \boldsymbol{x}^{(k)} - [\nabla^2 I(\boldsymbol{x})^{(k)}]^{-1} \nabla I(\boldsymbol{x}^{(k)}) \\ &= \boldsymbol{x}^{(k)} - [F'(\boldsymbol{x}^{(k)})]^{-1} F(\boldsymbol{x}^{(k)}), \quad k = 0,1,\cdots \end{aligned} \tag{8.11}$$

与一般 Newton 迭代情况不同的是,Jacobi 阵是某泛函的 Hesse 阵,具有对称性。而且在其解 $\boldsymbol{x}^*$ 处希望 $F'(\boldsymbol{x}^*)$ 是对称正定阵。

由于上述关于 Hesse 阵性质的讨论,在用 quasi-Newton 法求泛函极小点时,很自然地要求矩阵 $A_k, k = 0,1,\cdots$ 保持对称性,最好还保持正定性。

求泛函极小 quasi-Newton 法中最著名的算法有秩 2 对称 D-F-P 算法和秩 2 对称 B-F-S 算法:

D-F-P(Davidon-Fletcher-Powell) 算法:

$B_0 = [F'(\boldsymbol{x}^{(0)})]^{-1}$;

$$\begin{cases} x^{(k+1)} = x^{(k)} - B_k F(x^{(k)}) \\ B_{k+1} = B_k + \dfrac{s^{(k)}[s^{(k)}]^T}{[s^{(k)}]^T y^{(k)}} - \dfrac{B_k y^{(k)}[y^{(k)}]^T B_k}{[y^{(k)}]^T B_k y^{(k)}} \\ s^{(k)} = x^{(k+1)} - x^{(k)} \\ y^{(k)} = F(x^{(k+1)}) - F(x^{k)}) \\ k = 0,1,\cdots \end{cases} \tag{8.12}$$

B-F-S(Broyden-Fletcher-Shanmo) 算法：

$B_0 = [F'(x^{(0)})]^{-1}$；

$$\begin{cases} x^{(k+1)} = x^{(k)} - B_k F(x^{(k)}) \\ B_{k+1} = \left(I - \dfrac{s^{(k)}[y^{(k)}]^T}{[s^{(k)}]^T y^{(k)}}\right) B_k \left(I - \dfrac{y^{(k)}[s^{(k)}]^T}{[s^{(k)}]^T y^{(k)}}\right) + \dfrac{s^{(k)}[s^{(k)}]^T}{[s^{(k)}]^T y^{(k)}} \\ \qquad k = 0,1,\cdots \end{cases} \tag{8.13}$$

其中 $s^{(k)}, y^{(k)}$ 的定义同(8.12)中一样。

在 D-F-P 算法和 B-F-S 算法中，只要 B_k 对称正定，$[s^{(k)}]^T y^{(k)} > 0$，可以证明 B_{k+1} 也对称正定。从同一个 B_k 出发，用 D-F-P 算法生成的 B_{k+1} 记为 $B_{k+1}^{(D)}$，用 B-F-S 算法生成的 B_{k+1}，记为 $B_{k+1}^{(B)}$；在 B_k 正定，$[s^{(k)}]^T y^{(k)} > 0$ 条件下，还有

$$u^T B_{k+1}^{(B)} u \geqslant u^T B_{k+1}^{(D)} u > 0, \quad \forall\, u \neq 0$$

实践也显示出，B-F-S 算法比 D-F-S 算法数值稳定性更好。B-F-S 算法是重要的无约束最优化问题求解方法。

在相当一般条件下，Broyden 秩 1 quasi-Newton 算法，秩 2 D-F-P 算法，秩 2 B-F-S 算法都是局部超线性收敛的方法。

本章讨论了非线性方程 $f(x) = 0$ 和非线性方程组 $F(x) = \mathbf{0}$ 的一些常用数值方法。

二分法运用于解 $f(x) = 0$，方法简单，要求低，收敛有保障，但不能求偶重根和复根，也不能推广到解方程组。插值法用插值多项式近似函数 $f(x)$ 而建立的方法。正割法收敛阶为 1.618，抛物线法收敛阶为 1.840，高阶插值法很少应用。

适用于非线性方程和非线性方程组求解的共同方法是简单迭代法和 Newton 法。简单迭代对迭代函数(或迭代映射)有严格要求,主要收敛定理是压缩不动点定理。

Newton 法是逐次线性化方法,要用到导数。Newton 法是一种特殊的简单迭代。Newton 法在一定条件下达二阶收敛。

当迭代函数或迭代映射在不动点处导数不为 0,则迭代序列线性收敛。对线性收敛数列 Aitken 加速法是一种十分简便的加速方法。用线性收敛的简单迭代函数和 Aitken 加速法可以合成称之为 Steffenson 方法。Steffenson 方法不必计算导函数,每迭代步的工作量相当于二步简单迭代的工作量,而收敛速度达二阶。

用 Newton 法求解非线性方程组的主要计算工作量是生成 Jacobi 阵 $F'(\boldsymbol{x})$,为了克服这个缺点,提高计算效率,人们对 Newton 法作了不少有意义的改进,如 m 步 Newton 法,quasi-Newton 法,Brent 方法等。

Newton 法对初始近似解要求很接近解 $\boldsymbol{x}^*$。降低对初始近似解要求很重要。下山法是一种简单、常用的方法。解非线性方程组还有一些重要方法本章未作介绍,其中某些对初始近似解的要求较宽,如同伦算法、单纯形算法等。

本章所有算法(二分法除外),在计算机上运行时,若单用误差控制来判断是否该停机,常常会陷入死循环(过小的 $\varepsilon_1,\varepsilon_2$ 永远满足不了)。因此在编程时,一定要加上最大迭代次数控制或最大运行时间控制。

习　题　7

1. 用下列方法求 $x^4-3x+1=0$ 在(0.3,0.4)内的根,要求根的误差不超过 10^{-4}。

(1) 二分法;

(2)$x_0 = 0.3, x_1 = 0.4$ 的正割法；

(3)$x = g(x) = \frac{1}{3}(1 + x^4), x_0 = 0.3$ 的简单迭代法；

(4)$g(x) = \frac{1}{3}(1 + x^4), x_0 = 0.3$ 的 Steffenson 迭代；

(5)$x_0 = 0.4$ 的 Newton 迭代法。

2. 为求 $x^3 - x^2 - 1 = 0$ 在 $x_0 = 1.5$ 附近的一个根，现将方程改写成等价形式，且建立相应的迭代公式：

(1)$x = 1 + \frac{1}{x^2}$，迭代公式 $x_{k+1} = 1 + \frac{1}{x_k^2}$；

(2)$x^3 = 1 + x^2$，迭代公式 $x_{k+1} = (1 + x_k^2)^{\frac{1}{3}}$；

(3)$x^2 = \frac{1}{x - 1}$，迭代公式 $x_{k+1} = \frac{1}{\sqrt{x_k - 1}}$；

试分析每一种迭代的收敛性。

3. 设 $f(x) \in C^1(-\infty, \infty)$，存在常数 $M \geqslant m > 0$，恒成立 $M \geqslant f'(x) \geqslant m$，$\forall\, x \in (-\infty, \infty)$。证明，若 $0 < \lambda < \frac{2}{M}$，则对任意 x_0，迭代序列

$$x_{k+1} = x_k - \lambda f(x_k), \quad k = 0, 1, \cdots$$

收敛到 $f(x) = 0$ 的唯一解 x^*。

4. 用下列方法，求 $x^2 + 2xe^{-x} + e^{-2x} = 0$ 的根，$x_0 = 0$。

(1)Newton 法；

(2)$x_{k+1} = x_k - 2f(x_k)/f'(x_k), k = 0, 1, \cdots$；

(3)$g(x) = x - f(x)/f'(x)$ 的 Steffenson 方法；

(4) $x_{k+1} = x_k - \mu_k(x)/\mu'(x_k), k = 0, 1, \cdots$

$\mu(x) = f(x)/f'(x)$。

5. 利用压缩不动点定理，证明方程组 $x = \cos y, y = \cos x$，在 $D = [0, 1] \times [0, 1]$ 内有唯一不动点。

6. 利用非线性方程组的 Newton 法解方程组 $x^2 + xy^3 = 9, 3x^2y - y^3 = 4$，分别用初始值 $(x^{(0)}, y^{(0)}) = (1.2, 2.5)$、$(-2, 2.5)$；$(-1.2, -2.5)$、$(2, -2.5)$ 观察这个方法收敛于哪一个根，需要的迭代次数以及收敛速度（允许误差为 10^{-5}）。

7. 对导数 $f'(x_k)$ 采用逼近

$$f'(x_k) \approx \frac{f(x_k + f(x_k)) - f(x_k)}{f(x_k)} \equiv D_k$$

定义迭代

$$x_{k+1} = x_k - f(x_k)/D_k, k = 0,1,\cdots$$

设 $f(x^*) = 0, f'(x^*) \neq 0, f(x)$ 二次连续可微，证明上述迭代是局部二阶方法。

8. 在某化学反应里，已知生成物的浓度与时间有关，测得如下数据：

时间 t(分)	1	2	3	4	5	6	7	8
浓度 $y\times10^{-3}$	4.00	6.40	8.00	8.80	9.22	9.50	9.70	9.86

时间 t(分)	9	10	11	12	13	14	15	16
浓度 $y\times10^{-3}$	10.00	10.20	10.32	10.42	10.50	10.55	10.58	10.60

试用非线性最小二乘法，求拟合函数 $y = ae^{b/t}$。

第八章　常微分方程数值解法

在自然科学的很多领域中，在工程技术问题中，都会遇到常微分方程问题(包括初值问题和边值问题)。只有少数简单微分方程能够用初等方法给出解析解。多数情况下只能用近似方法求解。在常微分方程课程中介绍过级数解法、逐步逼近法，可以给出解的近似表达式。这类方法称为近似解法。还有一类方法称为数值方法，数值方法给出解在一些离散点上的近似值。利用计算机解微分方程主要使用数值方法。本章主要介绍常微分方程初值问题的数值方法、理论和算法，还简单介绍二阶常微分方程边值问题的打靶法和有限差分法。

§1　基本概念

1.1　常微分方程初值问题的一般提法

常微分方程初值问题的一般提法是求函数 $y(x)$，$a \leqslant x \leqslant b$，满足

$$\begin{cases} \dfrac{dy}{dx} = f(x,y), a < x < b & (1.1) \\ y(a) = \alpha & (1.2) \end{cases}$$

其中 $f(x,y)$ 是已知函数，α 是已知值。

假设 $f(x,y)$ 在区域 $D = \{(x,y) \mid a \leqslant x \leqslant b, |y| < +\infty\}$ 上满足条件：

(1) $f(x,y)$ 在 D 上连续；

(2) $f(x,y)$ 在 D 上关于变量 y 满足 Lipschitz 条件：

$|f(x,y_1) - f(x,y_2)| \leqslant L|y_1 - y_2|$，

$$a \leqslant x \leqslant b, \forall\ y_1, y_2 \tag{1.3}$$

其中常数 L 称为 Lipschitz 常数。我们简称条件(1)、(2) 为基本条件。

由常微分方程的基本理论，我们有：

定理 1 当 $f(x,y)$ 在 D 上满足基本条件时，一阶常微分方程初值问题(1.1)、(1.2) 对任意给定 α 存在唯一解 $y(x)$，而且 $y(x)$ 在 $[a,b]$ 上连续可微。

定义 1 方程(1.1)、(1.2) 的解 $y(x)$ 称为适定的，若存在常数 $\varepsilon > 0$ 和 $K > 0$，对任意满足条件 $|\delta| \leqslant \varepsilon$ 及 $\| \eta(x) \|_\infty \leqslant \varepsilon$ 的 δ 和 $\eta(x)$，常微分方程初值问题

$$\begin{cases} \dfrac{dz}{dx} = f(x,z) + \eta(x), \quad a < x < b \\ z(a) = \alpha + \delta \end{cases} \tag{1.4}$$

存在唯一解 $z(x)$，且 $\| y(x) - z(x) \|_\infty \leqslant K\{ \| \eta \|_\infty + |\delta| \}$。

适定问题的解 $y(x)$ 连续依赖于(1.1) 右端的 $f(x,y)$ 和初值 α。由常微分方程的基本理论，还有：

定理 2 当 $f(x,y)$ 在 D 上满足基本条件时，微分方程(1.1)、(1.2) 的解 $y(x)$ 是适定的。

我们在本章中假设 $f(x,y)$ 在 D 上满足基本条件，从而(1.1)、(1.2) 的解 $y(x)$ 存在且适定。

一般的一阶常微分方程组初值问题是求解

$$\begin{cases} \dfrac{d}{dx} y_i = f_i(x, y_1, \cdots, y_n),\ i = 1,2,\cdots,n,\ a < x < b \\ y_i(a) = \alpha_i,\ i = 1,2,\cdots,n \end{cases} \tag{1.5}$$

(1.5) 的向量形式是

$$\begin{cases} \dfrac{d}{dx} \boldsymbol{y} = F(x, \boldsymbol{y}),\ a < x < b \\ \boldsymbol{y}(a) = \boldsymbol{\alpha} \end{cases} \tag{1.5$'$}$$

其中 $\boldsymbol{y}(x) = (y_1(x), \cdots, y_n(x))^T$，$F(x,\boldsymbol{y}) = (f_1(x,\boldsymbol{y}), \cdots, f_n(x,\boldsymbol{y}))^T$，$\boldsymbol{\alpha} = (\alpha_1, \alpha_2, \cdots, \alpha_n)^T$。

记 $D = \{(x, y_1, \cdots, y_n) \mid a \leqslant x \leqslant b, |y_i| < +\infty, i = 1,2,\cdots,n\}$。

类似于定理 1 和定理 2，我们有：

定理 3 若映射 $F(x,\mathbf{y})$ 满足条件

(1)$F(x,\mathbf{y})$ 在 D 上是从 R^{n+1} 到 R^n 上的连续映射；

(2)$F(x,\mathbf{y})$ 在 D 上关于 $\mathbf{y}$ 满足 Lipschitz 条件：

$\| F(x,\mathbf{y}_1) - F(x,\mathbf{y}_2) \|_\infty \leqslant L \| \mathbf{y}_1 - \mathbf{y}_2 \|_\infty\ a \leqslant x \leqslant b, \mathbf{y}_1, \mathbf{y}_2$ 任意。

则常微分方程组初值问题(1.5) 存在唯一的连续可微解 $\mathbf{y}(x)$，而且解 $\mathbf{y}(x)$ 是适定的。

高阶常微分方程初值问题一般为

$$\begin{cases} \dfrac{d^n}{dx^n}y = f(x,y,\dfrac{dy}{dx},\cdots,\dfrac{d^{n-1}}{dx^{n-1}}y),\ a < x < b \\ \dfrac{d^i}{dx^i}y(a) = \alpha_{i+1}, \quad i = 0,1,\cdots,n-1 \end{cases} \tag{1.6}$$

其中 $f(x,y,u,\cdots,v)$ 是给定多元函数，$\alpha_1,\cdots,\alpha_n$ 为给定值。引进新的变量函数

$$y_k(x) = \frac{d^{k-1}}{dx^{k-1}}y(x), \quad a \leqslant x \leqslant b,\ k = 1,2,\cdots,n \tag{1.7}$$

则初值问题(1.6) 化成了一阶常微分方程组初值问题

$$\begin{cases} \dfrac{d}{dx}y_1 = y_2 \\ \cdots\cdots \qquad\qquad\qquad a < x < b \\ \dfrac{d}{dx}y_{n-1} = y_n \\ \dfrac{dy_n}{dx} = f(x,y_1,\cdots,y_n) \\ y_i(a) = \alpha_i,\ i = 1,2,\cdots,n \end{cases} \tag{1.8}$$

通过求解(1.8) 得到(1.6) 的解 $y(x) = y_1(x)$。

1.2 初值问题数值解基本概念

初值问题的数值解法，是通过微分方程离散化而给出解在某些

节点上的近似值。

在$[a,b]$上引入节点$\{x_k\}_{k=0}^n$：$a=x_0<x_1<\cdots<x_n=b$，$h_k=x_k-x_{k-1}$ $(k=1,\cdots,n)$ 称为步长。在多数情况下，采用等步长，即 $h=\dfrac{b-a}{n}$，$x_k=a+kh$ $(k=0,1,\cdots,n)$。记(1.1)，(1.2) 的准确解为 $y(x)$，记 $y(x_k)$ 的近似值为 y_k，记 $f(x_k,y_k)$ 为 f_k。

求初值问题数值解的方法是步进法，即在计算出 y_i，$i\leqslant k$ 后计算 y_{k+1}。数值方法有单步法与多步法之分。单步法在计算 y_{k+1} 时只利用 y_k，而多步法在计算 y_{k+1} 时不仅要利用 y_k，还要利用前面已算出的若干个 y_{k-j}，$j=1,2,\cdots,l-1$。我们称要用到 $y_k,y_{k-1},\cdots,y_{k-l+1}$ 的多步法为 l 步方法。单步法可以看作多步法，但两者有很大差别。l 步方法只能用于 y_k，$k\geqslant l$ 的计算，$y_0,y_1,\cdots,y_{l-1}$ 要用其它方法计算；而且在稳定性上单步法比 $l>1$ 的多步法容易分析；此外单步法容易改变步长。

单步法和多步法又都有显式方法和隐式方法之分。单步显式法的计算公式可写成

$$y_{k+1}=y_k+h\phi(x_k,y_k,h) \tag{1.9}$$

隐式单步法的计算公式可写成

$$y_{k+1}=y_k+h\phi(x_k,y_k,y_{k+1},h) \tag{1.10}$$

在(1.10) 中右端项显含 y_{k+1}。从而(1.10) 是 y_{k+1} 的方程式，要通过解方程求出 y_{k+1}。

显式多步法计算公式为

$$y_{k+1}=y_k+h\phi(x_k,y_k,y_{k-1},\cdots,y_{k-l+1},h) \tag{1.11}$$

而隐式多步法计算公式为

$$y_{k+1}=y_k+h\phi(x_k,y_{k+1},y_k,\cdots,y_{k-l+1},h),\quad k\geqslant l-1 \tag{1.12}$$

右端项显含 y_{k+1}。

多步法中一类常用方法是线性多步法

$$y_{k+1}=\sum_{i=0}^{l-1}\alpha_i y_{k-i}+h\sum_{i=-1}^{l-1}\beta_i f_{k-i},\quad k\geqslant l-1 \tag{1.13}$$

其中 $\alpha_0,\alpha_1,\cdots,\alpha_{l-1},\beta_{-1},\beta_0,\cdots,\beta_{l-1}$ 是独立于 k 和 f 的常数。$\beta_{-1}=0$ 时(1.13) 是显式的，$\beta_{-1}\neq 0$ 时是隐式的。

数值解法涉及到方法构造、误差分析、稳定性分析等内容。一些概念和定义在后面的论述中逐步引入。

§2 Euler 方法

Euler 方法是常微分方程初值问题数值方法中最简单的方法。Euler 方法精度低，较少直接使用。但我们通过 Euler 方法来介绍离散化途径、数值解法中的基本概念、术语和加速方法等。

2.1 显式 Euler 方法

设节点为 $a=x_0<x_1\cdots<x_n=b$。初值问题(1.1)、(1.2) 的显式 Euler 方法为

$$\begin{cases} y_0=\alpha \\ y_{k+1}=y_k+h_kf_k,\ k=0,1,\cdots,n-1 \end{cases} \tag{2.1}$$

其中 $h_k=x_{k+1}-x_k, f_k=f(x_k,y_k)$。

显式 Euler 方法可以用多种途径导出。

导出方法 1：Taylor 展开法。

将 $y(x_{k+1})$ 在 $x=x_k$ 点进行 Taylor 展开，得

$$y(x_{k+1})=y(x_k)+h_kf(x_k,y(x_k))+\frac{y''(\xi_k)}{2!}h_k^2,\ \xi_k\in[x_k,x_{k+1}] \tag{2.2}$$

忽略 h_k^2 这一高阶项，分别用 $y_k,y_{k+1},f_k=f(x_k,y_k)$ 近似 $y(x_k)$，$y(x_{k+1})$ 和 $f(x_k,y(x_k))$，得 $y_{k+1}=y_k+h_kf_k$。结合初值条件 $y(0)=\alpha$ 即得(2.1)。

导出方法 2：向前差分近似微分法。

用向前差分 $\dfrac{y(x_{k+1})-y(x_k)}{h_k}$ 近似微分 $y'(x_k)$，得

$$\frac{y(x_{k+1}) - y(x_k)}{h_k} \approx f(x_k, y(x_k)) \tag{2.3}$$

将近似号改作等号，用 y_k, y_{k+1}, f_k 近似 $y(x_k), y(x_{k+1})$、$f(x_k, y(x_k))$，并结合初值条件即得(2.1)。

方法 3:左矩数值积分法。

将(1.1)两边从 x_k 到 x_{k+1} 积分得

$$y(x_{k+1}) - y(x_k) = \int_{x_k}^{x_{k+1}} f(x, y(x))dx \tag{2.4}$$

用 y_k, y_{k+1} 近似 $y(x_k)$、$y(x_{k+1})$，数值积分采用左矩公式得 $y_{k+1} - y_k = h_k f(x_k, y_k)$，从而亦得(2.1)。

Euler 方法有明显的几何意义，如图 8-1，式(1.1)，(1.2)的解曲线 $y(x)$ 过点 $P_0(x_0, y_0)$，且具斜率 f_0。从 P_0 出发以 f_0 为斜率作直线

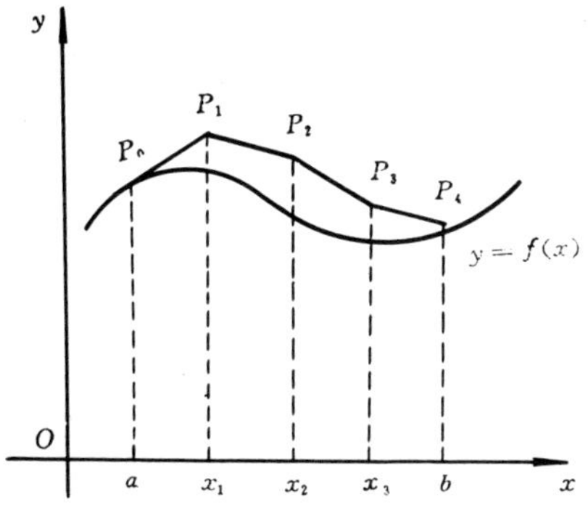

图 8-1

段，交 $x = x_1$ 于 $P_1(x_1, y_1)$，显然 $y_1 = y_0 + h_0 f_0$。式(1.1)过 $P_1(x_1, y_1)$ 的解曲线具有斜率 f_1，从 P_1 出发以 f_1 为斜率作直线要交 $x = x_2$ 于 $P_2(x_2, y_2)$，余类推。这样我们得到了一条折线 $\overline{P_0P_1\cdots P_n}$，它在点 P_k 的右侧具有斜率 f_k，与(1.1)过 P_k 的解曲线相切。我们取折线 $\overline{P_0P_1\cdots P_n}$，作为(1.1)、(1.2)解曲线 $y = y(x)$ 的近似曲线，所以 Euler 方法又称折线法。

2.2 隐式 Euler 方法和梯形方法

若将 $y(x_k)$ 在 $x = x_{k+1}$ 展开

$$y(x_k) = y(x_{k+1}) - h_x f(x_{k+1}、y(x_{k+1})) + \frac{1}{2\,!} y''(\eta_k) h_k^2,$$
$$x_k \leqslant \eta_k \leqslant x_{k+1}$$

忽略 h^2 项，用 y_k, y_{k+1} 和 $f_{k+1} = f(x_{k+1}, y_{k+1})$ 分别近似 $y(x_k)$，$y(x_{k+1})$ 及 $f(x_{k+1}, y(x_{k+1}))$，可以得另一计算公式

$$y_{k+1} = y_k + h_k f(x_{k+1}, y_{k+1}),\ k = 0,1,\cdots,n-1 \tag{2.5}$$

(2.5) 式称为隐式 Euler 方法。隐式 Euler 方法也可以利用向后差分近似微分或用右矩数值求积公式来建立。读者可自行推导。

隐式 Euler 方法(2.5)给出了 y_{k+1} 要满足的方程，要通过解方程才能得到 y_{k+1}。

在显式和隐式 Euler 方法中，忽略的项都是 h^2 项，为了得到更高精确度的方法，我们可将

$$y(x_{k+1}) = y(x_k) + h_k f(x_{k+1}, y(x_k)) + \frac{1}{2} y''(\xi_k) h_k^2,\ x_k \leqslant \xi_k \leqslant x_{k+1}$$

$$y(x_{k+1}) = y(x_k) + h_k f(x_{k+1}, y(x_{k+1})) - \frac{1}{2} y''(\eta_k) h_k^2,\ x_k \leqslant \eta_k \leqslant x_{k+1}$$

取平均得

$$y(x_{k+1}) = y(x_k) + \frac{h_k}{2}[f(x_k, y(x_k)) + f(x_{k+1}, y(x_{k+1}))] + \frac{h_k^2}{4}[y''(\xi_k) - y''(\eta_k)]$$

当 $y(x)$ 三次连续可微时，$y''(\xi_k) - y''(\eta_k) = O(h_k)$。忽略 $O(h_k^3)$ 项，用 y_k, y_{k+1} 分别近似 $y(x_k), y(x_{k+1})$，得

$$y_{k+1} = y_k + \frac{h_k}{2}[f(x_k, y_k) + f(x_{k+1}, y_{k+1})] \tag{2.6}$$

(2.6) 称为梯形方法。取这个名称的原因是利用梯形求积公式

$$\int_{x_k}^{x_{k+1}} f(x,y(x))dx = \frac{h_k}{2}[f(x_k,y(x_k)) + f(x_{k+1},y(x_{k+1}))] -$$

$$\frac{h_k^3}{12}D_x^2 f(x,y(x))|_{x=\xi}$$

其中 D_x 表示关于 x 的全微分，忽略数值求积余项也可建立(2.6)。

梯形方法也是隐式方法，要通过解(2.6)来得到 y_{k+1}。

与(1.10)式中单步法公式相对应，显式 Euler 方法取

$$\phi = \phi(x_k, y_k, h_k) = f(x_k, y_k)$$

隐式 Euler 方法取

$$\phi = \phi(x_k, y_{k+1}, h_k) = f(x_{k+1}, y_{k+1})$$

梯形方法取

$$\phi = \phi(x_k, y_{k+1}, y_k, h_k) = \frac{1}{2}f(x_k, y_k) + \frac{1}{2}f(x_{k+1}, y_{k+1})$$

当 $f(x,y)$ 在 D 上满足基本条件，$f(x,y)$ 关于 y 的 Lipschitz 常数为 L 时，只要 $h_kL < 1$，(2.5)确定了唯一的 y_{k+1}；同样，只要 $Lh_k < 2$，(2.6)确定了唯一的 y_{k+1}。以(2.6)为例，当 $Lh_k < 2$ 时，以 y 为变量的函数

$$y_k + \frac{h_k}{2}[f(x_k, y_k) + f(x_{k+1}, y)]$$

在 $-\infty < y < \infty$ 上关于 y 满足 Lipschitz 条件，且 Lipschitz 常数为 $\frac{L}{2}h_k < 1$，从而由第七章压缩不动点定理得方程

$$y = y_k + \frac{h_k}{2}[f(x_k, y_k) + f(x_{k+1}, y)]$$

有唯一不动点 y_{k+1}，而且从任意 $y_{k+1}^{(0)}$ 出发，迭代

$$y_{k+1}^{(i+1)} = y_k + \frac{h_k}{2}[f(x_k, y_k) + f(x_{k-1}, y_{k+1}^{(i)})],$$

$$i = 0, 1, \cdots, n-1 \tag{2.7}$$

都收敛到 y_{k+1}。

在实际计算中总希望有较好的 $y_{k+1}^{(0)}$，用较少的迭代步，取得有足够精度的 y_{k+1}。

2.3 预估 - 校正 Euler 方法

在实际计算中，$f(x_{k+1}, y_{k+1}^{(i)})$ 的计算量比较大，往往取 $y_{k+1}^{(m)}(m \geq 1)$ 作为 y_{k+1} 来用。我们称 $y_{k+1}^{(m)}$ 为 $y_{k+1}^{(0)}$ 的 m 次迭代改进。最常用的方法之一是先用显式 Euler 方法所得的 $\bar{y}_{k+1}$ 为 $y_{k+1}^{(0)}$，再用梯形方法改进一次

$$\begin{cases} \bar{y}_{k+1} = y_k + h_k f(x_k, y_k) \\ y_{k+1} = y_k + \dfrac{h_k}{2}[f(x_k, y_k) + f(x_{k+1}, \bar{y}_{k+1})], \\ \qquad\qquad k = 0, 1, \cdots, n-1 \end{cases} \tag{2.8}$$

方法(2.8) 称为预估 - 校正 Euler 方法，或改进 Euler 方法。预估 - 校正 Euler 方法还可写成

$$y_{k+1} = y_k + \frac{h_k}{2}[f(x_k, y_k) + f(x_{k+1}, y_k + h_k f(x_k, y_k))] \tag{2.9}$$

或

$$y_{k+1} = y_k + \frac{h_k}{2}k_1 + \frac{h_k}{2}k_2 \tag{2.10}$$

$$k_1 = f(x_k, y_k)$$

$$k_2 = f(x_{k+1}, y_k + h_k k_1)$$

例 1 用显式 Euler 方法，梯形方法和预估 - 校正 Euler 方法解初值问题

$$\begin{cases} \dfrac{d}{dx}y = -y + x + 1, \quad 0 < x < 1 \\ y(0) = 1 \end{cases}$$

解 取 $h = 0.1$，Euler 方法为

$$y_{k+1} = \frac{9}{10}y_k + \frac{k}{100} + \frac{1}{10}$$

梯形方法为

$$y_{k+1} = \frac{19}{21}y_k + \frac{k}{105} + \frac{1}{10}$$

预估 - 校正 Euler 方法为

$$y_{k+1} = 0.905 y_k + 0.0095k + 0.1$$

计算结果与准确解 $y(x) = e^{-x} + x$ 比较，列在表 8-1 中。

表 8-1

x_k	Euler 方法		梯形方法		预估 - 校正方法	
	y_k	$\lvert y_k - y(x_k)\rvert$	y_k	$\lvert y_k - y(x_k)\rvert$	y_k	$\lvert y_k - y(x_k)\rvert$
0.0	1.000000	0.0	1.000000	0.0	1.000000	0.0
0.1	1.000000	4.8×10^{-3}	1.004762	7.5×10^{-5}	1.005000	1.6×10^{-4}
0.2	1.010000	8.7×10^{-3}	1.018594	1.4×10^{-4}	1.019025	2.9×10^{-4}
0.3	1.029000	1.2×10^{-2}	1.040633	1.9×10^{-4}	1.041218	4.0×10^{-4}
0.4	1.056100	1.4×10^{-2}	1.070096	2.2×10^{-4}	1.070800	4.8×10^{-4}
0.5	1.090490	1.6×10^{-2}	1.106278	2.5×10^{-4}	1.107076	5.5×10^{-4}
0.6	1.131441	1.7×10^{-2}	1.148537	2.7×10^{-4}	1.149404	5.9×10^{-4}
0.7	1.178297	1.8×10^{-2}	1.196295	2.9×10^{-4}	1.197210	6.2×10^{-4}
0.8	1.230467	1.9×10^{-2}	1.249019	3.0×10^{-4}	1.249975	6.5×10^{-4}
0.9	1.287420	1.9×10^{-2}	1.306264	3.1×10^{-4}	1.307228	6.6×10^{-4}
1.0	1.348678	1.9×10^{-2}	1.367573	3.1×10^{-4}	1.368514	6.6×10^{-4}

数值例子表明，梯形方法和预估 - 校正 Euler 方法比显式 Euler 方法有更好的精度。

2.4 单步法的局部截断误差、整体截断误差

设所用单步法为

$$\begin{cases} y_0 = \alpha \\ y_{k+1} = y_k + h_k\phi(x_k, y_k, y_{k+1}, h_k),\ k = 0,1\cdots,n-1 \end{cases} \tag{2.11}$$

定义 2　设 $y(x)$ 是(1.1)、(1.2) 的准确解，称

$$\tau_{k+1} = y(x_{k+1}) - y(x_k) - h_k\phi(x_k, y(x_k), y(x_{k+1}), h_k) \tag{2.12}$$

为单步法(2.11) 在 x_{k+1} 的局部截断误差。

定义 3　设 $y(x)$ 是(1.1)、(1.2) 的解，$y_k, k = 0,1,\cdots,n$ 是单步

法(2.11)的数值解，称

$$e_k = y(x_k) - y_k \quad (k = 0, 1, \cdots, n)$$

为单步法(2.11)在 x_k 点的整体截断误差；如果对充分小的 $h > 0$，$x_k = a + kh$，成立

$$\max_{0 \leqslant k \leqslant n} |y(x_k) - y_k| \leqslant Ch^p \quad (p \geqslant 1) \tag{2.13}$$

常数 C 独立于 h，就称方法(2.11)是 p 阶方法。

定理 4 若单步法(2.11)的局部截断误差是 $p+1$ 阶的，即 $|\tau_{k+1}| \leqslant c_1 h^{p+1} (h_k \equiv h)$，$k = 1, \cdots, n$，$c_1$ 独立于 h，而且函数 $\phi(x, u, v, h)$ 在区域 $\{(x, u, v, h) | a \leqslant x \leqslant b, |u| < +\infty, |v| < +\infty, 0 \leqslant h \leqslant h_0\}$ 上关于 u, v 满足条件

$$\begin{cases} \left| \dfrac{\partial \phi}{\partial u} \right| \leqslant M_1 \\ \left| \dfrac{\partial \phi}{\partial v} \right| \leqslant M_2 \end{cases} \tag{2.14}$$

则单步法(2.11)是 p 阶方法。

证明 由(2.12)和(2.11)得

$$\begin{aligned} |y(x_{k+1}) - y_{k+1}| &\leqslant |y(x_k) - y_k| + h|\phi(x_k, y(x_k), y(x_{k+1}), h) \\ &\quad - \phi(x_k, y_k, y_{k+1}, h)| + \tau_{k+1} \\ &\leqslant (1 + M_1 h)|y(x_k) - y_k| + M_2 h |y(x_{k+1}) \\ &\quad - y_{k+1}| + c_1 h^{p+1} \end{aligned}$$

即

$$|e_{k+1}| \leqslant \frac{1 + M_1 h}{1 - M_2 h} |e_k| + \frac{c_1}{1 - M_2 h} h^{p+1}, e_0 = 0$$

在上式中，我们假设 $M_2 h < 1$(对显式方法来说 $M_2 = 0$，h 任意)。令 $\omega = \dfrac{1 + M_1 h}{1 - M_2 h}$，简单推导可得

$$\begin{aligned} |e_k| &\leqslant \frac{c_1 h^{p+1}}{1 - M_2 h} \{\omega^{k-1} + \omega^{k-2} + \cdots + 1\} \\ &= \frac{c_1 h^{p+1}}{1 - M_2 h} \frac{\omega^k - 1}{\omega - 1} \end{aligned}$$

$$\leqslant \frac{c_1 h^p}{M_1 + M_2}\omega^k \leqslant \frac{c_1 h^p}{M_1 + M_2} e^{[M_1 + \frac{M_2}{1-M_2 h}]kh},$$

$$k = 1,2,\cdots,n$$

因此我们有

$$\max_{0\leqslant k\leqslant n} |e_k| \leqslant \frac{c_1 h^p}{M_1 + M_2} e^{(M_1 + \frac{M_2}{1-M_2 h})(b-a)}$$

当 $M_2 h \leqslant \frac{1}{2}$ 时，$\max\limits_{0\leqslant k\leqslant n} |e_k| \leqslant ch^p$，其中

$$c = \frac{c_1}{M_1 + M_2} e^{(M_1 + 2M_2)(b-a)}$$

当 $f(x,y)$ 在 D 上满足基本条件时，单步法的收敛阶总是由局部截断误差的阶来确定的。

对显式Euler方法来说，当解 $y(x)$ 二阶连续可导时，其局部截断误差为

$$\tau_{k+1} = \frac{1}{2!} y''(\xi_k) h^2, x_k < \xi < x_{k+1}$$

若 $f(x,y)$ 关于 y 满足 Lipschitz 连续条件，Lipschitz 常数为 L，则

$$\max_{0\leqslant x\leqslant k} |y(x_k) - y_k| \leqslant \frac{\| y''(x) \|_\infty}{2L} e^{L(b-a)} h$$

从而显式 Euler 方法是一阶方法。

对隐式 Euler 方法来说，可得

$$\max_{0\leqslant k\leqslant n} |y(x_k) - y_k| \leqslant \frac{\| y'' \|_\infty}{2L} e^{\frac{L}{1-Lh}(b-a)} h, \quad (Lh < 1)$$

对梯形方法，其局部截断误差为

$$\tau_{k+1} = -\frac{y'''(\xi_k)}{12} h^3$$

$M_1 = \frac{L}{2}, M_2 = \frac{L}{2}$，因此其整体误差满足

$$\max_{0\leqslant k\leqslant n} |y(x_k) - y_k| \leqslant \left\{ \frac{\| y^{(3)} \|_\infty}{12} \exp\left(\frac{1+\frac{1}{2}Lh}{1-\frac{1}{2}Lh} L(b-a)\right) \right\} h^2$$

梯形方法是二阶方法。

分析局部截断误差的一种方法是利用 Taylor 级数展开法。若有

$$\tau_{k+1} = \psi(x_k, y(x_k))h^{p+1} + O(h^{p+2}) \tag{2.15}$$

则称 $\psi(x_k, y(x_k))h^{p+1}$ 为局部截断误差的主项。若局部截断误差的主项是 h 的 $p+1$ 次幂项，则单步法是 p 阶方法。

分析预估 - 校正 Euler 方法的局部截断误差可以知道该方法是二阶方法。

§3 Taylor 方法和 Runge-Kutta 方法

提高单步法阶的途径是提高局部截断误差的阶。一个自然的想法是利用 Taylor 展开。

3.1 Taylor 方法

设(1.1)、(1.2)的解 $y(x)$ 充分光滑，$x_{k+1} = x_k + h$，利用 Taylor 展开，有

$$y(x_{k+1}) = y(x_k) + y'(x_k)h + \cdots + \frac{y^{(p)}_{(x_k)}}{p!}h^p + \frac{y^{(p+1)}_{(\xi_k)}}{(p+1)!}h^{p+1},$$
$$x_k < \xi_k < x_{k+1}$$

若取

$$y_{k+1} = y_k + y'_k h + \cdots + \frac{1}{p!}y_k^{(p)}h^p \quad (0 \leqslant k < n) \tag{3.1}$$

就有

$$\tau_{k+1} = \frac{y^{(p+1)}_{(\xi_k)}}{(p+1)!}h^{p+1}$$

因此，Taylor 方法(3.1)是 p 阶方法。

引进沿解曲线 $y(x)$ 的全微分算子 D：

$$Dg(x, y(x)) = \left(\frac{\partial}{\partial x} + f(x, y(x))\frac{\partial}{\partial y}\right)g(x, y)$$

规定　$D^{k+1}g(x, y) = D[D^k g(x, y)]$，有

$$y'(x) = f(x, y(x)),$$

$$y'''(x) = D^2 f = D[Df] = \left(\frac{\partial}{\partial x} + f\frac{\partial}{\partial y}\right)\left(\frac{\partial f}{\partial x} + f\frac{\partial f}{\partial y}\right)$$
$$= (f_{xx} + f_x f_y + 2ff_{xy} + ff_y^2 + f^2 f_{yy})\big|_{(x,y(x))}$$

$y(x)$ 的各阶导数可以用 f 的偏导数来表示，但随导数阶的提高，表达式越来越复杂，计算越来越困难。

显式 Euler 方法是一阶 Taylor 方法。二阶 Taylor 方法为

$$\begin{cases} y_0 = \alpha \\ y_{k+1} = y_k + hf(x_k, y_k) + \dfrac{h^2}{2}[f_x(x_k, y_k) \\ \qquad + f(x_k, y_k)f_y(x_k, y_k)] \\ \qquad\qquad k = 0, 1, \cdots, n-1 \end{cases}$$

这儿采用了等步长，$h = \dfrac{b-a}{n}$，$x_k = a + kh$，$k = 0, 1, \cdots, n$。

梯形方法和预估－校正 Euler 方法，不需要计算 $f(x,y)$ 的偏导数，也达到了二阶收敛。这启示我们，可以用 $f(x,y)$ 在一些点上值的线性组合来构造高阶单步法。这一类方法称为 Runge-Kutta 方法。

3.2 Runge-Kutta 方法的一般形式

用 R 个 f 值的 Runge-Kutta 方法，称为 R 级 Runge-Kutta 方法。一般显式 R 级 Runge-Kutta 方法为

$$y_{k+1} = y_k + h\phi(x_k, y_k, h) \tag{3.2}$$

其中

$$\phi(x_k, y_k, h) = \sum_{r=1}^{R} c_r k_r, \tag{3.3}$$

$$k_1 = f(x_k, y_k),$$

$$k_r = f(x_k + a_r h, y_k + h\sum_{s=1}^{r-1} b_{rs} k_s), r = 2, \cdots, R \tag{3.4}$$

(3.3) 和(3.4) 式中的 c_r, a_r, b_{rs} 均为独立常数。若取

$$k_r = f(x_k + a_r h, y_k + h\sum_{s=1}^{R} b_{rs} k_s), \quad r = 1, \cdots, R \tag{3.4$'$}$$

$$k_r = f(x_k + a_r h, y_k + h\sum_{s=1}^{R} b_{rs}k_s), \quad r = 1,\cdots,R \qquad (3.4)'$$

而且 $s \geqslant r$ 的 b_{rs} 不全为零，对应的 Runge-Kutta 方法是隐式 R 级 Runge-kutta 方法。

在显式 Runge-Kutta 方法中，$k_1, k_2, \cdots, k_R$ 可依顺序计算出来；而在隐式方法中，$k_1, \cdots, k_R$ 要用解方程组(3 .4)′来得到。

R 级 Runge-Kutta 方法称为是 P 阶的，若把 $y_k + h\phi(x_k, y_k, y_{k+1}, h)$ 展开成 h 的级数形式

$$y_{k+1} = y_k + \sum_{s=1}^{\infty} \frac{\beta_{ks}}{s!}h^s \qquad (3.5)$$

成立 $\beta_{ks} = D^{s-1}f(x_k, y_k), \quad s = 1,2,\cdots,P$ 而 $\beta_{kp+1} \neq D^p f(x_k, y_k)$。

Runge-Kutta 方法中的常数 c_r, a_r, b_{rs} 用下述原则来确定，使其阶 p 达到最高 $P = P(R)$，或 $P < P(R)$。一般选择是使 P 达到最高 $P = P(R)$。具体来说，选择 $c_r, a_r, b_{rs}, r \leqslant R$，使

$$\beta_{ks} = y_k^{(s)} = D^{s-1}f(x_k, y_k), \quad s = 1,\cdots,P \qquad (3.6)$$

3.3 常用低阶 Runge-Kutta 方法

一级显式 Runge-Kutta 方法为 $y_{k+1} = y_k + hc_1k_1$，当 $c_1 = 1$ 时为一阶方法，就是显式 Euler 方法。一级显式 Runge-Kutta 方法是唯一的。

考虑二级显式 Runge-Kutta 方法

$$y_{k+1} = y_k + h(c_1k_1 + c_2k_2),$$

$$k_1 = f(x_k, y_k),$$

$$k_2 = f(x_k + a_2h, y_k + b_{21}k_1h)$$

用 f, f_x, f_y 等分别表示它们在 (x_k, y_k) 的值，有

$$k_1 = f,$$

$$k_2 = f + a_2hf_x + b_{21}ff_yh + \frac{h^2}{2!}(a_2^2f_{xx} + 2a_2b_{21}f_{xy}f + b_{21}^2f_{yy}f^2) + O(h^3)$$

$$= y_k + (c_1 + c_2)fh + h^2(a_2c_1f_x + b_{21}c_2ff_y)$$
$$+ \frac{c_2h^3}{2!}(a_2^2f_{xx} + 2a_2b_{21}f_{xy}f + b_{21}^2f_{yy}f^2) + O(h^4)$$

与 Taylor 方法对照，要求

$$\begin{cases} c_1 + c_2 = 1 \\ a_2c_1 = \frac{1}{2} \\ b_{21}c_2 = \frac{1}{2} \end{cases} \tag{3.7}$$

才为二阶方法。而在 h^3 的系数中，偏导数出现的项数不一样多，从而不可能存在三阶的显式二级 Runge-Kutta 方法。二级显式 Runge-Kutta 最高是二阶的，即 $P(2) = 2$。显式二级二阶 Runge-Kutta 方法不唯一，(3.7) 中四个参数满足三个方程，有无穷多个解。

若取 $c_1 = c_2 = \frac{1}{2}, a_2 = b_{21} = 1$，对应计算公式为

$$y_{k+1} = y_k + \frac{h}{2}[f(x_k, y_k) + f(x_k + h, y_k + hf(x_k, y_k))]$$

这就是预估 - 校正 Euler 方法。

若取 $c_1 = 0, c_2 = 1, a_2 = b_{21} = \frac{1}{2}$，对应公式为

$$y_{k+1} = y_k + hf(x_k + \frac{1}{2}h, y_k + \frac{h}{2}f(x_k, y_k)) \tag{3.8}$$

方法(3.8) 称为中点方法。

当取 $c_1 = \frac{1}{4}, c_2 = \frac{3}{4}, a_2 = b_{21} = \frac{2}{3}$ 时，得 Heun 二阶方法：

$$y_{k+1} = y_k + \frac{h}{4}[f(x_k, y_k) + 3f(x_k + \frac{2}{3}h, y_k + \frac{2}{3}hf(x_k, y_k))] \tag{3.9}$$

在显式三级 Rung-Kutta 方法中，待定参数共八个：$c_1, c_2, c_3, a_2, a_3, b_{21}, b_{31}, b_{32}$。若是三阶方法，它们应满足

$$\begin{cases} c_1 + c_2 + c_3 = 1 \\ a_2 = b_{21} \\ a_3 = b_{31} + b_{32} \\ c_2 a_2 + c_3 a_3 = \dfrac{1}{2} \\ c_2 a_2^2 + c_3 a_3^2 = \dfrac{1}{3} \\ c_3 a_2 b_{32} = \dfrac{1}{6} \end{cases} \tag{3.10}$$

(3.10) 有解但解不唯一。不论如何选择这八个参数，不可能使三级显式 Runge-Kutta 方法成为四阶方法。

若取 $c_1 = \frac{1}{4}, c_2 = 0, c_3 = \frac{3}{4}, a_2 = b_{21} = \frac{1}{3}, b_{31} = 0, a_3 = b_{32} = \frac{2}{3}$ 得三阶 Heun 方法：

$$\begin{cases} y_{k+1} = y_k + \dfrac{h}{4}(k_1 + 3k_3) \\ k_1 = f(x_k, y_k) \\ k_2 = f(x_k + \dfrac{1}{3}h, y_k + \dfrac{h}{3}k_1) \\ k_3 = f(x_k + \dfrac{2}{3}h, y_k + \dfrac{2}{3}hk_2) \end{cases} \quad k = 0,1,\cdots,n-1 \tag{3.11}$$

另一个常用显式三级三阶方法是 Kutta 三阶方法：

$$\begin{cases} y_{k+1} = y_k + \dfrac{h}{6}(k_1 + 4k_2 + k_3) \\ k_1 = f(x_k, y_k) \\ k_2 = f(x_k + \dfrac{h}{2}, y_k + \dfrac{h}{2}k_1) \\ k_3 = f(x_k + h, y_k - hk_1 + 2hk_2) \end{cases} \tag{3.12}$$

对于四级显式 Runge-Kutta 方法，类似的推导可以建立四阶方法。显式四阶四级 Runge-kutta 方法不唯一，一个重要的代表是经典

Runge-Kutta 方法：

$$\begin{cases} y_{k+1} = y_k + \frac{h}{6}(k_1 + 2k_2 + 2k_3 + k_4) \\ k_1 = f(x_k, y_k) \\ k_2 = f(x_k + \frac{h}{2}, y_k + \frac{h}{2}k_1) \\ k_3 = f(x_k + \frac{h}{2}, y_k + \frac{h}{2}k_2) \\ k_4 = f(x_k + h, y_k + hk_3) \end{cases} \tag{3.13}$$

算法 8.1　经典 Runge-Kutta 方法。

本算法用经典 Runge-Kutta 方法求解初值问题 $y' = f(x,y)$，$a < x < b, y(a) = \alpha$。预先输入 a, b, α 及区间等分数 n。

1° 置 $h = (b-a)/n, hh = h/2, x = a, y = \alpha$，输出$(x,y)$；

2° 对 $k = 1,2,\cdots,n$ 做(1) 到(3)

(1) 计算

$$k_1 := f(x,y),$$
$$x := x + hh,$$
$$k_2 := f(x, y + hh \times k_1),$$
$$k_3 := f(x, y + hh \times k_2),$$
$$x := x + hh,$$
$$k_4 := f(x, y + h \times k_3),$$

(2) 置 $y := y + \frac{h}{6}(k_1 + 2k_2 + 2k_3, + k_4)$，

(3) 输出(x,y)；

3° 停机。

例 2　用经典 Runge-Kutta 方法求解

$y' = -y + x + 1, 0 < x < 1, y(0) = 1$，取 $h = 0.1$

解　计算结果列在表 8-2 中。

表 8-2

x_k	y_k	$\lvert y(x_k) - y_k \rvert$
0.0	1.00000000	0.0
0.1	1.00483750	8.2×10^{-8}
0.2	1.01873090	1.5×10^{-7}
0.3	1.04081842	2.0×10^{-7}
0.4	1.07032029	2.4×10^{-7}
0.5	1.10653093	2.7×10^{-7}
0.6	1.14881193	2.9×10^{-7}
0.7	1.19658562	3.1×10^{-7}
0.8	1.24932929	3.2×10^{-7}
0.9	1.30656999	3.3×10^{-7}
1.0	1.3678977	3.3×10^{-7}

将例 2 与例 1 比较,可以发现经典 Runge-Kutta 方法的结果比 Euler 方法、梯形方法、预估 - 校正 Euler 方法好得多。在相同步长下,经典 Runge-kutta 方法的计算量是 Euler 方法的 4 倍,预估 - 校正 Enler 方法的二倍。若经典 Runge-Kutta 方法步长为 h,Euler 方法步长取 $h/4$,预估 - 校正 Euler 方法取 $h/2$,它们的计算量将大致相等,但经典 Runge-Kutta 方法仍比 Euler 方法、预估 - 校正 Euler 方法好得多。

3.4 其它 Runge-Kutta 方法

对于 $R = 1,2,3,4$ 的显式 Runge-Kutta 方法,可以得到 R 阶的方法。也可建立低于 R 阶的方向。当 $R \geqslant 5$ 时,情况不同,可以证明不存在显式五级五阶 Runge-Kutta 方法。设 $P(R)$ 为显式 R 级 Runge-Kutta 方法能够达到的最高阶,已经证明了 R 与 $P(R)$ 的关系如下:

R	1,2,3,4	5,6,7	8,9	$\geqslant 10$
$P(R)$	R	$R-1$	$R-2$	$\leqslant R-2$

显式五阶 Runge-Kutta 方法至少是六级的，要比显式四阶 Runge-Kutta 方法每步多计算二次 $f(x,y)$ 函数值，这是经典 Runge-Kutta 方法比较流行的原因之一。

隐式 Runge-Kutta 方法，每步要解关于 $k_1,\cdots,k_R$ 的方程组

$$k_r = f(x_k + a_r h, y_k + h\sum_{s=1}^{R} b_{rs}k_s), \quad r = 1,2,\cdots,R$$

计算量比较大。当 h 较小时，可以用简单迭代法求解。隐式 Runge-Kutta 方法有其优点，一是 R 级隐式 Runge-Kutta 方法的阶可以大于 R，二是隐式 Runge-Kutta 方法的稳定性一般比显式方法好。

§4　单步法的进一步讨论

在本节中我们讨论初值问题数值方法中的一些基本概念、术语和提高精度的途径。

4.1　收敛性与相容性

设求解初值问题(1.1)、(1.2)的单步法为

$$y_{k+1} = y_k + h\phi(x_k, y_k, y_{k+1}, h), \quad (h = x_{k+1} - x_k) \tag{4.1}$$

当(4.1)的局部截断误差为

$$\tau_{k+1} = \psi(x)h^{p+1} + O(h^{p+2}) \tag{4.2}$$

时，只要 $\phi(x,u,v,h)$ 关于变量 u,v 满足 Lipschitz 条件，则数值方法(4.1)是 p 阶方法

$$\max_{0\leqslant k\leqslant n} |y(x_k) - y_k| \leqslant c_p h^p \tag{4.3}$$

定义 4　如果单步法(4.1)生成的数值解，对任一固定 $x \in [a,b]$，$x = a + mh$，均有

$$\lim_{h\to 0} y_m = y(x) \tag{4.4}$$

则称方法(4.1)是收敛的。

$p(\geqslant 1)$阶单步法是收敛的。

将$\phi(x_k, y(x_k), y(x_{k+1}), h)$在$(x_k, y(x_k), y(x_k), 0)$点展开得

$$\phi(x_k, y(x_k), y(x_{k+1}), h) = \phi(x_k, y(k_k), y(x_k), 0)$$

$$+ h\left[f(x_k, y(x_k))\frac{\partial}{\partial v} + \frac{\partial}{\partial h}\right]\phi(x_k, y(x_k), y(x_k), 0) + O(h^2)$$

从而

$$\tau_{k+1} = h[f(x_k, y(x_k)) - \phi(x_k, y(x_k), y(x_k), 0)] + O(h^2) \tag{4.5}$$

$\tau_{k+1} = O(h^{p+1})$，$p \geqslant 1$的必要条件是

$$\phi(x, y, y, 0) = f(x, y) \tag{4.6}$$

定义 5　数值方法(4.1)称为与初值问题(1.1)、(1.2)是相容的，若(4.6)成立。

当(4.1)是相容方法时，固定$x = a + mh$，在

$$\frac{y_{m+1} - y_m}{h} = \phi(x_m, y_m, y_{m+1}, h) \tag{4.7}$$

两边对$h \to 0$取极限，得

$$y'(x) = \phi(x, y, y, 0) = f(x, y)$$

即差分方程(4.7)趋向微分方程(1.1)。

$p(\geqslant 1)$阶单步法全是相容的。已讨论过的方法全是相容的方法。

4.2　稳定性

设数值方法(4.1)是相容的，当$h \to 0$时，$y_m \to y(x)$，$(x = a + mh)$，其中y_m是(4.1)的数值解，$y(x)$是(1.1)、(1.2)的准确解。在实际计算中，避免不了舍入误差，由方法(4.1)计算所得值为$\overline{y}_k, k = 0, \cdots, n$，设$y_k, k = 0, 1, \cdots, n$为无任何舍入误差的理论结果。然而误差$|y_k - \overline{y}_k|$在某些情况下会相当大。为此，我们引进稳定性概念：若

在某步引入的舍入误差，在以后的传播中被压缩、衰减，就认为数值方法(4.1)是数值稳定的；若在传播中被放大，就认为方法(4.1)是数值不稳定的；若在传播中保持有界，总的误差是能被控制的，但当 $x \to +\infty, y(x) \to 0$ 时，数值解 $\bar{y}_k$ 可能不随 k 增大而趋于零。我们约定这种情况下，方法(4.1)也不是数值稳定的。

讨论数值方法(4.1)的数值稳定性，通常用试验方程 $y' = \lambda y$ 来检验，其中 λ 为复常数。选择这一试验方程的理由，一是它比较简单，若对它，方法已不稳定，对其它方程数值方法也就靠不住；另外，一般方程(1.1)可局部线性化成这一形式：

$$\begin{aligned} y'(x) &= f(x,y) \\ &= [f(a,\alpha) + f_x(a,\alpha)(x-a) - \alpha f_y(a,\alpha)] + y f_y(a,\alpha) \\ &\quad + O(|x-a| + |y-\alpha|) \end{aligned}$$

忽略 $O(|x-a|+|y-\alpha|)$ 项($x \approx a$ 时为高阶小量)。令 $\lambda = f_y(a,\alpha)$，$\bar{y}(x) = y(x) + \dfrac{f_x(a,\alpha)}{\lambda}x$，化成了

$$\bar{y}(x)' \approx \lambda \bar{y}(x) + \left[f(a,\alpha) - a f_x(a,\alpha) - \alpha f_y(a,\alpha) + \frac{f_x(a,\alpha)}{\lambda}\right]$$

再平移一下，即化成了检验方程形式。

对于微分方程

$$y' = \lambda y \tag{4.8}$$

若 $\mathrm{Re}\lambda > 0$，则

$$y(x) = e^{\lambda(x-a)} \cdot \alpha, \quad \lim_{x\to\infty} |y(x)| = +\infty (\alpha \neq 0 \text{ 时});$$

若 $\mathrm{Re}\lambda < 0$，则解

$$y(x) = \alpha e^{\lambda(x-a)}$$

当 $x \to \infty$ 时，衰减为 0。我们称 $\mathrm{Re}\lambda < 0$ 的试验方程是稳定的。

用数值方法(4.1)解试验方程(4.8)，将得到

$$y_{k+1} = E(\lambda h) y_k \tag{4.9}$$

如果方法(4.1)是 p 阶的，则

$$\tau_{k+1} = y(x_{k+1}) - E(\lambda h) y(x_k) = (e^{\lambda h} - E(\lambda h)) y(x_k) = O(h^{p+1})$$

从而

$$e^{\lambda h} - E(\lambda h) = O(h^{p+1})$$

$E(\lambda h)$ 是 $e^{\lambda h}$ 的一个逼近。

若在 y_k 计算中有误差 ε，以后的计算全是准确的，则在 $y_{k+m}(m > 0)$ 中将有误差 $[E(\lambda h)]^m \varepsilon$。

为此，引入下面的定义。

定义 6 若在(4.9)中 $|E(\lambda h)| < 1$，则称方法(4.1)是绝对稳定的。在复平面上，变量 $\bar{h} = \lambda h$ 满足 $|E(\bar{h})| < 1$ 的区域称为(4.1)的绝对稳定区域；绝对稳定区域与实轴的交称为绝对稳定区间。

下面我们分析几种单步法的稳定性。

显式 Euler 方法：$E(\bar{h}) = 1 + \bar{h}$，$|E(\bar{h})| < 1$ 给出绝对稳定区域 $\{z \mid |z+1| < 1\}$，这是复平面上以 $(-1,0)$ 为圆心的单位开圆；绝对稳定区间为 $(-2,0)$。

隐式 Euler 方法：$E(\bar{h}) = \dfrac{1}{1-\bar{h}}$。对任意 $\mathrm{Re}\bar{h} < 0$，有 $|E(\bar{h})| < 1$。隐式 Euler 方法对任意步长 h 是稳定的。

梯形方法：$E(\bar{h}) = \dfrac{2+\bar{h}}{2-\bar{h}}$，对一切 $h > 0$，$|E(\lambda h)| < 1$，方法稳定。

预估-校正 Euler 方法：$E(\bar{h}) = 1 + \bar{h} + \dfrac{1}{2}\bar{h}^2$。绝对稳定区间是 $(-2,0)$。

上面的例子表明，隐式方法稳定性比显式方法好。

经典 Runge-Kutta 方法：

$$E(\bar{h}) = 1 + \bar{h} + \frac{\bar{h}^2}{2!} + \frac{\bar{h}^3}{3!} + \frac{\bar{h}^4}{4!}$$

它的绝对稳定区间为 $(-2.785,0)$。若方法(4.1)不是对任意 $h > 0$ 都是绝对稳定的，必须取足够小的步长，使 λh 落在绝对稳定区域内，数值解才具有数值稳定性。

4.3 均匀步长重复 Richardson 外推法

对均匀步长 $x_k = a + kh, k = 0,1,\cdots$，我们用 $y(x_k,h)$ 表示 y_k。

定理 5 (H. J. Stetter) 若 $y(x,h)$ 表示数值方法(4.1)的结果，而方法(4.1)是 p 阶的，则有

$$y(x,h) = y(x) + c_1(x)h^p + c_2(x)^{p+1} + \cdots$$

因此重复 Richardson 外推法，可按 $p_j = p + j - 1, j = 1,2,\cdots$ 来进行。

例 3 对初值问题 $y' = -y, 0 < x < 1, y(0) = 1$，用 $h = 1, 1/2, 1/4, 1/8, 1/16$ 的 Euler 方法，结合重复 Richardson 外推，计算 $y(1)$。

解 $y_{k+1} = y_k - hy_k = (1-h)y_k, h = \dfrac{1}{n}, y_n = (1-\dfrac{1}{n})^n$。用 $h = 1, \dfrac{1}{2}, \dfrac{1}{4}, \dfrac{1}{8}, \dfrac{1}{16}$ 计算出 $y(1)$ 的近似值为 0，$(1/2)^2$，$(3/4)^4$，$(7/8)^8$，$(15/16)^{16}$。利用 $p_j = j$ 的重复 Richardson 外推，得 $y(1) \approx 0.367749$。$y(1)$ 的精确值为 $0.36787944\cdots$，而$(\dfrac{15}{16})^{16} \approx 0.356074\cdots$，可见 Richardson 外推法重复利用可以有效地提高解的精度。

4.4 变步长自动选择

通常在单步法(4.1)时，采用等步长。在许多情况下，方程(1.1)，(1.2)的解 $y(x)$ 可能在求解区间的某些部分变化平缓，而在另一些部分变化剧烈。若用等步长进行计算，必须用很小的步长才能达到误差要求。若在解变化平缓处用较大的步长，在解变化剧烈处用较小的步长，可以用较小的计算量达到误差要求，同时还避免不必要的误差积累。下面我们研究一种变步长的步长选择法。

记以步长 h 计算，得到 $x_k + h$ 处数值解 $y_{k+1}^{[h]}$：

$$y_{k+1}^{[h]} = y_k + h\phi(x_k, y_k, y_{k+1}^{[h]}, h) \tag{4.9}$$

再以步长 $h/2$ 计算二步得 $x_k + h$ 处数值解 $y_{k+1}^{[h/2]}$：

$$
\begin{cases}
y_{k+\frac{1}{2}}^{[h/2]} = y_k + \frac{h}{2}\phi(x_k, y_k, y_{k+\frac{1}{2}}^{[h/2]}, \frac{h}{2}) \\
y_{k+1}^{[h/2]} = y_{k+\frac{1}{2}}^{[h/2]} + \frac{h}{2}\phi(x_k + \frac{h}{2}, y_{k+\frac{1}{2}}^{[h/2]}, y_{k+1}^{[h/2]}, \frac{h}{2})
\end{cases}
\tag{4.10}
$$

当方法(4.1)的局部截断误差为 $p+1$ 阶时,有

$$
\tau_{k+1}^{[h]} = c(x_k)h^{p+1} + O(h^{p+2}),
$$

$$
\tau_{k+1}^{[h/2]} = 2^{-p}C(x_k)h^{p+1} + O(h^{p+2})
$$

在 $y_k = y(x_k)$ 的前提下,有

$$
\frac{1}{2^p - 1}[2^p y_{k+1}^{[h/2]} - y_{k+1}^{[h]}] = y(x_{k+1}) + O(h^{p+2})
$$

$$
|y_{k+1}^{[h/2]} - y(x_k + h)| \approx \frac{1}{2^p - 1}|y_{k+1}^{[h/2]} - y_{k+1}^{[h]}| \equiv \frac{|\Delta|}{2^p - 1}
\tag{4.11}
$$

对给定允许误差 ε,我们判别

$$
\frac{|\Delta|}{2^p - 1} \leqslant \frac{\varepsilon h}{b - a}
\tag{4.12}
$$

是否成立。若不成立,步长减半,直到使(4.12)成立;若对初始的 h,(4.12)成立,将 h 放大一倍,取使(4.12)成立的最后一个 h。我们取

$$
\begin{cases}
x_{k+1} = x_k + h \\
y_{k+1} = y_{k+1}^{[\frac{h}{2}]} + \frac{1}{2^p - 1}[y_{k+1}^{[\frac{h}{2}]} - y_{k+1}^{[h]}]
\end{cases}
\tag{4.13}
$$

当我们在(4.12)成立的基础上,取 $y_{k+1} = y_{k+1}^{[h/2]}$,$(x_{k+1} = x_k + h)$ 时,已能保证 $\max\limits_{0 \leqslant k \leqslant n} |y(x_k) - y_k| \leqslant \varepsilon$。当采用(4.13)中的 y_{k+1} 时,精度更高。

变步长单步法步长的选择方法还有 Runge-Kutta-Fehlberg 方法,也称嵌入法。其他方法,有兴趣的读者可以参看有关文献。

§5 Adams 方法和一般线性多步法

单步法在计算 y_{k+1} 时,只用到了 y_k。当 $k > 0$ 时,$y_0, \cdots, y_k, f_0$,